国家出版基金资助项目

"十三五"国家重点出版物出版规划项目

现代土木工程精品系列图书·建筑工程安全与质量保障系列

巨型射电望远镜结构设计

Design of Large Radio Telescope Structures

范　峰　钱宏亮　刘　岩　著

沈世钊　主审

哈尔滨工业大学出版社

HITP　HARBIN INSTITUTE OF TECHNOLOGY PRESS

内 容 提 要

本书以作者团队承担的国家重大望远镜工程应用为背景,梳理并集成其在巨型射电望远镜结构关键技术领域所取得的重大突破。全书分为上下两篇:上篇围绕固定型的球面射电望远镜结构技术展开,基于的工程背景是国家大科学工程——500 m 口径球面射电望远镜(简称 FAST);下篇围绕全可动型射电望远镜结构技术展开,基于的工程背景分别是新疆 110 m 射电望远镜和上海 65 m 射电望远镜。

本书可作为从事望远镜结构技术科研设计工作者的专业参考书,同时也可以为与工程结构有关的高年级学生、研究生和工程技术人员提供借鉴和参考。

图书在版编目(CIP)数据

巨型射电望远镜结构设计/范峰,钱宏亮,刘岩著
.—哈尔滨:哈尔滨工业大学出版社,2021.6
建筑工程安全与质量保障系列
ISBN 978 - 7 - 5603 - 9345 - 2

Ⅰ.①巨… Ⅱ.①范… ②钱… ③刘… Ⅲ.①射电望
远镜—结构设计 Ⅳ.①TN16

中国版本图书馆 CIP 数据核字(2021)第 015523 号

策划编辑　王桂芝　张　荣
责任编辑　佟雨繁　陈雪巍　鹿　峰
出版发行　哈尔滨工业大学出版社
社　　址　哈尔滨市南岗区复华四道街 10 号　邮编 150006
传　　真　0451－86414749
网　　址　http://hitpress.hit.edu.cn
印　　刷　辽宁新华印务有限公司
开　　本　787mm×1092mm　1/16　印张 28.5　字数 729 千字
版　　次　2021 年 6 月第 1 版　2021 年 6 月第 1 次印刷
书　　号　ISBN 978 - 7 - 5603 - 9345 - 2
定　　价　159.00 元

序

党的十八大报告曾强调"加强防灾减灾体系建设,提高气象、地质、地震灾害防御能力",这表明党和政府高度重视基础设施和建筑工程的防灾减灾工作。而《国家新型城镇化规划(2014—2020年)》的发布,标志着我国城镇化建设已进入新的历史阶段;习近平主席提出的"一带一路"倡议,更是为世界打开了广阔的"筑梦空间"。不论是国家"新型城镇化"建设,还是"一带一路"伟大构想的实施,都迫切需要实现基础设施的建设安全与质量保障。

哈尔滨工业大学出版社出版的《建筑工程安全与质量保障系列》图书是依托哈尔滨工业大学土木工程学科在与建筑安全紧密相关的几大关键领域——高性能结构、地震工程与工程抗震、火灾科学与工程抗火、环境作用与工程耐久性等取得的多项引领学科发展的标志性成果,以地震动特征与地震作用计算、场地评价和工程选址、火灾作用与损伤分析、环境作用与腐蚀分析为关键,以新材料/新体系研发、新理论/新方法创新为抓手,为实现建筑工程安全、保障建筑工程质量打造的一批具有国际一流水平的学术著作,具有原创性、先进性、实用性和前瞻性。该系列图书的出版将有利于推动科技成果的转化及推广应用,引领行业技术进步,服务经济建设,为"一带一路"和"新型城镇化"建设提供技术支持与质量保障,促进我国土木工程学科的科学发展。

该系列图书具有以下两个显著特点:

(1)面向国际学术前沿,基础创新成果突出。

哈尔滨工业大学土木工程学科面向学术前沿,解决了多概率抗震设防水平决策等重大科学问题,在基础理论研究方面取得多项重大突破,相关成果获国家科技进步一、二等奖共9项。该系列图书中《黑龙江省建筑工程抗震性态设计规范》《岩土工程监测》《岩土地震工程》《土木工程地质与选址》《强地震动特征与抗震设计谱》《活性粉末混凝土结构》《混凝土早期性能与评价方法》等,均是基于相关的国家自然科学基金项目撰写而成,为推动和引领学科发展、建设安全可靠的建筑工程提供了设计依据和技术支撑。

(2)面向国家重大需求,工程应用特色鲜明。

哈尔滨工业大学土木工程学科传承和发展了大跨空间结构、组合结构、轻型钢结构、预应力及砌体结构等优势方向,坚持结构理论创新与重大工程实践紧密结合,有效地支撑了国家大科学工程500 m口径巨型射电望远镜(FAST)、2008年北京奥运会主场馆国家体育场(鸟巢)、深圳大运会体育场馆等工程建设,相关成果获国家科技进步二等奖5项。该系列图书中《巨型射电望远镜结构设计》《钢筋混凝土电化学研究》《火灾后混凝土结构鉴定与加固修复》《高层建筑钢结构》《基于 OpenSees 的钢筋混凝土结构非线性分析》等,不仅为该领域工程建设提供了技术支持,也为工程质量监测与控制提供了保障。

该系列图书的作者在科研方面取得了卓越的成就,在学术著作撰写方面具有丰富的经验,他们治学严谨,学术水平高,有效地保证了图书的原创性、先进性和科学性。他们撰写的该系列图书,反映了哈尔滨工业大学土木工程学科近年来取得的具有自主知识产权、处于国际先进水平的多项原创性科研成果,对促进学科发展、科技成果转化意义重大。

中国工程院院士

2019 年 8 月

前　言

射电天文学是天文学的一个分支,以无线电接收技术为观测手段,利用射电望远镜观测的对象遍及所有天体:从近处的太阳系天体到银河系中的各种对象,直到极其遥远的银河系以外的目标。这一新兴学科自卡尔·央斯基(Karl Guthe Jansky)在 1928 年为世界研制出第一架高灵敏度射电望远镜,并于1932 年第一次探测到从宇宙深空发射出的射电信号起,距今虽仅有不到百年的历史,却贡献了 20 世纪天文领域的四大发现——类星体、脉冲星、星际有机分子和宇宙微波背景辐射。这四大发现都与射电望远镜有关,对推动射电天文学的发展起着至关重要的作用。评价射电望远镜性能是否足够卓越主要依赖两个指标:灵敏度和分辨率,而增大望远镜的口径、提高反射面精度是提高望远镜灵敏度和分辨率的两个主要途径。很多时候,来自太空天体的无线电信号极其微弱,"阅读"宇宙边缘的信息需要口径更大、精度更高的望远镜。唯此我们才能在射电波段"看"到更远、更清晰的宇宙天体。正是一代又一代天文工作者的付出与努力,使得射电望远镜结构技术得以不断向前发展,人们的视线正被逐步引向宇宙遥远的边缘,那里潜藏着更多有关宇宙起源和演化的重要线索。天文学家都渴望拥有威力更加强大的射电望远镜,谁拥有了这种望远镜,谁就更有可能在现代物理学和天文学领域成为破解宇宙之谜的领军力量。

在此背景下,近些年若干关于射电望远镜的专著陆续出版,为推动射电天文领域的发展提供了有价值的参考资料。但与此同时,从结构工程师的角度,我们也感到既有的著作更多着墨于其在光学和电磁学方面取得的成果,而针对巨型射电望远镜结构技术则一直缺乏一本内容全面深入、概念清晰的著作。工程设计人员在面对巨型射电望远镜结构设计和科研分析时,深感市面上关于结构技术方面可参考的资料还是不甚丰富与翔实。

根据我们的体会,本书应当以作者团队承担的国家重大望远镜工程应用为背景,内容要系统综合些,不仅限于介绍有关望远镜结构的大量计算分析,还应当更加凸显由于反射面口径增加所产生的前所未有的关键技术问题,讨论并较为明确地给出这些结构难题是如何予以解决的。从工程实践中提炼科学问题、清晰阐述解决问题的思路是本书强调的重点。为此,秉承科学研究服务工程实践的理念,本书梳理并集成在巨型射电望远镜结构关键技术领域所取得的重大突破,旨在为读者介绍这些先进成果的同时,还可为从事望远镜结构工程的科研设计工作者提供借鉴与参考。

射电望远镜结构按照机械装置和驱动方式通常可分为如下三种类型:固定型(望远镜反射面固定,靠移动馈源追踪目标)、全可动型(望远镜可同时绕两个坐标轴转动寻源观测)及部分可转型(望远镜仅绕一个坐标轴转动寻源观测)。本书分为上下篇:上篇围绕固定型的球面射电望远镜结构技术展开介绍,基于的工程背景是国家大科学工程——500 m 口径球面射电望远镜(简称 FAST);下篇围绕全可动型射电望远镜结构技术展开介绍,基于的工程背景分别是新疆 110 m 射电望远镜和上海 65 m 射电望远镜。

此外,由于目前射电天文学作为新兴学科正处于蓬勃发展的态势之中,值此之际,出版这样一本著作对促进我国射电望远镜结构技术的发展和人才培养具有重要意义。

由于作者水平有限,书中疏漏及不足之处在所难免,恳请同行专家和广大读者提出宝贵意见和建议。

作　者
2021 年 1 月

目　　录

第 1 章　上篇导言

1994 年，中国天文学家提出 FAST 计划，即在中国贵州喀斯特洼地建造 500 m 口径球面射电望远镜（Five-hundred-meter Aperture Spherical Radio Telescope，FAST）。具有中国独立自主知识产权的 FAST，是世界上口径最大、最具威力的单天线射电望远镜（图 1.1）。与德国 Bonn 100 m 全可动射电望远镜（图 1.2）相比，其灵敏度提高约 10 倍；与美国 Arecibo 305 m 不可动射电望远镜（图 1.3）相比，其灵敏度提高约 2.25 倍，且 FAST 工作天顶角为 40°，是 Arecibo 望远镜的两倍，大大增加了观测天区，特别是增大了联网观测能力。

图 1.1　FAST 500 m 口径球面射电望远镜

图 1.2　德国 Bonn 100 m 全可动射电望远镜

全新的设计思路，加之得天独厚的台址优势，使 FAST 突破了望远镜的百米工程极限，开创了建造巨型射电望远镜的新模式。因此，合理结构形式的选择及优化将决定整个项目的可行性。FAST 反射面支承结构实质上是一个超大跨度、超高精度要求、形状实时可调的轻型巨型机械系统，是对现有结构工程技术的重大挑战。

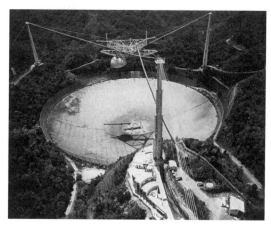

图1.3 美国 Arecibo 305 m 不可动射电望远镜

最终,在以中科院国家天文台"大射电望远镜实验室"为核心,以及全国20余所(家)大学、研究所、设计及施工单位的共同努力下,2020年1月11日,被誉为"中国天眼"的国家重大科技基础设施——500 m 口径球面射电望远镜顺利通过国家验收,正式开放运行。国家验收委员会对FAST工程建设表示了充分肯定,认为它不仅实现了多项自主创新,更显著提升了我国射电天文学的研究和技术水平,综合性能达到国际领先水平,未来将对我国天文学实现重大原创突破具有重要意义。表1.1给出了国家大科学工程FAST研究的进展历程。

表1.1 国家大科学工程 FAST 研究的进展历程

时间点	标志性进展
1993年	国际无线电科学联盟大会,包括中国在内的10国天文学家提出建造新一代射电"大望远镜"
1994年	中国天文学家提出 FAST 计划
1995年	以北京天文台为主,联合国内20余所(家)大学和科研机构,组建了"大射电望远镜"中国推进委员会
2001年	FAST预研究作为中科院首批"创新工程重大项目"立项,获得中科院和科技部的支持
2006年	在北京召开了"FAST项目国际评估与咨询会",评审委员会全体一致认为FAST项目无疑是可行的,并建议尽快推动其进入下一步——详细设计和建设
2007年	FAST作为国家重大科学工程,被国家正式批准立项,项目总投资6.88亿元
2008年	可行性研究报告获国家发改委批复,FAST项目奠基并正式启动,进入初步设计阶段
2011年	FAST项目正式开工建设,总体投资概算为6.67亿元,计划于2016年9月竣工
2015年	FAST索网制造和安装工程结束,整体支承框架建设完成,进入反射面面板拼装阶段
2016年	FAST望远镜主体工程全部完成,并顺利落成启用
2020年	FAST作为国家重大科学基础设施通过国家验收

FAST具有三项自主创新,其剖面示意图如图1.4所示。

(1)天然的喀斯特洼坑台址。巨型球面望远镜FAST的建造,需利用天然洼坑,这种地貌只发育在喀斯特地区。贵州省平塘县的大窝凼洼地(图1.5),因其良好的无线电环境和低风速、冬季少雪、少冰雹的自然条件,并且在历史上无重大自然灾害记录,场地构造稳定性好,被众多国内外专家一致认为是作为FAST台址的世界上独一无二的选择。台址洼地呈负地形,平面上近似圆形,与望远镜形状吻合较好。

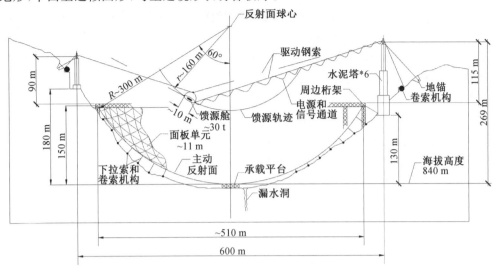

图 1.4　FAST 剖面示意图

图 1.5　FAST 台址——贵州省大窝凼洼地

（2）主动反射面。通过实时主动控制,在 500 m 口径基准球面上沿观测方向形成 300 m 口径瞬时抛物面以汇聚电磁波(图 1.6)。为了克服地球自转影响,抛物面约以 21.8 mm/s 的速度(对应地球自转速度 15(°)/h)随着观测源的移动而在基准球面上移动,从而实现跟踪观测。

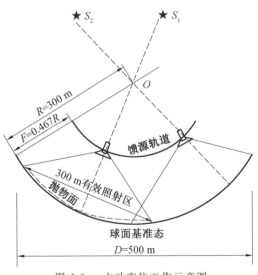

图 1.6　主动变位工作示意图

（3）可移动的光机电一体化馈源支承系统。通过索驱动与并联机器人二次精调的结合，实现接收机的空间定位；采用先进的测量与控制技术，实现高精度的指向跟踪。

从 2003 年起，哈尔滨工业大学空间结构研究中心开始参与 FAST 反射面索网支承结构的研究，提出的反射面结构总体方案最终被国家天文台 FAST 课题组认可并采纳。随后，哈尔滨工业大学作为 FAST 项目第一合作单位，全面负责结构子系统的工作。研究团队历经 13 年，先后在前期的结构方案、形态优化、变位策略，以及后期的结构安全与精度控制等关键问题上取得了一系列丰硕成果，为国家大科学工程 FAST 的工程实践奠定了坚实的基础，为推动我国空间结构技术的发展做出了有益贡献。

本书第 2、3 章围绕反射面方案及索网形态优化分析展开；第 4 章在既定的反射面索网结构方案基础上，结合 FAST 台址的喀斯特洼地环境，详细介绍了作用其上的各种荷载作用及其响应特征；第 5 章围绕 FAST 运营期间特殊的变位方式进行了结构安全性能的评定；第 6 章全面、系统地介绍了支承于 FAST 索网之上的背架结构，详述了背架结构各方案间的比选优化过程，并对采用的结构方案辅以全尺寸模型试验验证；第 7 章集成前述 FAST 各关键技术研究成果，开发了简洁、实用的结构健康监测系统，并搭建应用平台，为 FAST 建成后的各系统协同运营提供了实时可控的安全保障。

第2章　FAST反射面结构方案

2.1　主动反射面工作原理及其支承结构特点

　　主动反射面作为FAST的三大创新点之一,其实质是跟随所观测天体的运动将照射范围内反射面实时调整到指定抛物面位置,使天体发出的平行电磁波经反射面反射后始终汇聚于一点(聚焦),实现望远镜的寻源和自动跟踪过程。对于反射面支承结构而言,寻源过程即是将某个照射角度对应的反射面由基准面调节到指定抛物面,而跟踪过程为跟随天体的运动实时地将该天体照射范围内的反射面调节到抛物面位置[1-3]。因此,反射面可以分为两个状态:基准态和工作态。基准态时反射面为一半径固定的球面,工作态时反射面的形状有无数种,随时间连续变化。但照射范围内的工作面均为一指定抛物面,且其形状及与基准球面的相互位置均可通过优化求得。图2.1给出了基准面与某一工作面的剖面关系示意图(当照射范围位于反射面底部时),反射面口径为500 m,基准面为一半径$R=300$ m的球面,照射范围内工作抛物面的口径为300 m,工作抛物面的焦距为$0.466\,5R$,工作抛物面位于基准球面的内侧,二者的最大距离为67 cm,且工作抛物面的顶点及300 m口径边缘处与基准面重合[4]。

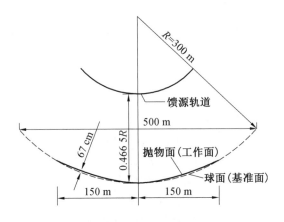

图2.1　基准面与某一工作面的剖面关系示意图

　　图2.2给出了与图2.1对应的基准球面和工作抛物面两条母线在不同位置处的相互距离(沿基准面径向),X轴表示测点到抛物面轴线的距离,在X坐标为106.223 m左右时二者达到最大距离(即$Y=0.67$ m)。根据天体的转动速度可以计算出工作抛物面大约以21.8 mm/s(转动速度为15(°)/h)的速度在基准面上移动。因而图2.2中曲线也表示了在跟踪天体运动过程中,球面上任一点实施抛物面拟合时它的向心高度随时间的变化过程,可以从此曲线的最大斜率推算出跟踪天体运动时它的最大变化率为1 mm/s。由此可见,工作时

反射面虽然处于一个时变的运动状态,但是运动速度非常缓慢。

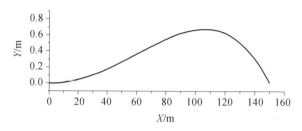

图 2.2　抛物线到圆弧的法向距离

显然像 FAST 主动反射面这样一个特殊的巨大科学设施,对其支承结构必然会提出一系列有别于常规结构的特殊要求。首先,目前 FAST 是世界上口径最大的射电望远镜,其面积约为美国 Arecibo 望远镜的 2.5 倍,相当于 30 个足球场地,因而其反射面支承结构是迄今从未有过的一个巨型大跨空间结构;其次,反射面的主动性对其支承结构提出了可调控的要求,为了实现望远镜的寻源和跟踪,必须能够实时地将照射范围内反射面调整到指定抛物面位置,同时为了降低工作时反射面调整的难度,必须具有自重轻的特点,即反射面结构必须是一种轻型的可实时调控的结构;再次,根据 FAST 电性能的要求及其科学目标,对反射面成型精度提出的总体要求为拟合均方根小于 5 mm,对于如此大的跨度(500 m),精度要求如此之高,可见其反射面支承结构实质上是一个高精度的巨型机械装置;最后,该工程位于贵州的喀斯特洼地,其地貌比较适合于建造球冠状的 FAST,但是也并非一理想球面,因此反射面支承结构形式必须做到因地制宜,否则将大大增加下部基础的土方工程,增加项目的总体造价。通过上述分析可知,FAST 反射面支承结构实质上是一个超大跨度、超高精度要求、形状实时可调的轻型巨型机械系统[5-10]。

2.2　主动反射面支承结构总体方案

索网结构是一种常见的空间结构形式,它结构形式灵活,可以根据结构功能自由构建所需的结构形状;索为受拉构件,可充分发挥材料的使用效率,使得结构自重非常轻。FAST 反射面支承结构形状(球面、无数抛物面)及边界条件(喀斯特洼地)均较为复杂,比较适于选用索网结构,并且索网具有很强的变形能力,有利于实现工作时反射面的变位。

FAST 反射面柔性索网支承方案为:按照一定的网格划分方式编织成 500 m 口径的球面主索网,将主索网的四周固定于周边支承结构上,每个主索网节点设置下拉索作为稳定索和控制索(在下拉索的下端设置促动器),来实现反射面基准态的成形和工作态的变位,这种由球面索网(主索网)、下拉索和周边支承共同构成的结构称为整体索网结构(图 2.3)。

反射面板是望远镜直接接收天体辐射电磁波的部分,在主索网上必须铺设反射面板,反射面板一般采用厚 1 mm 左右的开孔铝板或铝丝网,其面外刚度很弱,因此必须在索网网格范围内设置一层支承结构[11],并对其进行适当的网格划分,以方便铺设反射面板,这一局部支承体系一般称为"背架结构"(图 2.4)。背架结构自身具有一定的刚度,仅通过其角点与主索网节点相连,并且通过构造措施保证其只以荷载的形式作用于主索节点,即在反射面变位时,背架结构不参与索网结构的共同作用。这样就形成了由"整体索网结构＋背架结构"共同支承 FAST 反射面的总体方案,在确定主索网格形状及主索节点形式时必须结合背架结构综合考虑,而在进行索网结构优化及背架结构选型时可以单独研究[12-14]。

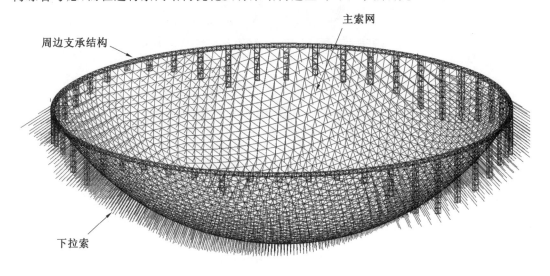

图 2.3　整体索网结构

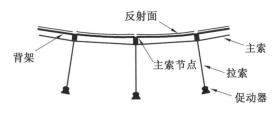

图 2.4　背架结构与整体索网结构示意图

　　主索节点是整体索网结构中较为关键的环节之一,起着连接主索、下拉索及背架结构的作用。建筑领域一般采用夹具将相互交叉的拉索连接在一起,即拉索在交叉点不断开,这种连接方式在安装过程中很难精确控制索端各自的预应力。FAST 索网结构采用在主索节点处将主索断开的连接方式,图 2.5 以三角形网格背架结构方案为例给出了连接示意图,这种连接方式可以通过对每根主索的精确下料来保证结构的整体安装精度,同时也具有便于主索节点及背架角点的设计、能避免夹具对拉索的损伤等优点[15]。

　　喀斯特洼地与理想球面相距甚远,山体地质条件也存在一些不确定因素,考虑到反射面支承结构应该是一个均匀的整体结构,且有高精度要求,因此不宜将球面主索网的四周直接固定于山体上[16]。因此,团队提出采取格构式钢圈梁与周边主索连接的方案,圈梁由格构式钢柱支承,钢柱的高度随喀斯特地貌做相应变化,钢圈梁和柱共同组成了索网周边支承结构,图 2.6 为其结构示意图。这种支承方案简化了主索边界的构造连接,且易于主索网格的划分;闭合的圈梁具有良好的平面内刚度,且通过改变不同高度柱的截面可以使得钢圈梁刚度相对均匀,总体来看,结构形式相对简单,传力路径直接明了。

　　综上所述,研究团队提出了由"整体索网结构＋背架结构"共同支承 FAST 主动反射面的总体方案,其中整体索网结构由三部分组成:主索网(包括主索节点)、下拉索(包括促动器)和周边支承结构。

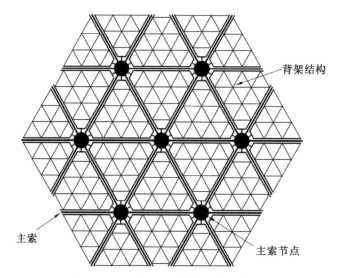

图 2.5 主索与背架结构连接示意图

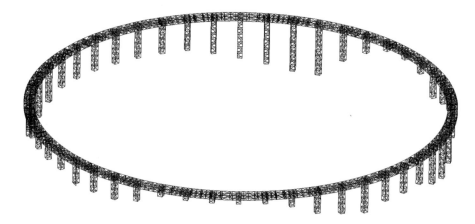

图 2.6 周边支承结构示意图

2.3 索网网格形式的优选

球面索网可以分为三角形网格和四边形网格。三点确定一个平面,采用三角形网格能较好解决背架结构的支承问题,且三角形单元可用来拟合任意曲面(包括球面和抛物面),有利于提高反射面的拟合精度。采用四边形网格方案时,球面上的四点无法同时移到指定的抛物面上,则会影响反射面的拟合精度。另外,三角形单元与四边形单元相比其平面形状稳定性要好,其构成的球面索网面内形状更加稳定,在工作变位过程中索网形状也更易控制。因此,本书认为宜采用三角形单元作为球面索网的划分单元。

对球面三角形网格而言,仍存在多种划分方式,常见的有三向型网格、凯威特型网格及短程线型网格等[17]。FAST 的寻源和跟踪会将球面索网的任意区域调节到指定抛物面上,因此从某种意义上来讲,球面索网的网格划分越均匀、主索网各索段受力的主次之分越不明显,同时球面网格的种类数越少,越有利于反射面结构(包括主索、背架结构等)的加工制作。下面对不同网格划分方式进行对比分析。

(1) 三向型网格是由三组相互平行的大圆对球面切割而成(图 2.7(a)),适合于矢跨比较小的球壳,否则划分的网格尺寸差异较大。FAST 反射面的矢跨比(1/3.72)较大,并且网格尺寸的大小将直接影响球面背架结构形式与抛物面的拟合精度,因此认为三向型网格不适合 FAST 反射面球面索网结构的划分。

(2) 凯威特型网格根据主肋的根数通常可以分为 K6 型(图 2.7(b))和 K8 型(图 2.7(c))。图中粗线为网格的主肋。这种划分方式对称性好,网格相对较均匀,在建筑领域常用于圆形屋顶的单层网壳结构。

(3) 短程线型网格是将完整球面划分为 20 个相同的等边三角形,与其对应的大圆弧为短程线型网格的基本网格线,然后再按照等弧长原则对基本网格进行细划分。根据基本网格交点在反射面上位置的不同,可以将短程线型网格分为 3 种(图2.7(d)、(e)及(f)),其中粗线即为基本网格。短程线型网格仅基本网格交点与 5 个三角形相连,其他节点均与 6 个三角形相连。这种划分方式具有传力路径短,索长度也比较均匀[18-21]的优点。表 2.1 列出 2 种凯威特型网格和 3 种短程线型网格的一些关键参数。由于划分方式的不同,三角形单元的边长均相近(为 11 m 左右),所以主索、拉索的数量均相近,同样主索节点数量(等于拉索的数量)及背架结构的数量(约为拉索数量的 3 倍)也分别相近;短程线型网格的背架结构种类数较少,易于背架结构的加工,但凯威特型对称性较好,主索的种类数较少。图 2.8 给出了不同网格主索长度的分布情况,凯威特型(尤其是 K8 型)网格主索长度范围为8.3 ~ 15.3 m,比较离散;而由于三种短程线型网格划分方式的本质是一样的,其主索长度分布趋势一样,且相对比较均匀,长度范围为 10.5 ~ 12.5 m。网格划分的均匀程度其实也代表了索网受力的均匀性。

表 2.1　不同网格对比

网格	主索数量	控制索数量	背架种类数	对称轴数	网格(受力)均匀程度
凯威特型 K6	7 140	2 269	406	6	不均匀
凯威特型 K8	7 008	2 209	300	8	不均匀
短程线一型	7 020	2 289	约 250	2	较均匀
短程线二型	6 985	2 276	约 250	5	较均匀
短程线三型	7 035	2 295	约 250	3	较均匀

为了说明不同划分方式对索网受力均匀程度的影响,分别对 2 种凯威特型网格和 3 种短程线型网格索网的基准态进行初始形态分析(具体过程参见 3.1 节),分析时其他计算条件均相同。图 2.9 给出了不同网格主索应力分布图,图 2.10 ~ 2.14 分别给出了不同网格主索的应力云图。可以看出,2 种凯威特型网格在主肋处索网应力不均匀,出现松弛现象,同时主肋的应力也高达 1 000 MPa 以上;而短程线型网格的应力分布比较相似,应力范围为228 ~ 866 MPa,相对比较均匀,应力较小的索单元主要分布于基本网格的交点处,基本网格对应的极个别索单元应力较大。总之,短程线型网格比凯威特型网格索网受力均匀,这与网格尺寸的均匀性是对应的。

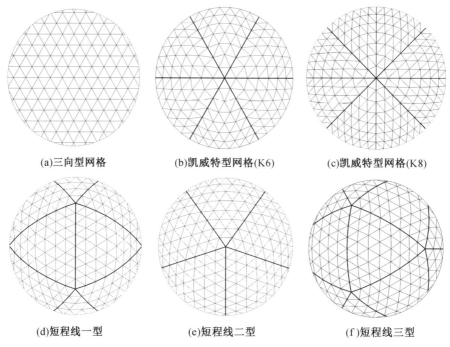

(a)三向型网格　　　　　(b)凯威特型网格(K6)　　　　(c)凯威特型网格(K8)

(d)短程线一型　　　　　(e)短程线二型　　　　　　(f)短程线三型

图 2.7　三角形网格划分示意图

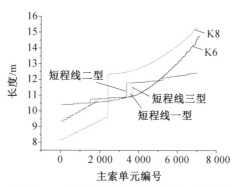

图 2.8　不同网格主索长度分布(后附彩图)

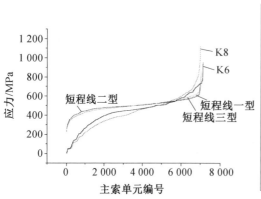

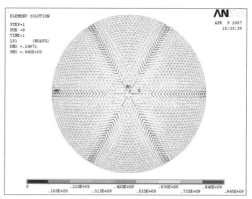

图 2.9　不同网格主索应力分布图(后附彩图)　　图 2.10　主索应力云图(K6)(后附彩图)

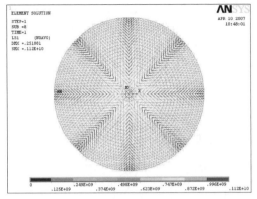

图 2.11　　主索应力云图(K8)(后附彩图)

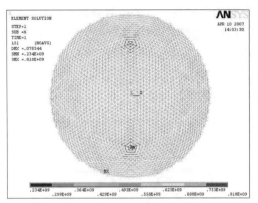

图 2.12　　主索应力云图(短程线一型)(后附彩图)

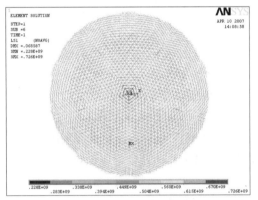

图 2.13　　主索应力云图(短程线二型)(后附彩图)

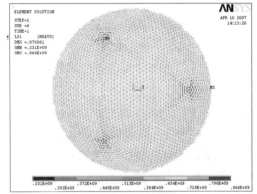

图 2.14　　主索应力云图(短程线三型)(后附彩图)

综上所述,表 2.1 给出了球面索网不同三角形网格划分方式的各项对比结果,可以看出凯威特型网格索网的对称性较好,使得主索的种类数较少,但是网格(受力)均匀程度及背架结构的种类数均不如短程线型网格优越;3 种短程线型网格划分比较均匀,索网应力也比较均匀,背架种类数也基本一样,且短程线二型网格为 5 轴对称,对称性也相对较好。因此,认为短程线型网格为 FAST 球面索网的较优划分方式,尤其是短程线二型。

2.4　　反射面的拟合精度及网格尺寸的确定

根据天文观测的需要,要求反射面与工作抛物面拟合偏差均方根值在理想情况下(不考虑加工、制作及主索网调节误差) 小于 2.5 mm,且统计样点应在反射面上均匀布置,间距不大于 2 m 较为合适。而通过下拉索仅能对主索节点(即背架结构角点) 进行调控,背架结构的中间节点只能做相应随动,为了减小反射面与工作抛物面的拟合误差,可以将背架结构的上表面做成球面(或近似球面) 形状,工作时用球面单元子块去拟合抛物面,通过改变背架结构尺寸大小可以使得反射面满足拟合精度的要求。背架结构尺寸越小,拟合精度越高,但同时也增加了索单元的数量,尤其是增加了下拉索的数量,从而增加了系统的控制难度及工程总造价。

球面索网按照三角形网格划分时,背架结构较合理的布置方式有两种:三角形背架(图2.15)和六边形背架(图2.16),但两种方式均通过三个角点与主索节点相连。两种布置方式各有优缺点:三角形背架的尺寸较小,易于加工制作;六边形背架的数量为三角形背架的一半,其每个主索节点与三个背架节点相连,构造相对简单。本节在确定球面索网单元网格尺寸时采用三角形网格进行计算。

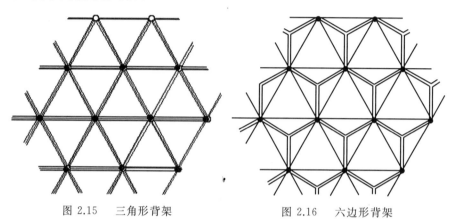

图 2.15   三角形背架   图 2.16   六边形背架

背架结构与抛物面的拟合过程实际上是一个优化过程,优化参数主要有两个:① 球面子块的半径 R_{bj},用各向曲率均匀的球面子块去拟合沿着母线方向曲率各不相同的抛物面,不同 R_{bj} 得到的反射面拟合精度也不同(图2.17(a));② 背架角点与抛物面偏离距离 d_x,并非将背架结构角点(主索节点)调控到抛物面上(图2.17(b))时拟合精度最优,而是将其角点偏离抛物面一定的距离 d_x 时拟合精度最优(图2.17(c)),在抛物面曲率半径不同的地方此偏离距离 d_x(下标 x 表示背架角点与抛物面轴线的距离)也不同。

在球面索网单元网格尺寸一定的情况下,对于一个给定的背架结构半径,可以求得索网主索节点与抛物面偏离距离 d_x 的最优值,同时得到反射面抛物面的拟合偏差均方根最小值,通过参数分析可以求得最优的背架结构半径及相应的 d_x 最优值,同时得到反射面与抛物面的拟合偏差均方根值。同理,在上述分析的基础上,通过参数分析可以求得合适的单元网格尺寸及相应的 d_x 最优值。

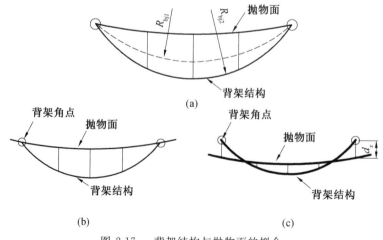

图 2.17   背架结构与抛物面的拟合

　　下面介绍在单元网格尺寸一定、背架结构半径一定的情况下,主索节点与抛物面最优偏离距离的求解方法。以三角形网格边长为 11 m 左右的短程线型网格为例,背架结构半径取 300 m,在每一块球面背架结构上均匀选取 45 个节点作为反射面拟合误差计算时的统计点(图 2.18),统计点的间距约 1.4 m。

　　第一步:将照射范围内所有主索节点(背架角点)调节到指定抛物面上(仍以图 2.1 所示抛物面为例),此时整个照射区域内反射面与抛物面的拟合偏差均方根值 RMS_0 为 5.4 mm。

　　第二步:以主索节点附近区域各背架上统计点(图 2.19 中虚线范围内节点)与抛物面的平均距离作为 $[d_{x1}]$ 反向调节背架角点,得到反射面与抛物面拟合偏差均方根值 $RMS_1 =$ 3.0 mm,但此时由于背架角点之间的相互影响,RMS_1 并未完全达到最优。

　　第三步:重复第二步,直到 RMS 值区域稳定为止,即 $|RMS_i - RMS_{i-1}|$ 小于一个较小的数(本节取 0.1 mm),此时主索节点相对于抛物面的偏差 $[d_x] = [d_{x1}] + [d_{x2}] + \cdots + [d_{xi}]$,同时得到相应的拟合偏差均方根值 $RMS = RMS_i = 2.4$ mm。

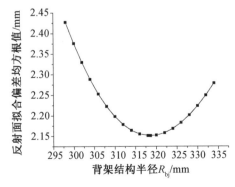

图 2.18　背架结构拟合点的选取

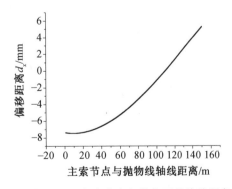

图 2.19　背架结构拟合计算示意图

　　采用上述方法,对不同背架结构半径的情况进行分析。图 2.20 给出了单元网格为 11 m 左右时,不同反射面半径背架结构与抛物面拟合偏差均方根值,R_{bj} 的最优值为 318.6 m,此时拟合均方根值约为 2.17 mm。图 2.21 给出了沿着母线方向在不同位置主索节点与抛物面的偏移距离 d_x,其中正值表示向内侧调节,负值则反之,最大偏移距离约为 7 mm。图 2.22 给出了不同单元网格尺寸在最优背架结构半径时,反射面与工作抛物面的拟合均方根。

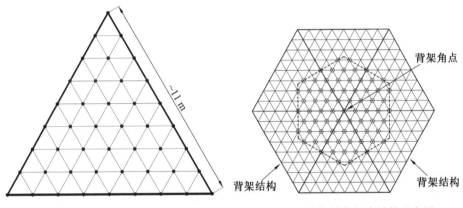

图 2.20　拟合精度与背架结构半径的关系

图 2.21　主索节点与抛物面的偏移距离

从图 2.22 中可以看到,当三角形网格边长为 11 m 时,反射面与抛物面的拟合精度可达 2.2 mm,较好地满足了 FAST 望远镜反射面的精度要求(RMS≤2.5 mm),本节最终确定反射面索网结构的基本单元(三角形)边长为 11 m,且相应的背架单元尺寸也与索网网格尺寸相适应。另外,后文所提及的将主索节点由基准面调控到抛物面均考虑了主索节点与抛物面的偏移距离 d_x。

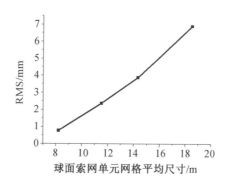

图 2.22　单元网格尺寸与反射面拟合均方根值关系图

确定了球面索网单元网格的形状和大小,即可得到整体索网结构的关键参数,即球面主索长度为 11 m 左右,约 7 000 根,主索节数为 2 300 个,同时也可得出背架结构数量约为 4 600 个。

2.5　索网调控方法及下拉索的布置

下拉索作为索支承方案的一个重要组成部分,它不仅起着稳定索的作用,还同时起着控制索的作用,其根数越多控制系统越复杂,工程总造价及服役期间的运行维护成本也越高。在单元网格尺寸确定的前提下,下拉索的根数主要由下拉索的布置方式决定。从稳定索角度看,每个主索节点只需设置一根下拉索,即可通过施加预应力使整个结构成为一个稳定体系。因此本节对索网调控方法进行研究,以确定下拉索的布置方式。

将局部主索网由基准球面位置调整到工作抛物面上有两种方法:(1)控制主索节点的三向位移,使工作照射范围内每个主索节点沿基准球面径向变位至抛物面位置,即没有切向位移,照射范围以外的区域索网形状保持不变,这种调控方式需要在每个主索节点设置 3 根下拉索(图 2.23),并且由索网变位过程引起的索网应力响应比较大;(2)每个主索节点只设单根径向下拉索(图 2.24),只调控主索节点的径向变位,而不限制主索节点的切向位移,即在允许主索节点发生自适应切向位移的情况下,将照射范围内主索节点调整到抛物面位置,其相对于方法(1)索网变位过程中的应力响应有可能较小。

根据 FAST 的功能要求,本书所关心的是反射面与抛物面形状的拟合精度,只需保证索网节点调节到指定抛物面上,即只控制索网节点径向运动,而对切向运动不做限制,因此上述的方法(2)因为下拉索数量少可作为首选方式。下面以一个二维索系为例分别对按照方法(1)和方法(2)进行调控时主索网的应力变化进行分析。

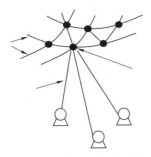

图 2.23　多根下拉索方案　　　　　　图 2.24　单根下拉索方案

　　图 2.25 所示为一由主索和下拉索组成的二维索系,主索形状为一半径为 300 m 的圆弧(基准态),主索的两端固定,在主索节点上设置下拉索,下拉索的下端与促动器相连。 图 2.25(a)、图 2.25(b) 分别表示多根下拉索方案(平面索系只需两根拉索即可)和单根下拉索方案。图 2.25(b) 中标出了两个工作照射范围(中间区域和边缘区域),其中中间区域给出了工作态主索的抛物线形状(仍以图 2.1 所示抛物面为例)。

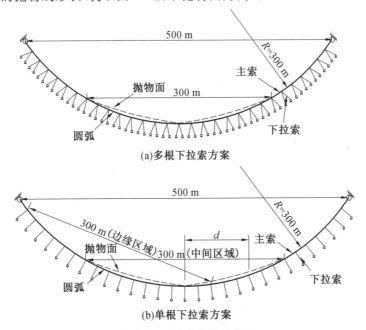

图 2.25　二维索系示意图

　　如果按照方法(1),工作范围内主索节点均沿基准面径向变位到抛物线上,则可以根据抛物线和基准圆弧的几何关系直接求出工作范围内主索在不同位置的应力响应,如图2.26所示,其中横轴为主索与抛物线轴线的距离。 可以看出主索应力响应范围为 − 393 ∼ 0 MPa,主索应力变化最大处位于横轴约 106 m 处,该处也为主索节点调节距离最大处。如按照方法(2),允许主索节点做自适应切向变形,只控制径向位移,每个主索节点只设置一根下拉索,通过给下拉索下端节点施加强迫位移的方法模拟伸长下拉索,分别将图 2.25 中标明的两个 300 m 照射区域(称中间区域、边缘区域)内的主索节点精确地调节到相应抛物面上。 图 2.27 为基准态主索和拉索的应力云图,主索的应力为 500 MPa。 图 2.28 ∼ 2.31 分别为调节后的变形图和应力云图,可以看出变位后主索网的应力水平比较均匀,且图 2.29 与

图 2.31 中主索网的应力云图也相近(分别为不同的工作区域),均为 390 MPa 左右,与基准态的变化量为－110 MPa。图 2.32、图 2.33 分别给出了两个照射区域变位后主索节点的切向位移,可以看出图中的两个峰值点基本位于主索径向变形最大处。显然可以得出结论:主索节点的自适应切向变形不但不影响反射面的拟合精度,反而能够使主索网在变位过程中应力更加均匀,或者说能够减小变位过程中主索的应力变化量,这样可以降低基准态索网的应力储备,使结构更易调控。

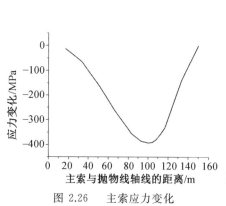

图 2.26 主索应力变化

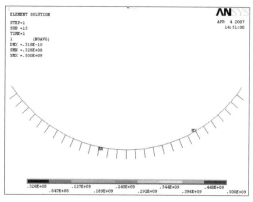

图 2.27 基准态索段应力云图(后附彩图)

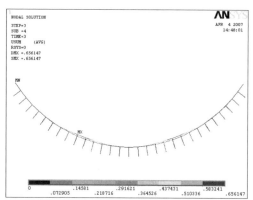

图 2.28 工作态结构变形图(中间区域)(后附彩图)

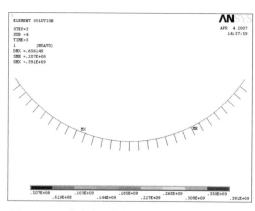

图 2.29 工作态索段应力云图(中间区域)(后附彩图)

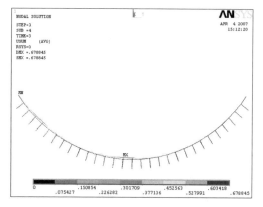

图 2.30 工作态结构变形图(边缘区域)(后附彩图)

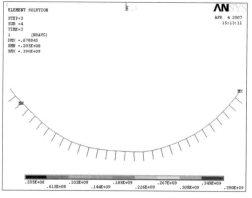

图 2.31 工作态索段应力云图(边缘区域)(后附彩图)

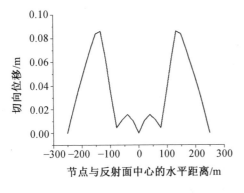

图 2.32　主索节点切向位移(中间区)

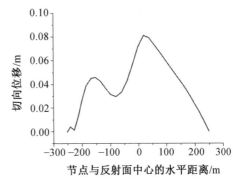

图 2.33　主索节点切向位移(边缘区)

同样以三维 FAST 反射面索网结构为例,对设置多根下拉索和单根下拉索方案分别进行了变位过程的模拟,变位区域为反射面中间 300 m 口径区域。多根下拉索方案为每个主索节点设置三根下拉索,变位时只允许主索节点发生径向变形。图 2.34 为变位后主索网的应力分布图,应力范围为 $-570 \sim 0$ MPa;单根下拉索网方案变位时在允许主索节点发生切线变形的前提下将主索节点调节到指定抛物面上,结果表明只设置单根拉索同样可以实现工作态的变位调节。图 2.35 为变位后主索网应力响应分布图,应力响应范围为 $-289 \sim 117$ MPa。对比二者可以看出单根下拉索方案索网的应力变化幅度为 406 MPa(289 + 117),小于多根下拉索方案的 570 MPa。通过对多根下拉索方案和单根下拉索方案的详细对比分析可知,采用单根下拉索方案在不影响反射面变位调控精度的前提下,具有下拉索根数少、变位时索网应力均匀的优点,因此采取单根拉索方案作为下拉索的布置方式。

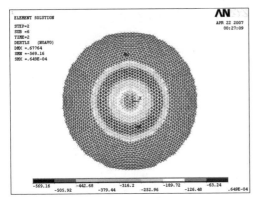

图 2.34　工作态索网应力云图(多根下拉索)

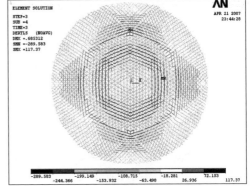

图 2.35　工作态索网应力云图(单根下拉索)

结合球面索网的网格划分,可以得出 FAST 索网结构拉索的根数约为 2 300 根,即主索节点个数。另外,结合喀斯特洼地地貌可以初步得出拉索的长度分布(图 2.36),从 3 m 到50 m 不等,绝大部分拉索长度均在 30 m 以内。

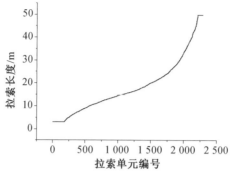

图 2.36　下拉索长度分布

本章参考文献

[1] 南仁东.500 m 球反射面射电望远镜 FAST[J].中国科学:G 辑,2005,35(5):449-466.

[2] 吴盛殷,南仁东.射电天文中焦面阵或多波束馈源的应用[J].天文学进展,2001,19(4): 421-435.

[3] 朱文白.FAST 望远镜天文规划和馈源支承的相关研究[D].北京:中国科学院国家天文台,2006.

[4] 邱育海.具有主动主反射面的巨型球面射电望远镜[J].天体物理学报,1998,19(2): 222-228.

[5] 朱文白.FAST 望远镜馈源运动的描述[R].北京:MEMOs of the FAST,1999.

[6] 罗永峰,邱育海.500 m 口径主动球面望远镜反射面支承结构分析[J].同济大学学报, 2000,28(4):497-501.

[7] REN G X,LU Q H,ZHOU Z.On the cable car feed support configuration for FAST[J].Ap&SS,2001,278(1):243-247.

[8] Nan R D,Ren G X.Adaptive cable-mesh reflector for the FAST[J].Acta Astronomica Sinica,2003,44:13-18.

[9] 张蜀新,彭子龙.中国天文科学大型装置的研制与应用(三)——500 米口径球面射电望远镜(FAST)[J].中国科学院院刊,2009,6:22.

[10] 李辉,朱文白,潘高峰.FAST 望远镜馈源支承中的力学问题及其研究进展[J].力学进展,2011,41(2):133-154.

[11] 李国强,沈黎元,罗永峰,等.大射电望远镜反射面板非线性分析[J].同济大学学报:自然科学版,2004,32(2):161-166.

[12] 钱宏亮,范峰,沈世钊,等.FAST 反射面支承结构整体索网方案研究[J].土木工程学报, 2005,38:18-23.

[13] 钱宏亮,范峰,沈世钊,等.FAST 反射面支承结构整体索网分析[J].哈尔滨工业大学学报,2005,37:750-752.

[14] 哈尔滨工业大学空间结构中心.大射电望远镜 FAST 整体索网主动反射面结构研究报告[R].哈尔滨:哈尔滨工业空间结构研究中心,2004.

[15] 邹国利.FAST 主动反射面随动关节的研究[D].哈尔滨:哈尔滨工业大学,2007.

[16] 贵州地质工程勘察院.贵州省平塘县大窝凼 FAST 候选台址综合工程地质初勘报告[R].北京:贵州地质工程勘察院,2006.

[17] 张毅刚,薛素铎,杨庆山,等.大跨空间结构[M].北京:机械工业出版社,2005.

[18] BUCHHOLDT H A.An introduction to cable roof structures[M].Cambridgeshire:Cambridge University Press,1985.

[19] FORSTER B.Cable and membrane roofs—a history survey[J].Structural Engineering Review,1994,6(3-4):145-174.

[20] MITSUGE J.Static analysis of cable networks and their supporting structures[J].Computers and Structures,1994,51(1):47-56.

[21] FAN F,QIAN H L,SHEN S Z.The design of the cable-net structure for supporting the reflector of FAST[C].Beijing:IASS-APCS,2006.

第 3 章　FAST 反射面索网结构分析及设计方法

3.1　FAST 索网结构初始形态优化

对于建筑领域常见索网或索膜结构的分析，一般包括两个部分：初始形态分析和荷载态分析，据此可以把其分为初始态和荷载态两个状态[1]。而 FAST 反射面整体索网结构则根据其功能可以分为三个状态：基准态（初始态）、工作态及荷载态。基准态为反射体受自重（包括背架结构和索网结构自重）和预应力的共同作用下主索节点位于指定球面上的状态，与一般索网结构不同，其对索网的形状提出了严格的要求。工作态为其他索网结构所没有的状态，索网结构承受下拉索促动器施加的一种强迫位移荷载，荷载大小由结构响应控制，即保证将照射范围内主索节点调节到指定抛物面上，因此也称这种强迫位移荷载为变位荷载。由于照射方向的任意性，这种变位荷载工况数也为无数种，并且为 FAST 索网结构的主要荷载（后文分析表明）。由于 FAST 拟建台址（贵州特定的喀斯特地区）受降雪、地震等作用影响很小，所受的荷载主要为温度和风荷载，其中风荷载可以分为两种：工作风速和极限风速。

通过上述分析可知，与常见索网结构不同，FAST 索网结构基准态是一个严格控制索网形状的状态；更重要的是 FAST 索网结构还多了一个具有无数种工况数（由照射方向的不同而引起）的工作态，且工作态自身（照射范围内工作抛物面与基准面的位置关系）的确定也需要一个优化的过程。因此，基准态索网结构参数（索网应力水平和索段截面）的确定必须保证工作态变位的要求和极限荷载作用下结构的受力要求，图 3.1 为三种状态间的关系示意图。本章首先对基准态、工作态及荷载态分别进行详细的研究，然后在此基础上综合确定 FAST 索网结构的设计方法。所以本章分为四部分：FAST 索网结构初始形态优化、FAST 索网结构变位分析及优化、FAST 索网结构设计方法研究。

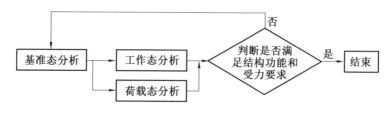

图 3.1　基准态、工作态、荷载态关系示意图

索网结构由单个柔性索段组成，索段本身在自然状态下不具有基本刚度，只有对索网结构施加适当预应力才能获得满足承载要求所需的形状和刚度，因此对于索网结构有一个形态分析过程[1,2]。形态分析往往可以分为两类问题：（1）找形问题（Form-finding），先给定结

构内预应力分布状态,然后求满足该预应力态和边界条件的结构形状,一般柔性结构(索网、薄膜及索膜结构)均属于此类问题,其分析方法比较成熟,常见的有动力松弛法、力密度法及非线性有限元法等[3-10]。(2)找态问题(State-finding),预先给定结构的形状,然后求解满足该几何形状要求的自平衡预应力态,该类问题在实际工程中较少遇到。FAST 主动反射面的基准面为一球面(即结构形状已知),而预应力状态未知,显然属于找态问题。本节采用逆迭代法进行初始形态分析,其实质也是一种非线性有限元法[11-13]。

3.1.1　索网结构初始形态分析方法 —— 逆迭代法

FAST 索网结构基准态形态分析实质是寻求合适的索网初始预应力分布,使索网在预应力、索网自重和上部背架结构自重的共同作用下,其主索节点均在特定球面(基准面)上。逆迭代法用于结构形状已知,而预应力未知的初始预应力态分析问题,利用有限元计算方法,逐步调整节点初始计算坐标来寻求满足结构形状要求的初始预应力分布。下面以一个简单的二维结构(图 3.2)为例,来说明采用逆迭代法进行初始预应力态分析的步骤[14-16]。

逆迭代法的目标是使结构在预应力作用下处于平衡状态时节点 m 位于图中虚线位置(以下称为目标位置)。第一步:以目标位置作为初始计算位置(图 3.2(a)),给定各索一组初始计算预应力(一般情况下,结构在给定的初始预应力、索段及上部结构自重的作用下,处于不平衡状态),平衡状态时节点 m 偏离目标位置 d_1 距离(图 3.2(b));第二步:将偏离位移 d_1 反向加于初始状态(即调整索网的初始计算位置),得到图 3.2(c),初始计算预应力不变,在预应力和结构自重作用下经过重新计算得到结构再次处于平衡状态时节点 m 偏离目标位置距离为 d_2,但 $d_2 < d_1$;第三步:重复第二步进行迭代,由于 d_i 越来越小,结构最终能够在满足精度的范围内到达目标状态。本节采用大型有限元软件 ANSYS 的 APDL 语言,编制了 FAST 索网结构初始形态分析程序模块,实现了整个初始预应力态分析过程。

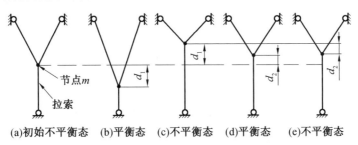

(a)初始不平衡态　(b)平衡态　(c)不平衡态　(d)平衡态　(e)不平衡态

图 3.2　逆迭代法示意图

下面以 FAST 反射面整体索网结构为例,采用逆迭代法进行形态分析。反射面板及背架以集中荷载(合约 0.1 kN/m²)的形式作用于主索节点,分析时主索及拉索的直径分别取相同值,主索为 34 mm,拉索为 12 mm;主索和拉索初始计算预应力值也分别取相同值,主索为 500 MPa,拉索为 400 MPa,经过三次迭代后,主索节点与目标位置(即球面节点)的距离即可小于 0.1 mm。图 3.3 为主索网的应力云图。图 3.4 给出了每次迭代后主索节点距离目标位置的距离,其距离最大值依次为 0.239 0 m、0.014 1 m、0.000 9 m 和 0.000 1 m,可见采用逆迭代法对 FAST 索网结构进行初始形态分析效率非常高,是一种切实可行的初始形态分析方法。图 3.5 给出了初始预应力态索网的应力分布,主索的应力范围为 234 ～

818 MPa,大部分索的应力在 $400 \sim 600$ MPa 之间;拉索的应力范围为 $70 \sim 650$ MPa,大部分应力在500 MPa左右,可以看出,初始输入的计算应力值与结构处于平衡态时的应力值不同,且局部有不均匀现象。

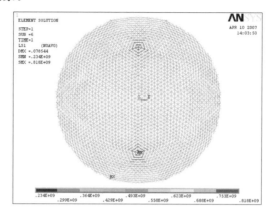

图 3.3   主索网应力云图(后附彩图)

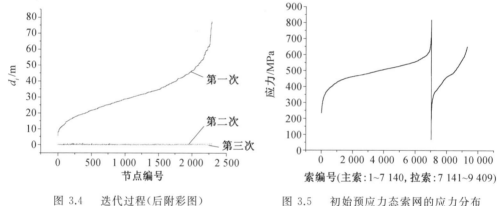

图 3.4   迭代过程(后附彩图)   图 3.5   初始预应力态索网的应力分布

利用逆迭代法对 FAST 索网结构进行初始形态分析时,其实质是求得一组内力分布,使索网结构主索节点在基准球面位置平衡。对于逆迭代法而言,输入不同的初始预应力及不同的索网初始截面求得的基准态索网内力水平也不同,下面分别举例说明。

图 3.6 分别给出了主索初始预应力为 400 MPa、500 MPa、600 MPa(其他条件与图 3.3 分析时相同)时所求得的基准态主索网的内力分布,由图中的 3 条曲线我们可以看出:初始预应力越大,得到的平衡态索网内力水平越高。图 3.7 分别给出了索直径为 24 mm、34 mm、44 mm,主索初始预应力统一为 400 MPa 进行分析(其他条件与图 3.3 分析时相同)时所求得的基准态主索网的内力分布,由图中的 3 条曲线可以看出:索直径越大,得到的基准态索网内力水平越高。因此在进行索网的设计分析时,可以根据需要通过改变初始预应力或初始截面得到合适的基准态索网内力水平。

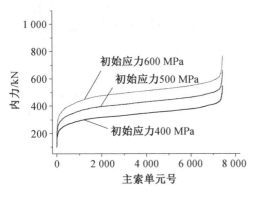

图 3.6　不同初始预应力主索单元内力分布图

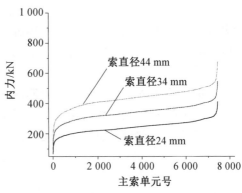

图 3.7　不同索直径主索单元内力分布图

　　通过本节的分析可以得出结论:逆迭代法是一种切实可行的初始形态分析方法,适用于初始形状确定、应力分布未知的找态问题;通过改变初始预应力或初始截面可以得到不同内力水平的初始平衡态。

3.1.2　索网截面优化

　　在利用逆迭代法进行索网结构初始形态分析时,所有主索均采用同一种截面(拉索亦如此),因此需要对索网的截面进行优选。另外,虽然短程线型球面索网的网格划分比较均匀,但是在利用逆迭代法进行初始形态分析后得到的索网内力仍存在局部不均匀现象(图 3.3),在主索截面相同时,主索网的应力范围为 234 ～ 818 MPa,部分索单元的应力已经超过正常索结构的设计强度值,部分索单元(位于短程线型基本网格的交点附近)的应力较小,有可能满足不了索网工作变位的需要,这也是基准态初始形态分析阶段需要解决的问题。

　　对索网结构进行初始形态分析,实质得到是一组使索网节点在基准球面位置平衡的内力,只要保证索网内力不变,主索节点在基准球面位置仍能平衡。因此提出采用"等拉力替换"的方法来确定索网的截面(或者说改变索网的应力水平),即保证每个索单元的内力(拉力)不变,通过改变索单元的截面面积可以得到索网的目标应力水平,此时结构仍然基本处于平衡状态(索网自重变化对结构有微小影响)。下面具体说明"等拉力替换"的具体操作过程。

　　第一步:利用逆迭代法求得一组基准态索网内力 $[F_i]$,其中 i 为索单元编号。

　　第二步:假设基准态索网的目标应力水平为 σ,则第 i 根索的理想面积 $A0_i = F_i/\sigma$,求得每根索的理想面积 $[A0_i]$。

　　第三步:由于实际上索的横截面积是有规格系列的,故应根据索的规格选取横截面积与 $A0_i$ 最接近的索作为第 i 根索,设其面积为 A_i,为了保持索单元的拉力不变,则 $\sigma_i = F_i/A_i$,求得每根索的面积 $[A_i]$ 和对应的应力 $[\sigma_i]$。

　　第四步:建立有限元模型,索单元的面积为 $[A_i]$,初始应力为 $[\sigma_i]$,节点坐标由理想基准面求得。由于索单元的截面发生了变化,即索网自重发生了微小变化,因此索网的平衡位置与理想基准态仍有微小差别,只需利用逆迭代法再进行一次迭代即可。

　　利用"等拉力替换"法可以得到每根索单元应力 σ_i 均比较接近于目标应力 σ 的索网模型,同时也得到了索单元相应截面 A_i。图 3.8、图 3.9 分别为基准态索网目标应力为

400 MPa 和 500 MPa 时,在图 3.3 索网模型基础上利用"等拉力替换"法得到的基准态主索网的应力云图,可以看出二者的应力范围分别为 375 ~ 426 MPa 和 465 ~ 534 MPa,与目标应力均比较接近。图 3.10 分别给出二者的主索截面分布图,显然在索网内力一定的情况下,应力水平越高,索截面越小。

通过分析可知,对于特定的一组索网内力,可以根据需要利用等拉力替换方法得到合适的索网应力分布,同时确定索的截面。需要说明的是本节是以主索网的例子来说明等拉力替换法的可行性,该法同样也适用于反射面索网结构的拉索。

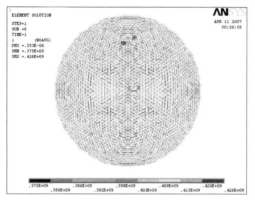 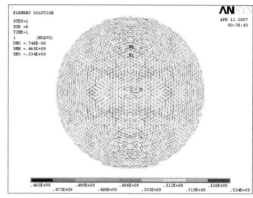

图 3.8   主索网应力云图(400 MPa)(后附彩图)　图 3.9   主索网应力云图(500 MPa)(后附彩图)

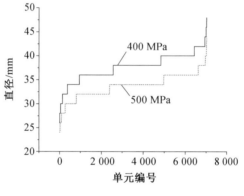

图 3.10   主索截面分布

3.1.3   索网局部内力调整

利用"等拉力替换"法虽然提高了部分原来应力较小(内力亦小)的索单元应力水平,但并没有改变其内力水平,由于其内力主要是用来平衡结构自重(包括背架),因此尽管它的应力水平增加了,用于索网工作变形的应力储备增加量却很小,有可能不满足索网变位的需要。图 3.11 为对图中圆圈区域索网进行变位调节后得到的应力云图(计算模型为与图 3.9 对应模型,变位模拟方法见 3.2 节,抛物面与基准面的几何关系与图 2.1 相互对应),可以看出变位范围内短程线型基本网格交点区域的下拉索的应力已经发生松弛(应力为零)。实际上,它说明与发生松弛的下拉索对应的主索节点未能调节到指定抛物面上。因此,必须增加基本网格交点区域索网的内力水平,才能保证其具有足够的用于变位的应力储备。当然通过整体增大索网计算应力可以达到上述目的,但同时也会导致索网整体应力水平的增加,尤其增大了下拉索的拉力,即增大了促动器的作用力,这需要对促动器的工作性能指标提出更高的要求,无疑会较大程度增加促动器的加工、制作成本,同时也会增加系统运行控制难度。下面针对短程线型网格(尤其是基本网格交点区域)的划分特性,研究解决上述问题的办法。

图 3.12 为短程线一型网格划分示意图,将基本网格(粗实线)交点区域放大(图 3.13),并标明了基本单元(与基本网格对应单元)与相邻索单元的夹角,可以看出此区域网格划分均匀程度稍差。假设与基本单元相交的其他索单元的内力水平相同,为了保持每个节点的平衡,基本单元内力必然呈指向基本网格交点逐步递减的趋势;这同样也预示基本单元必须具有足够大的内力储备,才能保证其递减到基本网格交点时仍具有满足要求的内力水平。

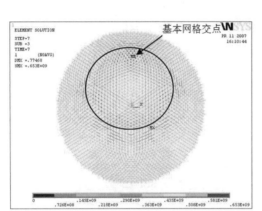

图 3.11　索网应力云图(工作变位后)(后附彩图)　　图 3.12　短程线一型网格划分示意图

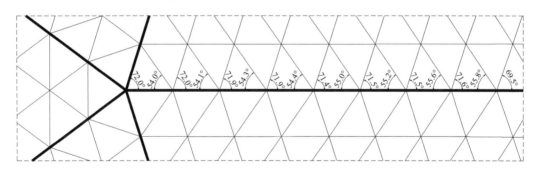

图 3.13　基本网格交点区域放大图

基于上述分析,本节给出了子索网内力叠加法和局部修改计算应力法两种方法来提高短程线型基本网格交点区域索网的内力水平,下面分别进行说明。

1.子索网内力叠加法

该方法的基本原理为:给整体索网结构的局部子索网结构叠加上一组自平衡内力,整体索网结构仍处于平衡态,此时,局部子索网结构的内力必然得到相应增加。下面结合具体实例来说明操作过程。

第一步:利用逆迭代法求得一组基准态索网内力$[F1_i]$(图 3.14 为优化前内力云图,与图 3.3 的应力云图相对应,索截面按照"等拉力替换"方法进行了替换),其中 i 为索单元编号。

第二步:选取与基本网格对应的主索和下拉索构成一个子索网,此子索网为一个自平衡体系,利用逆迭代法对其进行初始形态分析,可以得到一组内力$[F2_i]$(图3.15),使子索网在基准态位置保持平衡。采用逆迭代法分析时,主索及拉索分别取与整体索网相同截面,初始预应力取整体索网形态分析时的大约1.5倍比较合适;另外需要说明的是,此处不需要考虑子索网及背架结构自重。

第三步:将图3.14所示的整体索网内力$[F1_i]$与图3.15所示的子索网内力$[F2_i]$相加得到一组索网内力$[F_i]=[F1_i]+[F2_i]$(图3.16),此时$[F_i]$仍为一组能够使索网在基准态位置平衡的内力。

第四步:根据第三步求得的基准态索网内力$[F_i]$,利用"等拉力替换"法根据目标索网应力水平确定索截面。

通过上述分析,采用子索网内力叠加法可以提高基本单元网格的内力水平,且增加量即为对应的子索网内力。

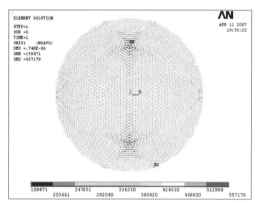

图3.14　优化前索网内力云图

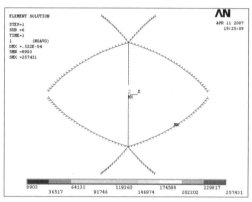

图3.15　自平衡子索网内力图

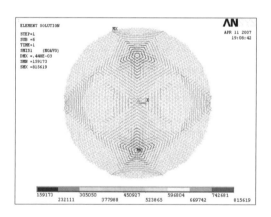

图3.16　优化后索网内力云图(子索网内力叠加法)

2.局部修改计算应力法

该方法具体做法为:在利用逆迭代法进行整体索网结构的初始预应力态分析时,加大局部索网的计算应力,从而加大其初始预应力态的应力。通过仅加大基本网格交点区域局部索网(图 3.17 中粗实线部分)计算应力,结果并未达到预期的效果,这与前文结合图 3.13 分析得到的结论是一致的。因此选取局部索网时必须结合球面索网的网格划分特性。

选取基本网格上的索单元及基本网格交点区域索单元为该局部索网(图 3.18 中粗实线部分),主索直径取 34 mm,拉索直径取 12 mm;基本网格主索计算应力取 1 500 MPa,其他主索计算应力取 500 MPa,拉索计算应力均取 400 MPa,利用逆迭代法进行初始形态分析,得到如图 3.19 所示基准态索网内力。此时基本网格索单元也同样具有较高的应力水平,采用"等拉力替换"法根据索网目标应力水平确定索截面,即可得到较优的索网基准态模型。

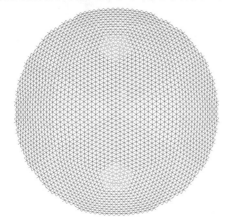

图 3.17　局部索网的选取方式(一)　　　　　图 3.18　局部索网的选取方式(二)

另外,从图 3.16、图 3.19 可以看出,在短程线型基本网格交点附近仍有部分主索单元(非基本索单元)的内力水平较小,但由于与其相连的基本索单元内力水平提高了,其对应下拉索的拉力增加了,也同样满足工作变位对索网应力储备的要求。对优化后的索网结构(图 3.19 所示的采用等拉力替换法后的模型)进行工作变位调节的模拟(调节区域与图 3.11 相同),图 3.20 为变位后索网应力云图,主索节点可以调节到指定抛物面上,且索网未有松弛现象。为了验证上述内力分布优化方法,对短程线型划分方式二(采用局部修改计算应力法)、划分方式三(采用子索网内力叠加法)也进行了分析,图 3.21 和图 3.22 分别为二者优化后的索网内力云图,结果表明均能提高基本单元交点处索网的内力水平,说明本节提出的初始内力优化方法是可行且有效的。

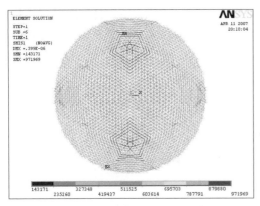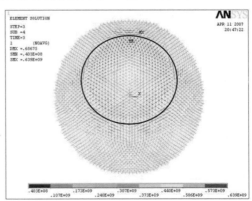

图 3.19　优化后主索内力(局部修改计算应力　　　图 3.20　索网应力(工作变位后)(后附彩图)
　　　　　法)(后附彩图)

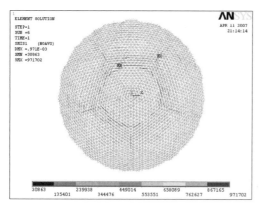
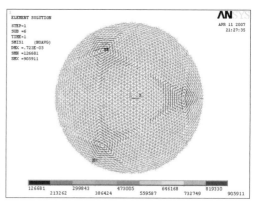

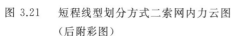

图 3.21　短程线型划分方式二索网内力云图　　　图 3.22　短程线型划分方式三索网内力云图
　　　　　（后附彩图）　　　　　　　　　　　　　　　　（后附彩图）

　　由上述分析可知,子索网内力叠加法和局部修改计算应力法均能增加短程线型网格主肋交点区域索单元的内力。前者必须找到相应的自平衡子索网结构,且只能改变子索网的内力水平,局限性较大;后者使用起来相对灵活,可以通过修改局部索单元计算应力来改变基准态局部索网的内力水平,在实际设计阶段可以根据实际情况,对索网内力分布进行细化微调。

3.1.4　不同背架结构自重对结构的影响

　　基准态是索网结构在结构自重(包括索网和背架结构自重,其中索网自重相对较小)和索网预应力共同作用下主索节点处于指定球面位置的状态,前文对索网结构初始形态的分析主要为对求解合适的基准态初始应力分布的方法进行研究。结构自重作为 FAST 整体索网结构的主要荷载之一,对索的截面及下拉索的拉力有直接的影响[17,18]。

　　本节分别对背架结构自重为 10 kg/m²、13 kg/m² 及 16 kg/m² 的索网结构进行初步设计(索网自重由程序自动计算),设计方法见 3.3 节,选取了 100 个典型的照射方向按照抛物面三进行变位调控(抛物面三为一种相对较优的工作抛物面,具体见 3.2 节)。图 3.23 ～ 3.25 分别给出了三种索网结构在不同工作状态下拉索的拉力情况,图 3.26 给出了三种索网结构的索截面分布情况。表 3.1 给出了不同指标的统计值,可以看出,背架结构自重越大,拉索最大拉力、平均拉力及主索截面直径越大。由此可以看出,背架结构自重对索网结构的影响很大,自然成为结构选型时的关键指标,也对背架结构的优化具有非常重要的意义。

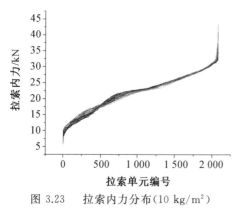
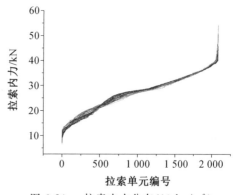

图 3.23　拉索内力分布(10 kg/m²)　　　　　图 3.24　拉索内力分布(13 kg/m²)

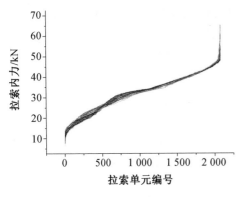

图 3.25　拉索内力分布(16 kg/m²)

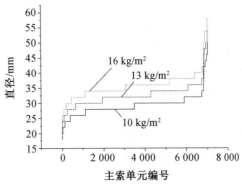

图 3.26　主索截面分布

表 3.1　不同背架结构指标的统计值

背架自重 /(kg·m⁻²)	拉索最大 拉力 /kN	拉索平均 拉力 /kN	主索截面 直径 /mm
10	44	22	28 ～ 30
13	55	28	38 ～ 42
16	65	35	34 ～ 38

3.2　FAST 索网结构变位分析及优化

3.2.1　寻源和跟踪数值模拟方法

FAST 具有公里级高精度非接触测量系统,能够实时测量(采样频率约为 1 Hz)主索节点的三维坐标,寻源和跟踪时根据测量结果调节索网结构下拉索的促动器。寻源过程是根据测量结果调节照射范围内的促动器将照射范围内的主索节点从基准球面调整到指定抛物面位置,照射范围以外的主索节点不进行主动调节;跟踪过程是跟随天体的运动将对应照射区域内的主索节点实时地调整到指定抛物面位置,而抛物面以外的主索节点则恢复到基准态时的状态(实为对应下拉索的促动器恢复到基准态时的状态)[19,20]。寻源和跟踪对于索网结构而言本质是一样的,均是通过调节相应下拉索将某一照射区域的主索节点调整到指定抛物面位置。虽然跟踪过程是一个动态过程,但由于运动速度非常慢,跟踪时工作抛物面在反射面上的移动速度约 21.8 mm/s,主索节点径向移动的最大速度约 1 mm/s,因此也可将跟踪过程看成是一个拟静力过程。

本节采用给下拉索节点施加强迫位移来模拟索网结构变位时对促动器的调节过程,这与实际情况比较吻合,下面以图3.27 为例来说明寻源和跟踪的模拟过程。

第一步:计算照射方向 300 m 口径内球面索网各节点到抛物面的距离。以图 3.27 中所示节点 A_1 为例进行说明,A_1 为球面上工作范围内的某一节点,节点下设有一根径向拉索,过点 A_1 和球面索网的球心(简称球心)连直线,与工作抛物面相交于 A_2 点,点 A_1、A_2 之间的距离为 d_1。

第二步:给 300 m 口径范围内的所有下拉索的下端施加强迫位移,例如,对于所讨论的节点 A_1 施加 A_1A_2 方向的位移 d_1,依此类推,并进行整体结构计算。由于索网体系的整体作用,当结构处于平衡状态时,节点 A_1 并不能直接移动到 A_2 位置,同时也会有一定的切向变形,但是切向变形量很小。设此时该节点移动到 A_3 位置,但是相对于 A_1 点,A_3 点更加接近于抛物面。

第三步:重复第一、二步,过点 A_3 和球心连直线,与工作抛物面相交于 A_4 点,点 A_3、A_4 之间的距离为 d_2,此时给下部径向拉索施加沿 A_1A_2 方向(基准态径向)的节点位移 d_2,由于索网节点的切向变形量很小,相对于拉索的长度则更小,A_1A_2 方向与 A_3A_4 方向十分接近,因此按照上述方法调节后此节点一定再次向靠近抛物面的方向移动。如此重复,直至主索节点与指定抛物面的最大距离满足精度要求,拉索下端节点每一步的位移之和即为促动器需要调节的位移。

第四步:如果只进行寻源,变位过程结束;如果需要进行跟踪,则返回到第一步。

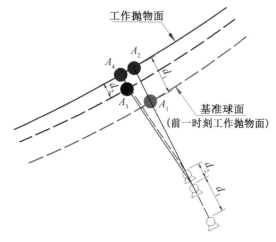

图 3.27　工作抛物面的模拟

上述仅为一个指定照射方向的寻源过程,而跟踪过程则可以看成是无数个连续的寻源过程,其变位调节方法与上述方法相同。图 3.28 为工作变位模拟的计算流程图,在此利用 ANSYS 软件的 APDL 语言编写 FAST 反射面索网结构工作变位模拟程序。

首先,对 FAST 寻源时索网结构的变位进行模拟,在考虑结构对称性的前提下,根据照射方向 (α, β) 的不同,选择了 7 个典型照射区域(图 3.29)。图中大圆表示 500 m 口径的整个反射面,小圆表示在工作时照射方向上 300 m 口径的工作面的位置,α、β 分别表示照射方向与 X、Z 轴的夹角。利用给下拉索下端节点施加强迫位移的方法,分别将 7 个照射区域内的主索节点由基准面球面位置调整到指定抛物面位置(抛物面与基准面的几何关系与图 2.1 相互对应)。模拟结果表明,一般只需移动拉索下端节点 3、4 次即可把反射面工作范围内节点调整到指定抛物面上,拟合精度能够达到 0.1 mm(即照射区域内主索节点距指定抛物面的最大距离小于 0.1 mm)。图 3.30 ~ 3.33 分别给出了照射区域一、三变位后索网的应力云图和主索网变形图。从图中可以看出,在寻源过程中索网应力状态发生变化,从基准态时的 500 MPa 左右到寻源后的 140 ~ 675 MPa,说明索网结构不仅几何形状达到拟合精度要求,索网应力也处于一个合理的范围内(无松弛和应力超过设计强度现象)。以照射区域一为例来说明调节过程,共迭代 3 次即可把工作区域内的主索网节点调节到抛物面上。图 3.34 所示为每次促动器的调节量(由上至下依次为第 1、2 及 3 次的调节量),即迭代前索网节点与抛物面的距离,3 次促动器调节的最大距离依次为 673.8 mm、11.2 mm 及 0.3 mm。

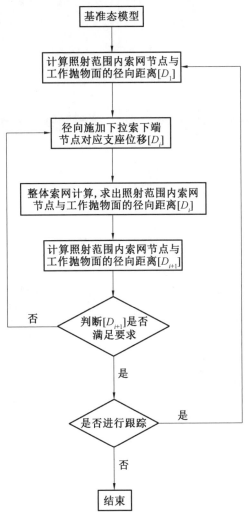

图 3.28　　工作变位模拟的计算流程图

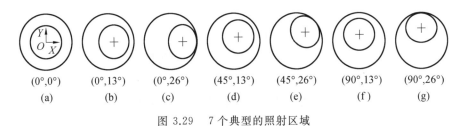

图 3.29　　7 个典型的照射区域

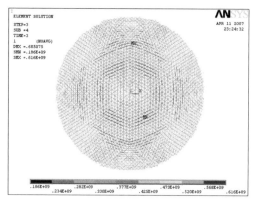

图 3.30　区域一主索单元应力云图(后附彩图)

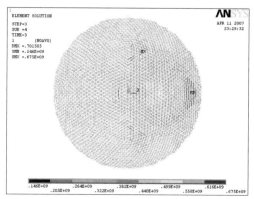

图 3.31　区域三主索单元应力云图(后附彩图)

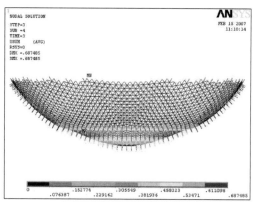

图 3.32　区域一主索网变形图(放大 10 倍)
　　　　　(后附彩图)

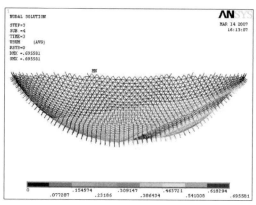

图 3.33　区域三主索网变形图(放大 10 倍)
　　　　　(后附彩图)

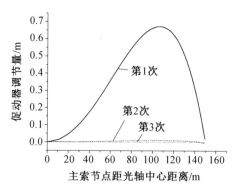

图 3.34　促动器的调节量

其次,对 FAST 跟踪时索网结构的变位进行模拟。跟踪与寻源的主要区别为变位前索网所处的状态不同,前者对应索网处于前一个工作抛物面状态,而后者为基准态。本节以图 3.29(a)所示工作状态(照射方向为 $\alpha = 0°$,$\beta = 0°$)为前一状态,模拟跟踪过程中下一时刻索网的变位。根据测量系统的采样频率(时间间隔为 1 s),可设下一时刻照射角度为 $\alpha = 0°$,$\beta = 0.004\ 15°$。同样采用支座位移法对此跟踪过程进行模拟,由于抛物面在反射面上的运动速度非常慢,在 1 s 的时间间隔内反射面形状变化非常小,只经过了一次调节即可达到拟合精度要求。图 3.35 给出了促动器的伸缩量(仅给出了需要调节的促动器),可以看出促动器的调节量非常小,最大调节量约为 0.13 mm。

最后,虽然跟踪天体变位时索网的运动是一个非常缓慢的过程(寻源过程实际上也是一个动力过程),但慎重起见,对照射方向 α 为 $0°$、β 由 $0°$ 到 $26°$ 的跟踪过程进行了动力模拟,时间步长取 0.2 s,时间总长约 6 240 s,计算软件采用大型有限元软件 ANSYS,反射面板及背架结构的自重以集中质量单元(ANSYS 的 Mass21 单元)凝聚于主索节点。式(3.1)为其动力方程。

$$M(\ddot{x} + \Delta \ddot{x}) + C(\dot{x} + \Delta \dot{x}) + K(x + \Delta x) = Mg \tag{3.1}$$

式中　　M——结构(包括索、背架及面板)质量;

　　　　K——结构刚度;

　　　　C——阻尼比,取 0.02;

　　　　g——重力加速度;

　　　　Δx——对下拉索下端节点输入的强迫位移;

　　　　$\dot{x} + \Delta \dot{x}$——节点运动实际速度。

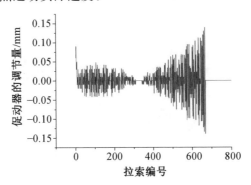

图 3.35　跟踪过程促动器调节量

图 3.36 给出了跟踪过程中索网若干变形示意图。由于跟踪天体时索网的运动速度十分缓慢,变位过程中动力效应很小,类似于静力过程。图 3.37 为与图 3.36(c) 对应的按静力方法计算及按动力时程方法计算所得到的主索应力对比,从图中可看出,主索应力基本相近,最大差值约为 15 MPa。通过上述分析可以得出结论:由于跟踪过程中索网的运动速度较慢,运动过程类似于静力过程,同样对于寻源过程亦如此。

通过本节对 FAST 寻源和跟踪时反射面索网结构变位的模拟,可知寻源和跟踪过程均可以看成是一个拟静力过程,工作状态均为照射范围内主索节点位于指定抛物面位置,而照射范围以外的主索节点对应的下拉索的促动器均为(或恢复为)原始状态(基准态)。因此,在对索网结构变位响应进行分析时,可以用对不同角度寻源变位后得到的索网状态来代替跟踪过程中的索网状态,如此则会大大减少计算量,并且不影响分析结果,本篇后续的分析均是用寻源过程代替跟踪过程。

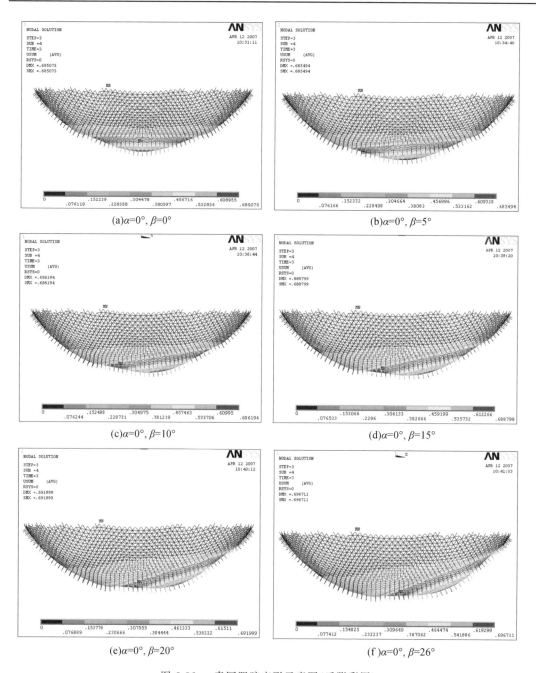

(a)$\alpha=0°$, $\beta=0°$

(b)$\alpha=0°$, $\beta=5°$

(c)$\alpha=0°$, $\beta=10°$

(d)$\alpha=0°$, $\beta=15°$

(e)$\alpha=0°$, $\beta=20°$

(f)$\alpha=0°$, $\beta=26°$

图 3.36　索网跟踪变形示意图(后附彩图)

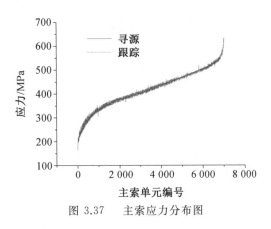

图 3.37　主索应力分布图

3.2.2　索网结构变位响应规律

FAST 索网结构的单元数目众多,并且由于工作状态照射方向的任意性,使得工作变位荷载有无数种,因此,在对 FAST 索网结构进行设计时,按照常规的计算方法(进行不同工况的荷载组合)考虑工作变位荷载引起的响应则变得十分困难。本节的目的即是通过对工作态索网结构变位响应的规律进行研究,寻求一种合适的简化分析方法。

索网的变位实际上是主索网的弹性变形(即索网的应力发生变化),弹性变形量由基准面(球面)和工作面(抛物面)的相对几何关系而定;而变位过程中,拉索的作用实际上是提供了一组合适的平衡力(即拉索的拉力发生变化),使照射范围内主索节点在指定的位置保持平衡,此平衡力的大小取决于基准面和工作面的几何关系及主索的截面尺寸。因此本节通过大量计算,对索网变位过程中主索应力响应和拉索的内力响应进行统计。

同样采用寻源和跟踪模拟方法研究相同索网模型(与图 3.19 对应的基准态模型),均匀选取(考虑了结构对称性)大约 100 个代表性照射区域进行工作变位的模拟(抛物面的形状与图 2.1 对应,称其为抛物面形式一)。图 3.38、图 3.39 给出了与图 3.29 对应的照射区域一、二变位时主索应力响应云图,工作区域主索网的应力变化趋势相近,应力增加最大的主索单元位于 300 m 照射口径(外侧)边缘处,而应力减小最大的主索单元位于 300 m 照射口径内侧约 15 m 处。将每种情况主索应力响应、拉索内力响应分别绘制到一起(图 3.40、图 3.41),可以看出主索应力响应的幅值比较相近,分别为 − 340 MPa、140 MPa;拉索内力响应幅值也相近,分别为 − 23.9 kN、9 kN。由于照射方向的任意性,上述主索应力响应幅值,实际上可以看成是索网在变位过程中每个主索单元应力响应的包络值,同样拉索内力响应幅值亦可以看成是索网在变位过程中每个拉索单元内力响应的包络值。

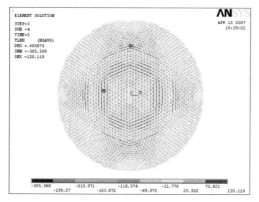
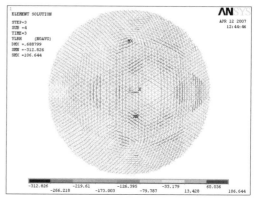

图 3.38　主索网应力响应云图（变位区域一）　图 3.39　主索网应力响应云图（变位区域二）
（后附彩图）　　　　　　　　　　　（后附彩图）

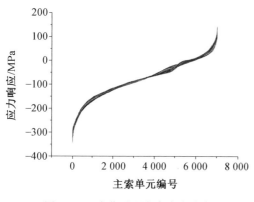
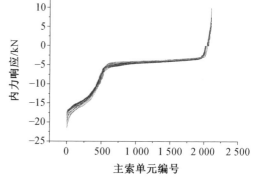

图 3.40　变位过程主索应力响应　　　　图 3.41　变位过程拉索内力响应

　　上述分析通过对一个特定的索网结构（结构自重为 10 kg/m² 、变位方式为抛物面一）的变位响应进行统计，得到了一定的规律。为了证明上述规律具有普遍意义，本节对结构自重分别为 10 kg/m² 、13 kg/m² 及 16 kg/m² ，变位模式分别为抛物面一、二、三（具体见 3.2.3 节）的索网结构进行了变位模拟，照射区域也同样选择了 100 个。需要说明的是，不同结构自重、不同变位模式时，索网结构的截面、基准态应力水平等均不同，确定方法见 3.3 节。由于变位时主索的应力响应是由抛物面与基准面的几何关系确定的，而拉索内力响应还与主索的截面相关，可见主索网的应力响应更具有普遍意义，因此在对变位响应规律进行统计时，仅给出主索网应力响应规律。统计结果表明，同一抛物面变位模式、不同结构自重的索网结构中主索网的变位响应幅值是一致的：图 3.42、图 3.43 分别给出了结构自重为 13 kg/m² 、16 kg/m² ，变位模式为抛物面一时主索网的应力响应分布，可以看出主索网的应力响应范围比较接近（−340 ~ 130 MPa）；图 3.44 ~ 3.46 分别给出了结构自重为 10 kg/m² 、13 kg/m² 及 16 kg/m² ，变位模式为抛物面三时主索网的应力响应分布，可以看出主索网的应力响应范围也比较接近（−300 ~ 60 MPa）。

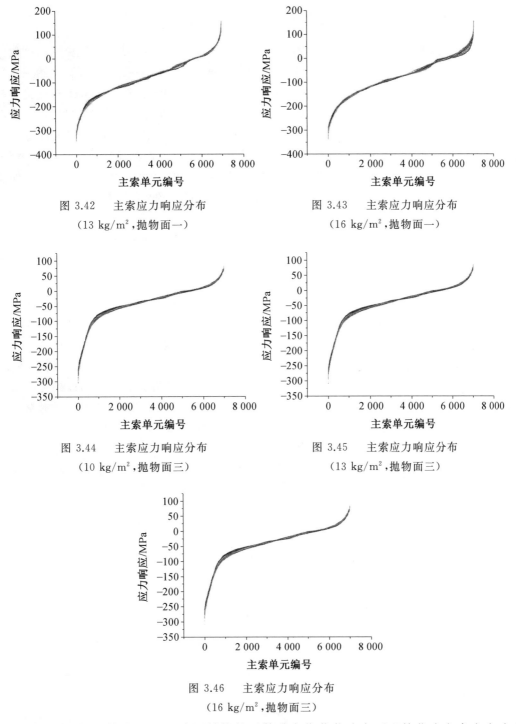

图 3.42　主索应力响应分布
（13 kg/m²，抛物面一）

图 3.43　主索应力响应分布
（16 kg/m²，抛物面一）

图 3.44　主索应力响应分布
（10 kg/m²，抛物面三）

图 3.45　主索应力响应分布
（13 kg/m²，抛物面三）

图 3.46　主索应力响应分布
（16 kg/m²，抛物面三）

可以得出如下结论：FAST 索网结构的无数种变位荷载响应可以简化为主索应力响应幅值和拉索内力响应幅值，且对于不同索网模型在抛物面的变位模式一定时主索网的应力响应相同，不同主索单元的应力响应幅值相同。如此，则大大简化了 FAST 索网结构的设计，在 3.3 节将详细介绍在设计时如何应用上述响应幅值。

3.2.3　工作抛物面变位策略

工作态索网的变位作为 FAST 索网结构的主要荷载之一,其荷载值或者由变位荷载引起的响应是由工作抛物面的变位策略(即抛物面与基准面的几何关系)决定的,显然工作抛物面的变位策略不同,索网结构的各项结构性能指标也不同[21,22]。针对 FAST 望远镜的功能要求,本节对几种可能的抛物面变位策略进行了对比分析,以期得出较优的抛物面变位策略,主要评价指标有:① 变位过程中主索应力响应范围;② 拉索的最大拉力,其实际上决定了促动器的最大功率,基础受到的最大拉力,同时也决定了拉索的截面尺寸;③ 工作过程中拉索的平均拉力,其代表系统运行维护成本;④ 促动器的行程,其在一定程度上决定了促动器的造价;⑤ 主索截面尺寸,其在一定程度上决定了索网结构的材料造价。

三种抛物面方案简介如下。

为了方便说明,本节分别用圆弧面和抛物面来代替基准球面和工作抛物面,二者的方程可以分别表示为:$x^2 + y^2 = R^2$ 和 $x^2 + 2py + c = 0$,其中 R 为 300 m,p 和 c 值确定了抛物面的形状和与基准面的相对位置。表 3.2 给出了三种抛物面的相关参数,其中抛物面与基准球面距离的最值中,正值表示抛物面位于基准面内侧,负则反之。其中,抛物面一为前期研究中所采用的变位策略(与图 2.1 对应),它是以促动器的总行程(即抛物面与基准球面距离最大值和最小值的绝对值之和)最短为优化目标得到的抛物面形状;抛物面二、三(图 3.47、图 3.48)为以抛物面和基准球面之间的距离幅值最小为优化目标得到的变位策略,其中抛物面二在工作区域边缘(即照射区域的 300 m 口径处)的调节量不为 0,而抛物面三在工作区域边缘的调节量为 0。图 3.49 给出了照射范围内不同位置处圆弧面与三种抛物面的距离。抛物面二在工作范围边缘区域会发生突变,有可能引起索网应力的急剧增加。于是,又将抛物面二分为两种调控方式:① 局部调控,仅调节 300 m 口径照射范围内的索网;② 全局调控,对口径为 300～360 m 之间的索网同时进行过渡调节,具体调节量如图 3.49 中虚线部分所示。

表 3.2　三种抛物面的相关参数

类型	c(E05)	p	抛物面与基准面的距离 /m	
			最值	工作区域边缘处
抛物面一	1.679 4	279.903 8	0.673 9　　0	0
抛物面二	1.683 5	280.263 5	0.335 6　　−0.335 6	−0.335 6
抛物面三	1.662 5	276.647 0	0.473 0　　−0.473 2	0

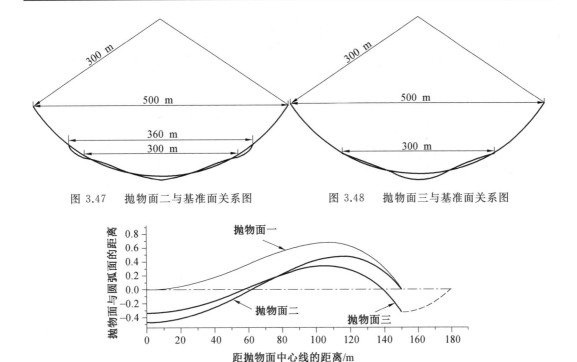

图 3.47　抛物面二与基准面关系图　　　　图 3.48　抛物面三与基准面关系图

图 3.49　不同抛物面与基准圆弧面的距离

三种抛物面方案对比如下。

对背架结构自重均取 10 kg/m², 变位方式分别采用抛物面一、抛物面二(包括局部和全局调控)、抛物面三的索网模型(每种模型均是按照3.3节所提出的FAST索网结构设计方法进行初步设计得到的)进行分析对比, 同样均匀选取100个有代表性的照射方向对不同模型分别进行变位模拟。图 3.50 ～ 3.55 给出了各自其中两个典型区域变位后主索网应力变化云图(其中照射区域一、二分别与图 3.29 中区域一、二相对应), 图 3.56 ～ 3.63 给出了相应的主索应力响应分布和拉索的内力分布。

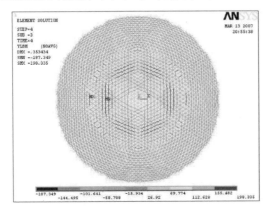

图 3.50　索网应力变化云图(后附彩图)

(抛物面二局部调控, 照射区域一)

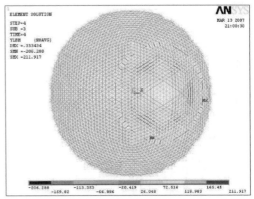

图 3.51　索网应力变化云图(后附彩图)

(抛物面二局部调控, 照射区域二)

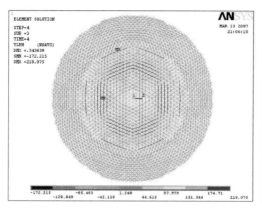

图 3.52　索网应力变化云图(后附彩图)
(抛物面二全局调控,照射区域一)

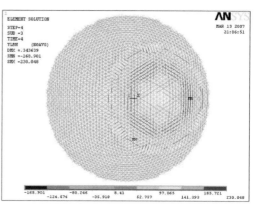

图 3.53　索网应力变化云图(后附彩图)
(抛物面二全局调控,照射区域二)

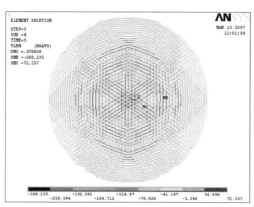

图 3.54　索网应力变化云图(后附彩图)
(抛物面三,照射区域一)

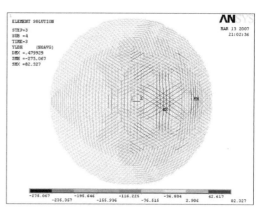

图 3.55　索网应力变化云图(后附彩图)
(抛物面三,照射区域二)

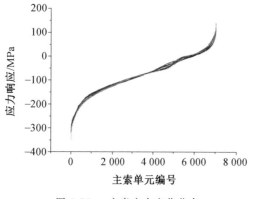

图 3.56　主索应力变化分布
(抛物面一)

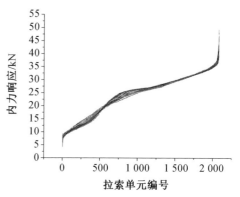

图 3.57　拉索内力分布
(抛物面一)

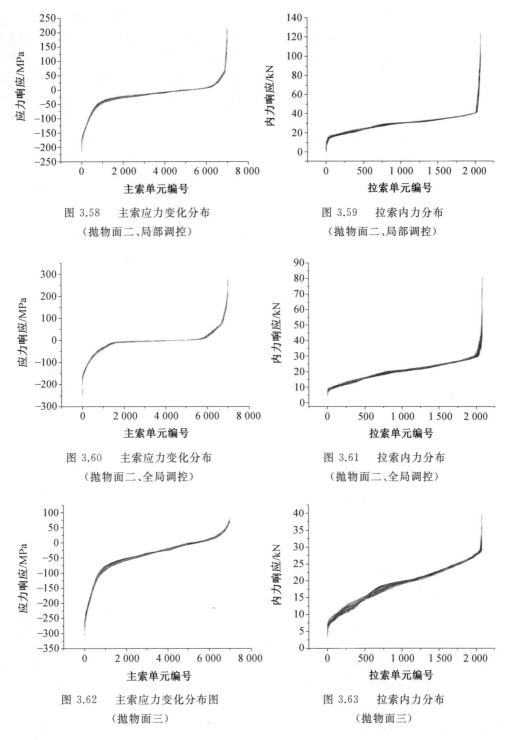

图 3.58　主索应力变化分布
（抛物面二、局部调控）

图 3.59　拉索内力分布
（抛物面二、局部调控）

图 3.60　主索应力变化分布
（抛物面二、全局调控）

图 3.61　拉索内力分布
（抛物面二、全局调控）

图 3.62　主索应力变化分布图
（抛物面三）

图 3.63　拉索内力分布
（抛物面三）

　　仔细分析可以得出如下结论：抛物面调控方式相同，对不同区域进行调控时，索网应力变化趋势相近；当抛物面位于球面内侧时，主索网的应力减小，且距离越远减小幅度越大，如抛物面三的应力减小幅值比抛物面二大，反之亦成立。三种抛物面调控方式在照射范围边缘（300 m 口径处）索网的应力均呈现增大趋势，对于该区域抛物面位于球面外侧时（如抛物面二),索网的应力自然增大,且增大幅度较大;对于该区域不需要调控的(如抛物面一、三),由于内部反射面形状的改变,索网应力进行重分布,导致了该区域主索应力增大,但增大幅度较小。抛物面二局部调控时,在照射范围边缘区域由于索网形状的突变,使得该区域拉索内力急剧增大,全局调控时反射面形状突变程度有所减小,拉索拉力减小效果也很明显,但拉索拉力仍比抛物面一、三对应值要大,且当照射区域靠近圈梁时全局调控的效果会有所减弱。

表 3.3 给出了采用不同抛物面调控方式索网结构的各项指标,由于拉索拉力过大,基本可以排除抛物面二调控方案;抛物面一、三调控方案是相对较优的两种方案,抛物面一调控方案促动器的行程最小,抛物面三调控方案除了促动器行程大之外,其他指标均较好,初步认为抛物面三调控方案是最优方案。

表 3.3   不同抛物面调控方式比较

抛物面形式	主索应力变化范围 /MPa	拉索内力最大值 /kN	拉索内力平均值 /kN	促动器行程 /cm	主索主要直径 /mm
一	$-340 \sim 130$	48	25	67	$34 \sim 38$
二(局部)	$-220 \sim 190$	130	30	67	$38 \sim 42$
二(全局)	$-240 \sim 260$	80	22	67	$34 \sim 38$
三	$-300 \sim 60$	38	20	94	$28 \sim 30$

3.3   FAST 索网结构设计方法

前几节对 FAST 索网结构不同状态(基准态、工作态及荷载态)的分析、优化方法及结构性能分别进行了研究,本节在此基础上提出了 FAST 索网结构的设计方法,将 FAST 的设计过程分为三个阶段,下面分别进行阐述。

3.3.1   初始形态分析(第一阶段)

3.1 节采用逆迭代法进行 FAST 索网结构的初始形态分析,根据索网目标应力提出了"等拉力替换"法确定索截面,同时结合短程线型的网格划分特性提出了子索网内力叠加法和局部修改计算应力法,有效地解决了由于局部索网内力水平过小而导致的变位应力储备不足的问题。图 3.64 为 FAST 索网结构设计(初始形态分析)的流程图,在分析过程中做了很多假定,如初始输入阶段假定了截面尺寸和索网应力、在等拉力替换时假定了基准态目标应力,而这些参数必须结合索网结构的变位分析和荷载态分析才能最终确定,因此,利用该流程图得到的是一个假定的基准态模型。该部分工作是进行索网结构工作变位分析和荷载态分析所必需的准备工作,此过程为 FAST 索网结构设计的第一阶段。

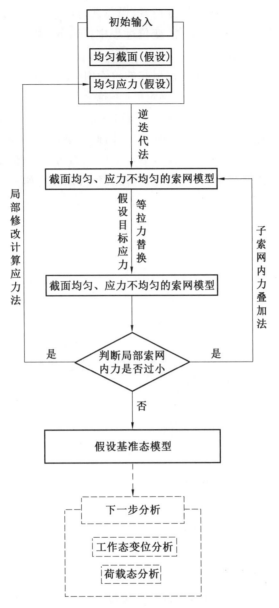

图 3.64　FAST 索网结构设计(初始形态分析)流程图

3.3.2　基准态主索网应力水平的确定(第二阶段)

通过索网结构工作态变位分析和荷载态分析可以得出如下结论:① 在基准面与工作面几何关系确定情况下,工作变位时每个主索单元应力变化的包络值(即变位响应最不利值)基本相同(可取相同值),且与基准态索截面和应力水平无关(或影响可以忽略);② 温度作用对每个主索单元的应力响应比较接近(可以取同一值),通过修正基准态的半径可以减小温度作用引起的主索应力响应,当温度作用时也可通过调节下拉索使得索网的形状保持不变(工作抛物面),主索网的应力响应与基准态索截面和应力水平也无关(或影响可以忽略);③ 极限风荷载作用引起的主索应力响应很小(可以忽略),工作风荷载作用引起的主索应力响应更小。因此,由工作变位荷载和温度荷载(风荷载可以忽略)引起的主索应力响应可以确定基准态索网的合理应力水平。另外,变位过程中拉索的响应不仅与基准面和工作面的几何关系有关,还与主索的截面尺寸有关,而结构自重及主索网格划分不完全均匀,使得不同区域主索的截面不同,因此由工作变位引起的拉索内力或应力响应规律性较差。但是,由于基准态和工作态主索网的几何关系是确定的,下拉索只是提供一个合适的平衡力使主索网形成指定抛物面形状,并且下拉索下端与可调节(伸出和缩短)的促动器相连,下拉索的刚度不影响(或影响可以忽略)整体索网的变位,因此在确定基准态索网合理应力水平时,不需要确定下拉索截面(可以先进行假设),下拉索的内力可由整体结构的平衡条件确定。第二阶段确定基准态主索网合理应力水平的具体过程可以分为如下四个步骤(图 3.65 为流程图)。

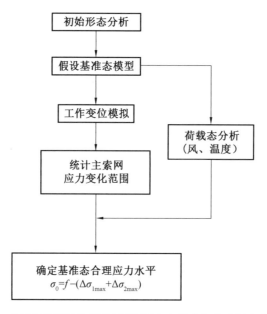

图 3.65　FAST 索网结构设计流程图(确定基准态主索网应力水平)

第一步:利用第一阶段的索网初始形态分析方法,找到一个对不同照射区域进行变位模拟时索网均不松弛(即能够将主索网节点精确调节到指定抛物面位置)的基准态模型。需要说明的是,在确定此基准态模型时,允许在变位过程中或荷载态发生索网应力超过设计值的现象,因此,这一步比较容易实现。

第二步:通过大量(改变不同照射区域)变位模拟,统计出主索网应力响应最值($\Delta\sigma_{1max}$,$\Delta\sigma_{1min}$,其中 $\Delta\sigma_{1max}$ 符号为正,表示主索应力最大增大量;$\Delta\sigma_{1min}$ 符号为负,表示主索应力最小减小量)。

第三步:对基准态模型在温度荷载作用下的响应进行分析,得到温度响应最值($\Delta\sigma_{2max}$,$\Delta\sigma_{2min}$,其中 $\Delta\sigma_{2max}$ 符号为正,表示主索应力最大增大量;$\Delta\sigma_{2min}$ 符号为负,表示主索应力最小减小量),如对工作态根据温度值进行基准面半径的实时修正,温度响应为 0。

第四步:求解基准态应力水平,设索网基准态应力为 σ_0,索网应力设计强度为 f,则有式(3.2),如考虑索网满应力设计则有式(3.3),即得到基准态索网应力水平。

$$\sigma_0 + \Delta\sigma_{1max} + \Delta\sigma_{2max} < f \tag{3.2}$$

$$\sigma_0 = f - (\Delta \sigma_{1\max} + \Delta \sigma_{2\max}) \tag{3.3}$$

基准态主索网的应力还应该满足式(3.4),否则表明工作变位和外荷载作用(主要指温度作用)引起的主索应力响应超过了索段的材料强度。

$$\sigma_0 > |\Delta \sigma_{1\min}| + |\Delta \sigma_{2\min}| \tag{3.4}$$

本章 3.2.3 节给出的几种可能的工作抛物面变位模式,均能满足式(3.2)的要求,如对于抛物面三,$\Delta \sigma_{1\max}$、$\Delta \sigma_{1\min}$ 分别为 60 MPa 和 -300 MPa,温度作用下主索网应力响应与抛物面的变位模式无关。 例如,不进行基准面半径的修正,$\Delta \sigma_{2\max}$、$\Delta \sigma_{2\min}$ 分别为 50 MPa 和 -50 MPa,假设 f 为 700 MPa,根据式(3.3)可知 σ_0 为 590 MPa,$\sigma_0 = 590 > |\Delta \sigma_{1\min}| + |\Delta \sigma_{2\min}| = 350$ MPa。

3.3.3　确定主索、拉索截面(第三阶段)

确定了基准态主索的应力水平,还需要确定索的截面,主索网应力水平合理的基准态模型并不一定是能够满足索网结构功能(实现抛物面的精确变位)的模型,即使满足了索网结构的功能,也不一定是索网最优的基准态索网模型。

基准态主索网的应力 σ_0 可以分为与结构自重相平衡的应力 σ_{01} 和索网变位应力储备 σ_{02}。 如果 $\sigma_{02} > |\Delta \sigma_{1\min}| + |\Delta \sigma_{2\min}|$,则表明基准态索网的变位应力储备过高,也可以理解为 σ_{02} 过低,而与结构自重相平衡的索网内力 F_{01} 是一个定值,因此主索截面面积 $A(A = F_{01}/\sigma_{01})$ 偏大。这种情况表现为工作态和外荷载共同作用时,下拉索具有过高的内力水平[用来与主索网超过所需变位应力储备($|\Delta \sigma_{1\min}| + |\Delta \sigma_{2\min}|$)的部分相平衡],这是由于在进行初始形态分析时得到的基准态索网内力水平偏低引起的。同理,如果 $\sigma_{02} < |\Delta \sigma_{1\min}| + |\Delta \sigma_{2\min}|$,则可以得出主索截面积 A 偏小的结论。这种情况表现为变位及外荷载作用时下拉索发生松弛现象,不能将主索节点调节到指定抛物面位置,这是由于在进行初始形态分析时得到的基准态索网内力水平偏高引起的。根据上述分析可以将索截面的确定过程分为如下三个步骤(确定索截面流程如图 3.66 所示)。

第一步:利用逆迭代法对索网结构进行初始形态分析,并经过初始内力优化得到一基准态索网模型,利用等拉力替换法改变基准态主索的应力水平,使其等于或接近基准态索网合理应力水平 σ_0。

第二步:对大量(不同照射范围)索网工作态的变位进行数值模拟,如发生应力松弛(具体评价指标可以根据实际设计的要求而定)现象,表示基准态索网用于变位的应力储备不够,需要返回到第一步,逐步加大索网内力水平继续计算,直到满足要求为止;如索网未发生松弛现象,则有可能索网内力水平偏高,也返回到第一步,逐步减小索网内力水平继续计算,直到出现应力松弛现象时停止,前一过程索网模型即为所求模型。

第三步:第二步得到的基准态索网模型,其主索截面为最终截面,按照常规索段设计方法,根据工作变位和荷载作用的拉索内力响应确定拉索的截面,此时得到的基准态模型即为最终基准态模型。

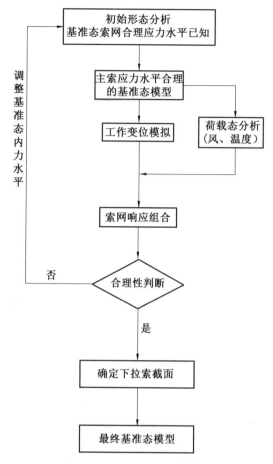

图 3.66　FAST 索网结构设计方法流程图（确定索截面）

本章参考文献

[1] 张其林.索和膜结构[M].上海:同济大学出版社,2002.

[2] 沈世钊,徐崇宝,赵臣.悬索结构设计[M].北京:中国建筑工业出版社,1997.

[3] BARNES M.Form and stress engineering of tension structures[J].Structural Engineering Review,1994,6(3/4):175-202.

[4] YUEN K V,KATAFYGIOTIS L S.Bayesian time-domain approach for modal updating using ambient data[J].Probabilistic Engineering Mechanics,2001,16:103-113.

[5] HIROSHI Z.Practical formulas for estimation of cable tension by vibration method[J].Journal of Structural Engineering,1996,122(6):651-657.

[6] 张其林.预应力结构非线性分析的索单元理论[J].工程力学,1993,10(4):93-101.

[7] 张其林,张莉,周岱.连续长索非静力分析的样条单元[J].工程力学,1999,(1):115-121.

[8] KWAN A S K.A new approach to geometric nonlinearity of cable structures[J].Computers and Structures,1998,67(4):243-252.

[9] HABER R B,ABEL J F.Initial equilibrium solution methods for cable reinforced

membranes part I—formulations[J].Computer Methods in Applied Mechanics and Engineering,1982,30(3):263-284.

[10] SCHEK H J.The force density method for form finding and computation of general networks[J].Computer Methods in Applied Mechanics and Engineering,1974,3(1):115-134.

[11] 张明山.弦支穹顶结构的理论研究[D].杭州:浙江大学,2004.

[12] 张莉.张拉结构形状确定理论研究[D].上海:同济大学,2000.

[13] YASUHIKO H G.Theoretical analysis of structures in unstable state and shape analysis of unstable structures[D].Tokyo:University of Tokyo,1991.

[14] 金问鲁.悬挂结构计算理论[M].杭州:浙江科学技术出版社,1981.

[15] 张其林,罗晓群,王恒军.只受拉单元的修正平衡迭代方程[J].钢结构,2001,16(2):63,64.

[16] WAKEFIELD D S.Engineering analysis of tension structures:theory and practice[J].Engineering Structures,1999,21(8):680-690.

[17] 金晓飞,钱宏亮,范峰.FAST 30 米模型整体索网张拉方案的研究[J].空间结构,2007,13(2):22-25.

[18] 罗斌,郭正兴,王凯.基于初始基准态的 FAST 反射面索网结构性能优化分析研究[J].土木工程学报,2015,48(12):12-22.

[19] 朱文白.FAST 望远镜天文规划和馈源支承的相关研究[D].北京:中国科学院国家天文台,2006.

[20] 邱育海.具有主动主反射面的巨型球面射电望远镜[J].天体物理学报,1998,19(2):222-228.

[21] 朱丽春.500 米口径球面射电望远镜(FAST)主动反射面整网变形控制[J].科研信息化技术与应用,2013,3(4):67-75.

[22] MITSUGI J.Static analysis of cable networks and their supporting structures[J].Computers & Structures,1994,51(1):47-56.

第4章 FAST反射面结构关键荷载作用

4.1 索网结构风荷载作用及效应分析

对于FAST这样如此巨大的射电望远镜,要想能够得到高精度的观测效果,在整体结构设计时,进行风振响应分析并了解其风振特性是十分必要的。FAST整体结构处于地形复杂的喀斯特地貌上,使得该结构附近的流场受风环境的影响而变得极其复杂,对该结构进行抗风设计时在现行规范中已找不到合适的体型系数。根据FAST风环境数值模拟试验研究的任务要求,本章运用CFD模拟技术对FAST表面及其周围流场进行数值模拟,得到了FAST表面的平均风压系数,可为FAST结构抗风设计提供依据。

4.1.1 CFD数值模拟方案

1.计算模型

在对FAST这种大范围复杂地区进行风场模拟前,首先要进行实体建模。地貌数据采用FAST项目组提供的大窝凼1:1 000精测数据,区域尺寸为2 000 m×2 000 m。CFD数值模拟依据喀斯特实际地貌等高线进行全尺度建模(图4.1)。由于数值计算要求在离散网格点上满足流体动力学基本方程,因此网格分辨率将对数值模拟结果有很大影响[1]。由于本次数值计算中FAST所处地貌尺寸为2 000 m×2 000 m×156 m,在进行地貌风场模拟时,为降低计算域对计算结果的影响,避免局部压缩效应,应满足阻塞率不大于3%,且计算域的选取为7 940 m×11 940 m×2 450 m,以此为x向、y向和z向。同时,为了减小网格总数量以及网格由疏到密的过渡,将整个计算区域划分为两个区:外层计算域尺寸为7 940 m×11 940 m×2 450 m;内层计算域尺寸为4 000 m×4 000 m×900 m。

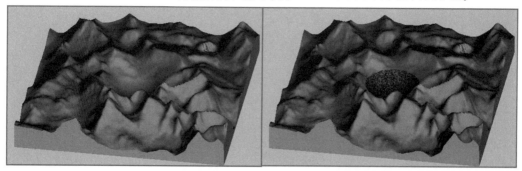

图4.1 计算模型示意图

网格划分过程中,内外计算域之间的交界面设置为协调一致网格。FAST表面网格最大尺寸为10 m,地貌表面最大尺寸为20 m,计算域边界网格最大尺寸为250 m。最内层的网格数量在 90 万左右,整个计算域总网格数量大约为 160 万。本节采用非结构化四面体网格划分方法,从而得到了质量较好的体网格(图 4.2)。

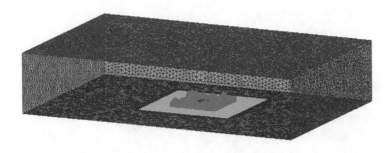

图 4.2　计算网格示意图

　　风向角示意图如图 4.3 所示。计算软件采用 FLUENT 商用流体力学分析软件,模型采用 ICEM—CFD 软件进行建模,湍流模型采用雷诺应力(RSM)模型[2]。这里给出 $0° \sim 330°$ 每隔 $30°$、共计 12 个风向角的数值模拟结果。

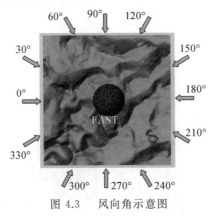

图 4.3　风向角示意图

2.边界条件

　　(1) 入口边界条件:设来流为剪切流,并模拟 B 类地貌,沿 x 方向的风速剖面 $V(z) = V_b(z/z_b)^\alpha$,其中 V_b 为标准参考高度处的平均风速(规范取 $z_b = 10$ m),α 为 0.16,z 为高度方向,自建筑物底部算起;y、z 方向速度为零。

　　来流湍流特性通过直接给定湍流动能 k 和湍流耗散率 ε 值的方式来定义:

$$k = \frac{3}{2}(V(z) \cdot I)^2, \varepsilon = \frac{1}{l} \cdot 0.09^{\frac{3}{4}} k^{\frac{3}{2}} \tag{4.1}$$

式中,l 是湍流特征尺度;I 为湍流强度。我国现行荷载规范没有给出 I 的明确定义,本节对 B 类地貌的模拟参考日本规范中第 Ⅱ 类地貌取值[3,4]:

$$I = \begin{cases} 0.23, & z \leqslant z_b \\ 0.1(z/z_G)^{-\alpha-0.05}, & z_b < z \leqslant z_G \end{cases} \tag{4.2}$$

式中,$z_b = 5$ m;$z_G = 350$ m。

　　(2) 出口边界条件:流场任意物理量 ψ 沿出口法向梯度为零,即 $\frac{\partial \psi}{\partial n} = 0$。

　　(3) 计算域顶部和两侧:自由滑移的壁面条件。

（4）地形：采用无滑移的壁面条件，并考虑松树等植被对粗糙度的影响。

（5）FAST 表面：采用无滑移的壁面条件。

3.FAST 反射面封闭与开孔的影响

实际 FAST 主动反射面的每一单元是多孔结构，如图 4.4 所示。由于孔的相对尺度小，孔的数量多，直接将孔大小及面厚度反映在计算模型中不现实。

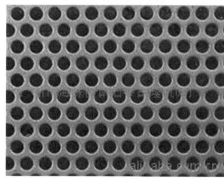

图 4.4　FAST 反射面的多孔结构

以往对 FAST 周围风场进行数值计算时曾经将 FAST 表面按全封闭进行处理，那么这样处理是否能满足精度要求呢？为此我们展开了如下研究。

（1）取一尺寸为 $1\ m\times 1\ m$ 的正方形板，竖直放置，正方形板面垂直于来流，厚度为 $0.001\ 5\ m$，考虑板面封闭和开孔两种情况，开孔尺寸为 $0.05\ m\times 0.05\ m$，共计 144 个孔洞，开孔率为 36%。比较发现，两种情况下竖直板的净风压数值比较接近（图 4.5、图 4.6）。

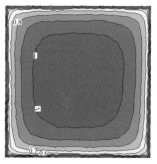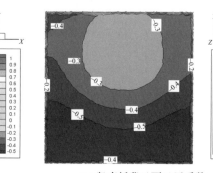

(a) 竖直板迎风面风压系数　　　　　(b) 竖直板背风面风压系数

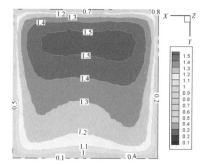

(c) 竖直板净风压系数

图 4.5　竖直板封闭时的风压分布

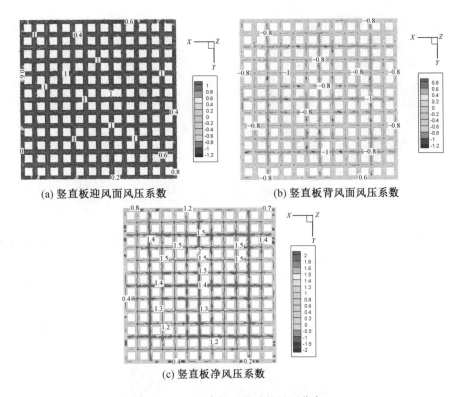

(a) 竖直板迎风面风压系数　　(b) 竖直板背风面风压系数

(c) 竖直板净风压系数

图 4.6　竖直板开孔时的风压分布

（2）对 0°风向角下 FAST 反射面进行实际开孔处理，开孔的位置按照一定规律设置，开孔数目为 37 和 77 两种，孔隙率分别是 1.055% 和 2.196%，图 4.7 给出了 0°风向角下 FAST 反射面封闭时的表面风压系数。图 4.8 给出了 0°风向角下 FAST 反射面开孔时的净风压系数。和图 4.7 比较可以看出，开孔和封闭时净风压的数值大小比较接近，仅是分布规律上略有差异。

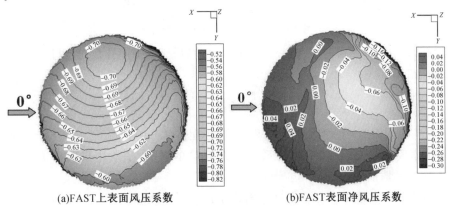

(a)FAST上表面风压系数　　　　(b)FAST表面净风压系数

图 4.7　封闭时 FAST 表面的风压系数

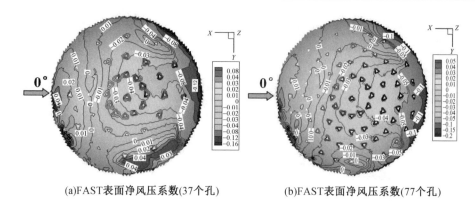

(a)FAST表面净风压系数(37个孔)　　　　(b)FAST表面净风压系数(77个孔)

图 4.8　　开孔时 FAST 表面的净风压系数

（3）FLUENT 软件提供了一个多孔跳跃边界条件（Porous Jump），可以模拟流场中包括过滤纸、分流器、多孔板和管道集阵等边界所需要使用的多孔介质条件，在计算中可以定义某个边界为多孔跳跃边界。图 4.9 给出了多孔跳跃面板的参数设置。其中第一项为面的渗透性 α（Face Permeability）；第二项为多孔介质的厚度（Porous Medium Thickness），FAST 反射面板的厚度一般在 1～1.5 mm 之间进行选取；第三项为压强跃升系数 C_2（Pressure-Jump Coefficient）。

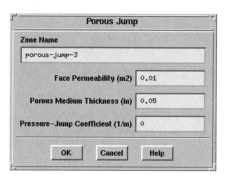

图 4.9　　多孔跳跃面板的参数设置

在查阅 FLUENT 手册时，发现在该边界条件中，用于模拟多孔板时，可以考虑用下面的经验公式求解 C_2：

$$C_2 = \frac{1}{C^2} \frac{(A_p/A_f)^2 - 1}{t} \tag{4.3}$$

式中，A_f 为孔的总面积；A_p 为板的总面积（孔与板固体部分的和）；t 为板厚度；D 为孔直径；C 为随着雷诺数（Re）和 D/t 变化的系数。关于 C 的取值，手册中仅给出 $D/t > 1.6$，且 $Re > 4\,000$ 时的取值为 0.98。

关于多孔板的渗透性 α，很多公式含有该系数，但是需要事先知道压力 p、速度 v。p 和 v 是无法事先知道的，因此不便于求解 α。关于多孔板的渗透性 α 没有给出经验公式进行计算。

FLUENT 提供的填充床多孔介质的经验公式可用于同时计算渗透性 α 和压强跃升系数 C_2，但是参数意义不同于多孔板。

$$\alpha = \frac{D_{\text{p}}^2}{150} \frac{\varepsilon^3}{(1-\varepsilon)^2} \tag{4.4}$$

$$C_2 = \frac{3.5}{D_{\text{p}}} \frac{(1-\varepsilon)}{\varepsilon^3} \tag{4.5}$$

式中,D_{p} 为粒子的平均直径;ε 为空腔比率,即空腔与填充床的体积比。为了能利用这个公式,我们假设空腔的厚度与填充床的厚度相等,则 ε 等于多孔板中的开孔率,C 取 0.98,然后联立式(4.4)和式(4.5)求得 α。以此为依据分别计算了前面第(1)项中的竖直板开孔情况和第(2)项中的 FAST 开孔情况,结果如图 4.10 和图 4.11 所示。结果表明,利用上述公式算得的竖直板和 FAST 表面的风压系数均和实际算得的开孔结果相差较多。相比之下,利用封闭的情况算得的净风压系数和实际开孔情况较为接近。因此本节后续的计算就按照FAST 反射面封闭的情况进行考虑。

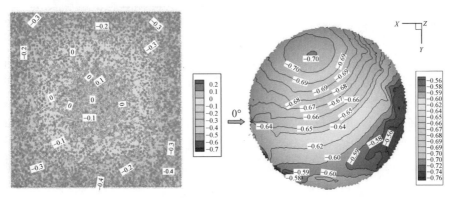

图 4.10　利用多孔介质模型计算的竖直　图 4.11　利用多孔介质模型计算的 FAST
　　　　　板开孔时的风压分布　　　　　　　　　反射面开孔时的风压系数

4.地形上考虑植被(粗糙度)的影响

建筑风环境主要研究近地表建筑与周围环境的空气绕流问题,实际风环境中植被形成的屏障增加了风阻力,有效降低下游遮蔽区的风速,增加了湍流度。由于 FAST 周围地貌是平均高度约为 3 m 的植被,其地表植被对风环境的影响通常是不可忽略的,这给绕流场的数值模拟增加了复杂性。在抗风设计中,采用地面粗糙长度 z_0 作为地面上湍流旋涡尺寸的度量,由于局部气流的不均匀性,不同测试中的 z_0 结果相差甚大,因此 z_0 的大小一般由经验确定。相关文献中对 z_0 的取值做了规定,并查得地面粗糙长度取值为 $0.90 \sim 1.00$ m[5-7]。

FLUENT 中可通过在壁面函数中使用粗糙度参数的修正方法,即设置 Wall Roughness选项来模拟植被效应,定义湍流计算中的壁面粗糙度来进行模拟。

取 0°风向角进行计算,设置为两种工况:① 考虑粗糙度;② 不考虑粗糙度。得到 FAST表面风压系数分布如图 4.12、图 4.13 所示。可知,二者风压分布总体趋势较为一致,但是不考虑粗糙度所得到的风压系数绝对值偏大。因此,不考虑粗糙度的影响可能会高估 FAST表面风吸力值,此外为真实模拟 FAST 表面风压分布,数值计算中应考虑粗糙度的影响。

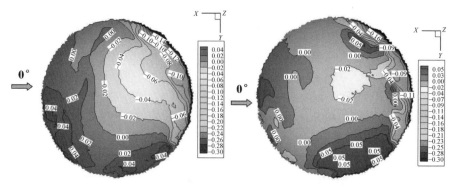

图 4.12　考虑粗糙度影响时 FAST 表面　图 4.13　不考虑粗糙度影响时 FAST 表
　　　　净风压系数　　　　　　　　　　　　面净风压系数

5.不同基准零点标高的影响

由于 FAST 地形复杂,基准点标高与 FAST 洼地标高的相对关系可能对 FAST 风环境影响较大。这里对不同基准标高下的 FAST 风环境进行了数值模拟研究(图 4.14、图 4.15),在已有地形条件及地图形整体上移 20 m 的前提下,探讨了不同基准标高对 FAST 表面净风压系数的影响(图 4.16、图 4.17)。结果表明,在一定范围内选取不同的基准标高对 FAST 表面净风压系数的影响不大。

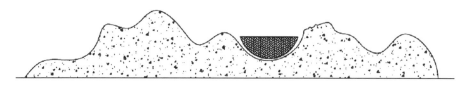

图 4.14　FAST 附近地形示意图

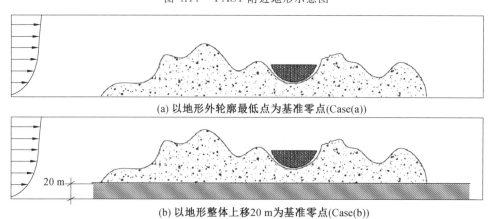

(a) 以地形外轮廓最低点为基准零点(Case(a))

(b) 以地形整体上移20 m为基准零点(Case(b))

图 4.15　不同基准标高和来流风剖面关系示意图

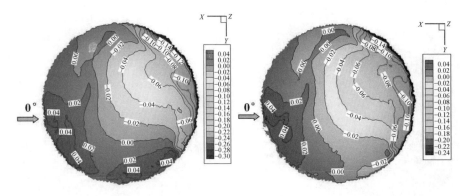

图 4.16　Case(a) 情况下 FAST 表面净　图 4.17　Case(b) 情况下 FAST 表面净
风压系数　　　　　　　　　　　风压系数

4.1.2　FAST 结构风场分析结果

1.FAST 表面的风压分布特性

应用上节介绍的数值模拟方法,对 FAST 周围的环境进行 CFD 数值模拟,参考位置取为 FAST 圈梁高度处。

图 4.18 ~ 4.29 分别给出了 $0° \sim 330°$ 每隔 $30°$ 风向角下 FAST 表面的平均风压分布。从风压系数分布图中可以看出,由于受周围地貌影响,FAST 迎风边缘处风压系数等值线与来流风向并不垂直,但是绝大多数风向角下在 FAST 后半区域其风压系数等值线与来流风向满足垂直关系,这说明 FAST 周围地貌对气流产生了一定的阻塞作用,使得 FAST 迎风前缘表面上的风荷载特性发生了明显变化。

此外,对 FAST 整体结果而言,由于附近山势高低起伏,不同风向对风压场的影响较大,风压、风吸力分布的比例各有不同,最大正压和负压均出现在反射面的边缘,反射面中部大部分区域的风压分布大小较为均匀。在 $120°$ 和 $150°$ 风向角下,FAST 反射面的边缘出现局部正压最大;在 $90°$ 和 $210°$ 风向角下,FAST 反射面的边缘出现局部负压最大。从分布范围来看,$120°$ 和 $210°$ 风向角下 FAST 表面最大正压和最大负压分布范围较大。

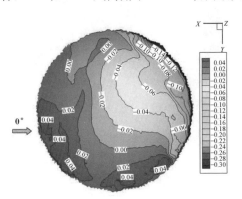

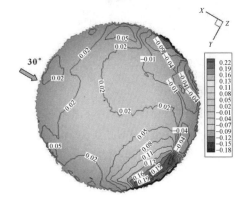

图 4.18　FAST 表面净风压系数(0° 风向角)　图 4.19　FAST 表面净风压系数(30° 风向角)

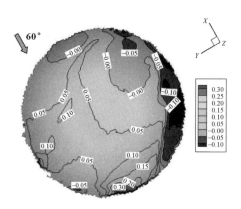

图 4.20　FAST 表面净风压系数（60°风向角）

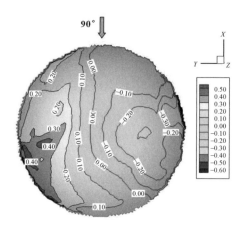

图 4.21　FAST 表面净风压系数（90°风向角）

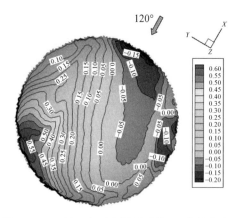

图 4.22　FAST 表面净风压系数（120°风向角）

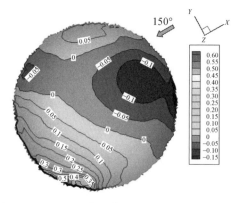

图 4.23　FAST 表面净风压系数（150°风向角）

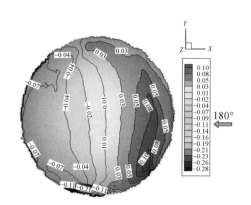

图 4.24　FAST 表面净风压系数（180°风向角）

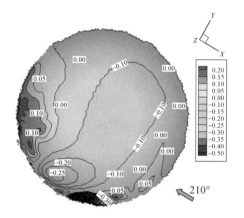

图 4.25　FAST 表面净风压系数（210°风向角）

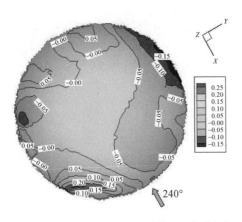

图 4.26　FAST 表面净风压系数（240°风向角）

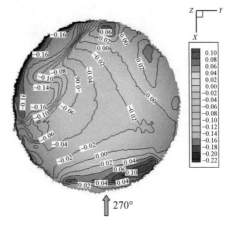

图 4.27　FAST 表面净风压系数（270°风向角）

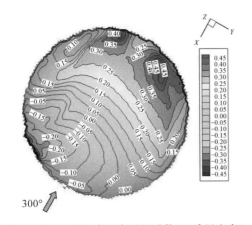

图 4.28　FAST 表面净风压系数（300°风向角）

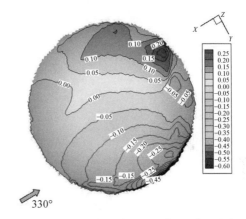

图 4.29　FAST 表面净风压系数（330°风向角）

2.FAST 周围流场分布特性

根据前节可知，FAST 表面的最大正压和最大负压发生在 120°和 210°风向角下。图 4.30～4.32 给出了 0°、120°和 210°三个风向角下 FAST 周围风场分布图。

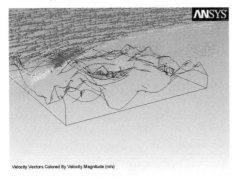

(a) FAST 及地貌风场分布

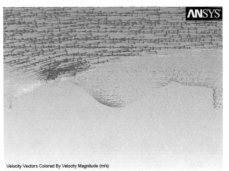

(b) FAST 局部风场分布

图 4.30　0°风向角下 FAST 周围风场分布

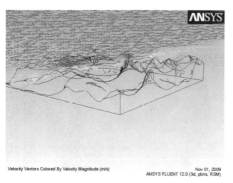 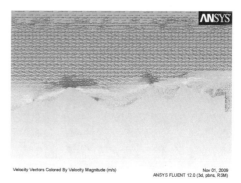

(a) FAST 及地貌风场分布　　　　　　　　(b) FAST 局部风场分布

图 4.31　120°风向角下 FAST 周围风场分布

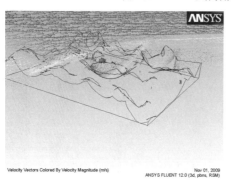 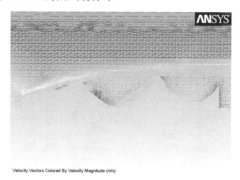

(a) FAST 及地貌风场分布　　　　　　　　(b) FAST 局部风场分布

图 4.32　210°风向角下 FAST 周围风场分布

从流场分布图中可知：

（1）0°风向角下，来流经过一个较缓的坡，并经过一个小的凹地，能量有所削弱，此时在 FAST 前缘发生明显的分离，在 FAST 上空形成较大的旋涡，几乎覆盖整个 FAST，因此该风向角下的风压系数分布较均匀，梯度变化不大。

（2）120°风向角下，来流所经地势较缓，在 FAST 前缘的山顶发生明显的分离，部分流体向上运动，撞击在 FAST 后缘，局部形成正压区；部分流体向下运动，在 FAST 上空形成较大的旋涡，形成负压区。

（3）210°风向角下，来流在前缘地貌断面处发生分离，顺着山势向上走，在 FAST 前缘的山顶发生再次分离，一部分流体向上运动，撞击到 FAST 后缘，在后缘形成较大区域的正压，但数值较小；另一部分流体向下运动，在 FAST 上空形成较大的旋涡，在中部形成负压区，并向两侧形成能量较大的旋涡。

3.馈源支承塔的风场特性

馈源塔为 FAST 附属支承结构，下面以 0°风向角为例，说明馈源支承塔周围的风场分布特性。以 FAST 圆心为中心点，塔顶的高度比反射面中心高 300 m。图 4.33 为某风向角下六塔的布局示意图。

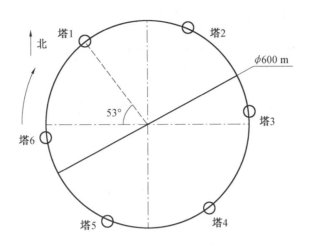

图 4.33　某风向角下六塔的布局示意图

图 4.34～4.39 给出了 0°风向角下 6 个馈源支承塔处的风场分布。从图中可知,由于馈源支承塔 1、2 受到前缘山势的阻挡,山体后面有一个较大的旋涡,因此在塔高处大部分区域被该旋涡覆盖,风速与来流方向相反。由于馈源支承塔 3、4 前缘山体距离塔身较远,坡度平缓,因此气流在山体顶部发生分离,沿坡面爬升,出现逆向梯度,沿塔高各点风速与来流方向相同。由于馈源支承塔 5、6 附近的气流受到前后山势的阻挡,塔位于旋涡的后缘,因此沿塔高各点风速均与来流方向相反。

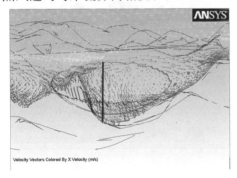

图 4.34　馈源支承塔 1 风场分布

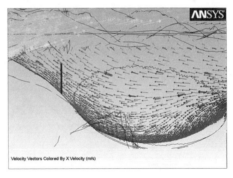

图 4.35　馈源支承塔 2 风场分布

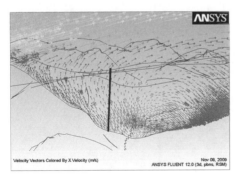

图 4.36　馈源支承塔 3 风场分布

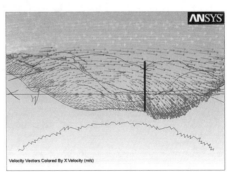

图 4.37　馈源支承塔 4 风场分布

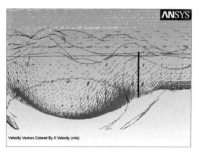 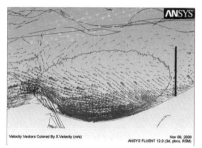

图 4.38　馈源支承塔 5 风场分布　　　　图 4.39　馈源支承塔 6 风场分布

4.馈源运动面上的风场特性

馈源运动轨迹形成的球面与 FAST 反射面同一球心,半径为 0.466 5R(FAST 反射面距离球心的半径为 R,R = 300 m)。为便于提出该球面所在位置处的风速值,我们以来流风剖面 FAST 圈梁高度处的风速为参考值,给出了该球面上各点的参考风速系数(参考风速系数 = 球面各点的风速 / 来流风剖面 FAST 圈梁高度处的风速),各工况参考风速系数见第 2 章参考文献[14](正号表示沿坐标系正向,负号表示沿坐标系负向)。下面以 0° 风向角为例,说明该球面周围的风场特性。图 4.40 为馈源运动球面与 FAST 反射面之间的关系示意图。

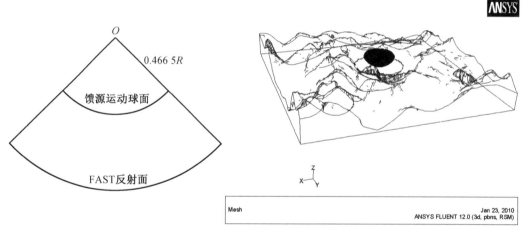

图 4.40　馈源运动球面与 FAST 反射面之间的关系示意图

图 4.41 所示为 0° 风向角下馈源运动球面附近的风场分布。从图中可知,该高度处的风场由于受到山势的阻挡效应,FAST 反射面上空的相当高度范围被一个较大的旋涡覆盖。馈源运动球面所在位置位于该旋涡区,风速分布变化较大。

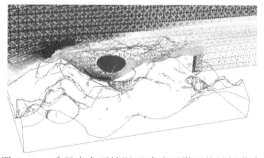

图 4.41　0° 风向角下馈源运动球面附近的风场分布

4.1.3　FAST 结构设计风荷载的确定

1.升力系数

为了方便工程设计中对风荷载的合理确定,需要明确最不利的风向,从而详细考察最不利荷载作用下结构的受力情况,保证结构设计的合理性。为了初步确定最不利风向,对建筑表面的升力系数随风向角变化的规律进行研究,升力系数由式(4.6)定义,从而确定最不利风向角,进而分区域给出建筑表面的风压系数[8]。

$$C_{\mathrm{L}} = \frac{F_{\mathrm{L}}}{\frac{1}{2}\rho V^2} = \frac{\int_S p_i \, \mathrm{d}A/S}{\frac{1}{2}\rho V^2} \tag{4.6}$$

式中　　ρ—— 气体密度;

　　　　V—— 流速;

　　　　F_{L}—— 升力;

　　　　P_i——i 点的压强;

　　　　A——i 点所属微元面积;

　　　　S—— 总的受风面积。

图 4.42 表示出了在各风向角对应工况下的升力系数分布规律,负值表示风吸力作用。通过对比,确定出最不利风压的工况为 120°、210° 和 300° 风向角,在下面的分析中需重点考察。

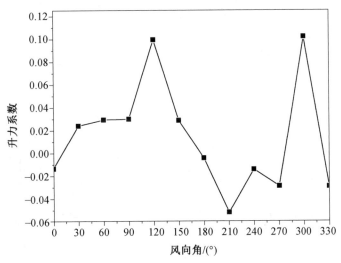

图 4.42　升力系数－风向角图

2.区域平均风压系数

为了设计应用的方便,按照风压分布的规律,将建筑表面分成几个区域,给出各区域的平均风压系数[9]。每个区域的平均风压系数用面上第 i 测点的风压系数 C_{pi} 与该测点所属表面面积 A_i 的乘积经加权平均后得到:

$$C_p = \frac{\sum_i C_{pi} A_i}{A} \tag{4.7}$$

注:C_p 包括了高度变化和体型变化两部分,即 $C_p = \mu_s \mu_z$。

图 4.43 为 FAST 表面的区域划分图,划分方法如下:沿径向等分 3 份作同心圆,最内的圆以 60° 为等分角,最外两同心圆以 30° 为等分角,将 FAST 表面分成 30 个区域。由于 FAST 整个结构为轴对称,因此只需给出每个单元在最不利风向下的区域平均风压系数。图 4.43 分别给出了 120°、210° 和 300° 风向角下 FAST 表面局部区域的平均风压系数。

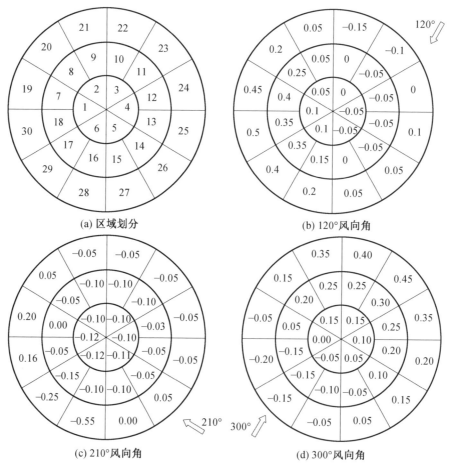

图 4.43　FAST 表面的区域划分图

3.设计风荷载

在风洞试验和数值模拟的数据处理中,常用式(4.8)表示结构上任意一点的平均风压,而规范用式(4.9)表示[10]。

$$\overline{W}(x,y,z) = \overline{C}_{pi} \cdot \frac{1}{2} \rho \, \overline{v}_R^2 \tag{4.8}$$

$$\overline{W}(x,y,z) = \mu_{zi} \mu_{si} w_0 \tag{4.9}$$

式中　$\overline{C}_{pi}$——结构上任意一点的平均风压系数;

　　　$\overline{v}_R$——参考高度处的平均风速,$\overline{v}_R = \overline{v}_b \left(\dfrac{z_R}{z_b} \right)^\alpha$;

　　　α——地面粗糙度指数;

　　　μ_{zi}——风压高度变化系数;

　　　μ_{si}——风载体型系数;

　　　w_0——基本风压,$w_0 = \dfrac{1}{2} \rho \, \overline{v}_b^2$;

　　　$\overline{v}_b$——标准参考点高度处的平均风速;

　　　z_b——标准参考点高度(我国规范为 10 m);

　　　z_R——参考点高度(本节取 FAST 圈梁高度处 $z_R = 133$ m)。

根据建筑结构荷载设计规范(GB 50009—2001)[10],并考虑到 FAST 所处喀斯特地貌的地理位置,其设计基本风压可参照贵州贵阳地区取 w_0 为 0.20 kN/m^2,经过换算得到 B 类地貌参考高度处的风压,见式(4.10):

$$w_R = w_0 \left(\frac{v_R}{v_b} \right)^2 = w_0 \left(\frac{z_R}{z_b} \right)^{2\alpha} = w_0 \left(\frac{133}{10} \right)^{2 \times 0.16} = 0.46 \text{ kN/m}^2 \tag{4.10}$$

利用图 4.43 中给出的区域平均风压系数 C_p,FAST 表面上某一局部区域的平均风压可根据式(4.11)确定:

$$w_p = w_R \times C_p = 0.46 C_p (\text{kN/m}^2) \tag{4.11}$$

注:如果 FAST 所处地区的基本风压不参考荷载规范中贵州贵阳地区进行取值,而是单独根据实测或气象部门的数据给定,取为 w_1,则换算得到 B 类地貌参考高度处的风压,见式(4.12):

$$w'_R = w_1 (133/10)^{2 \times 0.16} = 0.23 w_1 \tag{4.12}$$

则同样可以利用图 4.43 中给出的区域平均风压系数 C_p,得到 FAST 表面上某一局部区域的平均风压,见式(4.13):

$$w_p = w'_R \times C_p = 0.23 w_1 \cdot C_p (\text{kN/m}^2) \tag{4.13}$$

4.1.4　相关问题的探讨

1.挡风墙的影响

由于 FAST 反射面精度要求较高,对风荷载较为敏感,而且所处地形山势复杂,对风压分布的影响较为明显。因此,考虑风向角分别为 120°和 210°时出现最大正压和最大负压,研究了两种风向角下设置挡风墙对 FAST 反射面风压系数的影响。根据数值模拟结果,考虑绕圈梁一周设置 4 种类型的挡风墙(图 4.44):① 挡风墙与圈梁等高,封闭;② 挡风墙比圈梁高 3 m,封闭;③ 挡风墙比圈梁低 3 m,封闭;④ 垂直于地势较低方位(风向角约 150°)设置挡风墙与圈梁等高,1/3 圆周,非封闭。

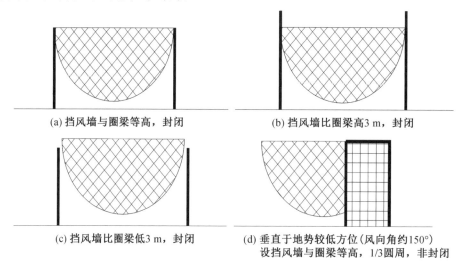

(a) 挡风墙与圈梁等高，封闭

(b) 挡风墙比圈梁高3 m，封闭

(c) 挡风墙比圈梁低3 m，封闭

(d) 垂直于地势较低方位(风向角约150°) 设挡风墙与圈梁等高，1/3 圆周，非封闭

图 4.44　挡风墙设置示意图

图 4.45 与图 4.46 所示分别为 120°和 210°风向角下未设置挡风墙及设置前三种类型挡风墙时 FAST 表面风压系数分布。从图中可知:120°风向角下,无挡风墙时,风压系数在 $-0.2 \sim 0.6$ 之间;设置图 4.44 中挡风墙 a 时,风压系数在 $-0.35 \sim 0.35$ 之间;设置图 4.44 中挡风墙 b 时,风压系数在 $-0.35 \sim 0.25$ 之间;设置图 4.44 中挡风墙 c 时,风压系数在 $-0.1 \sim 0.4$ 之间。由此可见,前三种类型的挡风墙,均能有效降低 FAST 表面的风压力,在一定程度上提高 FAST 表面的风吸力。由于风吸力能抵消向下的自重,因此这对结构是有利的。210°风向角下,无挡风墙时,风压系数在 $-0.5 \sim 0.2$ 之间;设置图 4.44 中挡风墙 a 时,风压系数在 $-0.44 \sim -0.2$ 之间;设置图 4.44 中挡风墙 b 时,风压系数在 $-0.45 \sim -0.15$ 之间;设置图 4.44 中挡风墙 c 时,风压系数在 $-0.12 \sim 0.18$ 之间。由此可见,前三种类型的挡风墙,均能有效降低 FAST 表面的风压力和风吸力。综上所述,设置图 4.44 中挡风墙 a,即挡风墙与圈梁等高、封闭时的效果最好。

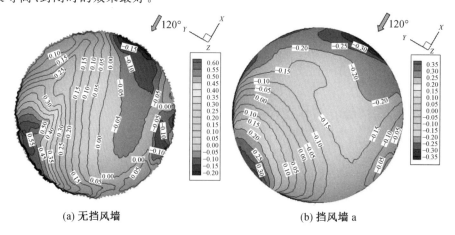

(a) 无挡风墙

(b) 挡风墙 a

图 4.45　120°风向角下挡风墙对 FAST 风压分布的影响

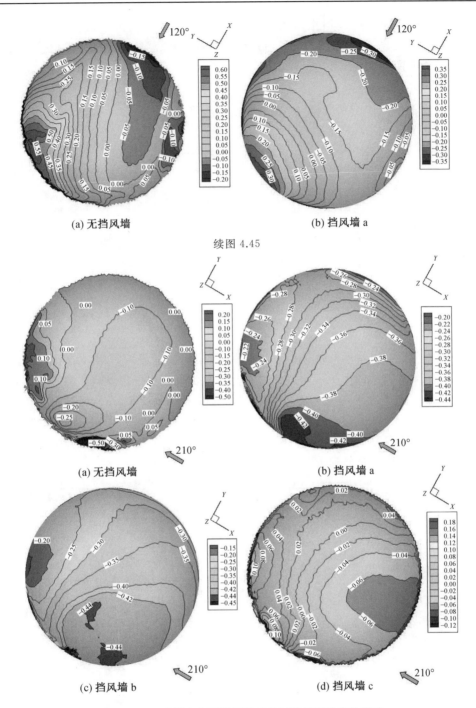

图 4.46   210° 风向角下挡风墙对 FAST 风压分布的影响

从 FAST 周围实际地形中可看出,沿 150° 风向角方向存在一定范围的低谷,沿着该低谷方向的来流可能对 FAST 产生瞬时最不利风速。因此,根据工程需要,设置图 4.44 中挡风墙 d,如图 4.47 所示,即垂直于地势较低方向(风向角约 150°)设置挡风墙与圈梁等高,1/3 圆周,非封闭。当风向角为 150° 时,起挡风作用,风压系数在 −0.2 ~ 0.3 之间,正压区范围小,且数值不大;而当风向转 180°,即 330° 时,该挡风墙产生兜风作用,风压系数在 −0.25 ~ 0.2

之间,虽然最大值变化不大,但正压区范围较大,且数值相对较大,因此比较不利,可见图 4.44 中挡风墙 d 的设置不合理。其原因可能是非封闭挡风墙的设定促进了气流的分离,反而使风压系数有所增加。

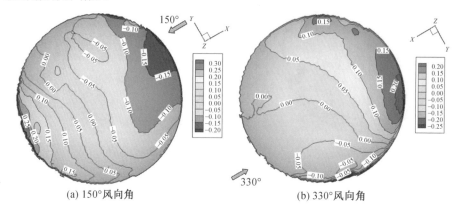

(a) 150°风向角   (b) 330°风向角

图 4.47   1/3 挡风墙时 FAST 表面净风压系数

2.大地形的影响

现有规范对山区风特性的描述较少,FAST 所处地貌是典型的山区地貌,山地高低起伏、地形复杂,地形范围的大小可能对 FAST 周围风流场产生一定影响。在数值计算中,我们根据实际 FAST 地貌等高线进行全尺度建模,提取了 2 km×2 km 地形进行数值计算,同时还建立了 4 km×6 km 大范围地形(图 4.48)。通过对两种地貌进行数值模拟来研究地形范围对 FAST 表面平均风压分布的影响。将大地形中沿 6 km 方向作为来流方向(原有地形时风向为 180°的情况)进行研究。

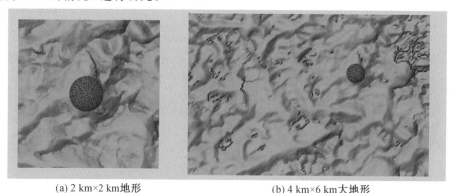

(a) 2 km×2 km地形   (b) 4 km×6 km大地形

图 4.48   两种地形对比图

图 4.49 与图 4.50 所示分别为 2 km×2 km 与 4 km×6 km 两种尺寸范围地貌条件下 FAST 表面净风压系数的数值模拟结果,相应的风向角为 180°。从计算结果中可以看出,两种工况下 FAST 表面风压系数分布有一定差别,小地形正压区范围较大,且数值大,而大地形得到的数值相对偏小。这是由于来流受到 FAST 迎风前缘地貌的影响很大,相当于增加了地面摩擦对来流的阻力和来流的湍流度。而且两种工况下的风压分布规律受地形影响很大。

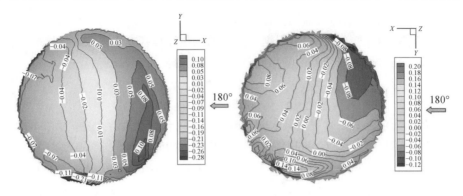

图 4.49　　2 km×2 km 地貌 FAST 表面　　图 4.50　　4 km×6 km 地貌 FAST 表面
净风压系数　　　　　　　　　　　　净风压系数

通过提取风场流速矢量图(图 4.51、图 4.52)可以看出,2 km×2 km 地貌条件下,由于地形的截断,来流方向地势较高,因此截断面对来流影响很大,在此发生了较大的分离。发生分离后,部分流体向上方流动,另一部分流体沿地形流动,由于距离较短,气流没有经过充分发展,就在 FAST 所在的洼地处发生分离而形成较大旋涡。4 km×6 km 地貌条件下,由于地形在较远处才发生截断,即使截断面对来流有影响,但来流流经较长距离的地形,气流能够经过充分发展,因此在 FAST 前缘较大范围内,来流沿地形表面流动,经过充分发展,才在 FAST 所在洼地处发生分离。

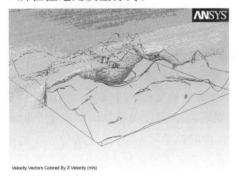

图 4.51　　2 km×2 km 地貌风场流速矢量　　　图 4.52　　4 km×6 km 地貌风场流速矢量

4.2　FAST 索网结构温度荷载作用效应分析

温度荷载分为季节性温差和日照温差。在常规设计中考虑的往往是季节性温差,是一种随着四季交替而呈现的缓慢、均匀、整体的温度变化;而日照温差则是由于一昼夜内太阳的东升西落引起的一种非均匀的温度变化,其主要受太阳辐射、大气温度变化、自身及周围环境的阴影遮挡等因素影响,一般用日照非均匀温度场来描述。温度作用是影响 FAST 反射面面形精度的主要因素之一,FAST 反射面结构的巨大尺度及超高面形精度(RMS ≤ 5 mm)必然要求进行精细的热变形分析。季节温差引起结构的整体热变形,文献[11]研究结果表明其对 RMS 值的影响可通过修正基准面半径来降低;日照温差由于其影响因素的多样性、复杂性,往往表现为短时急变、分布不均等主要特征,计算复杂,常规分析难以开展,取值没有任何参考依据,需专门数值模拟计算,而且 FAST 反射面结构又是一种形式新颖的结构,单元数目众多、形状精度要求高,根据望远镜的工作原理存在着无数种连续的工作状态,因而对反射面结构日照非均匀温度场作用效应的研究也变得异常复杂。

4.2.1 FAST 热环境分析

FAST 台址选定在贵州省平塘县大窝凼洼地[12],该台址是世界上独一无二的喀斯特洼地,位于东经 $106°45'40'' \sim 106°46'14''$,北纬 $25°58'23'' \sim 26°59'00''$。参见文献[12]的 FAST 台址地质勘探报告。平塘县属于中亚热带,冬春半干燥、夏季湿润型气候,四季分明,冬暖夏凉。

(1)年平均气温为 16.3 ℃;最冷月 1 月平均气温为 6.8 ℃,历史极端最低气温为 −7.7 ℃;最热月 7 月平均气温为 25.4 ℃,历史极端最高气温为 38.1 ℃。年平均最高气温 ≥ 30 ℃ 的日数为 65.7 d,日最低气温 ≤ 0 ℃ 的日数为 14.1 d。

(2)年平均日照时数为 1 316.9 h,占可照时数的 30%,以夏季较多、冬季较少。

(3)年平均风速为 1.4 m/s,全年以东北风为多,夏季盛行南风,冬季盛行东北风。全年静风频率为 48%,1 月静风频率为 39%,7 月静风频率为 50%。

(4)年平均降雨量为 1 259.0 mm,集中于下半年。年平均降雨日数(日降水量 ≥ 0.1 mm)为 174.5 d,日降水量 ≥ 5.0 mm 的日数为 57.1 d,暴雨日数(日降水量 ≥ 50.0 mm)为 3.6 d,大暴雨日数(日降水量 ≥ 100.0 mm)为 0.3 d。

(5)年平均相对湿度为 80%,最大在夏季为 83%,最小在冬季为 76% 左右。

FAST 台址实际地形鸟瞰图如图 4.53 所示。大窝凼洼地地势总体上北高南低,起伏不平,呈锯齿状;地形剖面形态近似"U"字形,水平方向断面的形状比较规则,近似圆形。洼地底部海拔为 840.9 m,四周共有 5 个较高山峰,最高峰位于洼地东南,峰顶高程为 1 201.20 m,地形最大高差为 360.30 m。以洼地中心点为圆心,海拔 960 m 处的直径超过 500 m,因而 FAST 台址不存在规模较大的土石方工程量。依据能量守恒原则,FAST 反射面结构热平衡是指在其工作环境下,在单位时间内,太阳和周围环境施加于结构的热量之和,等于该结构对环境释放的热量与自身内能变化之和,如图 4.54 所示,其具体表达式关系式(4.14):

$$Q_1 + Q_2 + Q_3 = Q_4 + Q_5 \tag{4.14}$$

式中　　Q_1—— 结构所吸收的太阳辐射热,包括直接辐射、散射辐射、地面反射辐射,J;

$\quad\quad\quad Q_2$—— 结构与大气对流换热,J;

$\quad\quad\quad Q_3$—— 结构与周围环境的长波辐射换热,J;

$\quad\quad\quad Q_4$—— 结构内能变化,J;

$\quad\quad\quad Q_5$—— 结构表面对环境释放的热量,J。

由于结构不同,构件表面积不同,各时刻所受太阳辐射作用、阴影遮挡作用也不一样,故导致吸收的热量也不同,而且各部分之间还存在热传导及其他热交换,因此 FAST 反射面结构热平衡是一个动态热平衡[13],而且结构的日照温度场是一个非均匀温度场。由其某一时刻热平衡方程,可以确定出结构在该时刻的内能变化,从而确定出结构温度场。

日照下结构的热平衡具体包括三种热传递方式[14]。

(1)热传导。热传导指完全接触的两个物体之间或一个物体的不同部分之间由于温度梯度而引起的内能交换。热传导遵循傅里叶定律,见式(4.15):

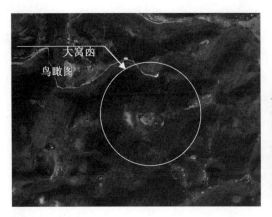

图 4.53　FAST 台址实际地形鸟瞰图

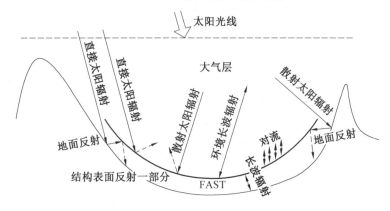

图 4.54　FAST 反射面结构热平衡关系图

$$q'' = -k \frac{\mathrm{d}T}{\mathrm{d}x} \tag{4.15}$$

式中　　q''——热流密度，$\mathrm{W/m^2}$；

　　　　k——导热系数，$\mathrm{W/(m \cdot ℃)}$。

负号表示热量流向温度降低的方向。

（2）热对流。热对流指固体的表面与它周围接触的流体之间，由于温差的存在引起的热量交换。热对流可以分为两类：自然对流和强制对流。热对流用牛顿冷却方程来描述，见式（4.16）：

$$q'' = h(T_{\mathrm{S}} - T_{\mathrm{B}}) \tag{4.16}$$

式中　　h——对流换热系数；

　　　　T_{S}——固体表面温度，℃；

　　　　T_{B}——周围流体温度，℃。

（3）热辐射。热辐射指物体发射电磁能，并被其他物体吸收转变为热的热量交换过程。物体温度越高，单位时间辐射的热量越多。热传导和热对流均需要有传热介质，而热辐射无须任何介质，真空中的热辐射效率最高。地表上的物体所受热辐射主要为太阳辐射和物体与周围环境之间的相互辐射：① 太阳辐射[15,16]是短波辐射，其通过大气时，一部分到达地面，称为直接太阳辐射，另一部分被大气的分子、大气中的微尘、水汽等吸收、散射和反射，到达地面的部分称为散射太阳辐射，同时直接太阳辐射和散射太阳辐射又有一部分被地面反射,因而地表结构物表面受到的太阳辐射作用包括直接辐射、散射辐射和地面反射辐射。其中,直接太阳辐射是太阳总辐射的最重要组成部分。太阳辐射是日照下结构最主要的热荷载,由天气状况、日期、一天中的时刻、结构方位、所在地的地理纬度、海拔高度等多因素共同决定。② 物体与周围环境之间的相互辐射是长波辐射,它是导致夜间结构温度下降的主要原因之一。由于该辐射产生的热流与物体表面的绝对温度的四次方成正比,因此其长波辐射过程是一个非常复杂的高度非线性过程。物体表面的辐射遵循 Stefan-Boltzmann 定律,见式(4.17):

$$q = \sigma A T^4 \tag{4.17}$$

式中　σ——Stefan-Boltzmann 常数,5.67×10^{-8} W/(m² · K⁴);

　　　A—— 物体表面面积,m²;

　　　T—— 物体表面的绝对温度,K。

4.2.2　FAST 日照非均匀温度场特性分析

1. 瞬态温度场分析模型

尽管热分析问题已经得到了它们应遵循的基本方程(常微分方程或偏微分方程)和相应的边界条件,但能用解析方法求解精确解的方程只是针对性质较为简单、几何边界相对规整的少数问题,如一根梁、一个桥墩的温度问题,然而对于大多数工程结构,由于其复杂的系统组成、多种边界条件同时作用以及一些非线性特征,解析方法难以适用。热分析的另一种途径是数值方法,目前国内外结构温度场分析的数值方法主要有热网络分析法和有限元法[17-26]。

热网络分析方法主要用于卫星等整体的系统热分析。该方法基于传热过程和导电过程的相似性,运用有限差分技术进行数值求解,将物理模型划分为若干个单元体,单元体的几何中心称为节点,整个单元体用节点来描述,每个单元要求具有均匀的温度、热流和有效辐射,节点的温度和热物理参数代表了整个单元体内的平均温度和平均热物理参数,从而单元之间的辐射、传导和对流换热过程可以归结为节点之间的由各种热阻连接起来的热流传递过程。节点之间的关系形成了一幅热网络图,和电网络具有类比关系,因此,借用电学中的基尔霍夫第二定律即可得到各节点的热平衡方程,从而求解得到各点温度及其变化率。虽然热网络分析方法在国内外航天领域中均得到了广泛应用,但也存在着缺点:(1)该方法采用节点集中参数来描述复杂的热量交换过程,这种数学抽象反映实际结构的能力相对较差,往往需要对实际模型做较多简化以便建立整个结构的节点网络方程,不可避免地会影响计算结果精度;(2)节点网络与结构分析有限元模型的网格划分不一致,导致热网络分析方法得到的温度数据不能直接应用,必须经过插值等数据转换处理才能应用于结构力学分析中,而此类额外工作不仅费时,且会降低求解精度。

有限元法主要适用于求解大型结构或部件的温度场,可用于求解线性和非线性问题,十分有效、通用性强,是应用更为广泛的方法。有限元法可上溯到 20 世纪 40 年代,最初出现在结构力学中,到 20 世纪 70 年代逐渐发展到流体力学、传热学等其他领域。有限元法是一种求解具有初始边界条件的微分方程的近似方法,它把连续体离散成有限个单元:杆系结构的单元是每一根杆件;连续体的单元是各种形状(如三角形、四边形、六面体等)的单元体。每个单元的场函数是只包含有限个待定节点参量的简单场函数,这些单元场函数的集合就能近似代表整个连续体的场函数,根据能量方程或加权残量方程可建立有限个待定参量的代数方程组,求解此离散方程组就得到有限元法的数值解。

根据能量守恒原理,瞬态热平衡有限元方程见式(4.18)。表4.1给出了结构分析有限元平衡方程与热平衡有限元方程的比较,两者具有一定类似性。

$$[C(T)]\{\dot{T}\} + [K(T)]\{T\} = \{Q(t)\} \tag{4.18}$$

式中　$[C(T)]$——比热矩阵,用于考虑系统内能的增加;

　　　$[K(T)]$——传导矩阵,包括导热系数、对流系数等;

　　　$\{Q(t)\}$——节点热流率向量;

　　　$\{T\},\{\dot{T}\}$——节点温度向量及其对时间的导数。

表 4.1　结构分析有限元平衡方程和热平衡有限元方程的比较

结构分析有限元平衡方程	热平衡有限元方程
$[M]\{\ddot{U}\} + [C]\{\dot{U}\} + [K]\{U\} = \{F(t)\}$	$[C(T)]\{\dot{T}\} + [K(T)]\{T\} = \{Q(t)\}$
·位移	·温度
·力	·热流率
·均布荷载	·热流(施加的)
·应变	·温度梯度
·应力	·热流(计算的)
·温度分布	·内部热生成
·塑性基础	·对流
·无	·辐射
·接触	·恒温器

式(4.18)的求解采用时程分析法。但是,时程分析时初始计算条件(计算开始时刻结构的温度大小和分布)一般是未知的,普遍认为凌晨时刻结构各部分温度较均匀且接近于空气温度。本节计算中,结构初始温度取凌晨5:00时刻的空气温度。

热分析有限元模型综合采用 MATLAB、AUTOCAD 二次开发程序(DXF 图形文件数据接口程序)和 APDL 语言,依据结构实际几何尺寸、截面参数、材料热物理性能参数、地形数据等,建立 FAST 反射面结构日照温度场的 ANSYS 参数化有限元模型,如图4.55所示。有限元模型所采用的热分析模拟单元见表4.2,材料热物性参数[27]见表4.3,利用有限元模型中单元的截面参数、材料热物理特性参数等,以及所施加的边界条件(如太阳辐射作用等),生成$[C(T)]$、$[K(T)]$和$\{Q(t)\}$。

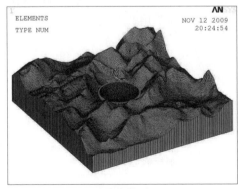 

(a) 整体模型　　　　　　　　(b) 局部放大

图 4.55　FAST 热分析有限元模型

表 4.2 热分析模拟单元

传热方式	模拟单元
热传导	杆件 Link33,面板 Shell57
热对流	杆件 Link34,面板 Surf152
太阳短波辐射	以节点热流率加载计算
环境长波辐射换热	以复合换热表面对流系数计算

表 4.3 材料热物性参数

材料	密度 /(kg·m^{-3})	比热容 /[J·(kg·K)$^{-1}$]	导热系数 /[W·(m·K)$^{-1}$]
钢	7 840	465	49.8
铝(面板)	2 702	903	237

(1) 杆件单元。FAST 反射面构件数量巨大(共约 16 000 根左右),对每一根杆件,将其划分为 2 段,依据杆件实际截面面积建立 2 个 Link33 热传导单元(三维二节点热传导单元);杆件的三个节点处建立 3 个 Link34 热对流单元(三维二节点热对流单元),如图 4.56(a) 所示。并设置随杆件表面温度变化的材料热物理性能参数,即复合换热表面对流系数[14],以用于同时考虑空气对流换热和环境长波辐射换热的综合作用。其中,中间节点的热对流单元实常数取杆件表面积的一半,两端节点的热对流单元实常数取杆件表面积的四分之一;杆件上的太阳辐射作用则等效为相应节点的热流率,以节点集中荷载形式施加。最终以其两端节点温度和中间节点温度的平均值作为该杆件单元的温度。

(2) 面板单元。由于背架结构对反射面板的温度影响较小,故仅依据实际尺寸建立 1.2 mm 厚的铝面板模型,即实常数为 1.2 mm 的三节点 Shell57 空间壳热传导单元;在壳单元上建立 Surf152 三维表面效应单元,设置复合换热表面对流系数,用于计算空气对流换热和环境长波辐射换热的综合作用,如图 4.56(b) 所示;面板上的太阳辐射作用以热流密度面荷载形式施加,并按面板孔隙率折减。最终以其三个角点温度的平均值作为该面板单元的温度。

(3) 地形单元。由于只关注 FAST 反射面结构的温度场,且周围地形环境与结构之间的长波辐射换热作用以结构构件的复合换热表面对流系数来考虑,因而实际周围地形的相应模型(采用一定厚度的三节点 Shell57 空间壳热传导单元)只用于计算其对结构的阴影遮挡作用,热分析计算时只需选取 FAST 反射面结构单元,而不用选取地形单元。

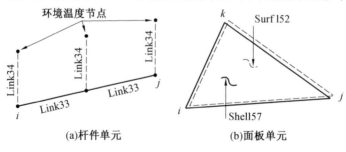

(a)杆件单元   (b)面板单元

图 4.56 模拟单元示意图

2.太阳辐射热分析

晴天无云条件下的太阳总辐射(包括直接太阳辐射、散射太阳辐射、地面反射辐射)是地球表面可能接受到的太阳总辐射的最大值。计算地面上物体表面任一时刻的太阳总辐射[28-34],需要确定一些基本参数,主要包括太阳高度角、太阳方位角、赤纬角、太阳时角、地理纬度、地球大气层上界的垂直太阳辐射强度、构件表面方位等。

(1) 直接太阳辐射。一年当中,日地距离发生变化,到达大气层上界的垂直太阳辐射强度[16]也随之变化,可按式(4.19)计算:

$$J = J_0 \left(1 + 0.033 \cos \frac{360°N}{365} \right) \tag{4.19}$$

式中　J_0——太阳常数,即当地球位于日地平均距离时在地球大气上界投射到垂直于太阳光线平面上的太阳辐射强度,变化范围为 $1\,325 \sim 1\,457$ W/m²,我国采用的数值为 $1\,367$ W/m²。

　　N——从元旦起算的日序数,1 月 1 日为 1,12 月 31 日为 365。

太阳光线的入射方向则由太阳方位角和高度角[32]来确定。太阳方位角 α_s 是太阳光线在水平面上的投影与当地子午线的夹角,范围为 $-180° \sim 180°$,以正南方向为零,由南向东为负,由南向西为正;太阳高度角 β_s 是太阳光线与水平面的夹角,范围为 $0° \sim 90°$。太阳高度角和方位角的计算见式(4.20) $\sim$ (4.22)。

$$\sin \beta_s = \cos \varphi \cos \delta \cos \omega + \sin \varphi \sin \delta \tag{4.20}$$

$$\cos \alpha_s = \sec \varphi \sec \beta_s (\sin \varphi \sin \beta_s - \sin \delta) \tag{4.21}$$

$$\sin \alpha_s = \cos \delta \sin \omega \sec \beta_s \tag{4.22}$$

式中　φ——地理纬度,取 $26°28'42''$;

　　ω——太阳时角,即单位时间内地球自转的角度,上午为负值,下午为正值,每小时相应的时角为 $15°$,按式(4.23)计算;

$$\omega = (t - 12) \times 15° \tag{4.23}$$

　　δ——赤纬角,即太阳直射光线与赤道平面之间的夹角,按式(4.24)计算:

$$\delta = 23.45° \times \sin \left[\frac{360°(N + 284)}{365} \right] \tag{4.24}$$

式中　N——从元旦起算的日序数,1 月 1 日为 1,12 月 31 日为 365。

地面上垂直于太阳射线平面上的直接辐射强度[30] I_d,按式(4.25)计算:

$$I_d = 0.90^{mp} J \tag{4.25}$$

式中　p——大气浑浊度因子,晴空洁净大气情况时变化范围在 $1.8 \sim 3.3$ 之间,夏季取偏低值,冬季取偏高值;

　　m——经气压修正的大气光学质量,按式(4.26)计算:

$$m = \frac{k_a}{\sin \beta_s} \tag{4.26}$$

其中,k_a 为不同海拔高度相对气压,可查表 4.4 得到,本节计算时,对不同构件按 FAST 反射面结构的平均海拔高度[12] 924 m 取同一值,即 0.9;I_a 为地面上任意倾斜构件上的直接太阳辐射[30],可按式(4.27)计算:

$$I_a = I_d \cos \theta \qquad (4.27)$$

式中 θ——太阳光线入射方向与倾斜杆件或倾斜表面法线的夹角,如图 4.57 所示。

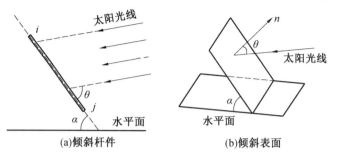

(a)倾斜杆件　　　　　(b)倾斜表面

图 4.57　太阳光线入射方向与倾斜杆件或倾斜表面法线的夹角示意图

表 4.4　不同海拔高度的相对气压 k_a

海拔高度 /m	相对气压 k_a
0	1.00
1 000	0.89
2 000	0.79
3 000	0.69

(2)散射太阳辐射。散射太阳辐射[30] I_s,从天穹各个方向均匀地投射到地表结构物上,与构件方位、是否处于阴影状态无关,可按式(4.28)计算:

$$I_s = I_{sh} \frac{1 + \cos \alpha}{2} \qquad (4.28)$$

式中 α——倾斜表面与水平面的夹角,°;

I_{sh}——水平面上的天空散射辐射强度[15],W/m^2,可按式(4.29)计算;

$$I_{sh} = (0.271J - 0.294I_d) \sin \beta_s \qquad (4.29)$$

(3)地面反射太阳辐射 W/m^2。地面反射太阳辐射[30] I_f,可按式(4.30)计算:

$$I_f = 0.65 \times (\varphi I_a + I_s) \times R_s \times \frac{1 - \cos \alpha}{2} \qquad (4.30)$$

式中 0.65——考虑面板开孔影响(孔隙率为 65%);

φ——考虑了面板阴影遮挡的影响作用,即按某一时刻反射面上阴影的投影面积与反射面球冠开口面积的比值进行折减;

R_s——地表反射率,如图 4.58 所示,一般可近似取 0.2。

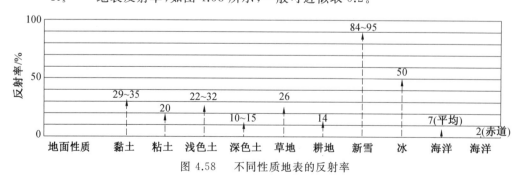

图 4.58　不同性质地表的反射率

太阳辐射计算流程如图 4.59 所示,在有限元分析时,构件上的太阳辐射作用(包括直接太阳辐射、散射太阳辐射、地面反射辐射)等效为相应的节点热流率荷载或表面热流密度荷载。

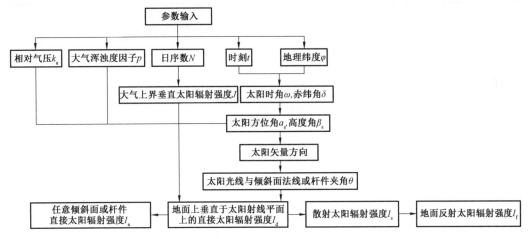

图 4.59　太阳辐射计算流程

(1)主索。由于其处于面板与面板之间,认为太阳光线能够透过面板孔洞直接照射,可按式(4.30)将主索上的太阳总辐射等效为节点热流率,若该拉索处于阴影范围内,则去除式(4.31)中直接太阳辐射那一项:

$$W_{total1} = n_s \times \left(0.65 I_a \frac{A_s}{2} + 0.65 I_s A_s + I_f A_s\right) \tag{4.31}$$

式中　n_s——表面对太阳辐射的吸收率[27-32],主要与颜色和表面状况有关,颜色越深、越粗糙,吸收率越大,参见表 4.5,考虑索有乳白色的 PE 保护套,取 0.3;

　　　0.65——考虑面板开孔影响(孔隙率为 65%);

　　　A_s——以拉索有效直径计算的外表面积,m^2。

(2)控制索。由于其沿球面径向布置,太阳光线只能短时刻透过面板孔隙照射在控制索上,特别是在中午时分太阳辐射最强的时候,由于节点实体块等遮挡几乎无法直接照射,因而能够假定其所受太阳直接辐射作用忽略不计,可式(4.32)将控制索上的太阳总辐射等效为节点热流率:

$$W_{total2} = n_s \times (0.65 I_s A_s + I_f A_s) \tag{4.32}$$

(3)圈梁结构。钢圈梁能够被太阳光线直接照射,为简化计算忽略了圈梁杆件与杆件之间的遮挡效应,而钢柱由于被连续封闭挡风墙等遮挡,其太阳直接辐射作用忽略不计。钢圈梁和钢柱的太阳总辐射可分别按式(4.33)和式(4.34)等效为节点热流率:

$$W_{total3} = n'_s \times \left(I_a \frac{A_g}{2} + I_s A_g + I_f A_g\right) \tag{4.33}$$

$$W_{total4} = n'_s \times (0.65 I_s A_g + I_f A_g) \tag{4.34}$$

式中　n'_s——钢管表面辐射吸收率,取 0.4;

　　　A_g——钢管杆件的外表面积,m^2。

(4)面板。考虑其孔隙率,可按式(4.35)将其太阳总辐射作用等效为热流密度 I_m 的面荷载:

$$I_m = n_m \times (I_a + I_s + I_f) \times 0.35 \tag{4.35}$$

式中　n_m——铝面板辐射吸收率,取 0.2。

表 4.5　不同表面的太阳辐射吸收率 n_s

表面状态	太阳辐射吸收率
白色涂层	$0.21 \sim 0.30$
银白色涂层	0.55
红色涂层	0.60
浅灰涂层	0.75
黑色涂层	$0.90 \sim 0.97$
带氧化层钢板	0.80
生锈的钢	$0.65 \sim 0.80$

3.对流热分析

结构表面与空气对流换热的热流密度 I_c,可按式(4.36)计算:

$$I_c = h_c(T_a - T_w) \tag{4.36}$$

式中　h_c——表面对流换热系数[30],单位为 $W/(m^2 \cdot K)$,其经验公式见式(4.37):

$$h_c = 2.6 \left(\sqrt[4]{\lceil T_a - T_w \rceil} + 1.54v \right) \tag{4.37}$$

其中,v 为风速,从最不利的角度来考虑,一般取一个较小的常数,计算时取 FAST 工作区年平均风速 1.4 m/s;

T_a——大气温度,其日变化近似服从正弦规律[35],见式(4.38):

$$T_a(t) = \frac{1}{2}(T_{amax} - T_{amin}) \sin[(t-9) \times 15°] + \frac{1}{2}(T_{amax} + T_{amin}) \tag{4.38}$$

其中,T_{amax}、T_{amin} 分别为日最高气温和最低气温;

T_w——结构表面温度,℃。

结构表面与周围环境之间长波辐射换热的热流密度[14]I_r,可按式(4.39)计算:

$$I_r = h_r(T_{sur} - T_w) \tag{4.39}$$

式中　h_r——辐射换热表面系数,按式(4.40)计算:

$$h_r = \varepsilon\sigma(T_w + T_{sur})(T_w^2 + T_{sur}^2) \tag{4.40}$$

其中,ε 为结构表面辐射率,非金属材料表面一般取 0.9;

T_{sur}——环境表面温度,℃,其值等效于地表温度、天空有效温度和邻近建筑表面温度的综合作用,工程计算中为简化起见,在相差不大的情况下可近似取大气温度,可参照《民用建筑热工设计规范》(GB 50176—2016)中的室外综合温度计算方法取值,见式(4.41):

$$T_{sur} = T_a + \frac{\rho I}{q_s} \tag{4.41}$$

其中,ρ 为太阳辐射吸收系数,取 0.3;I 为水平或垂直面上太阳辐射强度;q_s 为外表面换热系数,取 19.0 $W/(m^2 \cdot K^4)$。

在有限元分析时,以复合换热表面对流系数 $h_{total} = h_c + h_r$,综合考虑结构表面与空气对流换热和结构与周围环境之间的长波辐射换热,设置其作为有限元模型中对流单元的实常数。同时,对流单元的环境温度节点的温度按式(4.42)进行计算:

$$T_{\mathrm{sur}}^* = T_{\mathrm{a}} + \frac{\varrho I}{q_{\mathrm{s}}} \times \frac{h_{\mathrm{r}}}{h_{\mathrm{r}} + h_{\mathrm{c}}} \tag{4.42}$$

图 4.60 给出了结构表面与空气对流换热、结构与周围环境之间的长波辐射换热的具体计算流程。

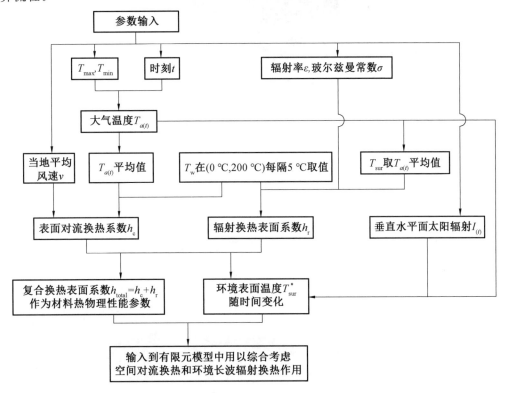

图 4.60　对流换热与环境长波辐射换热的计算流程

4.日照阴影分析

日照阴影是影响结构表面上太阳直接辐射分布的重要因素。对于准确计算结构各部分各时刻的太阳直接辐射强度,日照阴影分析是必不可少的。但是,由于日照阴影分析涉及时间、地形、结构自身造型等众多复杂因素,是一个繁杂而困难的过程。相对于其他结构而言,FAST 反射面结构的日照阴影作用更加显著:其地处巨大的洼地,地形复杂、起伏不平,且自身结构是超大规模的空间结构,圈梁下布置了连续封闭挡风墙,在日照下,一天中结构上的阴影随太阳位置变化且分布不均,在北半球夏季太阳偏北,愈近夏至日愈偏北,中午时刻则偏南,冬季则正好相反。

首先,依据 1∶1 000 比例测量的 FAST 实际地形(实际区域大小 2 km × 2 km)AutoCAD 数据,采用 MATLAB 软件编制 AutoCAD 软件的 DXF 图形数据接口程序以及三角形和四边形网格自动搜索程序,读取地形数据并自动生成实际地形参数化三维模型,如图 4.61 所示。

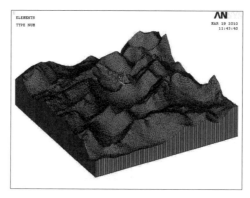

图 4.61　FAST 实际地形三维模型

其次,针对日照下 FAST 反射面结构的阴影主要是周围山体和自身结构的遮挡所引起的,提出了"条带分割判别方法",并采用 ANSYS 中 APDL 语言编制参数化程序以计算不同时刻的阴影分布,具体步骤如下:

(1)某时刻,按式(4.20)～(4.22)计算太阳高度角和方位角,从而获得太阳照射光线的矢量方向。

(2)在空间内以平行于相应太阳光线的等间距直线将周边地形分割成系列条带,如图 4.62 所示。其中,在计算索网结构阴影时,由于每个杆单元均划分为两段,因而等间距可取主索平均长度(约 11 m)的一半,即 5.5 m;在计算面板阴影时,等间距可直接取面板平均边长,即 11 m。

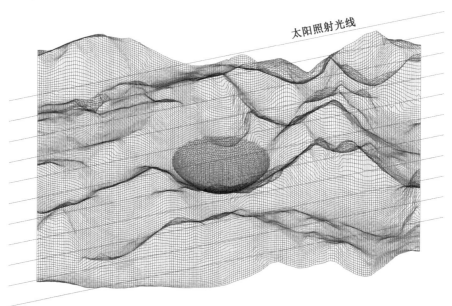

太阳照射光线

图 4.62　周围地形的等间距分割示意图

(3)在分割后的某个条带内,搜索条带内沿太阳光线照射方向上的地形最大高程点,从该地形最大高程点以平行于太阳光线的方向延伸,判断是否存在其他较高地形的遮挡。若无遮挡,则确定该地形最大高程点为结构日照阴影计算的有效地形遮挡点;若有遮挡,则移至相应遮挡点,继续判断,直至确定最终有效地形遮挡点。

（4）从有效地形遮挡点处，以平行于太阳光线的方向延伸，判断是否与反射面球面相交，如图 4.63 所示。若不相交，则直接跳至步骤（5）；若相交，计算出两个相交点 A_1 点和 A_2 点的高程（A_2 点高程大于 A_1 点）。若 A_1 点高程大于圈梁顶面高程，则可判断出整个条带均处于阴影之内，并直接跳至步骤（6）；若 A_2 点高程大于圈梁顶面高程且 A_1 点高程小于圈梁顶面高程，则可知沿太阳光线入射方向条带内位于 A_1 点之后的结构部分被阴影遮挡，并直接跳至步骤（6）；若 A_2 点小于圈梁顶面高程，则直接跳至步骤（5）。

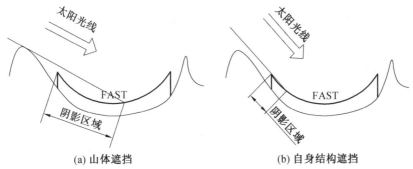

(a) 山体遮挡　　　　　　　(b) 自身结构遮挡

图 4.63　阴影遮挡示意

（5）从条带内圈梁顶面高程处，以平行于太阳光线的方向延伸，计算与反射面球面的交点，则可知沿太阳光线入射方向条带内位于该交点之后的结构部分被阴影遮挡。

（6）重复步骤（3），直至所有分割的条带内阴影计算完毕。

（7）重复步骤（1），计算下一时刻的日照阴影分布。

按照上述方法，模拟计算了 7 月 15 日晴朗无云天气下 FAST 反射面结构的阴影分布，如图 4.64 所示。由图中可知，早晨太阳从东边升起，主要由山体遮挡形成结构阴影，随着太阳升高，逐渐出现了圈梁的阴影遮挡（图 4.64(h)），中午时分由于太阳能够直接照射，没有任何阴影遮挡，下午太阳逐渐西落，则又首先出现圈梁的阴影遮挡，并逐渐出现山体的阴影遮挡。

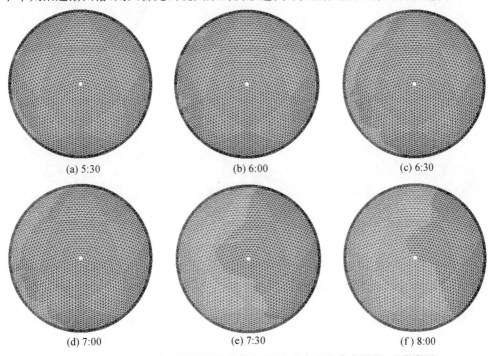

(a) 5:30　　　　　　　　(b) 6:00　　　　　　　　(c) 6:30

(d) 7:00　　　　　　　　(e) 7:30　　　　　　　　(f) 8:00

图 4.64　7 月 15 日各时刻结构阴影分布（图中蓝色部分代表阴影，后附彩图）

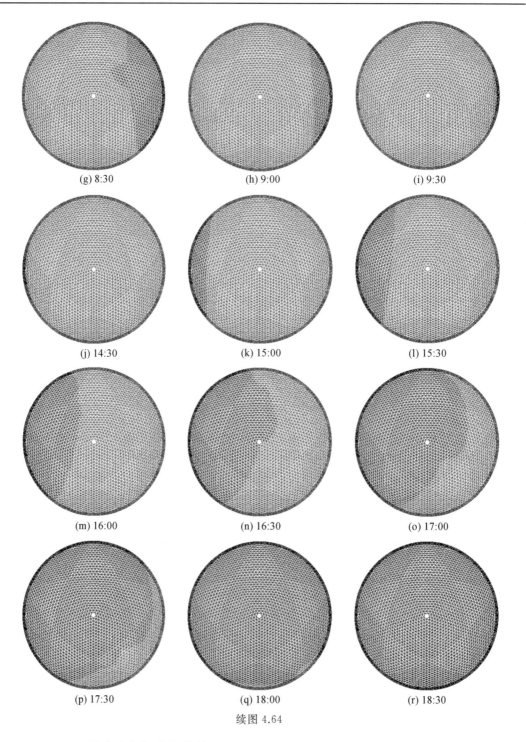

(g) 8:30   (h) 9:00   (i) 9:30

(j) 14:30   (k) 15:00   (l) 15:30

(m) 16:00   (n) 16:30   (o) 17:00

(p) 17:30   (q) 18:00   (r) 18:30

续图 4.64

5.FAST 日照非均匀温度场特性

在 FAST 日照非均匀温度场具体计算时,依据实际情况做出如下两个简化:

(1) 尽管索网结构与面板是一个整体计算模型,但是计算索网结构温度场时,可只选取索网结构温度场的单元进行计算;计算面板温度场时,可只选取所有面板单元进行计算。其原因为：索网由插销连接于节点块的下耳板，面板与背架结构由插销连接于节点块的上耳板，因而索网与背架结构之间的热传导是可以忽略不计的，这样不仅降低计算量，大大减少计算耗时，且不影响结果精度。

（2）尽管 FAST 结构有无数种抛物面工作态，但是相对于球面基准态，结构组成关系、材料性能均没有变化，几何位置也没有太大变化（球面到抛物面最大距离为 67 cm），因而球面基准态的温度场计算结果完全能够应用于不同的抛物面工作态，即球面基准态和抛物面工作态两者的日照非均匀温度场基本一致。因此，计算日照非均匀温度场对不同抛物面工作态的影响时，可直接输入球面基准态的温度场，而不用再对各种抛物面状态进行日照非均匀温度场分析，从而大大减小工作量。

因此，本节采用球面基准态模型进行全天的温度场时程分析，并选取最不利工况——最热月晴天无云天气，该工况下太阳辐射作用对结构温度场的影响最不利。依据 4.2.1 节相关气候资料，计算时假定 7 月 15 日气温变化范围为 20 ~ 30 ℃，并服从式（4.38）的正弦规律，大气混浊度因子取值 1.8。一天中各时刻结构最高温度如图 4.65 所示，各时刻结构最大分布温差如图 4.66 所示，上午 8：30、正午 12：00、下午 15：30 三个时刻结构的日照非均匀温度场如图 4.67 所示。由计算结果可知，FAST 日照非均匀温度场具有如下特性：

（1）结构不同部分均在下午 13：30 左右达到一天中的最高温度，提前于大气最高温度出现的时刻，且均大于相应时刻的大气温度，最高相差 15 ℃ 左右。

（2）结构不同部位之间在上午和下午都存在较大的温差，最大分布温差接近 10 ℃，而在正午时分，尽管结构温度较高，但分布温差反而较小，即正午时分结构温度场相对于上午和下午较为均匀。

（3）随着太阳东升西落，结构非均匀温度场核心由偏西向偏东移动，结构温度变化梯度沿东西方向相对较大。

（4）结构温度场经过一个晚上无日照影响的气温作用，渐近均匀分布，在清晨时分最为接近于大气温度，特别是面板，由于其相对开展，在无太阳辐射作用时，其表面温度在夜晚快速收敛于大气温度。

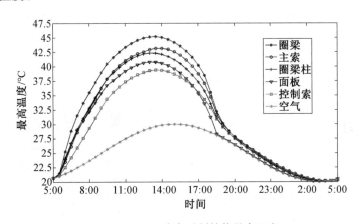

图 4.65　一天中各时刻结构最高温度

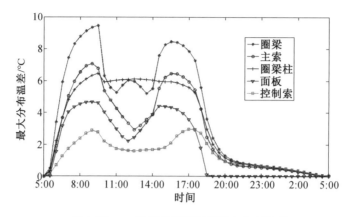

图 4.66　一天中各时刻结构最大分布温差

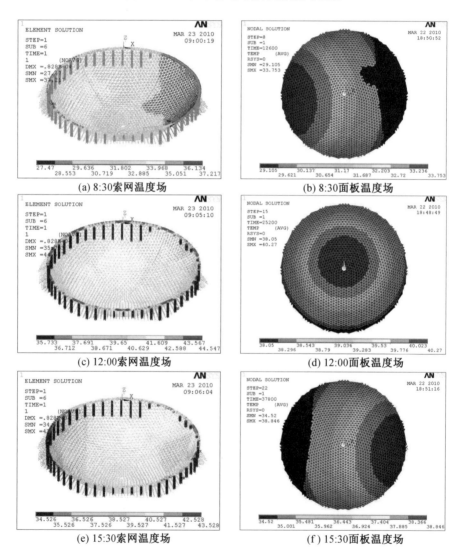

图 4.67　部分时刻结构非均匀温度场(℃)

4.2.3　FAST 日照非均匀温度场效应及调控分析

在结构非均匀温度场效应分析时,由于温度场时程分析得到的各单元温度都是绝对值,需设置一个参考温度,计算各单元所受的温差荷载,从而进行结构有限元力学分析。一般参考温度取制造加工时的温度或施工合拢温度,依据相关工程经验和 FAST 台址气候,假定取为 20 ℃。

1.日照温度场对反射面面形精度的影响分析

FAST 反射面板贴覆在背架结构上,背架结构为近似等边的球面三角形且所有背架结构单元曲率半径均为相同值,它的三个角点支承于主索网节点。FAST 工作变位时,通过控制索的伸缩使主索节点(即背架结构角点)调整到目标抛物面上(图 4.68),由众多同一曲率的球面子块(45 个 RMS 统计点／块,如图 4.69 所示)拟合成近似抛物面。

在日照非均匀温度场作用下,结构发生相应热变形,使得反射面形状凹凸不平,不仅使各主索网节点偏离目标面,而且还影响到面板的曲率半径。因而,在计算日照下各时刻的反射面面形精度 RMS 值时,需要同时知道各时刻所有主索网节点坐标变化和所有背架单元的曲率半径变化。

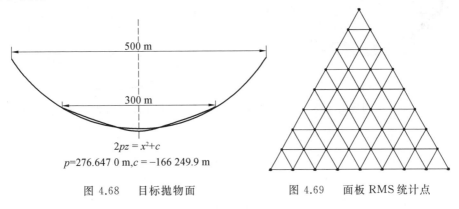

$$2pz = x^2 + c$$
$$p = 276.647\,0 \text{ m}, c = -166\,249.9 \text{ m}$$

图 4.68　目标抛物面　　　　　图 4.69　面板 RMS 统计点

日照温度场作用下反射面面形精度(RMS)的具体计算流程如图 4.70 所示。其中,建立 FAST 反射面支承索网结构参数化有限元模型[11]时,面板及背架结构简化成等效质量元作用在索网节点上,如图 4.71 所示;观测角度(α, β)如图 4.72 所示,β 范围为 $0° \sim 26°$,α 范围为 $0° \sim 360°$,抛物面变位的模拟计算方法及示例见第 5 章 5.2 节;认为面板随温度变化而近似均匀膨胀或收缩,故其曲率半径 $r = r_0(1 + \text{alpha} \times \Delta T)$,alpha 为拉索线膨胀系数,取 1.2×10^{-5},r_0 为背架最优半径,即 318.6 m[11]。

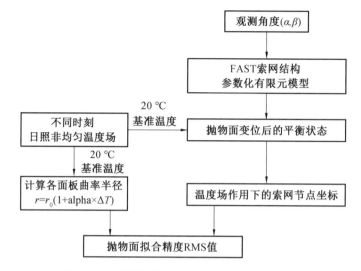

图 4.70　日照作用下反射面面形精度计算流程

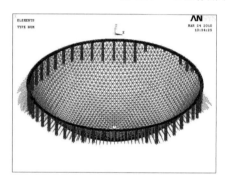

图 4.71　FAST 索网结构 ANSYS 有限元模型

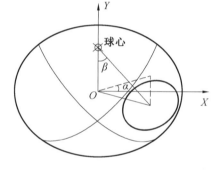

图 4.72　观测角度示意图

本节选取了球面上均匀分布的 17 个典型观测角度,其位置如图 4.73 所示(仅以对称的 1/4 区域进行示例)。对某一个观测角度,首先,直接进行相应的抛物面变位模拟,统计出拟合精度 RMS 值(即基准温度下的 RMS 值);其次,在抛物面变位后的结构平衡态上输入各时刻日照温差荷载,进而计算出日照下各时刻的 RMS 值。对 17 个观测角度均进行上述操作,分别得到 17 个观测角度对应的基准温度下的 RMS 值和一天中日照下的最大 RMS 值,如图 4.74 所示;并以(0°,0°)和(180°,26°)为例,给出其一天中各时刻的 RMS 值,如图 4.75 所示。

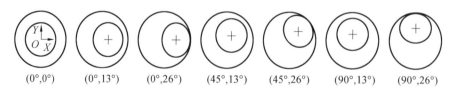

图 4.73　部分典型观测角度位置关系

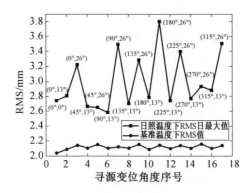

图 4.74　不同观测角度对应的一天中由日照非
均匀温度场引起的最大 RMS 值

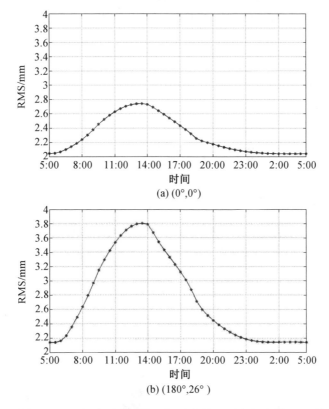

图 4.75　（0°,0°）和（180°,26°）对应的一天中各时刻 RMS 值

由上述分析结果,可以得出以下结论:

(1) 日照非均匀温度场作用对面形精度 RMS 值的影响不容忽视,一天当中不同位置抛物面的最大 RMS 值均相对各自基准温度下的 RMS 值有较大增加,变化范围为 0.47 ～ 1.65 mm,平均增大 0.88 mm,占到了 5 mm 总要求的 17.6%。

(2) 一天当中在日照下不同位置抛物面的 RMS 值均在下午 13:30 左右达到最大值,此时也是结构温度达到最高的时刻,然而此时结构的分布温差反而相对较小,并未达到一天中的最大分布温差。可见尽管上午和下午的结构分布温差较大,结构发生不均匀热变形,但由于热变形都是局部区域的,而 RMS 值的计算是对所有统计点径向位移的整体平均,因而其影响反而相对较小。相反,在 13:30 左右结构温度场相对均匀且达到一天中的最高温度,结构发生较大的整体热变形,致使 RMS 反而最大。

(3) 日照非均匀温度场对不同观测角度的 RMS 值影响不一样,在日照下,边缘位置抛物面的 RMS 值基本大于接近中心位置的。

2.日照作用下结构温度应力响应分析

针对 FAST 反射面主动变位结构,日照引起的结构应力变化实质上是在保持反射面索网结构形状不变的前提下温度荷载引起的结构应力响应。首先,在日照温度场作用下保持基准态索网的节点均在球面上;其次,索网结构再由基准态调节至指定抛物面,在这一步变位过程中索网应力变化幅度不受温度作用的影响或影响很小,基本可以忽略。因此,在计算日照引起的结构应力变化响应时,仅需计算在基准态时结构应力变化响应。

日照下结构温度升高,导致结构应力下降,且由于温度场分布不均匀,不同区域的应力下降程度也不一致。但是,相对于反射面面形精度(RMS),日照非均匀温度场对结构应力的影响较小,变位过程中未发生拉索松弛现象。图 4.76 给出了日照下 13:30 结构温度达到最高时,基准态索网结构的应力变化响应,绝大部分仅在 $-30 \sim -20$ MPa 范围内,应力变化较大的索基本都靠近反射面边缘位置,并以 $(180°,26°)$ 示例,给出相应时刻结构的应力分布(图 4.77)。

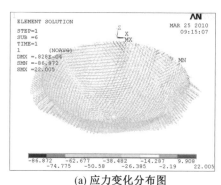

(a) 应力变化分布图

(b) 统计直方图

图 4.76　13:30 时刻基准态索网结构应力变化(MPa)

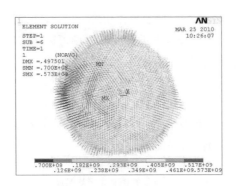

图 4.77　13:30 时刻日照下(180°,26°)对应抛物面工作
态索网结构的应力分布(Pa)

3.日照作用下反射面面形精度调控分析

由上述分析,日照非均匀温度场作用对反射面面形精度 RMS 值的影响是不容忽视的。针对 FAST 结构主动变位的特点,可充分利用 FAST 促动器控制变位的便利条件,通过主动的面形控制减弱或克服这种影响,即基于实时面形测量的闭环调控或基于实时温度场测量和结构分析,调整主索网节点。闭环控制是最为理想的方法,但是对连续变位过程的机电控制系统提出了非常高的要求,需要促动器 2、3 次的位移补偿才能够基本上将各节点与目标位置的距离控制在 1 mm 以内。基于实时温度场测量和结构分析调整主索网节点的方法,是指从结构调控的角度出发,在现场实时计算出抛物面变位时促动器行程补偿值,是较为实用、可行的调控方法。

实际上,还存在其他一些方法:使用低膨胀的结构材料,如铟钢、碳纤维材料等;使用隔热的方法,如安置天线罩,避免受到太阳的强烈辐射;进行主动温度控制,如采用强制通风或使用加热装置等。但是,由于成本控制、结构尺寸巨大等限制原因,这些方法均难以适用。

本节具体提出以下两种调控方法。

(1) 基于日照温度场实时模拟的调控方法。该方法主要基于本章所建立的 FAST 反射面结构温度场有限元模型,结合气象资料和现场实测气温等资料,较为精确地模拟计算出不同时刻的太阳辐射、阴影遮挡、空气对流换热等作用,从而预测出日照下不同时刻的结构温度场。在此基础上,计算出考虑日照温差作用后,抛物面变位所需的促动器位移行程;在基准态结构有限元模型中,输入日照温差荷载,得到相应的结构平衡状态,重新进行变位分析。该方法是一种可行的方法,具体应用时,还可依据结构温度场的实测数据修正理论分析模型,进一步提高分析精度,从而更有效地进行结构调控。但是,该方法计算较为复杂,计算量非常大,对计算资源的要求非常高。

(2) 简化调控方法。相对于上述方法,简化调控方法仅实测日照下整体控制索的平均温度,并相应调控由日照温差所引起的径向位移响应。该方法主要来源于以下两个基本思想:

① 反射面面形精度 RMS 值主要由主索网平面外的径向位移决定,而在日照温差荷载作用下,控制索自身的轴向变形对主索网平面外的径向位移影响最大。因此,若想最有效地减小日照温差荷载对 RMS 值的不利影响,应主要减小由施加在控制索上的温度作用所引起的节点位移响应。

② 相对结构其他部分,控制索的日照温度作用较为均匀,特别是在中午时刻——日照温度场对 RMS 值影响最大的时刻,因而控制索的日照温度场可近似认为是一个均匀的温度场,易于实测,可在一些均匀分布的控制索上布置温度传感器,即可近似获得控制索的整体平均温度。

简化调控方法计算流程如图 4.78 所示。实际应用时,可建立一个数据库,即通过大量的结构有限元分析,建立控制索平均温度和主索网节点径向位移的联系,从而能够由实测的控制索平均温度直接从数据库提取主索网节点径向位移,这样便可实现 FAST 日照非均匀温度场效应的实时调控,计算简单、快捷。

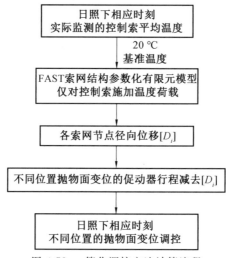

图 4.78　简化调控方法计算流程

以(180°,26°)抛物面工作态示例,针对其 9:30 ~ 16:00 期间 RMS 值较大的情况,如图 4.75(b) 所示,采用简化调控方法:首先,由日照温度场分析结果,统计各时刻的控制索平均温度,9:30 ~ 16:00 期间整体控制索的平均温度仅从 33.54 ℃ 变化至 36.19 ℃,在13:30 时达到最高值 38.75 ℃;其次,由各时刻的平均温度减去基准温度,对所有控制索统一施加该温差荷载,从而计算不同时刻的基准态主索网节点径向位移;最后,从抛物面变位的促动器正常位移行程减去上述节点径向位移,模拟抛物面变位,求得调控后的抛物面面形精度 RMS 值。(180°,26°)抛物面在基准温度下 RMS 值为 2.143 6 mm,由调控前后的 RMS 值减去 2.143 6 mm,即得调控前后仅由日照温度场所引起的 RMS 值,如图 4.79 所示。调控后的 RMS 值明显降低,最大降幅约 60%,因而这种方法是一种日照温度场效应调控的有效方法。

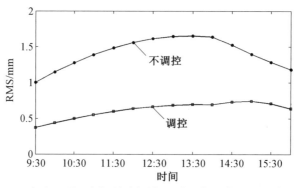

图 4.79　仅由日照温度场所引起的(180°,26°)抛物面面形精度 RMS 值

4.3 FAST 索网结构地震荷载作用效应分析

FAST 位于喀斯特洼地,其地震的频度和强度处于全国中等水平,自 1819 年以来,发生 5.8 级以上地震 3 次[36]。地震是 FAST 在服役期内可能承受的灾害之一,是复杂的时间—空间过程,经过长距离传播,由于行波效应、相干效应、场地效应和衰减效应的影响,在到达结构场地时会存在空间变化[37]。目前,学者们对一些重大工程进行了多点输入下的地震响应研究,均表明地震空间变化性对结构影响显著[38-41]。《建筑抗震设计规范》(GB 50011—2010) 规定[42]:平面投影尺度很大的空间结构,应根据结构形式和支承条件,分别按单点一致、多点、多向单点或多向多点输入进行抗震计算。FAST 反射面支承结构是一个覆盖范围很大的空间结构,对其进行多点输入下的地震响应研究是必要的。

通过分析现有地震相干函数模型的适用范围,本书选取适用于 FAST 的相干函数模型,采用基于谱表示法的三角级数合成法模拟符合 FAST 场地条件的地震动场,对 FAST 反射面支承结构分别进行一维一致、一维多点、三维一致和三维多点输入时程分析,考察地震动空间变化性对 FAST 反射面索网支承结构的影响。

4.3.1 FAST 反射面支承结构地震作用分析模型

数值模拟采用通用有限元软件 ANSYS,用 LINK10 单元模拟主索和下拉索,LINK8 单元模拟周边支承结构中的杆件,MASS21 单元模拟集中在节点上的质量元,每个节点上的集中质量取 1 487 kg,考虑了恒荷与雪荷。在计算中考虑了结构的几何非线性,未考虑材料的非线性。索网构件采用 1860 级钢绞线,材料弹性模量为 2.0×10^5 MPa。钢圈梁构件的材料弹性模量为 2.06×10^5 MPa。阻尼比取 0.02。

对结构进行模态分析,结果表明,FAST 反射面支承结构频谱十分密集(图 4.80 所示为前 500 阶频率),自振频率集中在较低频域,前 500 阶频率分布在 0.653 1～4.071 8 Hz 之间,各阶频率相差不大,几乎呈连续变化,没有大的跳跃。

喀斯特地貌总体上与 FAST 球形反射面近似,但在局部上差异较大,需要下拉索和周边钢柱的长度随地貌而改变,这使 FAST 反射面支承结构的振动模态也趋向复杂,比如第 1 阶振型(图 4.81),为局部三维振动。

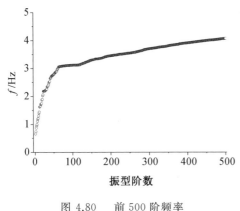

图 4.80　前 500 阶频率

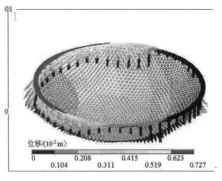

图 4.81　第 1 阶振型

4.3.2　地震动的空间变化性

为研究地震动的空间变化性,世界各地先后建立了一批密集台阵,如我国台湾地区的 SMART1(Strong Motion Array in Taiwan, phase I) 台阵,以及其他国家的 LSST(Large Scale Seismic Test) 台阵、El Centro 台阵、东京国际机场台阵等。其中,我国台湾地区的 SMART1 台阵是世界上第一个专门研究小范围地面运动空间变化规律的高密度强震台网,台站的最小距离为 105 m。1985 年,SMART1 台阵内部建立了更加密集的 LSST 台阵,台站水平距离为 6～85 m。SMART1 台阵和 LSST 台阵与其他台阵相比,具有台站距离小、记录数量多等特点,因此其数据被国内外学者广泛采用[43-48]。

地震动空间变化性可以用相干函数来表达,如式(4.43)。相干函数是一个频域概念,其定义为[37]:

$$\gamma_{kl}(\omega) = \frac{S_{kl}(\omega)}{\sqrt{S_k(\omega)S_l(\omega)}} = |\gamma_{kl}(\omega)| \exp(i\varphi(\omega)) \tag{4.43}$$

式中,$S_k(\omega)$、$S_l(\omega)$、$S_{kl}(\omega)$ 分别为 k 点、l 点地震动的自功率谱密度函数和互功率谱密度函数;$|\gamma_{kl}(\omega)|$ 称为迟滞相干函数,反映了地震动的相干程度;$\varphi(\omega)$ 反映了地震动的相位差异。

相干函数模型根据数据来源可分为理论模型和经验模型,这两类模型各有优缺点,目前文献中经验模型应用较多,常用的相干函数经验模型如下。

1.模型 1

Loh 等[43] 通过对 8 次地震的 SMART1 台阵水平记录进行分析,提出的相干函数模型为

$$\gamma(\omega, d) = \exp\left[-\alpha\left(\frac{\omega|d|}{2\pi v}\right)\right] \exp\left(i\frac{\omega d}{v}\right) \tag{4.44}$$

式中,d 为两点在地震传播方向上的距离;α 为地面运动波数;v 为视波速。

2.模型 2

Abrahamson 等[44] 通过对 15 次地震的 LSST 台阵水平记录进行分析,提出的迟滞相干函数模型为

$$\begin{aligned}
\operatorname{artanh}|\gamma(f,d)| = (a_1 + a_2 d) \times \\
\left\{\exp\left[(b_1 + b_2 d)f\right] + \frac{1}{3}f^c\right\} + k
\end{aligned} \tag{4.45}$$

式中,d 为两点间的距离;a_1、a_2、b_1、b_2、c、k 为根据台阵记录的统计回归系数。

3.模型 3

Harichandran 等[45] 通过对 4 次地震的 SMART1 台阵水平记录进行分析,提出的相干函数模型为

$$\gamma_{jk}(\omega,d) = \begin{bmatrix} A\exp\left(-\dfrac{2d_{jk}}{\alpha\theta(\omega)}(1-A+\alpha A)\right) + \\ (1-A)\exp\left(-\dfrac{2d_{jk}}{\theta(\omega)}(1-A+\alpha A)\right) \end{bmatrix} \times \tag{4.46}$$

$$\exp\left(i\omega\,\frac{d_{jk}^{l}}{v}\right)$$

式中，$\theta(\omega) = k\left[1+\left(\dfrac{\omega}{\omega_0}\right)^b\right]^{-0.5}$；$A,\alpha,k,\omega_0,b$ 为根据台阵记录的统计回归系数；v 为视波速。

4.模型 4

Hao 等[46,47] 对 17 次地震的 SMART1 台阵水平记录进行分析，将两点的距离分解为在地震传播方向上的距离 $d_{jk,l}$ 和在垂直地震波传播方向上的距离 $d_{jk,t}$，认为 $d_{jk,l}$、$d_{jk,t}$ 对地震动相干性影响不同，相干函数模型为

$$\gamma_{jk}(d_{jk,l},d_{jk,t},f) = \exp(-\beta_1 d_{jk,l} - \beta_2 d_{jk,t}) \times$$
$$\exp\left[-(\alpha_1\sqrt{d_{jk,l}}+\alpha_2\sqrt{d_{jk,t}})f^2\right] \times \exp\left(i2\pi f\frac{d_{jk,l}}{v}\right) \tag{4.47}$$

式中，α_1 和 α_2 分别为频率的函数：当 $0.05\text{ Hz} < f < 10\text{ Hz}$ 时，$\alpha_1 = \dfrac{a_1}{f}+b_1 f+c_1$，$\alpha_2 = \dfrac{a_2}{f}+b_2 f+c_2$；当 $f \geqslant 10\text{ Hz}$ 时，$\alpha_1(f)=\alpha_1(10)$，$\alpha_2(f)=\alpha_2(10)$；当 $f \leqslant 0.05\text{ Hz}$ 时，$\alpha_1(f)=\alpha_1(0.05)$，$\alpha_2(f)=\alpha_2(0.05)$；$\beta_1,\beta_2,a_1,b_1,c_1,a_2,b_2,c_2$ 为根据台阵记录的统计回归系数；v 为视波速。

5.模型 5

叶继红等[48] 对 6 次地震的 SMART1 台阵竖向记录进行分析后，也认为 $d_{jk,l}$、$d_{jk,t}$ 对地震动相干性影响不同，并且仍然采用模型 4 的形式，统计回归得到了竖向相干函数模型。

6.模型 6

屈铁军等[49] 分析了不同学者提出的水平相干函数模型的适用范围，并以这些相干函数模型作为数据来源，对地震动的相干性进行统计回归分析，提出相干函数模型为

$$\gamma_{jk}(\omega,d) = \exp(-a(\omega)d^{b(\omega)}) \tag{4.48}$$

式中，$a(\omega)=a_1\omega^2+a_2$，$b(\omega)=b_1\omega+b_2$，而 a_1,a_2,b_1,b_2 为回归系数。

经验相干函数模型的适用范围依赖于数据来源，由 SMART1 台阵记录得到的相干函数模型适用于大于等于 100 m 的距离，由 LSST 台阵记录得到的相干函数模型适用于小于 100 m 的距离，不同相干函数模型的适用范围见表 4.6。

表 4.6　相干函数模型的适用范围

模型	水平向	竖向	$d < 100$ m	$d \geqslant 100$ m
1	适用	不适用	不适用	适用
2	适用	不适用	适用	不适用
3	适用	不适用	不适用	适用
4	适用	不适用	不适用	适用
5	不适用	适用	不适用	适用
6	适用	不适用	适用	适用

FAST 反射面支承结构是一个新型空间结构体系,其支座分布在整个结构覆盖的区域(图 4.82),支座间距离最小值为 2.47 m,最大值为 567.09 m,这要求相干函数模型能同时适用于小距离和大距离。另外,模态分析结果表明,结构自振是复杂的三维运动,需要同时考虑地震动水平分量和竖直分量的空间变化性。由上述分析可知,采用相干函数模型 1 ～ 6 模拟的地震动场均不适用于 FAST。

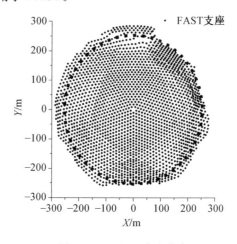

图 4.82　FAST 支座分布

文献[50]基于 SMART1 和 LSST 台阵记录,分别对台站间地震动三个分量方向(两个水平分量和一个竖直分量)上的相干性进行分析,依然采用文献[46]中提出的相干函数模型形式,即本节中的式(4.47),统计回归得到了地震动在三个分量方向上的相干函数。从分析过程可知,文献[50]得到的相干函数模型能同时适用于小距离(< 100 m)和大距离(> 100 m),且将相干函数模型的适用范围扩展到三个分量方向上,可以满足 FAST 对相干函数的需求。表 4.7 为一次地震的相干函数模型统计回归参数,该地震发生于 1986 年 11 月 4 日,震级为 6.5 级,震中距为 43 km,震源深度为 15 km。

表 4.7　相干函数模型统计回归参数$(\times 10^{-4})$

分量	β_1	β_2	a_1	b_1	c_1	a_2	b_2	c_2
NS	5.15	11.60	1.412	0.958	1.349	0.757	0.176	0.683
EW	12.70	10.40	1.457	0.339	1.243	1.579	0.089	1.305
UP	3.90	6.30	0.721	0.133	0.684	0.891	0.037	0.839

4.3.3　地震动场模拟

FAST 位于喀斯特洼地,该地区为岩溶洼地,场地类别为 Ⅰ 级。在《建筑抗震设计规范》(GB 50011—2010) 中,设防烈度为 6 度,设计地震分组为第一组。本节地震动场水平 X 向 PGA 取 125 cm/s²,对应 6 度设防时的罕遇地震,地震动场三个分量 PGA 的比例为 1(水平 X 向):0.85(水平 Y 向):0.65(竖直 Z 向)。震级取 6.5 级,震中距取 50 km。

FAST 共有 2 395 个支座,本节受机器内存的限制,未能模拟 2 395 个点的地震动场,采用的方法是:先模拟 FAST 场地范围内均匀分布的 338 个点的地震场(图 4.83 所示为模拟点位置),FAST 的每个支座均由距离最近的 4 个模拟点包围,采用线性插值法即可由 4 个模拟点的地震时程得到 FAST 支座的地震时程。

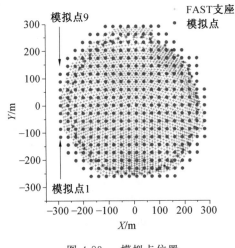

图 4.83　模拟点位置

模拟地震动场应该较准确地反映实际地震动场特性,在模拟过程中用到以下三个模型:功率谱模型、相位差谱模型和相干函数模型,分别体现地震动的频域特性、时域非平稳性和空间变化性。

地震功率谱模型应满足地震过程能量有限和零频含量为零的基本条件[51]。本节选用杜修力－陈厚群模型作为目标功率谱,该模型能同时满足地震功率谱模型的两个基本条件,模型如下[52]:

$$S_a(\omega) = \frac{\omega_g^4 + 4\xi_g^2\omega_g^2\omega^2}{(\omega_g^2 - \omega^2)^2 + (2\xi_g\omega_g\omega)^2} \times \frac{1}{1 + (D\omega)^2} \times \frac{\omega^2}{\omega^2 + \omega_0^2} \times S_0 \tag{4.49}$$

式中,ω_g、ξ_g 分别是单自由度土体的自振圆频率和阻尼比;ω_0 为低频拐角频率,可通过震级确定;D 为反应基岩特性的谱参数;S_0 为由 PGA 确定的谱强因子。

相干函数采用文献[50]中的模型,该模型满足 FAST 对相干函数的要求。假设地震沿结构水平 X 向传播,模拟结构水平 X 向、Y 向和竖直 Z 向地震动时,分别采用相干函数模型 NS、EW 和 UP 方向的系数。地表视波速是"假想"地震波在地表的传播速度,视波速是频率的函数,由于影响因素多,建立精确的模型很困难,在实际计算中通常将视波速视为常数。本节中视波速取 1 500 m/s。

地震动的相位谱符合均匀分布,但是当采用机器随机生成符合均匀分布的相位谱模拟地震动时,得到的地震动时程不具有时域非平稳性,此时需将平稳时程乘以包络函数来得到非平稳时程。由此可知,包络函数只是对地震动时域非平稳性的现象描述,而未能揭示地震动时域非平稳性的本质。

1979 年,Ohsaki 提出了相位差谱的概念,其定义如下[53]:

$$\Delta\varphi_k = \begin{cases} \varphi_{k+1} - \varphi_k & (0 \leqslant \varphi_{k+1} - \varphi_k \leqslant 2\pi) \\ \varphi_{k+1} - \varphi_k + 2\pi & (-2\pi \leqslant \varphi_{k+1} - \varphi_k < 0) \end{cases} \tag{4.50}$$

式中,φ_k 为频率 $k(k=0,1,2,\cdots,N-1)$ 处的相位角;$\Delta\varphi_k$ 为相位差角。Ohsaki 指出,地震动的相位谱频数是符合均匀分布的,但相位角之间并不相互独立,相位差谱频数分布近似呈正态分布或准正态分布,相位差谱反映了地震动的时域非平稳性。

通过相位差谱模型得到相位谱,相位差谱采用文献[54]中的模型,给出了相位差谱的概率密度函数及其均值、方差的统计公式。依据 FAST 所在地的烈度、场地条件和震中距,得到相位差谱频数分布如图 4.84 所示。

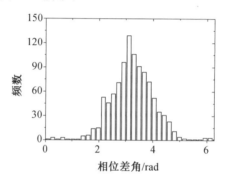

图 4.84 相位差谱频数分布图

地震动场模拟采用基于谱表示的三角级数合成法,合成公式如下[46]:

$$u_n(t) = \sum_{m=1}^{n} \sum_{k=0}^{N-1} a_{nm}(\omega_k) \cos[\omega_k t + \theta_{nm}(\omega_k) + \varphi_{mk}] \tag{4.51}$$

由功率谱和相干函数相乘得到模拟点间的互谱矩阵 $\boldsymbol{S}(i\omega_k)$,对其进行 Cholesky 分解:

$$\boldsymbol{S}(i\omega_k) = \boldsymbol{L}(i\omega_k)\boldsymbol{L}^H(i\omega_k) \tag{4.52}$$

其中

$$\boldsymbol{L}(i\omega_k) = \begin{bmatrix} l_{11}(\omega_k) & 0 & \cdots & 0 \\ l_{21}(i\omega_k) & l_{22}(\omega_k) & \cdots & 0 \\ \vdots & \vdots & & \vdots \\ l_{n1}(i\omega_k) & l_{n2}(i\omega_k) & \cdots & l_{nn}(\omega_k) \end{bmatrix} \tag{4.53}$$

则

$$a_{nm}(\omega_k) = 2\sqrt{\Delta\omega}\,|l_{nm}(i\omega_k)|$$

$$\theta_{nm}(\omega_k) = \arctan\frac{\mathrm{Im}[l_{nm}(i\omega_k)]}{\mathrm{Re}[l_{nm}(i\omega_k)]} \tag{4.54}$$

相位谱 φ_{mk} 由文献[54]给出的相位差谱模型得到。依据上述地震动场模型及理论,采用 MATLAB 语言编程获得图 4.83 中的 338 个模拟点的地震动加速度时程。以水平 X 向分量为例,模拟点 1 和模拟点 9 的加速度时程如图 4.85 所示,这两条加速度时程的相干函数以及自功率谱密度函数如图 4.86 ～ 4.88 所示,可见模拟地震动符合目标函数。FAST 每个支座处的加速度时程,可由距离最近的 4 个模拟点加速度时程采用线性插值法得到。改变地震动参数,重复上述过程,可以得到 FAST 支座处地震动的水平 Y 向分量和竖直 Z 向分量。

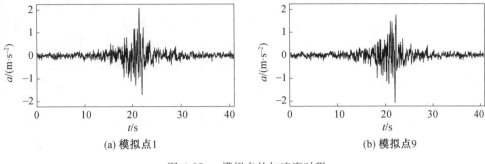

(a) 模拟点1　　　　　　　　　　(b) 模拟点9

图 4.85　　模拟点的加速度时程

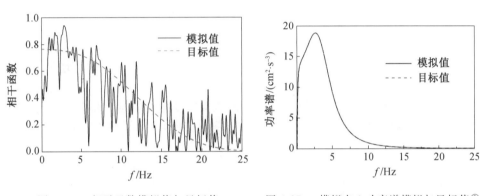

图 4.86　相干函数模拟值与目标值　　　　图 4.87　模拟点 1 功率谱模拟与目标值[①]

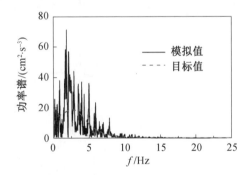

图 4.88　模拟点 9 功率谱模拟与目标值

4.3.4　FAST 反射面地震响应分析

本节采用时程分析法,在每个支座处输入地震位移时程,分别计算 FAST 反射面支承结构在多点输入和一致输入下的地震响应。多点输入时采用 4.3.3 节的模拟地震动场,一致输入时采用模拟点 1 的地震时程。

---

① 由于模拟值和目标值高度吻合,故区分不出二线条。

1.一维地震响应

计算结构在水平 X 向一维一致输入下的结构地震响应,提取主索和下拉索的应力。以位于球面中心处的一根主索为例,其应力时程曲线如图 4.89 所示。结构的地震响应包含两部分,一部分是由结构自重引起的静力响应,一部分是由地震作用引起的动力响应 4.89(a)。为考察地震空间变化性对结构动力响应的影响,我们将结构响应图 4.89(a) 减去由结构自重引起的静力响应,如图 4.89(b) 所示,曲线正值表示在结构静力响应的基础上,地震作用使索的拉应力增加,负值表示地震作用使索的拉应力减小。该时程曲线正向最大值 $\sigma_{t,max}=19.136$ MPa,代表索构件由地震作用引起的最不利响应。

计算结构在水平 X 向一维多点输入下的结构地震响应,提取每根索构件由地震作用引起的最不利响应 $s_{t,m}$,可以得到一个数组 $\{s_{t,u},s_{t,m}\}_i,i=1,\cdots,n$,其中 n 表示索构件数量。为衡量地震空间变化性对每根索构件的影响程度,定义多点输入影响系数 C 为

$$C=s_{t,m}/s_{t,u} \tag{4.55}$$

式中,$s_{t,u}$ 和 $s_{t,m}$ 分别表示一致输入和多点输入下构件由地震作用引起的最不利响应。

每根主索受地震空间变化性的影响程度(主索多点输入影响系数云图)如图 4.90 所示,由图可见,地震空间变化性对不同位置的主索影响程度不同,多数主索应力增加,位于球面中心附近的一根主索多点输入影响系数 C 达到了 6.339。对 6 725 根主索的多点输入影响系数 C 进行统计,其频数分布如图 4.91 所示。受地震空间变化性影响,78.47% 的主索应力有所增加,应力平均增加了 73.05%;21.53% 的主索应力有所减小,平均减小了 15.6%。

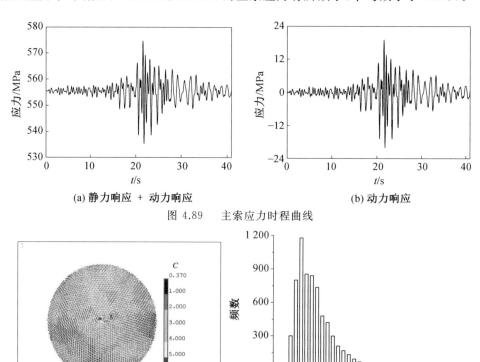

(a) 静力响应 + 动力响应   (b) 动力响应

图 4.89   主索应力时程曲线

图 4.90   主索多点输入影响系数云图   图 4.91   主索多点输入影响系数频数分布

每根下拉索受地震空间变化性的影响系数(下拉索多点输入影响系数云图)如图 4.92 所示，与图 4.90 相比可知，下拉索受地震空间变化性的影响程度小于主索，但主索和下拉索的多点输入影响系数在空间上的变化规律基本相似。对 2 195 根下拉索的多点输入影响系数 C 进行统计，其频数分布如图 4.93 所示。受地震空间变化性影响，35.13% 的下拉索应力有所增加，应力平均增加了 36.52%；64.87% 的下拉索应力有所减小，平均减小了 22.96%。

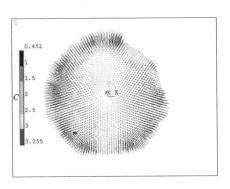

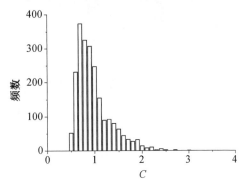

图 4.92　下拉索多点输入影响系数云图　　图 4.93　下拉索多点输入影响系数频数分布

结构在水平 Y 向和竖直 Z 向一维地震输入下，重复上述计算，可得到每根索构件的多点输入影响系数 C，对 C 值进行统计，结果见表 4.8。

表 4.8　多点输入影响系数 C 统计

地震输入方向	主索($C>1$)		下拉索($C>1$)	
	数量	C 的均值	数量	C 的均值
X	78.47%	1.730 5	35.13%	1.365 2
Y	83.11%	2.085 4	43.69%	1.474 7
Z	86.23%	2.052 3	39.32%	1.174 6

2.三维地震响应

地震空间变化性在三个分量方向上对 FAST 反射面支承结构均有不同程度的影响，不能仅考虑一个分量的空间变化性，必须同时考虑地震三个分量的空间变化性。另外，结构不同位置的构件受地震空间变化性的影响程度亦不同，主索内力受影响较大，在 X、Y、Z 向一维地震输入下，均有较大比例的索构件内力增加，并且增加的程度也较大。例如，在竖向一维地震输入时，有 86.23% 的主索内力平均增加了 105.23%；内力增加的下拉索不到 50%，并且平均增幅也不大。

在结构的 X、Y、Z 向同时输入地震动的三个分量，计算结构在多点输入和一致输入下的结构响应。每根主索和下拉索受地震空间相关性的影响系数云图如图 4.94、图 4.95 所示。与结构一维地震响应相似，受地震空间变化性的影响，主索应力增加的程度明显大于下拉索。94.08% 的主索应力有所增加，平均增幅 87.04%；43.51% 的下拉索应力有所增加，平均增幅 21.88%。

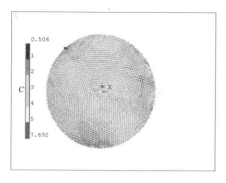 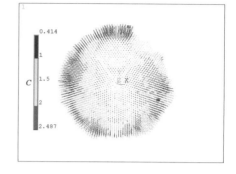

图 4.94　主索三维多点输入影响系数云图　　　图 4.95　下拉索三维多点输入影响系数云图

　　以上分析均未考虑结构重力响应。当考虑结构重力响应时,在三维多点地震动场作用下,主索和下拉索的最大应力分别为 835.43 MPa 和 527.91 MPa;在三维一致地震动场作用下,主索和下拉索的最大应力分别为 671.1 MPa 和 604.63 MPa。这也说明了地震空间变化性对主索不利,而对下拉索有利。FAST 用索为 1860 级钢绞线,地震多点输入和一致输入下索最大应力均小于钢绞线抗拉强度标准值,FAST 反射面支承结构在地震动场作用下是安全的。

本章参考文献

[1] 纪兵兵,陈金瓶. ANSYS ICEM CFD 网格划分技术实例详解[M]. 北京:中国水利水电出版社,2012.

[2] 珠江钧,林元华,谢龙汉. FLUENT 流体分析及仿真实用教程[M]. 北京:人民邮电出版社,2010.

[3] 孙晓颖. 平屋盖风压分布的数值模拟[J]. 计算力学学报,2007(3):294-300.

[4] 杜强. 大气边界层中天线风荷载特性的数值分析[J]. 电子科技大学学报,2010(2):169-172.

[5] HOXEY R P,ROBERTSON A P,RICHARDSON G M,et al. Correction of wind-tunnel pressure coefficients for reynolds number effect[J]. J. Wind Eng. Ind. Aerodyn,1997,69:547-555.

[6] HOXEY R P,REYNOLDS A M,RICHARDSON G M,et al. Observations of reynolds number sensitivity in the separated flow region on a bluff body[J]. J. Wind Eng. Ind. Aerodyn,1998,73(3):231-249.

[7] HOXEY R P,ROBERTSON A P. Pressure coefficients for low-rise building envelopes derived from full-scale experiments[J]. J. Wind Eng. Ind. Aerodyn,1994,53(1):283-297.

[8] 黄本才. 结构抗风分析原理及应用[M]. 上海:同济大学出版社,2001.

[9] 张相庭. 工程抗风设计计算手册[M]. 北京:中国建筑出版社,1998.

[10] 中华人民共和国建设部.建筑结构荷载设计规范:GB 50009—2001 [S]. 北京:中国建筑工业出版社,2006.

[11] 钱宏亮. FAST 主动反射面支承结构理论与试验研究[D]. 哈尔滨:哈尔滨工业大学, 2007.

[12] 杨涛毅,席义明. 贵州省平塘县大窝凼 FAST 候选台址综合工程地质初勘报告[R]. 贵阳:贵州地质工程勘察院,2006,09.

[13] 肖勇全,王菲. 太阳辐射下建筑围护结构的动态热平衡模型及实例分析[J]. 太阳能学报,2006,27(3):270-273.

[14] GOLDSTEIN R J,ECKERT E R G,LBELE W E,et al. Heat transfer—a review of 2002 literature[J]. Heat and Mass Transfer,2002,45(14):2853-2957.

[15] GUEYMARD C A. The sun's total and spectral irradiance for solar energy applications and solar radiation models[J]. Solar Energy,2004,76(4):423-453.

[16] SHEN C,He Y L,Liu Y W,et al. Modelling and simulation of solar radiation data processing with simulink[J]. Simulation Modelling Practice and Theory,2008, 16(7):721-735.

[17] 孔祥谦. 有限单元法在传热学中的应用[M]. 北京:科学出版社,1998.

[18] 李红梅,金伟良,叶甲淳,等. 建筑围护结构的温度场数值模拟[J]. 建筑结构学报, 2004,25(6):93-98.

[19] 张丹,张之颖. 结构温度场数值模拟[C].第 16 届全国结构工程学术会议,太原:《工程力学》杂志社,2007.

[20] 边广生. 空间结构温度效应理论分析及试验研究[D]. 南京:东南大学,2004.

[21] 张淑杰. 空间可展桁架结构的设计与热分析[D]. 杭州:浙江大学,2001.

[22] BAI Y,SHI Y J,WANG Y Q. Finite element analysis on temperature field of long-span steel structure under fire conditions[J]. Proceedings of the Fourth International Conference on Advances in Steel Structures,2005:1035-1040.

[23] 朱敏波. 星载大型可展开天线热分析技术研究[D]. 西安:西安电子科技大学,2007.

[24] YANG L,GUO H L,LI X J. Numerical simulation on antenna temperature field of complex structure satellite in solar simulator[J]. Acta Astronautica,2009,65(7-8): 1098-1106.

[25] JIANG W C,GONG J M,TU S D,et al. Modelling of temperature field and residual stress of vacuum brazing for stainless steel plate-fin structure[J]. Journal of Materials Processing Technology,2009,209(2):1105-1110.

[26] LIU N,HU B,YU Z W. Stochasitic finite element method for random temperature in concrete structures[J]. International Journal of Solids and Structures,2001, 38(38-39):6965-6983.

[27] 马庆芳. 实用热物理性质手册[M]. 北京:中国农业机械出版社,1986.

[28] BONAN G A. A computer model of the solar radiation,soilmoisture,and soil thermal regimes in boreal forests[J]. Ecological Modelling,1989,45(4):275-306.

[29] GENNUSA M L,NUCARA B A,PIETRAFESA M,et al. A model for managing and evaluating solar radiation for indoor thermal comfort[J]. Solar Energy,2007,81(5): 594-606.

[30] 凯尔别克 F. 太阳辐射对桥梁结构的影响[M]. 刘兴法,译. 北京:中国铁道出版社, 1981.

[31] EBRAHIM H,MOHAMAD M. Effect of sun radiation on the thermal behavior of distribution transformer[J]. Applied Thermal Engineering,2010,30(10):1133-1139.

[32] 彭友松,强士中,李松. 哑铃形钢管混凝土拱日照温度分布研究[J]. 中国铁道科学, 2006,27(5):71-75.

[33] ROMERO L F,TABIK S,VÍAS J M,et al. Fast clear-sky solar irradiation computation for very large digital elevation models[J]. Computer Physics Communications,2008,178(11):800-808.

[34] HADAVAND M,YAGHOUBI M. Thermal behavior of curved roof buildings exposed to solar radiation and wind flow for various orientations[J]. Applied Energy,2008,85(8):663-679.

[35] ELBADRY M,GHALI A. Temperature variations in concrete bridges[J]. Journal of Structural Engineering,ASCE,1983,109(10):2355-2374.

[36] 王尚彦,刘家仁. 贵州地震的分布特征[J]. 贵州科学,2012,30(2):82-85.

[37] KIUREGHIAN A D. A coherency model for spatially varying ground motions[J]. Earthquake Engineering and Structural Dynamics,1996,25(1):99-111.

[38] YE J H,ZhANG Z Q,Chu Y. Strength failure of spatial reticulated structures under multi-support excitation[J]. Earthquake Engineering and Engineering Vibration, 2011, 10(1):21-36.

[39] 杨庆山,刘文华,田玉基. 国家体育场在多点激励作用下的地震反应分析[J]. 土木工程学报,2008,41(2):35-41.

[40] 沈顺高,张微敬,朱丹,等. 大跨度机库结构多点输入地震反应分析[J]. 土木工程学报, 2008,41(2):17-21.

[41] ZHANG D Y,LI X,YAN W M,et al. Stochastic seismic analysis of a concrete—filled steel tubular (CFST) arch bridge under tridirectional multiple excitations[J]. Engineering Structures,2013,52:355-371.

[42] 中华人民共和国住房和城乡建设部. 建筑抗震设计规范:GB 50011—2010[S]. 北京: 中国建筑工业出版社,2010.

[43] LOH C H,YEH Y T. Spatial variation and stochastic modeling of seismic differential ground movement[J]. Earthquake Engineering & Structure Dynamics,1988,16(4): 583-596.

[44] ABRAHAMSON N A,SCHNEIDER J F,STEPP J C. Empirical spatial coherency functions for application to soil-structure interaction analysis[J]. Earthquake Spectra,1991,7(1):1-27.

[45] HARICHANDRAN R S,VANMARKE J. Stochastic variation of earthquake ground motion in space and time[J]. Journal of Engineering Mechanics,1986,112(4): 154-174.

[46] HAO H,OLIVERA C S,PENZIEN J. Multiple-station ground motion processing

and simulation based on SMART-1 array data[J]. Nuclear Engineering and Design, 1989,111(3):293-310.

[47] HAO H. Arch response to correlated moltiple excitations[J]. Earthquake Engineering and Structural Dynamics,1993,22(5):389-404.

[48] YE J H,PAN J L,LIN X M. Vertical coherency function model of spatial ground motion[J]. Earthquake Engineering and Engineering Vibration,2011,10(3): 403-415.

[49] 屈铁军,王君杰,王前信. 空间变化的地震动功率谱的实用模型[J]. 地震学报,1996, 18(1):55-62.

[50] 曾庆龙. 地震空间相干函数模型及对单层球面网壳影响研究[D]. 哈尔滨:哈尔滨工业 大学,2012.

[51] 李英民,刘立平,赖明. 工程地震动随机功率谱模型的分析与改进[J]. 工程力学,2008, 25(3):43-48.

[52] 杜修力,陈厚群. 地震动随机模拟及其参数确定方法[J]. 地震工程与工程振动,1994, 14(4):1-5.

[53] OHSAKI Y. On the significance of phase content in earthquake ground motions[J]. Earthquake Engineering and Structural Dynamics,1979,7(5):427-439.

[54] THRÁINSSON H,KIREMIDJIAN A S. Simulation of digital earthquake accelerograms using the inverse discrete fourier transform[J]. Earthquake Engineering and Structural Dynamics,2002,31(12):2023-2048.

第5章　FAST反射面结构参数敏感性 及长期变位性能

5.1　FAST索网结构参数敏感性分析

FAST反射面结构采用巨型、复杂的轻型索网结构,要求其反射面面形精度RMS $\leqslant$ 5 mm,这是结构设计与建造领域前所未有的巨大挑战。然而在实际建造中,任何工程结构均客观地存在着诸多不确定性参数,如材料性能、几何尺寸、边界支承等总是具有不确定性,与设计值相比存在着一定随机误差,真实值往往无法得到,因而实际建造后的结构与设计模型是无法完全一致的。对于常规土木工程结构,这些参数在正常范围内的随机误差对其结构性能的影响是不用考虑的,对其使用功能要求而言完全可以忽略不计,但是对于FAST这种特殊的高精度结构,这些影响则必须考虑,特别是这些参数在建造中正常范围误差对RMS值的影响,以便为FAST实际建造提供决策依据,判断是否必须严格地限制这些误差的变化范围。完全消除众多结构参数的不确定性,在物理上不现实,在经济上也是不可行的。由于不同来源的结构参数误差对反射面面形精度RMS值的影响不同,因此,合理限定不同结构参数的随机误差,是确保结构高精度施工并有效控制成本的重要措施。

参数敏感性分析就是研究上述各参数随机误差对结构性能的影响大小,该影响分为两部分:一是对模型结果的平均值的影响;二是对模型结果不确定性(变异程度)的影响。对于FAST反射面结构而言,若各结构参数均为设计值,则反射面面形拟合均方根RMS值等于0,而实际建造中各参数的随机误差必然导致RMS值随机变化,不等于0。因而其敏感性分析的目的就是对于待建的实际结构,分析其各类参数的正常变化范围,找出哪种参数对RMS值平均水平影响最大,哪种参数对RMS值变异程度影响最大,从而能够针对性地提出结构参数精度控制措施,最有效地降低RMS值平均水平,并将RMS值限制在一个很小的变化范围内,即减小其不确定性。

本节科学、系统地分析了FAST使用性能指标——反射面面形精度RMS值对不同结构参数误差的敏感性,据此提出结构参数精度控制建议,为FAST的实际建造提供重要参考。

5.1.1　参数敏感性分析方法

参数敏感性分析的重要性已经被广泛认同,敏感性分析方法也是目前各领域研究的一个热点和难点。参数敏感性分析方法可分为单参数变化的敏感性分析方法和多参数变化的敏感性分析方法[1]。单参数变化的敏感性分析,只检验单个参数的变化对模型结果的影响程度,其他参数只取中心值并保持不变。多参数变化的敏感性分析,在所有参数共同随机变化作用下,检验某个参数的变化对模型结果的影响程度。

单参数变化的敏感性分析与多参数变化的敏感性分析存在明显的区别,后者普遍被认为更加合理、科学。目前,敏感性分析越来越倾向于多参数变化的敏感性分析,但国内大多仍局限于单参数变化的敏感性分析,多参数变化的敏感性分析报道较少,而在国外,多参数变化敏感性分析方法的研究已经广泛开展,并在众多领域成功应用,特别是在生态、医学等模型中[1]。

下文对目前主要的敏感性分析方法进行总结,并分析其优缺点。

1.单参数变化的敏感性分析方法

单参数变化敏感性分析时,每次只针对一个参数,在保持其他参数始终不变的情况下,计算模型输出结果在该参数每次发生变化时的变化量。一般将待分析参数增加或减少一个标准偏差,或者将待分析参数增加或减少一定百分比,以式(5.1)所示敏感度系数作为参数敏感性的衡量标准。

$$s_i = \frac{\Delta y}{\Delta x_i} \tag{5.1}$$

式中　s_i——第 i 个参数敏感度;

$\quad\quad\Delta y$——模型输出结果的变化量;

$\quad\quad\Delta x_i$——第 i 个参数的变化量。

该方法的优点在于其只需一次变化,易于操作,因而得到了广泛应用,但是存在以下缺点:① 一次只能对一个参数进行分析,计算效率相对较低;② 待分析参数变化时,其他参数取不同的固定值,就可能会影响待分析参数的敏感度大小,即不能考虑各参数相互作用的影响。

2.多参数变化的敏感性分析方法

目前,多参数变化的敏感性分析方法[2~10]主要包括:基于回归和相关的分析方法、响应面方法、Morris 方法、傅里叶幅度分析方法、方差分解法等,用于分析各参数不确定性对模型结果不确定性的影响大小,如果模型结果的不确定性很大,模型结果就不能作为可靠的决策依据。

(1)基于回归和相关的敏感性分析方法。

m 个结构参数服从各自概率分布规律并在实际范围内随机变化,所有参数完成一次随机抽样便进行一次相应的参数化结构有限元分析,直至抽样计算总数 n,则模型输出结果与随机参数的近似线性回归模型见式(5.2):

$$y_i = b_0 + \sum_{k=1}^{m} b_k x_k(i) + e_i, i = 1, \cdots, n \tag{5.2}$$

式中　$x_k(i)$——第 k 个输入参数的第 i 次随机抽样值;

$\quad\quad y_i$——相应的第 i 次结构有限元计算的输出结果;

$\quad\quad b_k$——回归系数;

$\quad\quad b_0$——回归系数初值;

$\quad\quad e_i$——回归残差。

近似线性关系的程度由可决系数[11]R 来评估,见式(5.3):

$$R = \frac{S_{\hat{y}}^2}{S_y^2} = 1 - \frac{S_e^2}{S_y^2} \tag{5.3}$$

式中　$S_{\hat{y}}^2$——线性回归模型的近似输出结果的方差；

S_y^2——输出结果的方差；

S_e^2——回归残差的方差。

回归系数 b_k 被认为是一种绝对敏感指标[12]，即在整个参数空间中，当其他参数不变时，Δy 正是由 x_i 的变化 Δx_i 引起，回归系数则表示了 Δx_i 对 Δy 的影响程度。然而，由于各输入参数的单位不同，回归系数也具有不同量纲，故回归系数的大小只能表示参数与输出结果在数量上的关系，而不能表示各参数的重要性。要比较各参数之间的重要性或敏感程度，必须消除单位影响。为此，对式(5.2)进行标准化变换，即将各变量减去其均值并除以其标准差，从而得到标准化线性回归模型，见式(5.4)，由此得到的回归系数被称为标准化回归系数。由于其没有单位，可用其绝对值大小来说明多元回归模型中各结构参数的相对重要性，因而标准化回归系数 β_m 被认为是一种相对敏感指标[12]。

$$\frac{y_i-\bar{y}}{\sigma_y}=\beta_1\frac{x_{1i}-\bar{x}_1}{\sigma_{x1}}+\beta_2\frac{x_{2i}-\bar{x}_2}{\sigma_{x2}}+\cdots+\beta_m\frac{x_{mi}-\bar{x}_m}{\sigma_{xm}} \tag{5.4}$$

式中　y_i——有限元计算的输出结果的第 i 个样本值；

$\bar{y},\sigma_y$——输出结果的所有样本的均值和标准差；

β_m——第 m 个输入参数的标准化回归系数；

x_{mi}——第 m 个输入参数的第 i 个样本值；

$\bar{x}_m,\sigma_{xm}$——第 m 个输入参数的所有样本的均值和标准差。

β_m 可由线性相关系数计算得到[13]，见式(5.5)和式(5.6)，其中 c_{iy},c_{yy} 的计算见式(5.8)。

$$\sum_{j=1}^m r_{ij}\beta_j=r_{iy}, i=1,\cdots,n \tag{5.5}$$

$$\beta_j=-c_{iy}/c_{yy} \tag{5.6}$$

式中　r_{ij}——参数 i 与参数 j 的线性相关系数；

r_{iy}——参数 i 与输出结果 y 的线性相关系数，见式(5.7)：

$$r_{iy}=\frac{\sum_{k=1}^n(x_{ik}-\bar{x})(y_k-\bar{y})}{\sqrt{\sum_{k=1}^n(x_{ik}-\bar{x})^2}\sqrt{\sum_{k=1}^n(y_k-\bar{y})^2}} \tag{5.7}$$

$$\boldsymbol{C}=\begin{bmatrix} r_{x_1x_1} & r_{x_1x_2} & \cdots & r_{x_1x_m} & r_{x_1y} \\ \vdots & \vdots & & \vdots & \vdots \\ r_{x_mx_1} & r_{x_mx_2} & \cdots & r_{x_mx_m} & r_{x_my} \\ r_{yx_1} & r_{yx_2} & \cdots & r_{yx_m} & r_{yy} \end{bmatrix}^{-1}=\begin{bmatrix} c_{11} & c_{12} & \cdots & c_{1m} & c_{1y} \\ \vdots & \vdots & & \vdots & \vdots \\ c_{m1} & c_{m2} & \cdots & c_{mm} & c_{my} \\ c_{y1} & c_{y2} & \cdots & c_{ym} & c_{yy} \end{bmatrix} \tag{5.8}$$

若各参数之间相互独立，则式(5.5)可简化为式(5.9)：

$$\beta_j=r_{iy} \tag{5.9}$$

实际上，各参数之间是否相互作用一般是未知的，也难以确定。标准化系数虽然可以作为一种敏感指标，但是由式(5.5)可知，其受到参数间的相关系数影响，并未反映输入参数与输出结果的本质联系。因此，本节进一步提出以输入参数与输出结果的偏相关系数作为各

参数的相对敏感指标,见式(5.10):

$$s_i = -c_{iy} / \sqrt{c_{ii}c_{yy}} \tag{5.10}$$

偏相关系数是排除了其他变量影响后自变量与因变量的线性相关程度,表征了输出结果相对于中心直线的分散程度,因而能够评定参数随机变化对结果变异程度的影响大小,且无量纲,取值范围在 $-1 \sim 1$ 之间,具有可比性。在一定意义上,标准化回归系数与偏相关系数是一致的[13],两者是彼此相关而又不同的评价指标,都可用于参数敏感性的评估,但是偏相关系数是在排除其他变量影响后的自变量与因变量之间的相关程度,相对而言,用偏相关系数来确定变量间的内在联系更为真实可靠。

基于回归和相关的敏感性分析方法就是以输入参数与输出结果的偏相关系数作为参数的敏感度指标。由于该方法概念清晰、可操作性强,与其他方法相比,稳健性更好、适用性更广,是目前应用最广泛的一种方法[1]。但是,上述方法只有在 $R \approx 1.0$ 时才是有效、适用的。文献[14]研究认为,当 $R > 0.7$ 时上述方法即是有效、适用的。若 $R \leqslant 0.7$ 则应采用其他方法:当模型为单调非线性时,可将输入参数与输出变量各自排序后再采用该方法;当模型为非单调非线性时,则可采用更为复杂的非线性回归模型或其他方法。

(2)响应面方法。

由于结构自身的复杂性,随机输入参数与输出结果之间往往不存在明确的解析关系式。响应面方法是在整个参数空间选取一系列"试验点",然后逐点进行结构有限元计算得到对应的输出结果,通过这些"试验点"的输入参数和对应输出结果拟合出一个响应面函数来近似代替难以直接表达的真实、复杂的函数关系。一旦确定了这个近似函数关系,则可计算输出结果对各参数的偏导数,并以此作为参数的敏感度。

响应面方法[15]首先要考虑如何选取响应面函数形式及"试验点",其次要考虑怎样确定响应面函数中的待定系数。响应面函数的表达式要在基本能够反映真实函数特征的前提下简单明了,包含尽可能少的待定系数。研究表明,采用一个二次多项式(式(5.11)和式(5.12))就能满足大多数工程要求。响应面方法一般都结合试验设计方法(如正交试验设计、均匀试验设计等)、拉丁超立方抽样方法等选取"试验点",采用回归分析方法确定待定系数。

$$f(x) = a + \sum_{i=1}^{m} b_i x_i + \sum_{i=1}^{m} c_i x_i^2 \tag{5.11}$$

$$f(x) = a + \sum_{i=1}^{m} b_i x_i + \sum_{i=1}^{m} c_i x_i^2 + \sum_{i=1}^{n-1} \sum_{j>i}^{m} d_{ij} x_i x_j \tag{5.12}$$

响应面方法在众多领域都得到了广泛应用,但是对于一个具有大量随机输入参数的问题,准确构造一个近似多项式进行确定性分析的工作量是十分巨大的,因而很耗时。且如果真实函数具有很强的非线性,这种逼近的近似程度较差,其收敛性和精度仍是有待进一步研究的问题。

(3)Morris 方法。

Morris 方法[1]实际上就是将偏差分析法和矩阵分析相结合的方法。首先,将每个参数的取值范围映射到 $[0,1]$ 并离散化,即每个参数只从 $\{0, 1/(p-1), 2/(p-1), \cdots, 1\}$ 中取值,p 为参数的随机抽样次数。每一个参数都在这些离散点内随机取值一次,则形成一个向量 $(x_1, x_2, \cdots, x_i, \cdots, x_m)$,$m$ 为参数个数。然后构造 $(k+1) \times k$ 的矩阵 $\boldsymbol{A}$,见式(5.13):

$$A = \begin{bmatrix} 0 & 0 & 0 & \cdots & 0 \\ 1 & 0 & 0 & \cdots & 0 \\ 1 & 1 & 0 & \cdots & 0 \\ 1 & 1 & 1 & \cdots & 0 \\ \vdots & \vdots & \vdots & & \vdots \\ 1 & 1 & 1 & 1 & 1 \end{bmatrix} \times \frac{\Delta}{p-1} \tag{5.13}$$

式中 Δ—— 变化因子，$\Delta = 1, \cdots, p-1$。

矩阵 A 中任意相邻两行只有一个参数的取值不同，且其变化量为 $\Delta/(p-1)$。因此，将任意相邻两行作为模型的参数输入，分别获取模型的相应输出结果 y_1 和 y_2，则参数的敏感度可由式(5.14)来计算。由矩阵 A 取 m 组相邻行元素作为输入参数，即可获得所有 m 个参数的敏感度，并对其大小排序来表示各参数的相对重要性。

$$s_i = (y_1 - y_2) / \frac{\Delta}{p-1} \tag{5.14}$$

Morris 方法在实际操作中，需要对矩阵 A 采用一个较为复杂的随机过程以保证取值的随机性，需要复杂的编程操作，易在随机化过程中出现误差，因而需要多次重复计算取平均值作为参数敏感度。其标准差用来表征参数之间相互作用程度，如果标准差小，说明该参数与其他参数之间的相互作用程度小；如果标准差大，说明该参数与其他参数之间的相互作用程度大。但是，Morris 方法的分析结果本身并不能剔除参数之间相互作用的影响。

（4）傅里叶幅度敏感性分析方法。

该方法的核心[1,16]是用一合适的搜索曲线在参数的多维空间内搜索，从而把多维的积分转化为一维积分。该方法首先假定模型中每一个输入参数都是同一个独立参数 t 的函数，并给每一个输入参数定义一个整数频率，从而使模型成为独立参数 t 的周期函数，最终对模型的输出结果进行傅里叶分析，产生每一个频率的傅里叶幅度，用该幅度的大小来表示每一个参数的敏感度。

对于非线性模型 $y = y(x_1, x_2, \cdots, x_m)$，该方法定义参数敏感度为参数的微小变化引起的在整个输入参数空间内的输出结果的平均变化，见式(5.15)：

$$\frac{\partial y}{\partial x_i} = \int_X \frac{\partial y(X)}{\partial x_i} P(X) \mathrm{d}X \tag{5.15}$$

式中 $P(X)$—— $X = (x_1, x_2, \cdots, x_m)$ 的联合概率分布。

若各参数相互独立，对 $P(X)$ 则有式(5.16)：

$$P(X) = \prod_{i=1}^{m} f_i(x_i) \tag{5.16}$$

式中 f_i—— x_i 的概率密度函数。

按式(5.17)将各参数转换为独立参数 t 的函数：

$$x_i = g_i(\sin(\omega_i t)) \tag{5.17}$$

式中 g_i—— 搜索函数；

ω_i—— 任意选取的但各不相同且不成比例的频率。

将式(5.17)代入式(5.15)，可得式(5.18)，从而将 m 维积分转化为一维积分。

$$\frac{\partial y}{\partial x_i} = \int_t \frac{\partial y[x_1(t), x_2(t), \cdots, x_m(t)]}{\partial x_i(t)} P[x_1(t), x_2(t), \cdots, x_m(t)] \mathrm{d}t \tag{5.18}$$

当 t 变化时,各参数均根据分配的频率成比例地在各自变化范围内变化,且为了保证由式(5.17)计算得到的 x_i 服从参数实际概率分布,函数 g_i 必须满足式(5.19):

$$\pi \sqrt{1-u^2} f_i(g_i(u)) \frac{\mathrm{d}g_i(u)}{\mathrm{d}u} = 1, g_i(0) = 0 \tag{5.19}$$

当 ω_i 非线性相关时,即满足式(5.20),且函数 g_i 满足式(5.19),则式(5.18)与式(5.15)具有相同结果。

$$\sum_{i=1}^{m} a_i \omega_i \neq 0 \tag{5.20}$$

式(5.20)中 a_i 为整数。然而非线性相关频率为非整数,则式(5.18)要求在 t 无限取值空间上积分,这在计算上是不可行的,因而实际应用时,频率都是取整数,从式(5.18)只需在 $[-\pi, \pi]$ 积分,则 y 是 t 的周期函数,即 $y(t) = y(t+2\pi)$,可按式(5.21)展开为傅里叶级数:

$$y(t) = \sum_{i=1}^{m} A_i \sin(\omega_i t) \tag{5.21}$$

式中　A_i——傅里叶幅度,即各参数的敏感度,按式(5.22)计算:

$$A_i = \frac{1}{2\pi} \int_{-\pi}^{\pi} y(t) \sin(\omega_i t) \mathrm{d}t \tag{5.22}$$

将 t 在 $[-\pi, \pi]$ 内等间隔取样,每一次取样都可获得所有相应的参数值,输入模型并计算,由式(5.23)即可近似获得 A_i:

$$A_i = \frac{2}{N_s} \sum_{q=1}^{N_s} y(t_q) \sin(\omega_i t_q) \tag{5.23}$$

式中　N_s——取样数。

然而,采用整数频率必然会对结果产生误差,按式(5.23)计算的 A_i 并不能完全真实地表示参数的敏感度。为了减小这种误差影响,仍取满足式(5.20)的整数频率,但放松 a_i 的要求,即满足式(5.24):

$$\sum_{i=1}^{m} |a_i| \leqslant M+1 \tag{5.24}$$

式中　M——人为确定的整数,表示任意一个频率都不能由其他 M 个频率的线性组合得到。

N_s 可按式(5.25)取值:

$$N_s = 2M\omega_{\max} + 1 \tag{5.25}$$

式中　$\omega_{\max}$——所有参数中的最大频率。

文献[16]指出,分布函数为 $F_i(x)$ 时,其搜索函数为

$$x_i = F_i^{-1}\left(c + \frac{1}{\pi} \arcsin(\sin(\omega_i t))\right) \tag{5.26}$$

式中　$F_i^{-1}(x)$——参数 i 的分布函数的反函数;

　　　c——常数。

傅里叶幅度分析方法被认为是当今敏感性分析中最好的方法之一[1],但是较为复杂,而且采用整数频率造成的误差难以控制和评估。其最大的限制性是对计算资源消耗非常大,一般适用于小规模参数模型,目前方法只能用于分析输入参数个数小于 50 的计算模

型[16]。

（5）方差分解法。

该方法首先将模型 $y = f(x_1, x_2, \cdots, x_m)$ 按式(5.27)进行分解[1]：

$$f(x_1, \cdots, x_m) = f_0 + \sum_{i=1}^{m} f_i(x_i) + \sum_{1 \leqslant i \leqslant j \leqslant m} f_{ij}(x_i, x_j) + \cdots + f_{1,2,\cdots,m}(x_1, \cdots, x_m)$$

(5.27)

式(5.27)右边共有 $2m$ 项，若 x_i 相互独立，则其存在唯一分解方式，且各项是相互正交的。输出结果 Y 的总方差则可按式(5.28)分解：

$$V(Y) = \sum_{i=1}^{m} V_i + \sum_{1 \leqslant i \leqslant j \leqslant m} V_{ij} + \cdots + V_{1,2,\cdots,m}$$
$$V_i = V(E(y \mid x_i = x_i^*))$$
$$V_{ij} = V(E(y \mid x_i = x_i^*, x_j = x_j^*)) - V(E(y \mid x_i = x_i^*)) - V(E(y \mid x_j = x_j^*))$$

(5.28)

式中　$E(y \mid x_i = x_i^*)$ —— 当参数 x_i 取固定值 x_i^* 时 y 的期望值。

因此，参数的一阶敏感度可由式(5.29)计算得到，并能够很直观地进行解释。当参数 x_i 取固定值 x_i^* 时，y 的期望值 $E(y \mid x_i = x_i^*)$ 的变化由于其他参数 $x_j (j \neq i)$ 的影响已经被平均，其主要影响因素必然为参数 x_i。类似地，可获得参数的总敏感度，见式(5.30)，但是由于计算更为复杂，计算量大大增加（需要计算 $2m - 1$ 个加数项），一般并不采用。

$$s_i = \frac{V_i}{V}$$

(5.29)

$$s_{iT} = \frac{V_i + \sum_{k=1, k \neq i}^{m} V_{ik} + \cdots + V_{1,2,\cdots,m}}{V}$$

(5.30)

方差分解法也是目前应用较多的一种方法，且对分析模型没有要求，对线性模型、非线性模型均适用，但是该方法具有以下几个缺点：① 操作较为复杂，当参数个数较多时，计算量十分巨大；② 稳健性较差，容易受非正常点的影响；③ 要求输入参数必须相互独立，这也是该方法最大的局限性。

表5.1将上述多参数变化的敏感性分析方法的适用性和优缺点进行了简单统计和比较。

表 5.1　目前主要的多参数变化的敏感性分析方法的适用性和优缺点

方法	适用性	优缺点
基于回归和相关的方法	近似线性或单调非线性模型；一般参数规模	计算相对简单，稳健性较好
响应面方法	线性或弱非线性模型；较小参数规模	计算较为复杂，参数较多时，响应面方程难以拟合，需多次迭代，计算量十分巨大
Morris 方法	线性或非线性模型；一般参数规模	计算一般复杂，计算量巨大，需多次重复计算，结果不能剔除参数相关作用影响
傅里叶幅度分析方法	线性或非线性模型；较小参数规模(不超过50个)	计算较为复杂，误差难以控制和评估
方差分解法	线性或非线性模型；较小参数规模	计算较为复杂，输入参数要求相互独立，稳健性较差

3.基于随机抽样和相关性的敏感性分析方法

FAST 反射面结构构件数量巨大,主要由近万根的拉索组成,索截面约 20 种,与控制索对应的促动器锚固节点约 2 000 个,且尽管同一类型参数具有相同的统计分布,但对于每个具体构件而言均是单独的随机变量,如各拉索的长度偏差均是各自单独的随机变量,不同的促动器锚固节点施工定位偏差也均是各自单独的随机变量。因此,FAST 反射面结构参数类型多样、数量巨大,导致敏感性分析的参数规模非常庞大。

通过上文对各种敏感性分析方法的总结和对比分析,针对 FAST 反射面结构大规模参数,部分方法不能适用,如响应面方法与傅里叶幅度分析方法。而其他适用的方法中单纯某一种方法又难以完全解决 FAST 反射面结构参数敏感性分析问题,如基于回归和相关的分析方法以及方差分解法,其计算敏感指标只是用于评定参数随机变化对输出结果不确定性的影响大小,不能分析参数随机变化对输出结果平均水平的影响。方差分解法还只能适用于输入参数相互独立的情况(这一要求在实际中往往无法确定),且稳健性较差。Morris 方法能够用于评定参数随机变化对输出结果不确定性的影响大小,但是其计算的敏感指标不能剔除参数之间相互作用的影响,且程序编制较为复杂。因此,这里提出了随机抽样和相关性的敏感性分析方法(具体流程如图 5.1 所示),并采用 MATLAB 和 ANSYS 软件编制了相应程序。

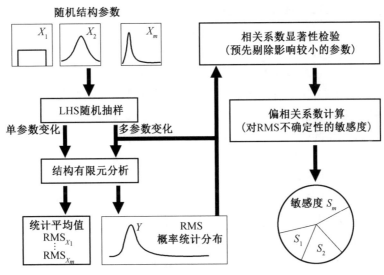

图 5.1　基于随机抽样和相关性的参数敏感性分析具体流程

该方法本质上是综合应用了现有的两种分析方法 —— 单参数变化的敏感性分析方法与基于回归和相关的多参数变化的敏感性分析方法,并针对 FAST 反射面结构参数规模庞大、数据结构复杂、编程和计算工作量巨大,引入拉丁超立方抽样 LHS(Latin Hypercube Sampling)方法和线性相关系数显著性检验的方法,解决了大规模参数敏感性计算困难问题:

(1) 依据实际情况,建立 FAST 不同类型结构参数的概率统计模型。

(2) 按照单参数变化的敏感性分析方法,计算各参数随机误差对 RMS 值平均水平的影响大小。

　　仅针对某一类型结构参数(如索长度偏差)在其实际统计的变化范围内对所有构件各自单独随机抽样,其他类型参数保持设计值不变,抽样一次进行一次相应的结构分析,从而统计出不同类型参数的随机误差分别导致的 RMS 值平均水平,通过直接的大小排序,即可确定哪一类型参数的随机误差对 RMS 值平均水平影响最大。

　　(3)按照基于回归与相关的多参数变化的敏感性分析方法,计算各参数随机误差对 RMS 值不确定性的影响大小。

　　对所有参数同时随机抽样,抽样一次进行一次相应的结构分析,统计出所有参数共同随机变化时的 RMS 值平均水平,计算各参数与 RMS 值的偏相关系数,作为参数敏感性指标,通过直接的大小排序,即可确定哪些参数的随机误差对 RMS 值的不确定性影响最大,进而通过统计分析,确定哪一类型参数的随机误差对 RMS 值的不确定性影响最大。

　　其中,由于参数敏感性分析中涉及随机抽样计算和矩阵运算,如果参数规模过大,会导致计算工作量和耗时十分巨大,几乎难以进行,而且在分析时选入过多影响较小的参数变量反而会影响分析结果的精度[11],应予以预先剔除,为此,引入 LHS 随机抽样方法和线性相关系数显著性检验方法。

　　①LHS 随机抽样方法。

　　敏感性分析建立在参数大量随机抽样的基础上,分析精度由抽样次数决定,抽样次数越多,精度越高。一般而言,所需抽样次数与变量个数无关,仅取决于所求输出结果的类型及其分散程度,只要建模准确、抽样次数足够,所得结果就是可信的,但是抽样次数过多会导致计算困难。

　　若每次直接在各参数变化范围内随机地抽取变量值,可能会出现重复抽样的情况,使得计算效率大大降低。目前广泛应用的 LHS 随机抽样方法[17]是一种非常有效的均匀抽样,避免了大量重复的抽样工作,抽样次数较少,且抽样数目的大小不受限制。产生相同的结果,LHS 随机抽样方法的模拟次数通常比直接抽样方法少 20% ～ 40%[18]。

　　LHS 随机抽样方法包含两个步骤:第一步,若 n 为抽样次数,将某参数概率密度函数的纵轴($0 \sim 1$)分为 n 个互不重叠的等间隔区间,对应横轴上的参数定义域被分成 n 个互不重叠的等概率取值区间,然后再在每个子区间分别独立地等概率随机抽样,每一个子区间仅产生一个随机数,采用反变换,由 n 个子区间产生 n 个随机数得到 n 个某参数概率密度函数的随机抽样值;第二步,若共有 m 个随机参数,则形成 $m \times n$ 矩阵,将矩阵每一行元素的次序随机打乱,此时矩阵的每一列作为各参数的随机输入值。至此,抽样完成。

　　文献[19]提出 $n \geqslant (4/3)m$ 时计算结果较佳,同时应再扩大抽样次数检验结果是否一致,本节还提出抽样次数要满足式(5.31)和式(5.32)。

$$\frac{|\bar{y}(n) - \bar{y}(n - \text{Check})|}{\bar{y}(n)} \leqslant 0.1\% \tag{5.31}$$

$$\frac{|\sigma_y(n) - \sigma_y(n - \text{Check})|}{\sigma_y(n)} \leqslant 0.1\% \tag{5.32}$$

　　式(5.31)和式(5.32)中 Check 值取 1 000,即每隔 1 000 次做一次收敛检验,直至满足精度要求。

　　②线性相关系数显著性检验方法。

　　在做参数敏感性分析时,把与输出结果 Y 有关的参数都选入是不现实的,这将会消耗巨大的计算资源,几乎无法进行计算,而且一般情况下,选取的输入参数愈多,线性回归模型的剩余平方和愈小,但是输入参数中有相当一部分对 Y 的影响并不显著,剩余平方和不会由于这些变量而减少多少,反而会因自由度的减小而增大误差[11]。因此,有必要在分析前预先剔除影响较小的参数变量,以减少输入参数个数,在减少计算量的同时,得到较优的线性回归模型。

理论上,如果参数 x_i 的变化对 Y 没有影响,则 x_i 与 Y 的线性相关系数 $r_{iy}=0$。然而,由于有限次抽样,r_{iy} 本身就是一个随机变量,因此即使 x_i 的变化对 Y 实际上没有影响,通常 r_{iy} 也为一个很小的非零数。因此,可做出如下假设:

$$H_0:|r_{iy}|=0 \tag{5.33}$$

若 H_0 假设成立的概率非常大,则可判定参数 x_i 是不显著的,即 x_i 对 Y 作用很小,应预先剔除。按式(5.34)定义检验变量 t,其近似服从自由度为 $n-2$ 的学生氏分布[20],学生氏分布的概率密度函数见式(5.35)。

$$t=r_{iy}\sqrt{\frac{n-2}{1-r_{iy}^2}} \tag{5.34}$$

$$F(t\mid n)=\int_{-\infty}^{t}\frac{\Gamma((n+1)/2)}{\Gamma(n/2)}\frac{1}{\sqrt{n\pi}}\frac{1}{\left(1+\dfrac{x^2}{n}\right)^{(n+1)/2}}\mathrm{d}x \tag{5.35}$$

r_{iy} 越大,即 H_0 假定越不成立,则 t 越大,相应 $F(t\mid n)$ 越大。因此,H_0 假定成立的概率即为 $1-F(t\mid n)$,若其超过某个显著水平,一般取一个较小值,则可认为 H_0 假定在该显著概率上成立,反之,则认为在该显著概率上不成立。

设定显著性水平,预先对输入参数与输出结果的相关系数进行检验,显著者引入,不显著者剔除,便可减少参数个数,同时应兼顾精度要求,使参数规模能够满足回归方程的可决系数大于 0.7 的要求。

5.1.2　FAST 结构参数概率统计模型

FAST 反射面支承索网结构主要由索网(球面主索网及控制索)、格构式钢圈梁、促动器三部分组成。

(1)索网是结构的主要部分,由近万根平均长度约为 11 m 的单独钢索编织而成。钢索[21]是一种多元体系材料,主要由钢绞线索体与锚头(索头锚具及调节套筒)组成,其加工制造、稳定化处理等工艺非常复杂,材料离散性较大。

索体由多根钢丝绞制而成,其横截面面积沿长度不能完全相同,因而索截面面积是一个随机变化的结构参数。索体与锚头的截面面积、弹性模量均不相同,各索单元的索体与锚具的长度比例也不尽一致,造成钢索的综合弹性模量几乎是各不一致的,因而钢索弹性模量也是一个随机变化的结构参数。钢索制造一般采用带拉力下料法,索长度标定与测量精度、制造时的环境温度等密切相关,具有一定随机误差,且索网节点采用插销连接方式,缝隙也会影响最终安装后的索长度。对于 11 m 长的索,1 mm 的长度偏差即可引起约 18 MPa 的内力变化,因而索长度是一个随机变化的结构参数。

根据参考文献[22-24],索截面面积和弹性模量均近似服从正态随机分布,其变异系数分别取 0.8% 和 5%。依据相关工程经验,同一批次的同一规格的索,可假定其截面面积和弹性模量是各自相同的随机变量。索长度偏差近似服从正态随机分布,依据 FAST 30 m 模型索长度抽样检测数据(偏差均值为 −0.4 mm、均方差为 0.18 mm),并考虑节点安装间隙等因素,本节假定索长度偏差均值取 0 mm,均方差取 1 mm,截断范围为 −2 ~ 2 mm,且将每根索的长度偏差均设为单独的随机变量。

(2) 格构式钢圈梁采用无缝钢管。钢管截面形式简单,材性均匀、离散性小,加工工艺成熟,安装精度高。文献[12]指出圈梁结构对变位精度的影响很小,且实际施工时索网与钢圈梁的连接节点是可调节点,在索网安装之前,该连接节点的坐标误差也都可通过相应调控来减小或消除,故钢圈梁的相关结构参数在分析中不作为随机变化参数,取设计值。

(3) 促动器可认为是无限刚度的实体块,其影响结构性能的主要参数即为地面锚固点的施工定位偏差。促动器地锚节点的施工定位偏差,对于结构而言实际上就是一种支座位移的随机荷载,可近似认为服从极值 Ⅰ 型分布[25]。依据相关工程经验,假定其均值为 0,变化范围为 0 ~ 25 mm,且为保证施工质量,人为设定其不超过 5 mm 的概率为 99%。与索长度偏差类似,分析时将各地锚节点位置偏差均设为单独的随机变量。表5.2 给出了 FAST 反射面支承索网各种结构参数的概率统计模型,图5.2 针对某个具体单元,给出了随机参数的概率密度曲线。

表 5.2　FAST 反向面支承索网结构参数的概率统计模型

随机参数	概率分布	均值	变异系数
索截面面积(21 个)	正态分布	设计值	0.8%
索长度偏差(9 255 个)	正态分布	均值 0,标准差 1 mm, 截断范围 −2 ~ 2 mm	
索弹性模量(21 个)	正态分布	$1.95 \times 10^{11} \text{N/m}^2$	5%
地锚节点坐标偏差(6 825 个)	极值 Ⅰ 型	截断范围 0 ~ 25 mm,均值 0, 小于 5 mm 的保证率为 99%	

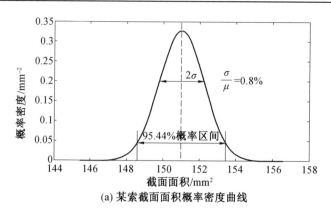

(a) 某索截面面积概率密度曲线

图 5.2　随机参数的概率密度曲线

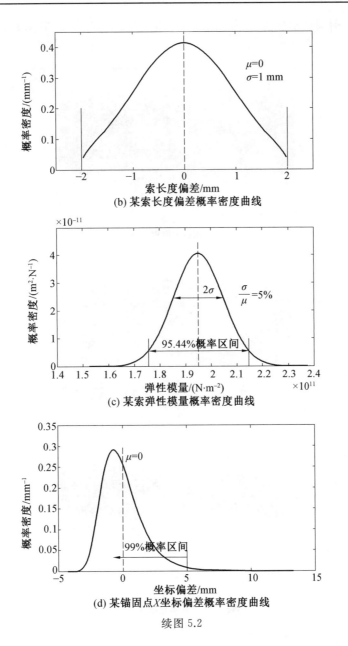

(b) 某索长度偏差概率密度曲线

(c) 某索弹性模量概率密度曲线

(d) 某锚固点 X 坐标偏差概率密度曲线

续图 5.2

5.1.3　RMS 抽样统计分析

首先,针对表 5.2 中结构参数,建立 FAST 基准态索网结构的参数化有限元模型。其中,索长度偏差以索单元初始应变值的变化来等效考虑,索截面面积和弹性模量以参数化的索单元实常数来考虑,地锚节点位置偏差以参数化的节点约束位移来考虑。若各参数均为设计均值,FAST 反射面为基准球面,其面形拟合均方根 RMS＝0;若参数随机变化,则反射面会凹凸不平,偏离基准球面,其面形拟合均方根 RMS＞0。

其次,采用 LHS 抽样方法,对表 5.2 中所有参数同时随机抽样了 21 496 次,如图 5.3 所示,并进行了相应的基准态索网结构有限元分析。按式(5.31)、式(5.32)检验,抽样次数满足要求,RMS 均值和标准差值的每隔 1 000 次检验结果如图 5.4 所示。

　　最终,统计反射面面形精度 RMS 值和索网结构的最大应力值,并对其进行概率分布拟合,如图 5.5 所示。

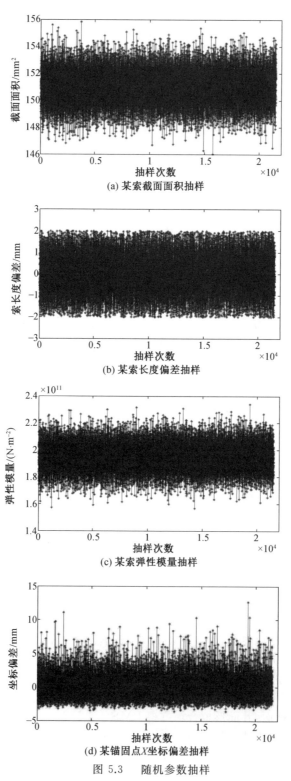

(a) 某索截面面积抽样

(b) 某索长度偏差抽样

(c) 某索弹性模量抽样

(d) 某锚固点 X 坐标偏差抽样

图 5.3　随机参数抽样

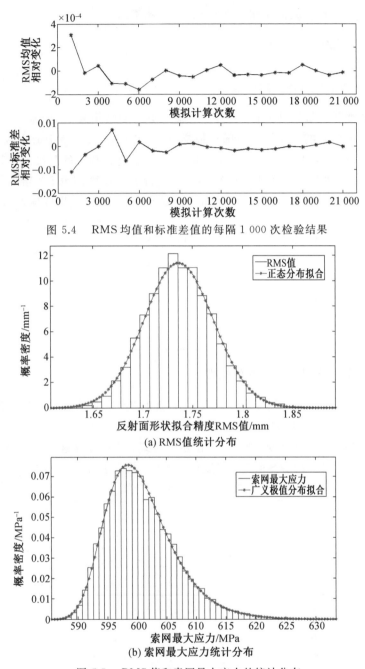

图 5.4　RMS 均值和标准差值的每隔 1 000 次检验结果

(a) RMS 值统计分布

(b) 索网最大应力统计分布

图 5.5　RMS 值和索网最大应力的统计分布

　　结果表明,表 5.2 中所有参数共同随机变化时,RMS 值和索网最大应力值也随机变化,分别近似呈正态分布和广义极值分布,RMS 均值为 1.736 mm,标准差为 0.035 mm,索网最大应力 $\sigma_{\max}$ 的均值为 601 MPa,标准差为 6 MPa。由此可得出如下结论:

　　(1) 表 5.2 中所有参数共同随机变化,可导致基准球面形状发生凹凸不平的变化,其面形拟合均方根 RMS 均值等于 1.736 mm,可近似认为在抛物面变位时这些参数随机误差共同作用所导致的 RMS 均值也等于 1.736 mm,占到了 5 mm 总要求的 34.7%。

　　(2) 尽管索网最大应力值随结构参数变化,但均在安全范围之内(满足 2.5 的安全系数要求)。相对而言,参数的随机变化对 RMS 值的影响更值得关注。

5.1.4 参数敏感性分析

1.RMS 值平均水平对各参数的敏感性

按照单参数变化的敏感性分析方法,针对某一类型的结构参数,如索长度偏差,所有索单元均在各自长度偏差的变化范围内随机抽样(抽样次数按 5.1.3 节中 LHS 抽样次数取值,即 21 496 次),而其他类型参数保持不变并取其中心值,进行相应的基准态索网结构有限元分析,统计 RMS 值,然后对其他类型的结构参数进行类似计算。表 5.3 给出了不同结构参数单独随机变化所导致的 RMS 均值和标准差。结果表明,锚固点坐标偏差对 RMS 值平均水平影响最大。

表 5.3　不同参数单独随机变化所导致的 RMS 均值和标准差　　　　　　mm

参数变化	RMS 均值	RMS 标准差
仅索弹性模量参数变化	0.325 5	0.004 4
仅索截面面积参数变化	0.336 6	0.070 9
仅索长度参数变化	0.890 3	0.011 6
仅锚固点坐标参数变化	1.521 0	0.003 1

2.RMS 值变异程度对各参数的敏感性

经过多次试算,本节最终采用显著性概率 60%,此时线性回归方程的可决系数为 0.732 7(满足大于 0.7 的要求),显著性概率的选取见表 5.4,选取了 10 015 个相对重要的结构参数变量,直接计算其与 RMS 值的线性相关系数,如图 5.6 所示。按式(5.10)计算这些重要结构参数变量与 RMS 值的偏相关系数,作为 RMS 值变异程度对各重要参数变量的敏感度,如图 5.7 所示。

表 5.4　显著性概率的选取

显著性概率	参数选取个数	可决系数
5%	1 101	0.271 6
10%	1 970	0.339 5
45%	7 681	0.559 2
60%	10 015	0.732 7

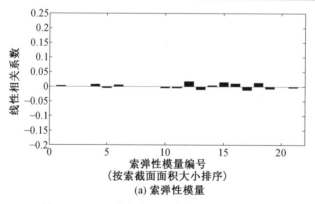

(a) 索弹性模量

图 5.6　RMS 值与各重要参数变量的线性相关系数

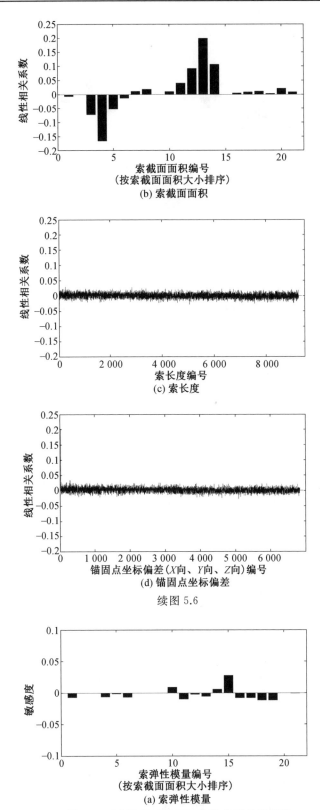

(b) 索截面面积

(c) 索长度

(d) 锚固点坐标偏差

续图 5.6

(a) 索弹性模量

图 5.7　RMS 值对各重要参数变量的敏感度

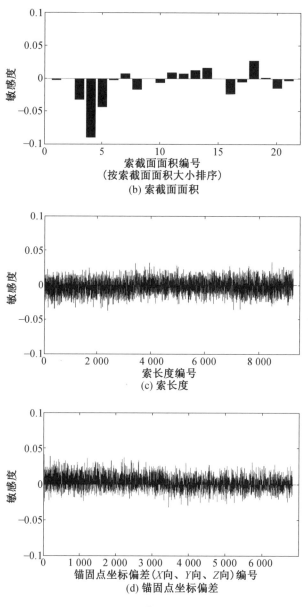

(b) 索截面面积

(c) 索长度

(d) 锚固点坐标偏差

续图 5.7

由图 5.6 和图 5.7 可以得出结论：

(1) 线性相关系数与偏相关系数意义并不一致。偏相关系数作为各参数的敏感度指标，剔除了其他参数变量的影响，反映了变量之间的本质联系，更加合理，且值得强调的是，其刻画了变量之间的线性相关程度，表明了变量之间的共变关系，实际反映的是参数随机变化对 RMS 值波动程度（变异程度）的影响，并不意味着参数变化量越大，RMS 值变化量越大。

(2) 通过敏感度大小排序发现，在构件单元层次上，索截面面积参数的随机变化对 RMS 值变异程度的影响最大，且控制索的影响更大（索截面面积编号 1 ～ 6 对应径向控制索，其余对应主索网)。其中,影响最大的是索截面面积编号为 4 的控制索,其数量约占控制索总数的 45%,对称分布在五个主要传力(图 5.8)的基准球面短程线型主肋附近,如图 5.9 所示。

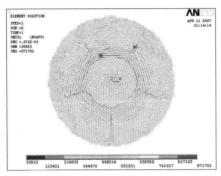 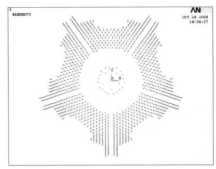

图 5.8   设计基准态时索网内力 　　　　图 5.9   截面面积编号为 4 的索位置

为了在整体层次上对不同类型结构参数的总敏感度做出比较(如索截面面积与弹性模量哪种参数更为敏感),以便更好地指导加工制造、施工阶段的精度控制,以式(5.36)计算不同类型参数总的敏感度:

$$S_i = \sqrt{\dfrac{\sum_{j=1}^{k_i}(s_j)^2}{k_i}}, i = 1, 2, 3, 4 \tag{5.36}$$

式中　　s_i——第 i 类重要结构参数变量的敏感程度;

　　　　k_i——第 i 类重要结构参数变量个数。

将式(5.36)计算得到的各类型参数的总敏感度归一化,如图 5.10 所示。结果表明,索截面面积误差对 RMS 值变异程度的影响最大,这也与表 5.3 有限元分析统计结果是一致的。

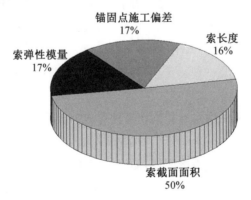

图 5.10   RMS 值对不同类型结构参数的总敏感度

5.1.5   FAST 结构参数精度控制建议

结合上述敏感性分析结果,则可得出结论:各结构参数按照实际统计规律共同随机变化时(表 5.2),反射面面形精度 RMS 值也随之变化,其均值为 1.736 mm,主要由锚固点坐标定位偏差引起;其标准差为 0.035 mm,主要由索截面面积误差引起。由此可对 FAST 结构参数的精度控制提出以下建议：

(1)尽管能够通过控制敏感参数的误差来有效减小 RMS 值的变异程度，但是 RMS 值的变异系数为 $0.035/1.736 \approx 0.02$，已经非常小，即 RMS 值在一个很小的范围内波动，因此没有必要增加成本再去进一步减小其不确定性。

(2)由于参数的随机变化，RMS 值是一个随机量，均值为 1.736 mm，主要由锚固点坐标定位偏差（均值为 0 且 99% 的概率小于 5 mm）引起，因而减小 RMS 值平均水平的最有效方法是提高锚固点坐标施工定位精度。

若进一步减小锚固点坐标定位偏差，如限定其 99% 的概率小于 2.5 mm，通过模拟计算，RMS 均值会相应减小为 0.81 mm（标准差 0.017 mm）。然而，由 FAST 30 m 模型锚固点坐标施工定位实测结果（表 5.5）可知，表 5.2 中所设定的锚固点坐标偏差变化范围与其十分接近，按照模型实际建设要求，该结果已经是极高标准的施工精度，且 FAST 500 m 原型结构锚固点数目大大增加，如果提出更为严格的施工精度要求，将会显著增加成本。因此，在 FAST 实际建造时，其锚固点施工定位偏差建议控制在 5 mm 以内（99% 保证率）。

表 5.5　FAST 30 m 模型锚固点坐标施工定位误差　　　　　　　　　　　　　mm

方向	圈梁节点误差			地锚节点误差		
	最大值	平均值	均方差	最大值	平均值	均方差
X	14.5	3.88	3.40	4.3	0.82	0.85
Y	7.7	2.61	1.87	3.8	0.85	0.78
Z	2.7	0.78	0.61	5.2	1.01	0.88

5.2　FAST 结构长期性能分析 —— 变位疲劳

球面基准态时，FAST 反射面主索网应力水平为 $500 \sim 600$ MPa，通过控制促动器拉伸或放松控制索，使球面索网变至抛物面索网，主索网应力变化分布范围为 $-340 \sim 130$ MPa。因此，长期的主动变位工作，使得 FAST 索网结构一直处于较高应力波动状态，主动变位对结构而言实质上是一种特殊、长期的往复疲劳荷载作用，不可避免地会带来索网结构的疲劳问题。

FAST 反射面支承索网结构主动变位疲劳具有四个显著特点：

(1)FAST 工作时，首先在 500 m 口径的基准球面内随机地将直径 300 m 范围内的球面变位至抛物面从而寻找有意义的观测天体，随后连续跟踪观测该天体。为克服地球自转的影响，抛物面必须以一定速度（约 15(°)/h）在基准球面上自西向东移动，直至无法跟踪观测。望远镜的工作方式导致结构疲劳应力循环内的应力幅是随机变化的，从而使得 FAST 索网结构的主动变位疲劳是随机变幅疲劳问题。

(2)疲劳问题按照其破坏的应力循环次数 N 可分为低周疲劳和高周疲劳，两者存在很大的差别[26]：当 $N \leqslant 10^5$ 时，应力幅值水平较高，疲劳应力一般都超过比例极限，每一个循环都可能产生相当大的塑性变形，破坏情况接近于静力破坏，此时的疲劳属于低周疲劳问题；当 $N > 10^5$ 时，应力幅值水平较低，材料一般在弹性范围内工作，此时的疲劳属于高周疲劳问题。在设计 FAST 索网结构时，索抗力分项系数取 2.5，即索抗拉强度设计值 $f = f_k/2.5$（f_k 为拉索极限抗拉强度），索拉力一直处于弹性范围内，故 FAST 索网结构主动变位疲劳属于高周疲劳问题。

（3）预应力松弛是索网结构固有特性，必将长期伴随着结构的疲劳效应。每一次的应力变化，都相当于一次松弛初始应力的施加[27]。参照《索结构技术规程》（JGJ 257—2012），拉索预应力松弛引起的预应力损失 $\Delta\sigma$，可按式（5.37）～（5.39）计算。

对普通松弛级预应力钢丝束、钢绞线：

$$\Delta\sigma = 0.4(\frac{\sigma_{con}}{f_k} - 0.5)\sigma_{con} \tag{5.37}$$

式中　　σ_{con}——控制张拉应力。

对低松弛级预应力钢丝束、钢绞线：

$$\Delta\sigma = 0.125(\frac{\sigma_{con}}{f_k} - 0.5)\sigma_{con}, \sigma_{con} \leqslant 0.7f_k \tag{5.38}$$

$$\Delta\sigma = 0.2(\frac{\sigma_{con}}{f_k} - 0.575)\sigma_{con}, 0.7f_k < \sigma_{con} \leqslant 0.8f_k \tag{5.39}$$

考虑疲劳作用的结构一般应采用低松弛级拉索，当 $\sigma_{con} \leqslant 0.5f_k$ 时，则可以忽略长期松弛引起的预应力损失，故 FAST 结构变位疲劳分析时可不考虑索松弛影响，但仍应定期检查拉索预应力损失。建议结构施工完毕后半年检查一次，以后一年检查一次，稳定后可不再进行检查，若发生松弛现象，适当予以张紧。

（4）索（钢绞线）疲劳分为轴向拉伸疲劳和端部弯曲疲劳[28]，轴向疲劳主要由轴向循环应力引起，弯曲疲劳则主要在锚固端发生，由轴向循环应力和锚固端的索夹接处弯曲循环应力共同工作引起。FAST 索网结构长期主动变位疲劳形式主要为拉索的轴向疲劳，其原因为：FAST 索构件均为细长索且两端由销承连接，索端头自由转动，可较大程度地减弱附加弯曲应力影响；索端头弯曲应力主要由自重和风荷载引起，自重产生的弯曲应力是非常小的，可忽略不计，同时 FAST 台址风荷载也很小，四周设置封闭挡风墙，年平均风速为 1.4 m/s，最高历史纪录风速为 17 m/s，全年静风频率为 48%，数值模拟计算结果也表明在望远镜 4 m/s 工作风速下，FAST 索网结构的风振响应是非常小的。

FAST 索网结构变位疲劳性能是影响结构安全的一个至关重要的指标。针对 FAST 索网结构变位疲劳特点，本书系统地研究了其疲劳性能：分析结构疲劳寿命大小，从而能够预测在 30 年设计基准期内是否会发生疲劳破坏；分析哪些区域是疲劳危险位置（易发生疲劳破坏的位置），为布设疲劳监测传感器提供了科学依据，当实测的结构疲劳效应达到一定程度时传感器应及时自动预警，此时需更换接近疲劳极限寿命的拉索，从而保证结构的安全运行。

5.2.1 疲劳分析方法

1.钢绞线的疲劳破坏特征

拉索锚具处的疲劳破坏历来被认为是其疲劳破坏的最可能因素,然而大量试验以及工程实践证明,这种观点是片面的,因为试验观察到的发生锚具处疲劳破坏的试件一般都是短拉索,而自由长度上的疲劳破坏限制长拉索寿命的可能性要远远大于短拉索试件。由于在长拉索中自由长度内大量钢绞线存在缺陷的可能性增加,使自由长度疲劳破坏的可能性也增加。因而试验时要考虑试件自由长度的影响,试件越长,越能代表实际结果。文献[29]～[31]指出,当索长大于10倍的索直径时,发生在自由段的疲劳破坏可不用考虑锚固端的影响效应,因而降低了试验结果的离散性。因此,对于FAST细长索,其疲劳破坏主要是自由长度内的破坏。

大量试验研究结果表明,钢绞线的疲劳破坏主要是由钢丝之间的"摩擦疲劳"[32-39]引起的,单根钢丝的疲劳破坏主要是钢丝表层缺陷引起的。由于钢绞线的绞合构造,钢丝之间存在着接触压力,且钢丝并不是理想光滑的圆截面,有着一定的椭圆度和粗糙度,因而在往复变化的轴向应力、侧向压力、摩擦应力和滑移等诸多因素共同作用下,结构会出现"擦伤"现象,即材料发生磨损、腐蚀,产生表面裂缝。此后裂缝发展速度与钢丝疲劳破坏相似,主要取决于轴向应力的变化幅度,因此钢绞线的疲劳寿命通常低于钢丝。

$S-N$ 曲线是根据材料的疲劳强度试验数据得出的应力 S 和疲劳寿命 N 的关系曲线,反映了材料疲劳强度的特性,是疲劳分析的依据[40]。疲劳寿命 N 可由拉索中一定根数或百分数的钢丝达到破坏时的应力循环次数定义,该值的确定没有理论依据,受主观因素影响较大,目前的国内外研究尚未有统一值。文献[41]研究表明,当斜拉索钢丝中约 20% 的钢丝断裂以后,整根拉索的疲劳破坏迅速发生。根据我国规范《索结构技术规程》(JGJ 257—2012)、《钢结构设计标准》(GB 50017—2017)和日本斜拉索的试验,疲劳破坏的容许断丝率均规定不大于 5%;美国规范较为严格,断丝率要求不大于 2%。在目前研究中,除非另做说明,斜拉索的疲劳寿命由斜拉索 5% 的钢丝疲劳破坏来定义。对于钢绞线,国内外也有较多试验以第一根钢丝破断时的循环次数作为疲劳寿命,在此认为这种定义更适合于FAST细长索。

国外已经进行了大量的拉索疲劳试验,积累了丰富且较为系统的试验数据,部分国家已编制了相应规范。美国德克萨斯大学在对不同厂家生产的 700 余根钢绞线疲劳试验结果的统计分析和补充试验的基础上,提出了 270 级(相当于我国的 1860 级)钢绞线的 $S-N$ 曲线,表达式见式(5.40),当 $\Delta\sigma=151$ MPa 时,$N=2\times10^6$(99.7% 保证率)[32]。

$$\log N = 13.93 - 3.5\log \Delta\sigma \tag{5.40}$$

式中 N——疲劳寿命,次;

      $\Delta\sigma$——疲劳应力幅值,MPa。

国内也开展了众多拉索疲劳试验,但是由于各自试验环境和条件不同、试件材料和尺寸不一致、试件数量较少等原因,没有较为完善的试验结果,也没有对众多的试验数据进行系统的整理和分析,没有建立相应的国家标准。本节疲劳分析采用了文献[32]的试验结果,其针对国产 1860 级低松弛预应力钢绞线,调查了国内有关厂家的钢绞线生产与质量状况,征求冶金系统意见并考虑到盘条国产化的趋势,选择了有代表性的试样,进行了较为系统的疲劳试验,提出了国产 1860 级低松弛预应力钢绞线 $S-N$ 试验曲线,如图 5.11 所示。该曲线具有 99.7% 的保证率,其表达式见式(5.41),当 $N=2\times10^6$ 时,$\Delta\sigma=143$ MPa。

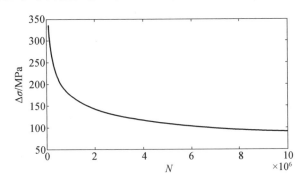

图 5.11　国产 1860 级低松弛预应力钢绞线 $S-N$ 试验曲线

$$\log N = 13.84 - 3.5\log \Delta\sigma \tag{5.41}$$

　　该疲劳试验考虑到了试件长度对钢绞线疲劳寿命离散性的影响,取试件长度为 2 750 mm,两端采用特制夹具进行锚固,加载频率为 4 Hz,疲劳下限应力 $\sigma_{\min}=950$ MPa,分别选择了 390 MPa、360 MPa、315 MPa、270 MPa、225 MPa、195 MPa 六种应力幅进行疲劳加载。该试验结果也证实了钢绞线的疲劳破坏主要是由钢绞线边丝与边丝之间的擦伤疲劳引起的。

2.Miner 线性累积损伤方法及程序实现

　　材料的疲劳破坏过程,在微观上是微缺陷、微裂纹等的产生与发展,是极其复杂的过程,很难用严格的理论方法来描述或模拟;在宏观上则表现为材料的变形与开裂等现象,当损伤累积到临界值时,就会发生疲劳破坏。目前的疲劳分析方法都是建立在宏观层次上的,分为基于 $S-N$ 曲线与损伤累积准则的方法和基于断裂力学理论的方法[42,43]。基于 $S-N$ 曲线与损伤累积准则的方法,是已知等幅疲劳试验 $S-N$ 曲线和随机疲劳荷载历程,通过一定损伤累积准则来预测疲劳寿命。基于断裂力学理论的方法,主要研究宏观可见缺陷或裂纹出现之前的力学过程,即裂纹扩展过程,通过损伤变量研究损伤演化规律来预测疲劳寿命。对于含有锚固系统的由多元体系组成的拉索,其疲劳性能是难以用断裂力学理论方法来分析的,因而相比之下,基于试验 $S-N$ 曲线与损伤累积准则的方法对于拉索疲劳性能的分析更加有效、适用,而且具有足够精度,更能被工程所认可。

　　Miner 线性累积损伤准则[42]认为在各种应力水平作用下的疲劳损伤是独立进行的,可线性累加,当累加损伤达到一定数值时,就会发生疲劳破坏。根据这一假设,在某一等幅疲劳应力 $\Delta\sigma_i$ 作用下(对应的等幅疲劳寿命为 N_i),每一次应力循环过程中材料吸收的能量

Δw 相等,当材料吸收的能量达到临界值 W 时,疲劳破坏发生,从而式(5.42)成立:

$$\frac{\Delta w}{W} = \frac{1}{N_j} \tag{5.42}$$

在变幅应力 $\Delta\sigma_1,\Delta\sigma_2,\cdots,\Delta\sigma_k$ 作用下,各应力水平的等幅疲劳寿命为 N_i,实际循环次数为 n_i,产生的能量为 w_i,当这些能量之和等于 W 时就会发生疲劳破坏,见式(5.43):

$$\sum w_i = W \tag{5.43}$$

由式(5.42)和式(5.43),得到式(5.44),即 Miner 线性累积损伤准则:

$$\sum \frac{w_i}{W} = \sum \frac{n_i}{N_i} = 1 \tag{5.44}$$

Miner 线性累积损伤准则最大的不足[42]是没有考虑大小不同的荷载加载顺序的影响。如简单的两级试验加载中,当采用先低后高的加载次序时,常有损伤 $\sum(n_i/N_i) > 1$,使裂纹形成时间推迟,产生高载的迟滞效应;当采用先高后低的加载次序时,常有损伤 $\sum(n_i/N_i) < 1$,高应力下使裂纹形成,低应力下使裂纹扩展,产生低载的加速效应。

Miner 线性累积损伤准则的成功之处[42]在于大量试验结果(特别是随机疲劳荷载试验)显示 $\sum(n_i/N_i)$ 的均值确实接近于 1,而且概念清晰、公式简洁,因此得到了最广泛的工程应用。其他确定性的方法则需要进行大量试验来拟合众多参数,精度并不比 Miner 准则更好,而且断裂力学、损伤力学提供的损伤演变规律显示,在一定力学条件下,即使损伤是非线性的,Miner 准则在均值意义上也仍然成立。文献[44,45]指出,对于工程技术科学而言,任何一个理论或模型,都应具有四大特性:可证性、可适性、可验性、可行性。可证性是指理论模型要有明确的前提条件,并且可以在给定的前提条件下进行数学上的逻辑证明;可适性是指理论模型要有明确的适用范围;可验性是指理论模型能经受住试验验证或实践检验;可行性是指理论模型在目前的技术条件下可以实现或被应用。Miner 线性累积损伤准则具备以上"四性",因而得到工程认可,特别是在随机疲劳荷载作用下,如果疲劳荷载几乎都处于高周疲劳区,Miner 准则就具有了足够精度,而且实际上的随机荷载尽管荷载次序不可预知,但具有大小互补的性质,从这一点出发,应用 Miner 准则也是可行的。

对于 FAST 索网结构主动变位疲劳而言,由于望远镜主要工作方式是各角度随机寻源及随后的跟踪观测,其疲劳荷载是随机的且属于高周疲劳区,因此,Miner 线性累积损伤准则是适用、有效的方法。本节后续疲劳试验数据也验证了 Miner 准则的适用性和有效性。

工程实际疲劳应力是随机、变幅的,应用 Miner 线性累积损伤准则时,需要一定计数方法,统计分析出各级水平的应力幅循环作用的频次。目前主要的计数方法有峰值计数法、幅度计数法、雨流计数法等[40]。其中,雨流计数法是国内外普遍认为符合疲劳损伤规律的一种计数方法,其将应力统计分析的滞回线和疲劳损伤理论结合起来,与其他计数法相比,更为简单准确,因而得到最广泛的研究与应用。

雨流计数法首先将实际应变—时间历程数据记录中的峰谷值提取出来,其次把处理后的峰谷值数据记录旋转 $90°$,如图 5.12 所示,时间坐标轴竖直向下,数据记录犹如一系列屋

面,雨水顺着屋面往下流,根据雨流迹线来确定应力循环,故称为雨流计数法。雨流计数法有如下规则[46]:

(1) 雨流起点依次在每个峰(谷)值的内侧,波形左半部为内侧边。

(2) 雨流在下一个峰(谷)值处落下,一直流到对面有一个比开始时最大值(或最小值)更大的峰值(或更小的谷值)为止。

(3) 当雨流遇到来自上面屋顶流下的雨时,就停止流动。

(4) 按以上过程取出所有全循环,记下各自幅值。

(5) 去除构成全循环的峰(谷)值,构成了发散—收敛波形,将其在最大(或最小)点处截断并首尾对接,进行二次雨流计数直到剩余三个点(即数据记录中最值构成的全循环)为止。

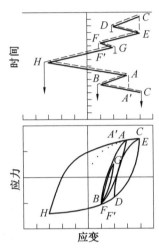

图 5.12　雨流计数法示意图

雨流计数法的要点是应变—时间历程的每一部分都参与计数,且只计数一次,一个大的幅值所引起的损伤不受截断它的小循环的影响,截出的小循环迭加到较大的循环或半循环上去。由图 5.12 可以看出,雨流计数法从应变—时间历程提取出四个全循环 C—D—E、F—G—F′、A—B—A′、E—H—C,与材料的应力—应变特性是一致的。

上述雨流计数方法又称为传统雨流计数方法,虽然应用简单,但也仍存在着局限性,即在计数之前需要得到完整的应变—时间历程,而且需要对一次雨流计数后的记录重新调整或对接之后进行二次雨流计数,偏于复杂。因而,在传统雨流计数方法的基础上,又发展了实时雨流计数方法[47],它克服了传统方法的局限性,不仅适用于各种记录数据处理,同时也适用于现场实时数据处理。

参考文献[48]编制了实时雨流计数程序,这种方法更加适用于 FAST 索网主动变位疲劳性能的分析,基于实时雨流计数方法,能够在现场实时对工作运行多次后的索网结构进行已有疲劳损伤计算,从而进行寿命估算。图 5.13 给出了编制程序的具体流程。

图 5.14 给出了计算程序的算例结果,由图中可看出,随机、变幅应力历程 C—D—E—F—G—H—A—B—C,依据实时雨流计数法,最终可提出图中标示的四个完整应力循环。

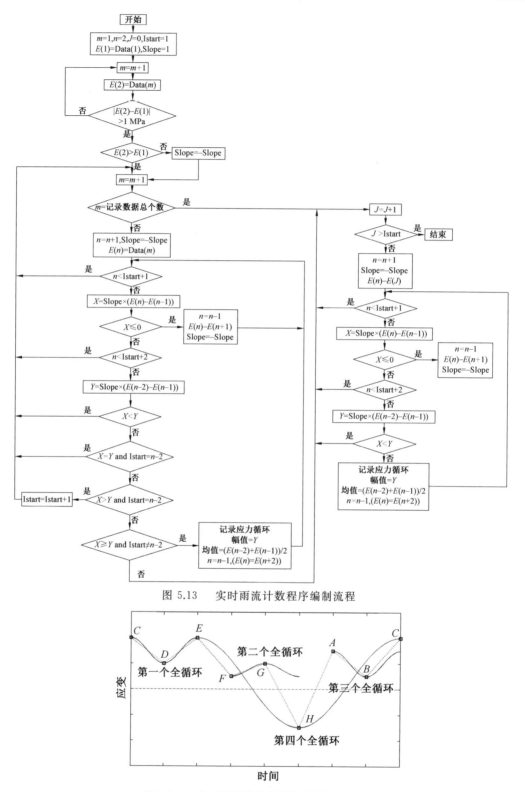

图 5.13　实时雨流计数程序编制流程

图 5.14　实时雨流计数程序提取结果示意图

目前的研究已经表明,影响拉索疲劳寿命的主要因素是应力变化幅度,其次就是平均应力水平。由于试验 $S-N$ 曲线都是在相同平均应力水平或最小拉力下绘制的,而从实际随机、变幅疲劳应力中分解出的各级应力循环具有不同的平均应力,因而不能都直接从试验 $S-N$ 曲线获取各自的等幅疲劳寿命。工程上平均应力的影响一般用等效疲劳寿命极限应力线图来考虑[49,50],即将不同应力水平的等幅应力循环,通过等效疲劳寿命极限应力线,等效为在试验 $S-N$ 曲线的平均应力下的等幅应力循环,从而应用试验 $S-N$ 曲线。

本节参考美国工程师协会斜拉桥委员会于 1990 年出版的《斜拉桥设计指南》中给出的拉索及钢绞线 Smith 曲线,绘制了对应于文献[32]中 $S-N$ 曲线公式的 Smith 等效疲劳寿命极限应力线图,如图 5.15 所示。图中 AC 线为最大应力线,BC 线为最小应力线,AC 线与 BC 线所包围的面积表示不产生疲劳破坏的应力水平。由图 5.15 中几何关系,则可计算任意应力循环(σ_m,$\Delta\sigma$)所对应的等效应力幅 $\Delta\sigma_{eq}$,从而得到其等效疲劳寿命,σ_u 取 1 860 MPa。

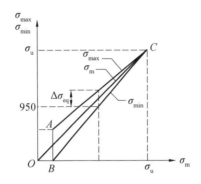

图 5.15　Smith 等效疲劳寿命极限应力线图

3.与钢结构规范疲劳计算方法的比较

依据《钢结构设计标准》(GB 50017—2017),直接承受动力荷载重复作用的钢结构,当其荷载产生应力变化的循环次数 $n \geqslant 5 \times 10^4$ 时应该进行疲劳计算,但在应力循环中不出现拉应力的部位可不计算疲劳。其疲劳计算仍采用目前国际上公认的容许应力幅法,主要原因是现阶段对不同类型构件连接的疲劳裂缝形成、扩展以致断裂这一全过程的极限状态,包括其严格的定义和影响发展过程的有关因素都还研究不足,掌握的疲劳强度数据也只是结构抗力表达式中的材料强度部分。容许应力幅按构件和连接类别以及应力循环次数确定,是根据疲劳试验数据统计分析得到的,而在试验结果中已包括了局部应力集中可能产生屈服区的影响,因此用于疲劳计算的构件应力可按弹性状态计算。

合理的结构设计应力要求疲劳不对构件的截面设计起控制作用,同时规范条文指出,所有类别的容许应力幅都可认为与钢材静力强度无关,即疲劳强度所控制的构件,采用强度较高的钢材是不经济的。

对常幅疲劳,钢结构规范按式(5.45)进行计算:
$$\Delta\sigma \leqslant [\Delta\sigma] \tag{5.45}$$
考虑到非焊接构件和连接与焊接构件之间的不同,即前者一般不存在很高的残余应力,其疲劳寿命不仅与应力幅有关,也与名义最大应力有关,因而,对焊接部位 $\Delta\sigma = \sigma_{max} - \sigma_{min}$,对非焊接部位 $\Delta\sigma = \sigma_{max} - 0.7\sigma_{min}$。$[\Delta\sigma]$ 为常幅疲劳的容许应力幅,按式(5.46)计算:

$$\left[\Delta\sigma\right] = \left(\frac{C}{n}\right)^{1/\beta} \tag{5.46}$$

式中　　n——应力循环次数；

　　　　C、β——参数，根据《钢结构设计标准》(GB 50017—2017)中的构件和连接类别查表可得。

对于变幅疲劳，钢结构规范按式(5.47)进行计算：

$$\Delta\sigma_e \leqslant \left[\Delta\sigma\right] \tag{5.47}$$

式中　　$\Delta\sigma_e$——变幅疲劳的等效应力幅，按式(5.48)计算：

$$\Delta\sigma_e = \left[\frac{\sum n_i (\Delta\sigma_i)^\beta}{\sum n_i}\right]^{1/\beta} \tag{5.48}$$

式中　　n_i——预期寿命内应力幅水平达到 $\Delta\sigma_i$ 的应力循环次数。

实质上式(5.48)也是依据 Miner 线性累积损伤准则得到的。假设有一常幅疲劳，应力幅为 $\Delta\sigma_e$，应力循环 $\sum n_i$ 次后产生疲劳破坏，若连接的疲劳曲线为

$$N\left[\Delta\sigma\right]^\beta = C \tag{5.49}$$

则对每一级应力幅水平，由式(5.49)可得式(5.50)：

$$N_i\left[\Delta\sigma_i\right]^\beta = C \tag{5.50}$$

同理有

$$\sum n_i \cdot \left[\Delta\sigma_e\right]^\beta = C \tag{5.51}$$

根据式(5.50)和式(5.51)，代入式(5.44)，即可得规范变幅疲劳的等效应力幅计算式(5.48)。

5.2.2　结构变位疲劳寿命需求分析

望远镜进行观测时，首先需要找到目标天体，将对应工作区域实时地由基准球面变位至抛物面，然后随着地球绕天体公转以进行跟踪观测，但是为了克服地球自转从而进行连续跟踪观测，抛物面必须以一定速度(约 15(°)/h)在球面上自西向东移动(由于地球南北轴有一定倾斜角度，实际上不是严格自西向东直线移动，为简化计算未考虑由此产生的误差)，如图 5.16 所示。因此，实际上望远镜的一次观测工作是指一次寻源及随后相应的自西向东连续跟踪过程。

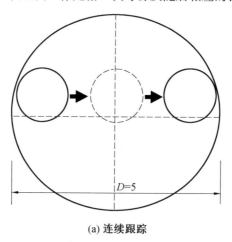

$D=5$

(a) 连续跟踪

图 5.16　寻源与连续跟踪图示

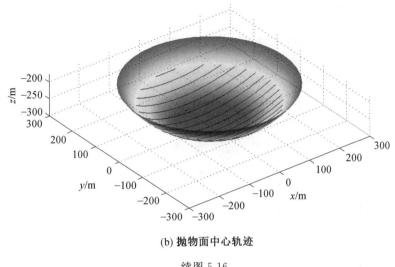

(b) 抛物面中心轨迹

续图 5.16

　　望远镜观测时,基准球面球心与抛物面中心相连的直线与 Z 轴夹角 β 的范围为 $0 \sim$ $26.44°$,该直线投影与 X 轴夹角 α 的范围为 $0 \sim 360°$。从而可知,按 $15(°)/h$(地球自转速度)的速度,一次连续跟踪最长时间约 3.53 h。望远镜实际观测的具体跟踪时间依赖于观测源的性质,望远镜工作方式具体又分为长时巡天跟踪观测和随机独立跟踪观测,目前认为两部分总运行时间各占设计基准期的一半,即 15 年,并且随机交叉进行。

1.长时巡天跟踪观测

　　对于巡天观测,以最长时间跟踪,即抛物面在基准球面上全程由最西移动至最东。不同赤纬的巡天观测时间不一样,赤纬越高(即在基准球面上偏离中心位置的东西方向直线越远,如图 5.16(b) 所示),巡天观测时间越短。由于观测天体总体在天空中均匀分布,较为符合实际的情况,各天区巡天观测总时间相等,等效于各赤纬巡天总时间相等,因此高赤纬巡天观测次数要大于低赤纬。

　　依据长时巡天跟踪观测方式的特点,基于 MATLAB 软件编制了基准期内所需观测次数的计算程序,具体步骤如下:

　　(1)在保证分析精度的基础上,均匀选取 19 条巡天观测轨迹(如图 5.16(b) 所示),计算出各自跟踪观测过程中对应的地球自转角度,按 $15(°)/h$(地球自转速度)的速度,计算出各轨迹上的跟踪观测时间 t_i。

　　(2)按照 19 条轨迹中最长跟踪时间,计算在所有这些轨迹上各自所需的跟踪观测次数 n_i,使各轨迹巡天观测总时间相等。在此基础上,即可按式(5.52)计算出巡天观测平均时间 t_{sky},约为 $2.767\ 6$ h。

$$t_{sky} = \frac{\sum\limits_{i=1}^{19} t_i n_i}{\sum\limits_{i=1}^{19} n_i} \tag{5.52}$$

　　(3)由巡天观测平均时间 t_{sky},得出 15 年总共需巡天观测约 47 478 次。

2.随机独立跟踪观测

对于独立观测,由于自由申请的时间等因素,换源时望远镜指向变化比较大,接近于随机换源,跟踪时间也是不定的。因而独立观测时,不仅观测源位置(跟踪起始位置)是随机的,而且跟踪时间也是随机的。

依据随机独立跟踪观测方式的特点,基于 MATLAB 软件编制了基准期内所需观测次数的计算程序,具体步骤如下:

(1) 由于望远镜实际观测时,随机独立观测的跟踪时间基本集中在 $0.5 \sim 3$ h 范围内,在前述选用的均匀分布的 19 条巡天轨迹上,可按 0.5 h 选取在基准球面上均匀分布的跟踪观测起始位置,共 103 个。

(2) 在每个起始位置上,分别按 0.5 h、1 h、1.5 h、2 h、2.5 h、3 h 时间段自西向东跟踪观测,计算出终点位置,若终点位置所对应的 β 角小于 $26.44°$,即判定为有效的随机独立跟踪观测过程,最终共获得了 341 次均匀分布的有效随机独立跟踪观测。

(3) 由于实际情况的第(2)步中 341 次的跟踪观测是随机等概率进行的,计算其平均时间,即 1.288 9 h,从而得出 15 年总共需独立观测约 101 950 次。

综上所述,按 30 年全年全天连续工作,FAST 反射面结构变位疲劳寿命要满足 47 478 次长时巡天跟踪观测和 101 950 次随机独立跟踪观测,共 149 428 次。然而,有时由于雨雪、维护等因素的影响,望远镜无法进行观测,望远镜实际跟踪观测次数要远远小于上述分析结果。

5.2.3　结构变位疲劳应力分析

FAST 结构变位疲劳应力分析,实际上是指长期主动变位中应力－时间历程的模拟分析,以及相应的随机、变幅疲劳应力历程的雨流计数分解,从而获得应力历程中所包含的不同水平的应力循环及出现次数。

1.长期变位应力计算方法及程序实现

寻源,即根据随机寻找到的目标天体,调节工作区域内的促动器将对应主索网节点从基准球面调整至指定抛物面位置,工作区域以外的主索网节点不进行主动调节。跟踪,即为了克服地球自转对连续观测的影响,随天体的运动连续地将对应工作区域内的主索节点实时地调整至指定抛物面位置,而抛物面外的主索节点则恢复至基准态(实为对应控制索的促动器恢复至基准态)。虽然跟踪观测过程是一个动态过程,但由于运动速度非常慢,主索节点径向移动速度约为 1.6 mm/s,跟踪过程实质上是一个准静力过程[51]。因此,望远镜寻源和跟踪对于其索网结构而言本质是一样的。

依据望远镜观测方式,本节提出了长期变位应力的计算方法,并基于 MATLAB 和 ANSYS 软件实现了相应复杂程序的编制,具体步骤如下:

(1) 针对寻源位置和跟踪时间,建立 FAST 索网结构的参数化有限元模型。

(2) 在 5.2.2 节所述 341 次独立观测总时间相等的条件下,计算出对应于 5.2.1 节中 19 条轨迹的巡天观测次数(保证在这 19 条轨迹上的巡天观测总时间相等),共需 159 次,并计算出这 $341 + 159 = 500$ 次观测工作所对应的寻源位置和跟踪时间。

（3）从上述 500 次的观测工作中，等概率随机抽取。每抽取一次，首先在对应的寻源位置进行抛物面变位模拟计算，其次沿直线自西向东，每隔 2°（约跟踪 6 min）更新一次 α_i 和 β_i，并对每一个角度模拟相应的抛物面变位过程（通过逐步调整控制索下端节点径向位移，进行迭代来实现），计算索网应力，从而形成疲劳应力历程。

将连续跟踪过程分为一系列抛物面变位过程，不仅简化了程序计算，且不影响分析结果的精度。这是因为非常邻近的抛物面连续变位所导致的索网应力是递增或递减的，在连续应力历程中不处于峰谷值位置，在雨流计数时也会由峰谷值的检验去除这些中间的索应力，因而只有一定间隔的抛物面连续变位后才能引起应力波动。

图 5.17 给出了上述计算方法的具体流程。以（0°，26°）抛物面变位作为示例，其变位后的索网节点位移如图 5.18 所示、索网应力如图 5.19 所示。按照图 5.17 所示流程，随机抽取 20 次观测工作并模拟了其连续跟踪过程，编号为 805 的主索应力历程如图 5.20 所示。

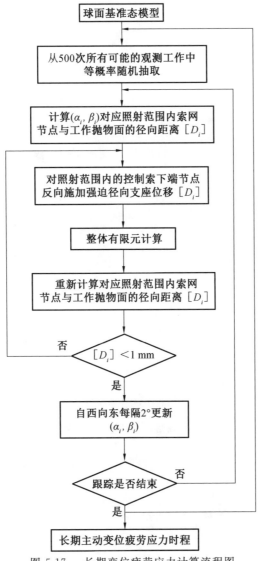

图 5.17　长期变位疲劳应力计算流程图

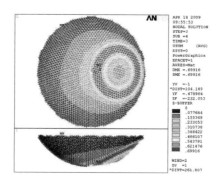

图 5.18　照射角度(0°,26°)对应的抛物面变位后索网节点位移(m)

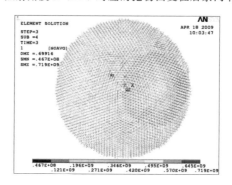

图 5.19　照射角度(0°,26°)对应的抛物面变位后索网应力(Pa)

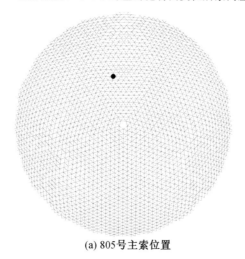

(a) 805号主索位置

图 5.20　随机 20 次观测工作引起的 805 号主索的应力历程

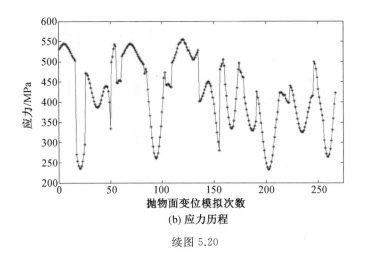

(b) 应力历程

续图 5.20

2.全寿命应力历程的等效简化方法

进行结构疲劳分析时,若要对每个索单元在整个寿命期的应力历程(随机、无数次的观测工作)进行分析,从而统计其疲劳作用效应,显然需要的计算量巨大,几乎是不可行的。在望远镜长期观测中,巡天观测和独立观测是交叉随机进行的,在长期变位应力的计算方法中,每次观测工作均是等概率的,且每次观测工作对结构的疲劳损伤累积是一定的,因而在统计意义上,可认为一定次数跟踪观测工作的应力历程所引起的总损伤累积是近似一致的,即每一个这样的周期内疲劳作用效应基本相同。因此,可以用一个标准应力历程块的重复循环代替长期、周而复始地实际作用在结构上的应力时程历史。

如何确定标准应力历程块所包含的观测工作次数,对疲劳分析的结果有着重要影响,次数过少则易遗漏较大的应力循环,次数过多则使得计算困难。在长期变位应力的计算方法中,不同源位置、不同跟踪时间的所有观测工作(共 500 个)是等概率地随机抽取,且不同跟踪观测工作所导致的疲劳损伤均在(0,1)之间并可近似认为均匀分布。因而,依据简单抽样理论[52],可按式(5.53)计算标准应力历程所应包含的观测工作次数 num:

$$\text{num} = \left(\frac{\lambda C}{E}\right)^2 \tag{5.53}$$

式中　λ——可靠性指标,在大样本时查标准正态分布与保证概率为 α 相应的双侧分位数,在小样本时查 t 分布双侧分位数,通常当样本数目 $\geqslant$ 30 时称为大样本,当样本数目 $<$ 30 时称为小样本;

　　　　C——总体变异系数,取(0,1)均匀分布变异系数为 0.577 5;

　　　　E——抽样均值与总体均值的相对误差限。

取保证率 $\alpha = 99\%$(查标准正态分布,$\lambda = 2.577\ 5$),抽样均值相对误差不超过 $E = 5\%$,则至少需抽样 num = 885 次,结合 5.2.3 节计算方法中离散化后所有可能的观测工作共 500 个,可确定标准应力历程块的观测工作次数 num = 1 000。

图 5.21(a) 给出了编号为 805(位置见图 5.20) 主索的一个随机标准应力历程块,相应的实时雨流计数结果如图 5.21(b) 所示。

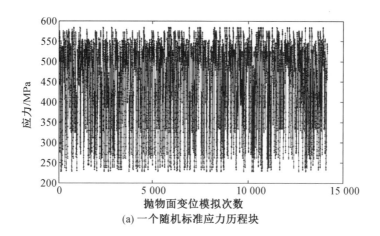

(a) 一个随机标准应力历程块

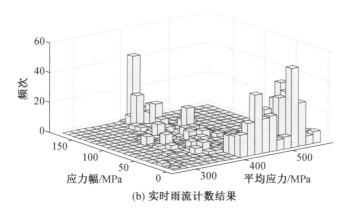

(b) 实时雨流计数结果

图 5.21　805 号主索的一个随机标准应力历程块的实时雨流计数结果

5.2.4　结构变位疲劳性能分析

1.结构变位疲劳寿命大小

针对望远镜的工作特点,用望远镜的跟踪观测次数来表征其疲劳寿命,并定义整体结构的疲劳寿命为各索的疲劳寿命最小值。

应用标准应力历程块进行变位疲劳寿命计算时,Miner 准则式(5.44)可等效为式(5.54):

$$T\left(\sum_{i=1}^{k}\frac{n_i}{N_i}\right)=1 \tag{5.54}$$

式中　T——发生疲劳破坏时的应力历程块总个数;

　　　k——一个标准应力历程块中分解出的不同水平应力循环的总数;

　　　n_i——一个标准应力历程块中的第 i 级应力水平的应力循环次数;

　　　N_i——一个标准应力历程块中的第 i 级应力循环的等幅疲劳寿命。

一个标准应力历程块(由 num 次跟踪观测所引起)循环作用 T 次,即发生疲劳破坏,因而各索的变位疲劳寿命 N_{cable} 可按式(5.55)计算:

$$N_{cable} = \text{num} \times \frac{1}{\left(\sum\limits_{i=1}^{k} \dfrac{n_i}{N_i} \right)} \tag{5.55}$$

由于标准应力历程块并不是唯一确定的,因此对标准应力历程块进行多次随机模拟计算,统计 FAST 结构变位疲劳寿命时,模拟计算次数要求满足式(5.56) 和式(5.57),即多次模拟计算后结构疲劳寿命的均值和标准差趋于稳定值。

$$\frac{\left| \overline{N_T}(j) - \overline{N_T}(j-\text{check}) \right|}{\overline{N_T}(j)} \leqslant 0.1\% \tag{5.56}$$

$$\frac{\left| \sigma_{NT}(j) - \sigma_{NT}(j-\text{check}) \right|}{\sigma_{NT}(j)} \leqslant 0.1\% \tag{5.57}$$

式(5.56) 和式(5.57) 中,check 值取 10,即每隔 10 次模拟计算就做一次收敛检验,直至满足精度要求。

最终模拟计算了 160 次,每一次模拟计算相当于按照长期变位应力计算方法模拟连续 1 000 次的跟踪观测过程。计算得到每根索的标准应力历程块,从而计算每根索的疲劳寿命,并统计整体结构的疲劳寿命。图 5.22 给出了每隔 10 次模拟计算后的结构疲劳寿命均值和标准差。图 5.23 给出了 160 次模拟计算的结构疲劳寿命统计分布,其均值为 327 680,通过最优拟合分析可知,结构变位疲劳寿命近似服从 Weibull 分布,且 99% 的概率大于 301 250。

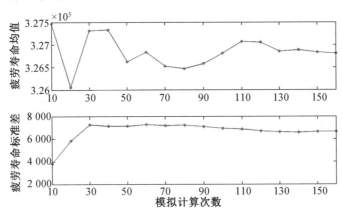

图 5.22　每隔 10 次模拟计算后的结构疲劳寿命均值和标准差

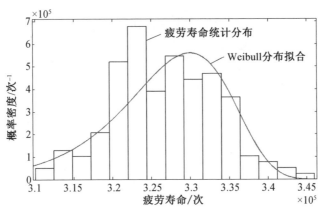

图 5.23　FAST 结构疲劳寿命统计分布

从工程应用角度出发,计算的疲劳寿命应除以一个合理的安全系数,其所考虑的因素主要为随机疲劳应力历程引起的不定性、疲劳试验 $S-N$ 曲线的不定性和 Miner 准则引起的模式不定性。FAST 索网结构的随机变位疲劳应力历程所引起的不定性通过对多次模拟结果进行统计分析来考虑;对于试验 $S-N$ 曲线的不定性,Eurocode 3 part 1−9 采用 1.5 的安全系数来考虑试验数据稀疏离散性和整体端部弯曲的影响[28];对于钢绞线的 Miner 准则引起的模式不定性,目前还没有相关研究报道,参考轴向重复受拉钢杆件的相应值[52],其变异系数为 0.15。因而本节选取安全系数 2.0,文献[53]也建议,当进行索疲劳设计时,若应用保证率为 97.5% 的 $S-N$ 试验曲线,则应采用安全系数 2.0 以考虑多种变异影响。

若考虑安全系数 2.0,则疲劳寿命为 301 250/2.0＝150 625,仍然能够满足安全要求(30 年最多跟踪观测约 149 428 次)。

结合钢结构规范(GB 50017—2017)中疲劳计算方法,简单验证上述结果:

(1)进行任意一次模拟计算,得到结构疲劳寿命(各索疲劳寿命最小值)为 323 530。其中,对应标准应力历程块的雨流计数结果如图 5.24 所示,共得到 1 106 个完整的不同水平的应力循环,标准应力历程块的重复循环次数约 323.5 次,则在整个疲劳寿命期间共约经历 357 791 个不同水平的应力循环。

(2)针对上述 357 791 个应力循环,按照钢结构规范公式(5.48)计算出等效应力幅为 433 MPa(β 取 3.5),即结构跟踪观测 323 530 次后发生疲劳破坏,等效于在应力幅 433 MPa 的等幅应力循环(平均应力约 450 MPa,如图 5.24 所示)作用 357 791 次时发生疲劳破坏。

(3)依据 Smith 等效寿命极限应力线(图 5.15),平均应力 450 MPa、应力幅 433 MPa 的等幅应力循环,在相同寿命下,可换算为应力幅 242 MPa 的等幅应力循环(应力下限为 950 MPa),进而由试验 $S-N$ 曲线(图 5.11),得到相应的试验疲劳寿命为 313 800 ≈ 357 791(相差 12%)。由于第(2)步计算中 β 值是一个经验值,造成一定误差,但总体而言,验证了分析结果的有效性。

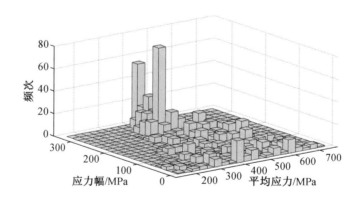

图 5.24　用于数值验证的标准应力历程块雨流计数结果

2.疲劳危险区域

依据上述分析,可以得出每根索的疲劳寿命,疲劳寿命较小的索的分布位置即为结构疲劳危险区域。

由 160 次的随机模拟计算,可计算出每根索的疲劳寿命均值,参照工程上一般以 200 万次作为疲劳寿命标准,图 5.25 绘出了疲劳寿命均值小于 200 万次观测工作的索的分布位置,均为主索单元,且由图可知,结构疲劳危险区域主要位于索网的中心位置。实际上,由于索网结构应力在球面基准态时较为均匀,抛物面变位时,处于抛物面中心和边缘位置的索的结构应力波动较大,因而疲劳损伤累积也较多,最易发生疲劳破坏,而整个索网中心位置附近的索,其处于抛物面中心和边缘的次数是最多的。

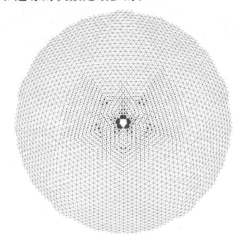

(圆圈位置对应变位疲劳寿命小于 2×10^6 的索,圆圈半径越大,寿命越小)

图 5.25　疲劳危险区域

5.2.5　钢绞线与钢拉杆的疲劳试验

1.试验目的

实际建设时,拉索(钢绞线)和高强钢拉杆均可能成为 FAST 反射面结构的主要受力构件。疲劳试验的目的包括:① 测定和比较钢绞线与钢拉杆的抗疲劳性能,为将来 FAST 反射面结构选材的重要决策提供参考依据;② 验证 Miner 线性累积损伤准则是适用于拉索随机、变幅疲劳分析的有效方法。

2.试验内容

测定拉索(钢绞线)与高强钢拉杆在等幅循环荷载作用下的疲劳力学性能,具体内容见表 5.6,钢绞线带有 PE 保护套,以备检查循环加载后保护套的受损情况,拉索试件由江阴艺林索具有限公司提供(图 5.26),高强钢拉杆试件则由巨力索具股份有限公司提供(图 5.27)。试件还包括分别由贵州钢绳股份有限公司和巨力索具股份有限公司提供的钢绞线。

表 5.6　不同试件及其等幅循环荷载

类型	直径 /mm	长度 /m	有效面积 /mm²	极限强度 /MPa	安全系数	应力上限 /MPa	应力幅 /MPa	数量
艺林钢绞线	24	3	300	1 860	2.5	755	500	1
巨力钢拉杆	30	3	706	1 100	1.5	720	500	2

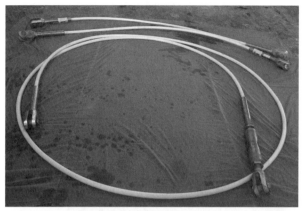

图 5.26 江阴艺林索具有限公司提供的钢绞线试件

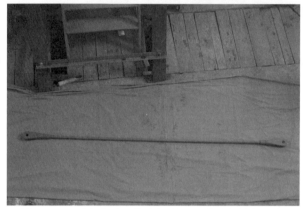

图 5.27 巨力索具股份有限公司提供的钢拉杆试件

3.试验结果分析

试验过程中电液伺服作动器的工作频率采用 5 ~ 8 Hz,各试件实际循环疲劳荷载统计如图 5.28 所示,由图可知,实际荷载并不是完全等幅应力循环荷载,主要原因是加载过程中电液伺服作动器油压不稳定。

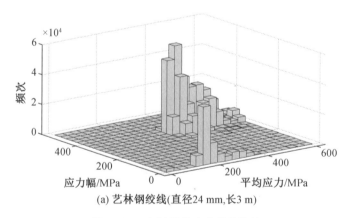

(a) 艺林钢绞线(直径24 mm,长3 m)

图 5.28 各试件的疲劳荷载统计

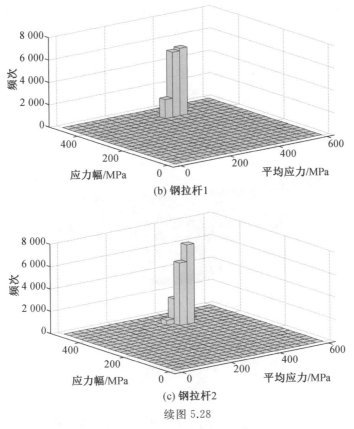

(b) 钢拉杆1

(c) 钢拉杆2

续图 5.28

　　疲劳试验结果具体数据见表 5.8,钢绞线和钢拉杆的疲劳破坏现象如图 5.29 所示。由试验数据可知,针对 FAST 往复变位工作方式,钢绞线的抗疲劳性能要远优于钢拉杆。

表 5.8　疲劳试验结果

试件	规格	试件弹性模量 /(N·m⁻²)	试件疲劳寿命
艺林钢绞线	直径 24 mm,长 3 m	$2.351\ 8 \times 10^{11}$	627 772
钢拉杆 1	直径 30 mm,长 3 m	$1.944\ 0 \times 10^{11}$	13 872
钢拉杆 2	直径 30 mm,长 3 m	$2.061\ 3 \times 10^{11}$	19 484

(a) 钢绞线

(b) 钢拉杆

图 5.29　试件的疲劳破坏

以直径为 24 mm、长为 3 m 的艺林拉索试验数据分析进行示例:

（1）试验过程中,应力循环的平均应力在短时间内是平稳的,在长时间内则呈现下降趋势,但应力幅值基本没有变化,如图 5.30 所示,荷载与位移基本保持线性,通过拟合分析,可计算出索的实际弹性模量。

（2）由图 5.28(a) 可知,实际疲劳荷载的平均应力基本为 400 MPa、应力幅基本为 380 MPa,计算 Miner 准则的累积疲劳损伤 $\sum (n_i / N_i) = 0.988\ 6 \approx 1.0$,验证了采用 Miner 准则用于拉索随机变幅疲劳分析是适用、有效的。

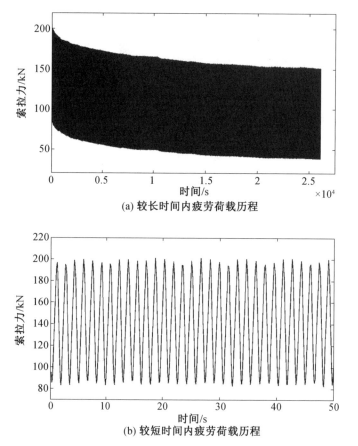

(a) 较长时间内疲劳荷载历程

(b) 较短时间内疲劳荷载历程

图 5.30　某天的疲劳试验载荷历程(艺林钢绞线:直径为 24 mm、长为 3 m)

本章参考文献

［1］徐崇刚,胡远满,常禹,等. 生态模型的灵敏度分析［J］. 应用生态学报,2004,15(6):1056-1062.

［2］HELTON J C. Uncertainty and sensitivity analysis techniques for use in performance assessment for radioactive waste disposal［J］. Reliability Engineering and System Safety,1993,42(23):362-367.

［3］IMAN R L,HELTON J C. A comparison of uncertainty and sensitivity analysis techniques for computer models［R］. New Mexico:Sandia National Laboratories,

1985.

[4] HELTON J C,JOHNSON J D,SALLABERRY C J,et al. Survey of sampling-based methods for uncertainty and sensitivity analysis[J]. Reliability Engineering and System Safty,2006,91(10-11):1175-1209.

[5] HELTON J C,DAVIS F J,JOHNSON J D. A comparison of uncertainty and sensitivity analysis results obtained with random and latin hypercube sampling[J]. Reliability Engineering and System Safety,2005,89(3):305-330.

[6] VIKHANSKY A,KRAFT M. A monte Carlo method for identification and sensitivity analysis of coagulation processes[J]. Journal of Computational Physics,2004,200(1):50-59.

[7] SOBOL I M. Global sensitivity indices for nonlinear mathematical models and their Monte Carlo estimates[J]. Mathematics and Computers in Simulation,2001,55(1-3):271-280.

[8] HOMMA T,SALTELLI A. Importance measures in global sensitivity analysis of nonlinear models[J]. Reliability Engineering and System Safty,1996,52(1):1-17.

[9] CROSETTO M,TARANTOLA S,SALTELLI A. Sensitivity and uncertainty analysis in spatial modelling based on GIS[J]. Agriculture, Ecosystems and Environment,2000,81(1):71-79.

[10] XU C G,GERTNER G Z. Uncertainty and sensitivity analysis for models with correlated parameters[J]. Reliability Engineering and System Safty,2008,93(10):1563-1573.

[11] 袁志发,周静芊. 多元统计分析[M]. 北京:科学出版社,2002.

[12] MANACHE G,MELCHING C S. Identification of reliable regression-and correlation-based sensitivity measures for importance ranking of water-quality model parameters[J]. Environmental Modelling and Software,2008,23(5):549-562.

[13] 王海燕,杨方廷,刘鲁. 标准化系数与偏相关系数的比较与应用[J]. 数量经济技术经济研究,2006,23(9):150-155.

[14] 钱宏亮,范峰,沈世钊,等. FAST 反射面支承结构整体索网方案研究[J]. 土木工程学报,2005,38(12):18-23.

[15] SANAYEI M,IMBARO G R. Structural model updating using experimental static measurements[J]. Journal of Structural Engineering,ASCE, 1997,123(6):792-798.

[16] LU Y C,MOHANTY S. Sensitivity analysis of a complex,proposed geologic waste disposal system using the fourier amplitude sensitivity test method[J]. Reliability Engineering and System Safety,2001,72(3):275-291.

[17] HELTON J C,DAVIS F J. Latin hypercube sampling and the propagation of uncertainty in analyses of complex systems[J]. Reliability Engineering and System Safty,2003,81(1):23-69.

[18] 任重. ANSYS 实用分析教程[M]. 北京:北京大学出版社,2003.

[19] IMAN R L,CONOVER W J. Small sample sensitivity analysis techniques for

computer models, with an application to risk assessment[J]. Communications in Statistics, 1980, 56(17):1749-1842.

[20] SHESKIN D J. Handbook of parametric and nonparametric statistical procedures[M]. Florida: CRC Press, 2004.

[21] 沈世钊,徐崇宝,赵臣,等. 悬索结构设计[M]. 北京:中国建筑工业出版社,1997.

[22] 卢家森,张其林,杨联萍,等. 建筑结构用钢丝束拉索的抗力分项系数研究[J]. 同济大学学报,2005,33(2):149-152.

[23] 戴公连,吕海燕. 预应力钢绞线弹性模量及应变修正系数的分析[J]. 长沙铁道学院学报,1993,11(1):27-32.

[24] 邹春明,张恩炜,毛爱菊. 预应力钢绞线弹性模量的确定[J]. 金属制品,1996,22(4):46-49.

[25] 杨伟军,赵传智. 土木工程结构可靠度理论与设计[M]. 北京:人民交通出版社,1999.

[26] 李舜酩. 机械疲劳与可靠性设计[M]. 北京:科学出版社,2006.

[27] 张发明,赵维炳,刘宁,等. 预应力锚索锚固荷载的变化规律及预测模型[J]. 岩石力学与工程学报,2004,23(1):39-43.

[28] CLUNI F, GUSELLA V, UBERTINI F. A Parametric investigation of wind-induced Cable Fatigue[J]. Engineering Structures, 2007, 29(11):3094-3105.

[29] RAOOF M, DAVIES T J. Axial fatigue design of sheathed spiral strands in deep water applications[J]. International Journal of Fatigue, 2008, 30(12):2220-2238.

[30] RAOOF M, KRAINCANIC I. Determination of wire recovery length in steel cables and its practical applications[J]. Computers and Structure, 1998, 68(5):445-459.

[31] BOGDANOFF J L, KOZIN F. Effect of length on fatigue life of cables[J]. Journal of Engineering Mechanics, ASCE, 1987, 113(6):925-940.

[32] 马林. 国产 1860 级低松弛预应力钢绞线疲劳性能研究[J]. 铁道标准设计,2000,20(5):21-23.

[33] RAOOF M. Axial fatigue of multilayered strands[J]. Journal of Engineering Mechanics, ASCE, 1990, 116(10):2083-2099.

[34] RAOOF M, HUANG Y P. Axial and free-bending analysis of spiral strands made simple[J]. Journal of Engineering Mechanics, ASCE, 1992, 118(2):2335-2351.

[35] CHAN T H T, LI Z X, KO J M. Fatigue analysis and life prediction of bridges with structural health monitoring Data — Part II: Application[J]. International Journal of Fatigue, 2001, 23(1):55-64.

[36] LI Z X, CHAN T H T, KO J M. Fatigue analysis and life prediction of bridges with structural health monitoring data — Part I: methodology and strategy[J]. International Journal of Fatigue, 2001, 23(1):45-53.

[37] KACI S. Experimental study of mechanical behavior of composite cables for prestress[J]. Journal of Engineering Mechanics, ASCE, 1995, 121(6):709-716.

[38] 廖红卫. 钢丝绳的疲劳行为特征与损伤机理研究[D]. 武汉:武汉理工大学,2006.

[39] TAYLOR R E, JEFFERYS E R. Variability of hydrodynamic load predictions for a

tension leg platform[J]. Ocean Engineering,1986,13(5):449-490.

[40] 赵少汴. 概率疲劳设计方法与设计数据[J]. 机械设计,2004,4(4):8-10.

[41] 兰成明. 平行钢丝斜拉索全寿命安全评定方法研究[D]. 哈尔滨:哈尔滨工业大学, 2009.

[42] 倪侃. 随机疲劳累积损伤理论研究进展[J]. 力学进展,1999,29(1):43-65.

[43] YAO W X. Stress field intensity approach prediction fatigue life[J]. International Journal of Fatigue,1993,15(3):233-245.

[44] 查小鹏. 高耸结构风致疲劳安全预警的理论和方法[D]. 武汉:武汉理工大学,2008.

[45] 翁恩豪. 空间网格结构整体疲劳分析的研究[D]. 杭州:浙江大学,2005.

[46] MCINNES C H,MEEHAN P A. Equivalence of four-point and three-point rainflow cycle counting algorithms[J]. International Journal of Fatigue,2008,30(3):547-559.

[47] ANTHES R J. Modified rainflow counting keeping the load sequence[J]. International Journal of Fatigue,1997,19(7):529-535.

[48] DOWNING S D,SOCIE D F. Simple rainflow counting algorithms[J]. International Journal of Fatigue,1982,4(1):31-40.

[49] ALANI M,RAOOF M. Effect of mean axial load on axial fatigue life of spiral strands[J]. International Journal of Fatigue,1997,19(1):1-11.

[50] 刘士林,王似舜. 斜拉桥设计[M]. 北京:人民交通出版社,2006.

[51] 钱宏亮. FAST 主动反射面支承结构理论与试验研究[D]. 哈尔滨:哈尔滨工业大学, 2007.

[52] 宋新民,李金良. 抽样调查技术[M]. 2 版. 北京:中国林业出版社,2007.

[53] PATON A G,CASEY N F,FAIRBAIRN J,et al. Advances in the fatigue assessment of wire ropes[J]. Ocean Engineering,2001,28(5):491-518.

第6章 FAST 反射面背架结构选型

6.1 FAST 背架结构保形设计方法

背架结构作为 FAST 反射面支承结构的另一重要组成部分,也是用来直接铺设反射面板的部分,对背架结构进行研究有着非常重要的意义。首先,背架结构作为外荷载作用于整体索网结构之上,前期研究表明背架结构的自重是影响索网结构刚度、索段截面尺寸、下拉索拉力及系统运行维护成本的主要因素之一,并得出背架结构越轻越好的结论[1-4];其次,FAST 工作时是用球面单元子块(每个背架结构代表一个单元子块)去拟合工作抛物面,因此对背架结构的形状提出了很高的要求,其面形精度将直接影响反射面的拟合精度,从而影响 FAST 的观测精度;最后,背架结构加上反射面板的造价约占 FAST 项目总造价的 20%,背架结构数目众多(约 4 600 个),而且 FAST 拟建场地地形复杂,其加工、制作及运输等问题的难易程度将影响项目的建造工期及制造成本。因此,本节主要围绕上述问题对背架结构进行选型及优化研究。

望远镜的特殊功能需求对反射面形状提出了高精度要求,如 FAST 要求工作时每个反射面子块与指定球面拟合偏差均方根值小于 2 mm,其他望远镜对反射面的精度要求也为同等数量级[5,6]。传统望远镜反射面的拟合误差来源主要有三部分:加工误差,风(工作风速)、温度等荷载引起的变形及反射面转动时由重力引起的结构变形(跟踪天体时反射面会发生转动,并且转动角度较大,可达 ±90°)。其一般在反射面与背架结构之间增设高度可调节点来进行"保形",根据观测数据利用高度可调节点实时调节反射面的形状,其实质是增设了一套反射面形状实时调节系统。

FAST 背架结构与传统望远镜背架结构有着明显的区别:①FAST 在跟踪天体时转动角度很小(最大约 0.63°),工作过程中,结构受到重力荷载的变形很小(可以忽略),即由转动引起的结构形状变化可以忽略。② 背架结构相对于主索网为一个静定结构,温度变化时其可以自由变形(不产生温度应力),且其曲率半径很大,接近于一个平面,变形以面内为主,面外则很小,对反射面拟合精度的影响可以忽略。③ 反射面所受的风荷载很小,工作风荷载不足 10 N/m²,实际工作过程中背架结构的变形主要是由背架结构及面板自重引起的。④FAST 背架结构的尺寸(三角形,边长为 11 m)比传统望远镜背架结构尺寸(相当于望远镜的口径)小很多,在工作风荷载、结构自重作用下的变形也会相应减小。⑤FAST 反射面面积是传统最大望远镜的 30 倍左右,背架节点也相应众多,如采用实时高度可调节点,则会导致控制系统变得复杂,项目总体投资增加。

基于上述分析,本节提出采用"保形设计"的方法来对 FAST 背架结构进行设计。

① 控制背架结构构件初始下料长度(或形状),使得结构在自重作用下达到指定的形状(指定半径的球面),消除由于结构自重变形而引起的反射面与指定球面的拟合误差,这种方

法在建筑领域减小结构跨中挠度时也常用到,一般称之为起反拱,但是 FAST 背架与之不同,必须保证每个节点均在指定球面位置,这可以采用逆迭代法进行初始形态分析来解决。

② 通过提高背架结构的刚度来保证反射面在工作风荷载(荷载值较小)作用下反射面与指定球面的拟合精度。

③ 对于由加工制作引起的误差,采取在背架和檩条之间增设高度可调节点(螺栓)来解决(图 6.1),与传统望远镜不同,其不需要实时调节。为了说明背架结构保形设计的方法及采用该方法进行背架结构设计的优点,下面以图 6.2 所示双层曲面网架背架结构为例,分别按照常规设计和保形设计进行分析。背架结构位于反射面底部(图 6.16 中位置 ①),三角形背架结构边长约为 11 m,杆件材质取 Q235。

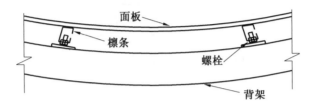

图 6.1　面板与背架结构连接示意图

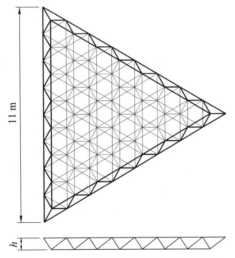

图 6.2　双层曲面网架背架结构示意图

首先,按照常规设计方法进行分析,确定杆件截面和结构高度时必须保证由结构(包括背架和面板)自重、工作风荷载引起的结构与指定球面拟合的"偏差均方根值"(此处引用计算反射面与指定球面拟合精度时采用的"偏差均方根值"来说明背架结构的位移大小,后同)小于 2 mm,在结构自重和极限风荷载作用下保证结构的存活(即所有构件均在弹性范围内)。通过优化得到较优的结构参数:网架高度为 1.2 m,最外层杆件截面为 120 mm × 2.5 mm 方钢管,其他上弦杆和下弦杆有三种截面,即 25 mm × 1.5 mm、30 mm × 1.5 mm 及 40 mm × 1.5 mm,腹杆有两种截面,即 25 mm × 1.5 mm、40 mm × 2.0 mm。表 6.1 中第一行给出了不考虑保形设计的情况下,结构的相关计算结果,在工作风荷载作用下结构的径向位移偏差均方根值为 1.85 mm,满足要求。另外,可以看出由结构自重和工作风荷载引起的法向位移偏差均方根分别为 1.8 mm 和 0.07 mm,节点的径向位移主要是由结构自重引起的,工作风荷载非常小,构件的应力较小,构件的选取主要是由结构的整体刚度控制,结构自重较大($21.02\ \mathrm{kg/m^2}$)。

表 6.1　背架结构参数及响应

保形设计	网架高度 /m	背架节点与指定球面拟合 偏差均方根 /mm			杆件最大 应力比	结构自重 /(kg·m^{-2})
		自重	工作风荷载	自重＋工作风荷载		
不考虑	1.2	1.8	0.07	1.85	0.23	21.02
考虑	0.6	0	0.35	0.35	0.9	8.17

采用保形设计方法对背架结构进行设计,一共分为两个过程:① 对背架结构进行结构参数的优化,优化过程中必须保证在工作风荷载作用下结构与指定球面拟合的"偏差均方根值"小于 2 mm,在结构自重和极限风荷载作用下保证结构的存活,这一步与常规结构的设计相同,只是位移限值较小。② 对结构进行初始形态分析,以保证结构在自重作用下背架节点在指定球面上,即找到结构的零态,同时得到每一根构件的下料长度,结构的参数(杆件截面和总体尺寸)均由第一过程得到且保持不变,具体可以采用逆迭代法进行分析,与索网结构初始形态分析不同之处为分析时不需要输入初始预应力。背架结构的初始形态分析具体步骤如下:

第一步:建立背架结构初始模型,背架节点(上表面节点)均在指定球面上,结构参数均通过上述过程 ① 得到。

第二步:给背架结构加上自重荷载,进行计算,得到每一个节点与初始模型对应节点的距离 u_i。

第三步:将每个节点的 u_i 反向加到前一计算模型上,进行有限元计算,得到变形后每个节点与初始模型的对应节点的距离 u_i。

第四步:重复第二步,直到每个节点的 u_i 均小于一定限制(此处取 0.1 mm),一般只需重复两次即可。

按照上述背架结构保形设计的方法,对三角锥网架背架结构进行优化分析,网架高度为 0.6 m,杆件采用方钢管,共选取了两种截面:25 mm×1.5 mm、40 mm×1.5 mm。表 6.1 中第二行给出了考虑保形设计情况下结构的相关计算结果:在工作风荷载作用下,反射面的节点径向位移均方根非常小,仅为 0.35 mm,应力比均小于 1,并且结构非常轻,结构自重仅为 $8.17\ \mathrm{kg/m^2}$,相对于常规设计(不考虑保形)用钢量降低了近 60%,整个反射面结构自重可以降低 3 000 t。这对反射面结构(包括索网结构)的整体优化起到非常重要的作用。

通过对考虑和不考虑保形设计的三角锥网架背架结构的分析可以得出如下结论:① 考虑保形设计大大降低了结构自重,降低幅度超过 2/3(仅对网架结构而言,其他结构形式降低幅度也很大)。② 考虑保形设计可以降低结构的高度。③ 不考虑保形设计的背架结构杆件应力比很小,杆件截面大小主要由整体结构的刚度控制;考虑保形设计后,杆件应力比很大,材料的利用效率较高。作者也对其他结构形式的背架进行了考虑与不考虑保形设计的对比,结果表明考虑保形设计可以不同程度地降低结构自重,所以后续对不同形式背架结构的参数分析、结构优化及性能对比中均采用保形设计的方法进行结构分析。

6.2　FAST 背架构形优化分析

6.2.1　反射面拟合精度的影响因素

反射面是望远镜用来接收天体信号的部分,其面形精度直接影响望远镜的工作性能,FAST 对反射面的面形精度提出了非常高的要求:在不考虑加工、制作及测量误差等因素的理想情况下,工作区域(照射方向 300 m 口径范围)内反射面与理想抛物面的拟合偏差均方根需小于 2.5 mm。

FAST 在实际工作过程中,是利用工作区域内全部反射面单元(每个背架结构对应一个单元)去拟合工作抛物面的,为了减小拟合偏差,将背架结构的上表面做成曲率半径为 R_{bj} 的球面形状。通过分析可知,背架结构的尺寸、曲率半径 R_{bj}、背架结构与理想抛物面间的几何位置关系(即节点偏移距离 d_x)是影响拟合精度的主要因素。

(1)背架结构(即索网网格)的尺寸。显然,背架结构尺寸越小,拟合精度越高,但同时也加密了索网结构网格,增加了索单元(尤其是下拉索)的数量,从而增加了系统的控制难度及工程总造价。作者在前期研究中,通过综合比较确定了主索网短程线型网格划分方式,其边长平均尺寸约 11 m。

(2)背架结构的曲率半径 R_{bj}。在实际工作过程中,300 m 口径的工作抛物面区域随着天体的运动而做相应的移动,以实现对天体的跟踪,因此每一个反射面单元均有可能去拟合工作抛物面的任意曲率部分。所以全部背架结构均应采用相同的曲率半径 R_{bj}。

曲率半径 R_{bj} 对拟合精度的影响如图 6.3(a) 所示,用曲率统一的球面子块去拟合沿母线方向各处曲率不同的抛物面,必然存在某一曲率半径使整个抛物面范围内的拟合精度达到最优。

(3)节点偏离距离 d_x。当背架结构与目标面的曲率不相同时,并非将背架结构角点(即主索节点)调控到抛物面时拟合精度最优,如图 6.3(b) 所示;而是将其角点偏离抛物面一定的距离 d_x 时拟合精度最高,如图 6.3(c) 所示。在抛物面的不同位置处曲率半径不同,则此偏离距离 d_x 也不相同(下标 x 表示背架与抛物面中心线间的距离)。

本节主要对上述因素(2)和(3)的影响大小做定量分析,并以拟合精度最佳为目标,对各个参数进行优化,从而确定背架结构的最优构形。

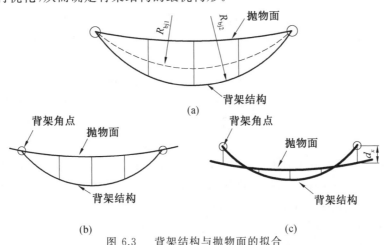

图 6.3　背架结构与抛物面的拟合

6.2.2 反射面拟合精度优化

1.拟合精度指标计算方法

拟合精度的大小以均方根（RMS）值来衡量，其中统计样点在反射面上应均匀分布，且间距不宜过大。本节计算中在每个背架单元上选取统计样点，如图 6.4 所示，其间距不足 1.4 m，较为合适。

在计算拟合误差时，首先计算出统计范围内每个统计点与目标抛物面间的径向差 D_i，再按式（6.1）计算出该统计区域与抛物面间的拟合误差 RMS：

$$\text{RMS} = \sqrt{\frac{D_1^2 + D_2^2 + \cdots + D_{n-1}^2 + D_n^2}{n}} \tag{6.1}$$

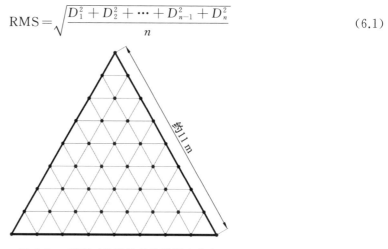

图 6.4　球面三角形单元统计样点分布

在本节计算中，FAST 工作抛物面的表达式为[3]

$$x^2 + y^2 + 2pz + c = 0 \tag{6.2}$$

其中，$p = -276.647\ 0$ m，$c = -166\ 250$ m。

2.基于背架单元曲率半径的优化

本节首先考查背架单元曲率半径对拟合精度的影响 —— 在反射面拟合过程中，将背架结构角点调节至目标抛物面上（$d_x = 0$，如图 6.3(b) 所示），仅对背架单元曲率半径进行优化。

利用上文所述条件，通过计算得到 300 m 工作区内的总体 RMS 与背架曲率半径 r 的关系（图 6.5），RMS 的最小值出现在球面单元曲率半径为 316.4 m 时，此时拟合误差 RMS 值为 4.2 mm。即当采取将背架结构角点（即主索节点）调节到目标抛物面这种调节方式时，无法满足精度要求。

当背架曲率半径为最优值 316.4 m 时，计算得出各背架单元与抛物面间的拟合 RMS 如图 6.6 所示（横轴为背架单元与拟合抛物面中心轴间距离，即单元与光轴的距离）。由图可以看出，球面与抛物面间的拟合偏差（RMS）分布规律 —— 在照明中心处偏差较大，并向外逐渐减小，在抛物面中部附近偏差达到极小值，之后此偏差又陡然上升。由于抛物面形反射面的中部位置对增益贡献最大，故这是一个很有利的分布。

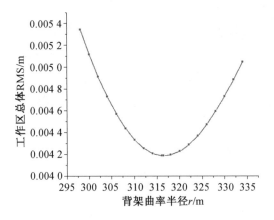

图 6.5　RMS 与背架曲率半径 r 的关系

对背架单元内各统计点与目标抛物面间的偏差 D_i 求平均值,得到单元的平均偏差 D,各单元拟合抛物面平均偏差如图 6.7 所示(正值表示该点处于目标抛物面内侧,反之在外侧)。由图可见,在抛物面上的平均偏差分布数值呈递减趋势,在抛物面中部接近 0,最大平均偏差值约7 mm。

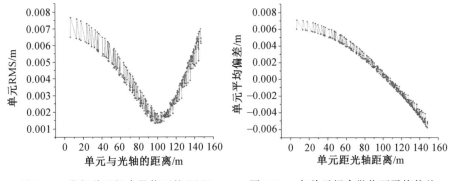

图 6.6　背架单元拟合抛物面的 RMS　　图 6.7　各单元拟合抛物面平均偏差

3.基于主索节点调控方法的优化

在索网单元网格尺寸一定的情况下,对于指定的背架曲率半径 R_{bj},可以求得各背架节点(即主索节点)与抛物面偏离值 d_x 的最优值,进而得到反射面的拟合偏差 RMS 最小值。下面介绍主索节点与目标抛物面间最优偏离值 d_x 的求解方法。

以背架结构曲率半径取 300 m 为例,在每一背架结构上均匀选取 45 个节点,目标抛物面形状同上文。

第一步:将照射范围内所有主索节点(背架角点)调节到目标抛物面上,此时整个照射区域内反射面与抛物面间的拟合偏差 RMS_0 为 5.1 mm。

第二步:对各主索节点周围区域内统计点(图 6.8)与抛物面间的偏离值求平均值得到调整向量 $[d_{x1}]$,以该向量作为调整量反向调节各主索节点。对照射范围内所有统计点进行统计,得到反射面与抛物面拟合偏差均方根值 $RMS_1 = 3.0$ mm,但此时由于背架节点之间的相互影响,RMS_1 并未完全达到最优。

第三步:重复第二步,直到 RMS 值趋于稳定为止,即 | RMS$_i$ − RMS$_{i-1}$ | 小于一个较小的数(本节取 0.1 mm)。此时,主索节点相对于抛物面的偏差即为各步调节量之和$[d_x] = [d_{x1}] + [d_{x2}] + \cdots + [d_{xi}]$,得到相应的最终拟合偏差 RMS = 2.4 mm。

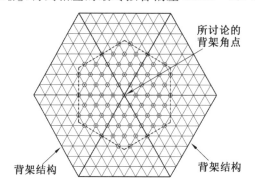

图 6.8　背架结构拟合计算示意图

图 6.9、图 6.10 给出了以上最终状态时各背架单元的拟合 RMS 及平均偏移量,可以看出经过调整后,各单元平均偏移量 D、单元 RMS 均大幅下降。

采用上述调控方法,对不同的背架曲率半径进行分析。图 6.11 给出了背架曲率半径与调整后抛物面拟合精度间的关系,R_{bj} 的最优值为 318.6 m,此时拟合均方根值约2.17 mm。

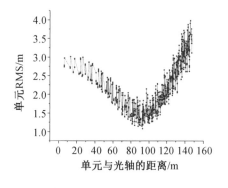

图 6.9　各背架单元拟合抛物面的 RMS 误差

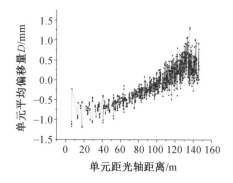

图 6.10　各背架单元拟合抛物面的平均偏移量

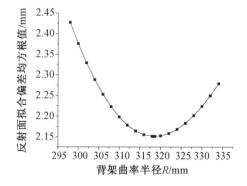

图 6.11　拟合精度与背架曲率半径的关系

综上所述,在新的节点调控方式下,背架结构最佳曲率半径为 318.6 m,相应的最优拟合 RMS 约 2.2 mm,满足背架结构对精度的要求。同时也说明,以上所采取的主索网网格划分方式及网格尺寸满足精度要求。

6.3　FAST 背架结构选型及优化

本节主要对背架结构进行选型及优化研究,以得到反射面拟合精度好、自重轻及加工制作简单的背架结构形式。

6.3.1　背架结构方案简介

本节提出了多种背架结构形式,可以分为空间网格结构(图 6.12)、弦支结构(图 6.13)及混合结构(图 6.14)三大类。其中,每一类结构根据局部层数的不同又可再进行分类,如空间网格结构可以分为单层网格结构、双层网格结构及局部双层网格结构;弦支结构可以分为单层弦支结构和局部双层弦支结构等[7-9]。不同类型的结构有各自的优缺点,如单层网格结构具有结构形式简单、易于加工制作等优点,但结构自重较大;双层网格结构具有空间刚度好、结构自重轻的优点,但构件数较多、施工相对复杂;弦支结构具有自重轻、刚度相对较好的优点,但属于预应力结构,施工难度相对较大;混合结构具有自重轻、构件数量少的优点,但与面板连接节点构造较复杂,且同样属于预应力结构[10]。所以只有通过对各种类型结构进行详细的对比分析及优化,才能更全面地评定出背架的最优或较优结构形式。

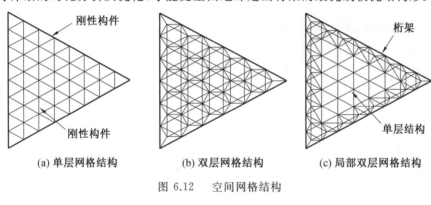

图 6.12　空间网格结构

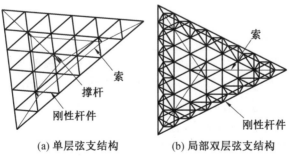

图 6.13　弦支结构

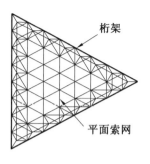

图 6.14　混合结构

FAST 背架结构主要承受恒荷载、风荷载及温度作用。其中恒荷载主要为背架和反射面板(包括檩条)自重,面板初步按照 1 mm 厚的开孔铝板(孔洞率为 60%)考虑,面板和檩条自重取 3 kg/m²;风荷载分为工作风荷载(4 m/s)和极限风荷载(14 m/s),高度系数和体形系数用由数值模拟得到的风压系数表示。对不同风向角下结构不同位置反射面的风压系数分布进行统计得到图 6.15,其中横轴表示节点与反射面中心的水平距离,纵轴为对应的风压系数。为了简化分析,按照横轴大小将反射面划分为 3 个区域,每个区域取相同的风压系数(表 6.2),因此在进行背架结构选型分析时,对于每种背架结构形式均选取 3 个典型位置(图 6.16)的背架结构进行计算。

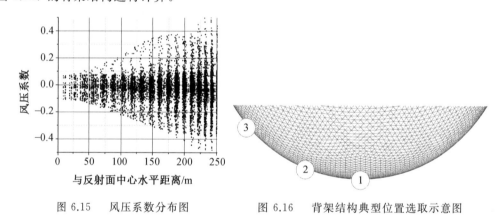

图 6.15　风压系数分布图　　　　图 6.16　背架结构典型位置选取示意图

表 6.2　风压系数分段统计

离反射面中心水平距离 /m	0 ～ 100	100 ～ 150	150 ～ 250
风压系数取值	0.2	0.4	0.5

由于采用了保形设计方法进行分析,在进行背架结构的选型及优化研究时,主要应满足两个要求:① 对于工作态,由于温度变化引起的反射面法向变形可以忽略,因此工作态只需保证背架结构在工作风速下法向偏差均方根值小于 2 mm。② 对于极限状态,由于背架结构相对索网结构为一个静定的结构,且结构构件材质相同,因此温度变化不引起结构内力,所以只需保证背架结构在结构自重(包括背架、面板及檩条自重)、极限风荷载作用下的强度要求。

6.3.2　空间网格结构

空间网格结构主要分为单层网格结构、双层网格结构及局部双层网格结构,下面对其分别进行优化选型。

1.单层网格结构

图 6.17 为单层网格结构的划分方式示意图,采用保形设计方法进行分析使得结构在自重作用下其形状为一球面(或者说节点在指定球面上),由于背架结构的曲率很小,可以看成是一种平面梁系结构。这种结构形式简单、构件数少,易于加工制作。本节分别主要考察了单层网格结构不同网格划分方式、不同杆件截面及其在反射面上所处的不同位置对单层网格结构性能的影响。图 6.17(a)(b) 为两种单层网格结构网格划分方式示意图,其中单层网格结构的构件分为两种:边缘构件和中间构件。中间构件支承于边缘构件之上,中间构件之间又互为支承条件,因此中间构件的跨度相对较小,边缘构件的跨度为三角形背架结构的边长,其截面尺寸的不同对工作风荷载作用下结构的变形影响很大,因此本节在分析时选取了三种边缘构件截面(1 号截面 H200 mm × 100 mm × 3.2 mm × 4.5 mm、2 号截面 H250 mm ×125 mm × 3.2 mm × 4.5 mm 及 3 号截面 H300 mm × 150 mm × 3.2 mm × 4.5 mm),而中间构件选取相同截面(H60 mm × 40 mm × 1.5 mm × 2.0 mm)。

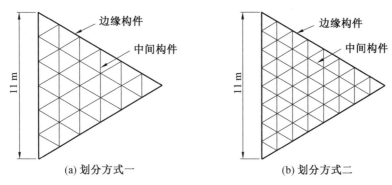

图 6.17　单层网格结构的不同划分方式

表 6.3 为 4 m/s 工作风荷载下单层网格结构位移表,给出了不同参数单层网格结构在 4 m/s 工作风荷载下的法向位移最大值和偏差均方根值,表 6.4 给出了背架结构的自重,表 6.5 给出了极限风荷载下(包括结构自重)节点最大位移与构件最大应力。图 6.18 给出了工作风荷载下法向位移偏差均方根值随各参数的变化规律,图 6.19 为结构自重随各参数的变化规律。通过这些图表,可得出如下结论:在本节所选择参数范围内,边缘构件越大,结构法向位移越小,但结构自重也会相应增加;网格划分越密,结构自重越大,结构法向位移无明显变化;由于反射面不同位置处风压系数不同(越靠近反射面边缘越大),所以以单层网格结构法向位移也不同;由于结构非线性程度较小,工作风荷载下法向位移值随着风压系数的不同呈线性变化,在实际设计时可以分区域选择背架结构的杆件截面;极限状态下杆件应力与节点位移均较小,结构截面的选取由工作风荷载作用下结构的法向位移决定,即结构的整体刚度起控制作用;由于单层网格结构的面外刚度较弱,为了保证反射面的拟合精度,需要加大构件截面尺寸,因此单层网格结构自重较大,边缘构件自重占主要成分。

表 6.3　4 m/s 工作风荷载下单层网格结构位移　　　　　　　　　　　mm

网格划分	边缘杆件截面 /(mm×mm×mm×mm)	法向位移	单层网格结构位置 ①	②	③
方式一	H200×100×3.2×4.5	最大值	1.08	2.39	2.93
		偏差均方根值	0.65	1.47	1.79
	H250×125×3.2×4.5	最大值	0.70	1.56	1.91
		偏差均方根值	0.39	0.87	1.07
	H300×150×3.2×4.5	最大值	0.51	1.14	1.40
		偏差均方根值	0.26	0.57	0.70
方式二	H200×100×3.2×4.5	最大值	1.48	3.38	4.12
		偏差均方根值	0.74	1.66	2.03
	H250×125×3.2×4.5	最大值	1.08	2.48	3.02
		偏差均方根值	0.47	1.05	1.29
	H300×150×3.2×4.5	最大值	0.87	2.00	2.44
		偏差均方根值	0.33	0.74	0.90

表 6.4　单层网格结构自重　　　　　　　　　　　　　　kg·m^{-2}

网格划分	边缘构件截面		
	H200 mm×100 mm× 3.2 mm×4.5 mm	H250 mm×125 mm× 3.2 mm×4.5 mm	H300 mm×150 mm× 3.2 mm×4.5 mm
方式一	13.21	15.12	16.03
方式二	14.55	16.45	18.36

表 6.5　极限风荷载下单层网格结构响应

划分方式	边缘杆件截面 /(mm×mm×mm×mm)	最大应力 /MPa	最大位移 /mm
方式一	H200×100×3.2×4.5	124	42.75
	H250×125×3.2×4.5	94	54.03
	H300×150×3.2×4.5	89	70.09
方式二	H200×100×3.2×4.5	159	97.79
	H250×125×3.2×4.5	150	73.70
	H300×150×3.2×4.5	141	59.01

综上所述,单层网格结构按照方式一进行网格划分,边缘构件采用 H250 mm×125 mm× 3.2 mm×4.5 mm,中间构件采用 H60 mm×40 mm×1.5 mm×2.0 mm,结构自重为15.12 kg/m^2。工作风荷载作用下三个位置法向偏差均方根值分别为 0.39 mm、0.87 mm 和 1.07 mm。

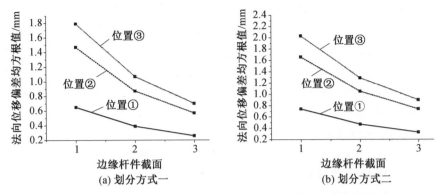

图 6.18　工作风荷载下法向位移偏差均方根值与各参数的关系

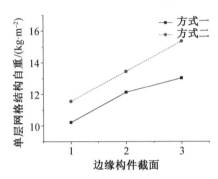

图 6.19　单层网格结构自重与各参数的关系

2.双层网格结构

双层网格结构具有空间刚度好,结构自重轻的优点,但是杆件数量较多,施工相对复杂。本节选取两种双层网格划分方式(图 6.20)、三种位置(图 6.16)、三种网架高度(0.4 m、0.6 m 及 0.8 m)及两种材质(钢材和铝合金材料,设计强度分别为 235 MPa、90 MPa)的背架结构分别进行了分析对比,优化过后,确定钢(铝)材的双层网格结构与支座相连的三根腹杆杆件为方钢(铝)管 40 mm × 1.5 mm,其他杆件为方钢(铝)管 25 mm × 1.5 mm。

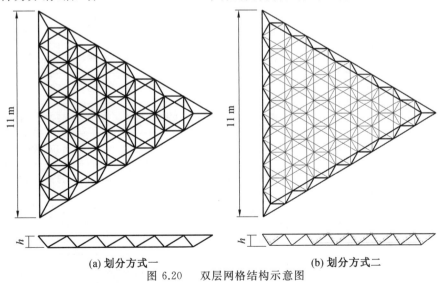

图 6.20　双层网格结构示意图

表 6.6 给出了 4 m/s 工作风荷载下法向位移最大值和偏差均方根值,表 6.7 给出了极限风荷载下(包括结构自重)杆件最大位移和杆件最大应力,表 6.8 给出了结构的自重。图 6.21 给出了 4 m/s 工作风荷载下法向位移偏差均方根值随各参数的变化规律,图 6.22 所为结构自重随各参数的变化规律。通过这些图表,可以得出如下结论:双层网格结构自重轻,所有杆件按照满应力选取即可保证反射面面形精度;铝材双层网格结构比钢材双层网格结构轻,但是由于其材料单价高,加工制作费用也相对较高,因此建议双层网格结构的材质选用钢材;双层网格结构空间刚度很好,工作风荷载下法向位移非常小,尤其是选用钢材时,最大值仅 0.5 mm;网架高度越大结构刚度越好,法向位移越小,但结构自重也会相应增加,网格划分越密,结构自重越大;工作风荷载下双层网格结构的法向位移随着风压系数的不同呈线性变化,但是位移值较小,对于不同位置处的背架结构建议采用同一套截面,均能满足背架结构的形状精度要求,这样可以减少背架结构种类数。

经过综合考虑,建议按照方式一进行网格划分,与支座相连的三根杆件截面为方钢管 40 mm × 1.5 mm,中间构件取方钢管 25 mm × 1.5 mm,网架高度为 0.6 m,结构自重为 8.17 kg/m^2。工作风荷载作用下三个位置法向位移偏差均方根值分别为 0.14 mm、0.28 mm 和 0.35 mm。

表 6.6　4 m/s 工作风荷载下双层网格结构位移　　　　　　　　　　　　　　mm

网格划分	网架高度 /m	法向位移	钢材			铝材		
			背架结构位置			背架结构位置		
			①	②	③	①	②	③
方式一	0.4	最大值	0.37	0.74	0.92	0.89	1.77	2.21
		偏差均方根值	0.30	0.61	0.76	0.73	1.47	1.84
	0.6	最大值	0.17	0.33	0.42	0.40	0.80	1.00
		偏差均方根值	0.14	0.28	0.35	0.33	0.67	0.83
	0.8	最大值	0.10	0.19	0.24	0.23	0.47	0.58
		偏差均方根值	0.08	0.16	0.20	0.19	0.39	0.48
方式二	0.4	最大值	0.36	0.69	0.86	0.86	1.73	2.16
		偏差均方根值	0.29	0.57	0.72	0.72	1.43	1.79
	0.6	最大值	0.16	0.32	0.39	0.39	0.79	0.99
		偏差均方根值	0.13	0.26	0.33	0.33	0.66	0.82
	0.8	最大值	0.09	0.18	0.23	0.23	0.46	0.58
		偏差均方根值	0.08	0.15	0.19	0.19	0.29	0.48

表 6.7　极限风荷载下杆件最大应力、位移

划分方式	网架高度 /m	钢材		铝材	
		最大应力 /MPa	最大位移 /mm	最大应力 /MPa	最大位移 /mm
方式一	0.4	63	18.62	44	36.20
	0.6	45	8.50	30	16.48
	0.8	37	4.98	24	9.64
方式二	0.4	63	18.11	45	35.65
	0.6	48	8.37	31	16.39
	0.8	41	4.99	26	9.73

表 6.8　双层网格结构自重　　　　　　　　　　　　　　　　　　　　　$kg \cdot m^{-2}$

网格划分	钢材			铝材		
	截面高度 /m			截面高度 /m		
	0.4	0.6	0.8	0.4	0.6	0.8
方式一	8.06	8.17	8.31	4.98	5.02	5.04
方式二	8.86	9.06	9.30	5.29	5.37	5.47

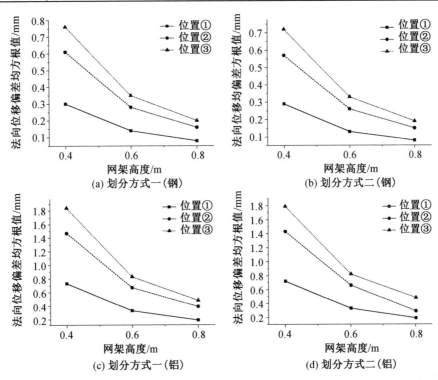

图 6.21　4 m/s 工作风荷载下双层网格结构法向位移偏差均方根值与各参数的关系

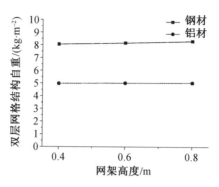

图 6.22　双层网格结构自重与各参数的关系

3.局部双层网格结构

局部双层网格结构是在对单层及双层网格双层网格结构研究的基础之上提出的,由于背架结构边缘构件的刚度对整体结构的刚度起主要作用,因此边缘构件采用三角形桁架结构,而中间构件由于跨度较小而采用单层网格结构,即局部双层网格结构是由边缘的桁架和中间的单层网格结构构成(图 6.23)。本节分析时主要考察了三种背架结构位置(图 6.16)、三种边缘桁架高度(0.4 m、0.6 m、0.8 m)对局部双层网格结构性能的影响。边缘桁架构件截面为 30 mm×30 mm×1.5 mm 方钢管,中间构件截面为 40 mm×40 mm×2 mm 方钢管。

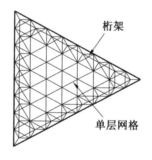

图 6.23　局部双层网格结构示意图

表 6.9 给出了 4 m/s 工作风荷载下不同参数局部双层网格结构法向位移最大值和偏差均方根值,表 6.10 给出了极限风荷载下(包括结构自重)节点最大位移、杆件最大应力和结构的自重。图 6.24 给出了工作风荷载下法向位移偏差均方根值随各参数的变化规律,图 6.25 为结构自重随各参数的变化规律。通过这些图表,可以得出如下结论:局部双层网格背架结构结合了单层网格结构构件数量少、双层网格结构空间刚度好的优点;边缘网架高度越大、结构刚度越好、法向位移越小,建议边缘桁架高度取 0.6 m,此时工作风荷载作用下三个位置法向偏差均方根值与风压系数基本呈线性关系,其值分别为 0.22 mm、0.44 mm 和 0.48 mm,可见位移均很小;建议不同位置背架结构选用同一套杆件截面,结构自重为 9.13 kg/m²。

表 6.9　4 m/s 工作风荷载下局部双层网格结构位移　　　　　　　　　　mm

边缘网架高度 /m	法向位移 /mm	背架结构位置		
		①	②	③
0.4	最大值	0.79	1.57	1.69
	偏差均方根值	0.43	0.85	0.88
0.6	最大值	0.49	0.98	1.10
	偏差均方根值	0.22	0.44	0.48
0.8	最大值	0.38	0.77	0.88
	偏差均方根值	0.15	0.31	0.34

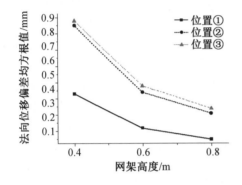
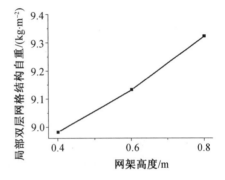

图 6.24　4 m/s 工作风荷载下局部双层网格结构法　图 6.25　局部双层网格结构自重与各参
　　　向位移偏差均方根值与各参数的关系　　　　　数的关系

表 6.10　极限风荷载下局部双层网格结构响应

边缘桁架高度 /m	最大应力 /MPa	最大位移 /mm	结构自重 /(kg·m⁻²)
0.4	127	18.62	8.98
0.6	109	8.50	9.13
0.8	105	4.98	9.32

6.3.3　弦支结构

　　弦支结构实际上是一种张弦结构,其在结构的下弦设置受拉的拉索,可以充分发挥材料性能,是一种高效的结构形式,但属于预应力结构,施工难度相对较大[11]。本节根据弦支结构上部刚性结构层数的不同提出了单层弦支结构(图 6.26)和局部双层弦支结构(图 6.27)两种形式,并分别进行了优化选型分析。

　　单层弦支结构由上部的单层结构和下弦的拉索通过撑杆连接而成,通过设置下弦拉索,使得结构的荷载并非像单层网格结构一样,首先由中间构件传递到边缘构件,再传递到主索节点,而是部分荷载通过下弦的拉索直接传递到主索节点。因此,可以减小边缘构件的截面尺寸(对于单层网格结构,边缘构件的自重占结构总重的主要成分),从而减小结构自重。对于单层弦支结构,本节主要考察了不同撑杆高度及其在反射面上所处的不同位置对单层弦支结构性能的影响。经过优化分析,单层弦支结构上部的单层结构的边缘杆件为矩形钢管

120 mm × 60 mm × 2 mm,中间杆件为方钢管 40 mm × 40 mm × 2 mm,撑杆为 40 mm × 40 mm × 2 mm,索直径分别为 5 mm、8 mm、10 mm,中心撑杆与其他撑杆分别选取了三组高度(0.8 m−0.6 m、1.0 m−0.8 m、1.2 m−1.0 m,前者为中心撑杆高度,后者为边缘撑杆高度)进行参数分析。

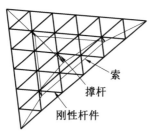

图 6.26 单层弦支结构示意图

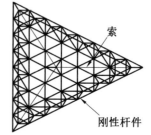

图 6.27 局部双层弦支结构示意图

表 6.11 给出了不同参数单层弦支结构,4 m/s 工作风荷载下法向位移最大值和偏差均方根值,表 6.12 给出了极限风荷载下(包括结构自重)节点最大位移,杆件、索最大应力和结构的自重。图 6.28 给出了工作风荷载下法向位移偏差均方根值随各参数的变化规律。通过这些图表,可以得出如下结论:单层弦支结构自重为 11.14 kg/m²,比单层网格结构(自重为 15.12 kg/m²)轻,比双层网格结构(自重为 8.17 kg/m²)重;结构刚度较好,撑杆越高、结构法向位移越小,建议中心撑杆高度取1.0 m,其他撑杆高度取 0.8 m;工作风荷载作用下三个位置法向位移偏差均方根值均很小,分别为0.44 mm、0.84 mm 和 0.85 mm。但是弦支结构属于预应力结构,施工难度相对较大,且有可能发生索段松弛现象。

表 6.11 4 m/s 工作风荷载下单层弦支结构位移 /mm

中心撑杆与其他撑杆高度 /m	法向位移 /mm	单层弦支结构位置		
		①	②	③
0.8 − 0.6	最大值	0.79	1.55	1.63
	偏差均方根值	0.65	1.23	1.25
1.0 − 0.8	最大值	0.57	1.11	1.17
	偏差均方根值	0.44	0.84	0.85
1.2 − 1.0	最大值	0.45	0.88	0.93
	偏差均方根值	0.34	0.64	0.65

表 6.12 极限风速下单层弦支结构响应

中心撑杆与其他撑杆高度 /m	最大应力 /MPa		最大位移 /mm	结构自重 /(kg · m⁻²)
	杆件	索		
0.8 − 0.6	69	243	50.64	11.10
1.0 − 0.8	104	202	36.22	11.14
1.2 − 1.0	81	172	28.63	11.18

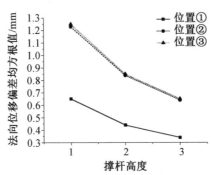

图 6.28　4 m/s 工作风荷载下弦支结构法向位移偏差均方根值与各参数的关系

单层弦支结构虽然增加了下弦拉索,减小了上部单层结构的边缘构件截面尺寸,但是此边缘构件的截面仍然较大,局部双层弦支结构则是将此边缘构件替换为桁架而得到的结构形式,同时撑杆的布置方式也稍有改变,即下弦索的布置方式也发生相应变化。图 6.27 为局部双层弦支结构示意图,局部双层弦支结构由边缘桁架结构、中部的单层网格结构、撑杆及索组成。主要考察了三种边缘网架高度(0.4 m、0.6 m、0.8 m)及三种背架位置对局部双层弦支背架结构性能的影响。经过优化分析,桁架杆件截面为:方钢管 20 mm × 20 mm × 1.5 mm 和 30 mm × 1.5 mm,单层网格结构杆件为矩形钢管 60 mm × 40 mm × 1.5 mm,中心处三角锥高度为 1.0 m,索径为 5 mm。

表 6.13 给出了不同参数局部双层弦支结构,4 m/s 工作风荷载下法向位移最大值和偏差均方根值,表 6.14 给出了极限风荷载下(包括结构自重)节点最大位移,杆件、索最大应力和结构的自重。图 6.29 给出了工作风荷载下法向位移偏差均方根随各参数的变化规律。通过这些图表,可以得出如下结论:双层弦支结构自重为 9.32 kg/m²,比单层弦支结构(自重为 11.14 kg/m²)轻;结构刚度较好,桁架高度越高、结构法向位移越小,建议桁架高度取 0.4 m;工作风荷载作用下三个位置法向偏差均方根值均很小,分别为 0.26 mm、0.49 mm 和 0.49 mm。但是局部双层弦支结构属于预应力结构,施工难度相对较大,且有可能发生索段松弛现象。

表 6.13　4 m/s 工作风荷载下局部双层弦支结构位移 /mm

边缘网架高度 /m	法向位移 /mm	局部双层弦支结构位置		
		①	②	③
0.4	最大值	0.33	0.62	0.64
	偏差均方根值	0.26	0.49	0.49
0.6	最大值	0.18	0.35	0.35
	偏差均方根值	0.14	0.27	0.27
0.8	最大值	0.15	0.29	0.30
	偏差均方根值	0.09	0.18	0.18

表 6.14　极限风速下局部双层弦支结构响应

桁架高度 /m	最大应力 /MPa		最大位移 /mm	结构自重 /(kg·m⁻²)
	杆件	索		
0.4	67	254	16.93	9.32
0.6	39	263	12.01	9.45
0.8	87	271	5.52	9.61

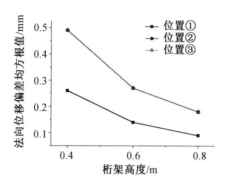

图 6.29　4 m/s 工作风荷载下局部双层弦支背架结构法向位移偏差均方根值与各参数的关系

6.3.4　混合结构

混合结构是由空间管桁架与单层平面索网组合而成的一种结构体系(图 6.30 为局部双层混合结构示意图)。通过边缘桁架结构给中间平面索网施加一定的预应力,使其具有一定的刚度,以承受外荷载。需要说明的是对于这种混合结构,不能如其他形式一样通过控制构件初始下料长度,保证结构在自重作用下为一指定球面形状,只能通过高度可调节点来进行调节。本节主要考察不同边缘网架高度(0.4 m、0.6 m、0.8 m)对混合结构性能的影响。边缘三角锥杆件为方钢管25 mm × 25 mm × 1.5 mm,索径为 5 mm。

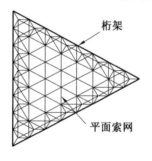

图 6.30　局部双层混合结构示意图

表 6.15 给出了不同参数混合结构,4 m/s 工作风荷载下法向位移最大值和偏差均方根值,表 6.16 给出了极限风荷载下(包括结构自重)节点最大位移,杆件、索最大应力和结构的自重,图 6.31 给出了工作风荷载下法向位移偏差均方根值随各参数的变化规律。通过这些图表,可以得出如下结论:这种混合结构自重最轻(8.60 kg/m²),工作风荷载下反射面也能满足面形拟合精度的要求,当桁架高度取 0.6 m(建议值)时,工作状态下三个位置混合结构法向位移偏差均方根值分别为0.26 mm、0.53 mm 及 0.60 mm。但是,这种结构施工难度最大,且结构构造最为复杂。

表 6.15　4 m/s 工作风荷载下混合结构位移　　　　　　　　　　mm

边缘桁架高度 /m	法向位移 /mm	混合结构位置		
		①	②	③
0.4	最大值	0.89	1.77	2.00
	偏差均方根值	0.42	0.84	0.90
0.6	最大值	0.67	1.33	1.55
	偏差均方根值	0.26	0.53	0.60
0.8	最大值	0.58	1.17	1.38
	偏差均方根值	0.21	0.43	0.50

表 6.16　极限风荷载下混合结构响应

桁架高度 /m	最大应力 /MPa		最大位移 /mm	结构自重 /(kg·m^{-2})
	杆件	索		
0.4	119	204	45.88	8.42
0.6	104	209	32.24	8.60
0.8	97	212	26.92	8.83

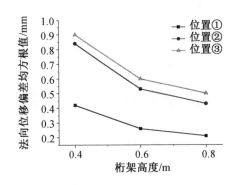

图 6.31　4 m/s 工作风荷载下混合结构法向位移偏差均方根值与各参数的关系

6.3.5　背架结构综合性能比较

背架结构形式的确定除了考虑结构自重的大小,还需要考虑加工、制作、服役期间维护的难易程度及材料单价等因素。表 6.17 给出了背架结构的综合性能指标,从表中可以得出如下结论:① 双层空间网格结构自重最小(钢材 8.17 kg/m²,铝材 5.02 kg/m²),单层网格结构自重最大(钢材 15.12 kg/m²),其他类型的背架结构自重相差不大(8.60 ～ 11.14 kg/m²)。② 单层网格结构在工作风荷载作用下法向位移偏差均方根值最大(1.33 mm),双层网格结构、局部双层网格结构及局部双层弦支网格结构在工作风荷载作用下法向位移偏差均方根值较小(均小于 0.5 mm)。③ 一般情况下,构件的数量越多、加工制作越复杂,因此将构件数量分为多、较多、较少和少四种情况,如双层网格结构(网架结构)的数量为多,单层网格结构和弦支单层网格的数量为少。④ 预应力结构的施工相对复杂,且服役期间易发生松弛现象,相对于非预应力结构维护起来较困难,弦支结构和混合结构均为预应力结构。⑤根据杆件数量及是否为带有预应力构件将结构的施工复杂程度分为复杂、较复杂、较易和易四种情况,单层网格结构和局部双层网格结构的施工难易程度为易,局部双层弦支结构和混合结构为复杂,其他结构为较复杂。⑥材料单价也是必须考虑的因素之一,铝材的双层网格结构比钢材的双层网格结构造价要高3倍左右。

根据上述分析,推荐局部双层网格结构作为FAST反射面背架结构的首选结构形式,它具有结构自重较轻、刚度好及施工复杂程度低的优点;同时双层网格结构和弦支单层网格结构也具有较大的优势,前者具有结构自重轻的优点,后者具有构件数量少的优点。建议对三者分别进行试验研究,以最后确定背架结构的形式。

表 6.17 背架结构综合性能

背架结构形式			结构自重 /(kg·m⁻²)	法向位移偏差 均方根值 /mm	构件 数目	预应力 构件	施工 复杂程度
空间网格 结构	单层		15.12	1.33	少	否	易
	双层	钢	8.17	0.35	多	否	较易
		铝	5.02	0.83	多	否	较复杂
	局部双层		9.13	0.48	较少	否	易
弦支结构	单层		11.14	0.85	少	是	较复杂
	局部双层		9.45	0.27	较多	是	复杂
混合结构(局部索网)			8.60	0.60	较少	是	复杂

6.4 FAST 背架模型设计及试验方案研究

经过对较优背架结构形式的对比,确定以单层、弦支两种背架结构形式作为试验研究对象,进行全尺寸模型试验[12,13]。本节对这两种结构形式进行结构参数、构件截面、细部连接构造等优化,拟定背架试验研究方案,对试验目标、欲观测数据、加载措施、试验设备等进行规划,完成背架试验的各项前期准备工作。

6.4.1 背架结构参数优化

背架结构参数优化包括两部分内容:网格划分方式优选、构件截面尺寸优选。

网格划分方式包括钢结构网格划分、檩条结构网格划分。檩条结构是直接用于铺设面板的结构层,为反射面板提供面外刚度,因此其网格划分不宜过稀;背架钢结构为主要受力部分,由于其曲率半径很大,受力特性接近梁式结构,其网格划分不宜过密;可调节点的加工制作较为复杂,同时其数量的增加也将增加背架施工量,因此其布设不宜过密,FAST结构调节精度对其间距的要求为2~3 m。根据以上功能要求,给出几种可供选择的网格划分方案,分别如图6.32~6.34所示,其中背架边长均为11 m,钢结构网格中的圆圈处表示可调节点位置。

方案1:钢结构采用4等分网格,檩条采用8等分网格,可调节点15个。

方案2:钢结构采用6等分网格,檩条采用6等分网格,可调节点28个。

方案 3:钢结构采用 3 等分网格,檩条采用 6 等分网格,可调节点 28 个。

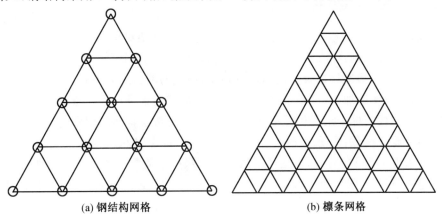

(a) 钢结构网格　　　　　　(b) 檩条网格

图 6.32　背架结构网格划分方案 1

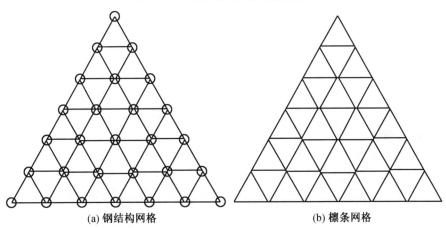

(a) 钢结构网格　　　　　　(b) 檩条网格

图 6.33　背架结构网格划分方案 2

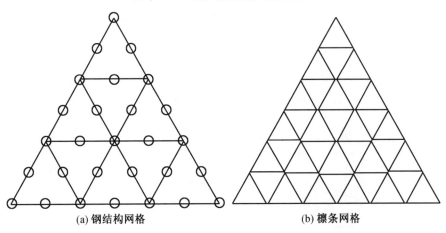

(a) 钢结构网格　　　　　　(b) 檩条网格

图 6.34　背架结构网格划分方案 3

1.单层背架结构参数优化

参数优化过程:针对以上每一网格划分方案,进行背架结构构件(钢构件与檩条构件)的截面优选。优选原则:在工作精度、承载力均满足要求的前提下,以背架结构总重最轻为优,对各网格划分方案进行综合性能的比较,选出最优的网格划分方式。除考查背架结构质量外,还应结合方案的加工、调整难易程度、工作精度等因素进行综合考虑。

本节对钢结构与檩条结构构件单独进行设计,而不考虑整体作用效应。

考虑如下设计荷载:① 永久荷载,主要为钢结构、檩条结构及面板的自重,根据实际结构尺寸计算求得;② 可变荷载,包括风荷载、雪荷载、检修荷载。风荷载分为两种,分别对应于工作风速 4 m/s、极限风速 14 m/s,通过 CFD 数值模拟技术得到工作风荷载、极限风荷载标准值分别为 0.005 kN/m²、0.061 kN/m²;本章设计中,雪荷载根据气象统计资料取为 21 N/m²;考虑运行期间上人检修的需要,于背架钢结构节点处施加集中力1.4 kN 作为检修荷载。

设计中采用如下四种荷载组合。

组合 1:1.2×恒荷 + 1.4×极限风荷 + 0.7×雪荷。

组合 2:1.2×恒荷 + 0.7×极限风荷 + 1.4×雪荷。

组合 3:1.2×恒荷 + 检修荷载。

组合 4:工作风荷载。

以组合 1、2、3 对结构、构件进行强度验算,以组合 4 验算结构变形。

对檩条构件截面进行优选:为简化计算,将各支承点(即可调节点)间檩条作为简支梁进行设计。设计要求为:除满足强度、稳定性等承载能力要求外,由工作风荷载引起的挠度不超过 1 mm。

檩条结构采用铝合金型材,牌号为 6063A T6,檩条构件之间采用焊接连接。网格外围的檩条构件采用 C 形截面,内部采用 T 形截面。根据上文所述的设计荷载计算构件内的设计内力效应,参照《铝合金结构设计规范》(GB 50429—2007)条款进行截面强度、稳定性验算,同时对工作风荷载引起的挠度进行验算,最终确定各檩条截面。各网格划分方案中的檩条构件截面优选见表 6.18。

表 6.18 单层背架结构檩条构件截面优选

网格方案	外围 C 形檩条截面 /(mm×mm×mm)	内部 T 形檩条截面 /(mm×mm×mm)
方案 1	C70×40×10×2 (高 70、宽 40、卷边 10、厚 2)	T70×60×3 T40×30×2 (高 40、宽 30、厚 2)
方案 2	C80×40×10×2	T80×60×2
方案 3	C80×40×10×2	T80×60×2

钢结构构件设计要求为:各构件均满足相应规范所要求的强度、稳定性验算条件,同时钢结构整体位移 RMS 小于 2.5 mm。

钢结构构件采用冷弯薄壁型钢,材质为 Q235,构件之间采用焊接连接。外围构件采用矩形截面,内部采用 C 形截面。首先利用 ANSYS 分析软件建立钢结构模型,然后在前文所述荷载条件下计算各构件的内力及钢结构整体位移,据此判断构件截面是否符合要求,并反复调整得到最优截面。各网格划分方案中的钢结构构件截面优选见表 6.19。

表 6.19　单层背架钢结构构件截面优选

网格方案	外围矩形截面 /(mm × mm × mm)	内部 C 形截面 /(mm × mm × mm)
方案 1	180 × 80 × 2.0	C100 × 50 × 20 × 2.0
方案 2	180 × 80 × 2.0	C90 × 50 × 20 × 2.0
方案 3	180 × 80 × 2.0	C140 × 60 × 20 × 2.0

经以上构件截面优选,得到了各网格方案背架质量指标。在进行网格方案优选时,除考查背架结构质量外,还应结合方案的加工、调整难易程度进行综合考虑。背架可调节节点构造加工过程相对复杂,需要进行切割、铆接等操作,同时调节点的增加也将大大增加结构调整的工作量(FAST 索网中共有约 4 600 片背架),因此调节螺栓数量一定程度上代表了加工难易程度。各方案背架质量、螺栓调节点数量对比见表 6.20。

表 6.20　单层背架钢结构方案比选

网格方案	背架总重 /(kg · m^{-2})	螺栓调节点数量
方案 1	14.92	15
方案 2	16.1	28
方案 3	13.26	28

方案 2、3 采取相同的檩条网格及调节节点布设,方案 3 钢结构网格较稀,因此构件截面增大,但其增加质量小于减少的构件质量,使其总重降低,故两方案中方案 3 较优。

综合比较网格方案 1、3,虽然方案 3 质量少约 1.6 kg/m^2,但其调节螺栓数约为方案 1 的两倍,同时考虑到方案 3 中钢结构构件较长,不利于开口截面侧向稳定性,最终确定以网格方案 1 作为试验方案。

2.单层弦支背架结构参数优化

为均匀布设钢结构撑杆,选取以上网格划分方案 1、方案 2 作为弦支结构备选方案,图 6.35 所示为其两方案的"撑杆－拉杆"体系布设方式。

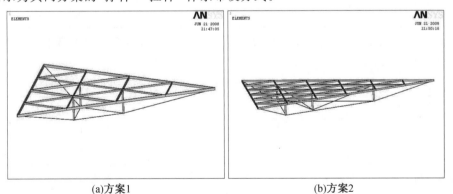

(a)方案1　　　　　　　　　　　　(b)方案2

图 6.35　单层弦支背架撑杆－拉杆体系布设方式

弦支背架参数优化过程为：① 针对每一网格划分方案，进行背架结构构件（钢构件与檩条构件）的截面优选。② 对各网格划分方案进行综合性能的比较（包括质量、施工难度、调节精度等），选出最优的网格划分方式。

本节中将钢结构与檩条结构构件单独进行设计，而不考虑整体作用效应。设计荷载条件、构件设计要求、优选原则同前文单层背架结构。

对檩条构件截面进行优选：为简化计算，将各支承点（即可调节点）间檩条作为简支梁进行设计。檩条结构采用铝合金型材，牌号为 6063A T6，檩条构件之间采用焊接连接。网格外围的檩条构件采用 C 形截面，内部采用 T 形截面。根据上文所述的设计荷载计算构件内的设计内力效应，参照《铝合金结构设计规范》(GB 50429—2007) 条款进行截面强度、稳定性验算，同时对工作风荷载引起的挠度进行验算，最终确定各檩条截面。得到各网格划分方案中的檩条构件截面优选见表 6.21。

表 6.21　单层弦支背架结构檩条截面优选

网格方案	外围 C 形檩条截面 /(mm × mm × mm)	内部 T 形檩条截面 /(mm × mm × mm)
方案 1	C70 × 40 × 10 × 2	T70 × 60 × 3 T40 × 30 × 2
方案 2	C80 × 40 × 10 × 2	T80 × 60 × 2

钢结构构件采用冷弯薄壁型钢，材质为 Q235，构件之间采用焊接连接。外围构件采用矩形截面，内部采用 C 形截面。首先利用 ANSYS 分析软件建立钢结构模型，其中撑杆结构采用 $\phi 48$ mm × 3 mm 钢管，方案 1 中撑杆高度选取 1.2 m，方案 2 中心撑杆高度取 1.2 m，边缘撑杆高度取 1.0 m；钢拉杆直径选用 $\phi 12$。

在前述荷载条件下计算各构件的内力及钢结构整体位移，据此判断构件截面是否符合要求，并反复调整得到最优截面。各网格划分方案中的钢结构构件截面优选见表 6.22。

表 6.22　单层弦支背架钢结构构件截面优选

网格方案	外围矩形截面 /(mm × mm × mm)	内部 C 形截面 /mm
方案 1	120 × 50 × 2.0	C1100 × 50 × 20 × 2 C270 × 40 × 10 × 1.6
方案 2	80 × 40 × 2.0	C70 × 40 × 10 × 1.6

经以上构件截面优选，得到了各网格方案背架质量指标。各方案背架质量、螺栓调节点数量对比见表 6.23。

表 6.23　单层弦支背架钢结构方案比选

网格方案	背架总重 /(kg · m^{-2})	螺栓调节点数量
方案 1	11.7	15
方案 2	12.7	28

可见，两方案质量均较表 6.20 单层结构质量大幅下降。与方案 2 相比，方案 1 的质量较轻，调节节点数量较少，因此加工难度小于方案 2，但相应调节精度差于方案 2（调节节点越多，调节精度越高）。此外，方案 2 的撑杆布设均匀程度优于方案 1。

以上两方案均为可选方案,但单层背架试验网格方案为方案 1,为在试验研究中考查不同调节节点布设情况对调节精度的影响,确定以网格方案 2 作为单层弦支背架试验方案。

6.4.2　试验背架关键节点构造

背架结构由钢结构、檩条结构两部分组成,其主要连接节点分为如下三类:①“钢结构 — 檩条结构”间可调节节点。② 构件间连接节点,如图 6.36 中类型 1 所示。③ 背架与主索网连接节点,如图 6.36 中类型 2 所示。本节对前两类节点进行构造形式的设计;对 ③ 类节点,给出其构造形式,并通过理论分析数据确定其主要构造尺寸。

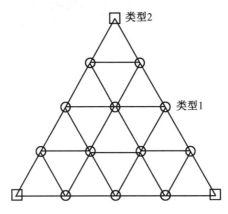

图 6.36　连接节点分类示意图

1.“钢结构 — 檩条结构”间可调节节点

根据设计功能要求,檩条结构为“高度可调节”的结构层,该功能通过其与钢结构之间的可调节连接节点实现。如上文所述,檩条构件采用铝合金型材,外围构件采用 C 形截面,内部构件采用 T 形截面。

根据节点位置不同,可调节节点分为外围节点、内部节点两类,如图 6.37 所示。

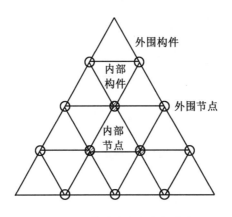

图 6.37　外围节点与内部节点

可调节节点的具体构造如图 6.38 所示,在背架钢结构的适当位置处焊接钢垫板,其上焊接可调节螺栓。外围节点处(图 6.38(a))调节螺栓与 C 形檩条结构直接相连。内部节点处(图 6.38(b))调节螺栓通过一个"倒 T 形"连接件与檩条结构进行连接。

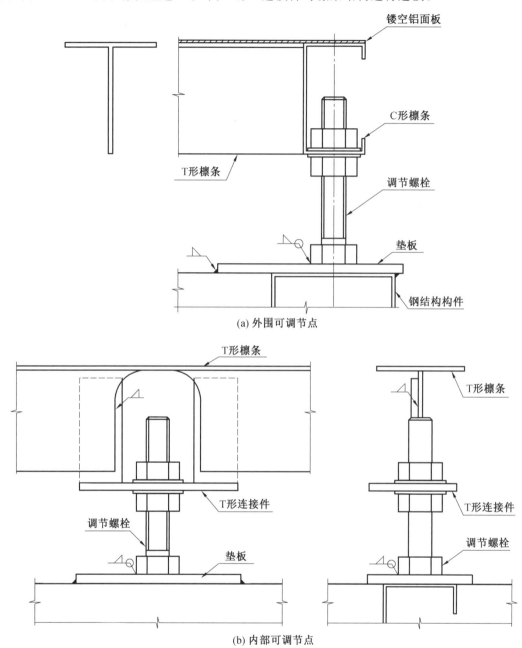

(a) 外围可调节点

(b) 内部可调节点

图 6.38　"钢结构－檩条"间可调节连接节点

2.构件间连接节点

背架结构由钢结构、檩条结构两部分组成,连接节点也相应分为钢结构连接节点、檩条结构连接节点。

（1）钢结构连接节点。钢结构构件采用冷弯薄壁构件,外围构件采用矩形截面通长构件,内部构件采用 C 形截面;各构件之间均采用焊接连接。其外围节点连接构造如图 6.39 所示,构件间采取相贯焊接的方式,内部 C 形构件经过适当角度的切割,与外围矩形构件以角焊缝相连接。构件边缘间错开一定距离 d ,为焊接操作提供施工空间。

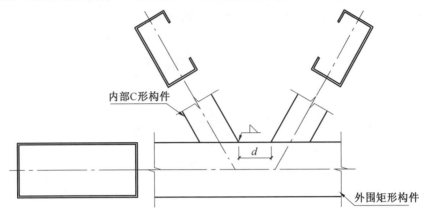

图 6.39　外围节点连接构造

内部节点连接构造如图 6.40 所示,构件间采取相贯焊接的方式,其中一根构件为通长构件,其余四根构件经切割后贯入其中。为简化节点构造,在通长 C 形构件的开口一侧加焊一块垫板,该侧的贯入构件则焊在垫板上。该构造避免了将构件腹板伸入通长 C 形构件内部的构造,降低了焊接连接难度,同时在局部范围内形成了闭口截面,增强了节点抗扭刚度。

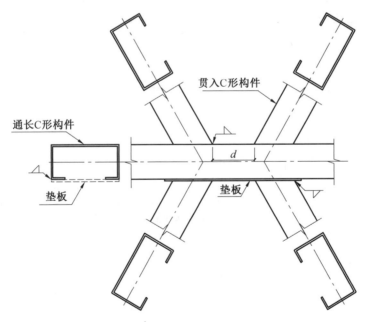

图 6.40　内部节点连接构造

(2)檩条结构连接节点。檩条结构为直接用于铺设反射面板的结构层,其网格划分尺寸不宜过大,以防止面板发生过大的面外变形。因此,在某些背架结构方案中(如空间网格方案 1),需要对檩条结构网格进行细化,如图 6.41 所示。其中粗实线为钢结构网格,细虚线为檩条结构网格的加密部分,其作用仅为通过网格构造加密防止面板过大变形,因此在加密网格节点处无须设置"钢结构－檩条结构"间可调节节点。则檩条结构中的连接又分为两类:"有可调节点"处的连接与"无可调节点"处的连接。

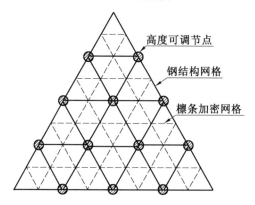

图 6.41　檩条加密网格示意图

　　如上文所述,檩条构件采用铝合金型材,外围构件采用 C 形截面,内部构件采用 T 形截面。由于铝合金材料受焊接热影响后强度大幅下降,故在檩条内力可能较大处应尽量避免焊接连接,本章中在"无可调节点"的檩条连接处采用铆钉连接。

　　外围节点连接构造如图 6.42 所示,在"有可调节点"处采用相贯焊接连接方式,焊缝形式为坡口对接焊缝,如图 6.42(a) 所示;"无可调节点"处采用特殊构造的角铝,通过铆钉进行连接,如图 6.42(b) 所示。.

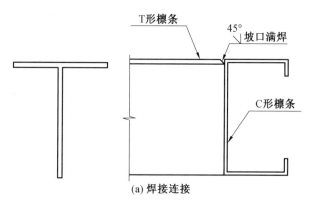

(a) 焊接连接

图 6.42　檩条结构外围节点连接构造

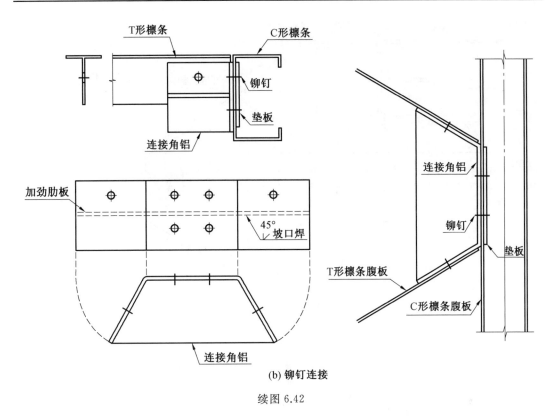

(b) 铆钉连接

续图 6.42

内部节点连接构造如图 6.43 所示,在"有可调节点"处采用相贯焊接连接方式,如图 6.43(a) 所示,贯入构件经过适当切割,其腹板伸入通长构件并与其腹板焊接,腹板间预留一定距离 d 为"钢结构－檩条"可调节点提供构造空间。"无可调节点"处采用特殊构造的角铝,通过铆钉进行连接,如图 6.43(b) 所示。

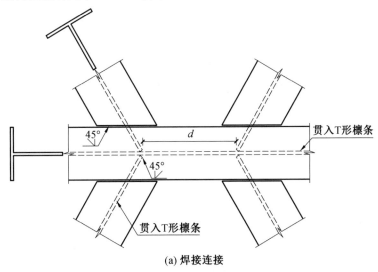

(a) 焊接连接

图 6.43　檩条结构内部节点连接构造

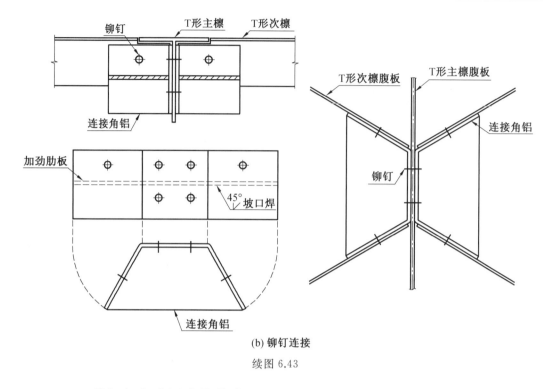

(b) 铆钉连接

续图 6.43

6.4.3　背架与主索网连接节点

1.节点构造形式

背架与主索网连接节点的功能要求为:连接刚性背架结构与整体索网,且通过适当的可滑动构造使刚性背架结构只作为一种荷载加于索网上,而不因整体索网的变形产生次应力。由以上功能可知,节点对背架的约束必然使其成为静定结构,这样才能保证在支座(即主索节点)发生移动的情况下不产生附加内力。

对背架结构静定形式的约束有两种,根据面内约束形式的不同分别称为统一式约束和差异式约束,如图 6.44 所示。统一式约束各角点处的节点构造完全相同,便于制造和安装施工,本章即采用统一式约束形式。

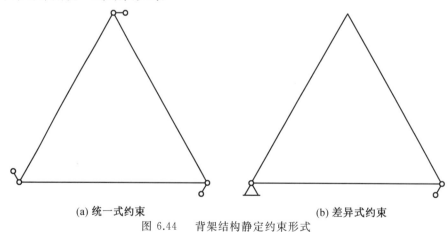

(a) 统一式约束　　　　　　　(b) 差异式约束

图 6.44　背架结构静定约束形式

实现统一式节点约束的具体构造有两种:机构式节点和简化式节点,如图 6.45 所示。

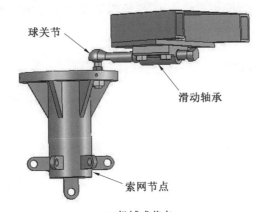

(a)机械式节点

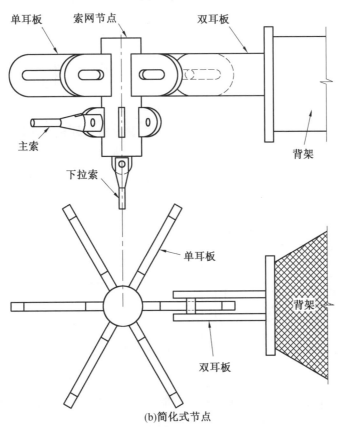

(b)简化式节点

图 6.45　背架结构节点形式

(1)机械式节点通过"球关节—滑动轴承"的构造,精确地实现了图 6.44 中的约束条件,且具有摩擦力小、活动范围大的特点,但造价较高。

(2)简化式节点由索网节点上的单耳板、背架端部的双耳板两部分组成,通过"销栓—滑槽"的构造粗略实现统一式约束条件——滑槽容许销栓在其中滑动来实现单向约束的构造;双耳板间预留一定间隙,以满足变位过程中偏转一定角度的需要。该节点形式造价低,但其可活动范围取决于耳板的构造尺寸,需要根据节点活动量确定相关尺寸参数。本章中背架方案即采用简化式节点形式。

2.简化式节点主要构造尺寸

图 6.46 中给定了简化式节点的主要构造尺寸,其中尚待分析的尺寸参数为滑槽内销栓两侧的滑动余量 d_1、d_2,双耳板间距 W。

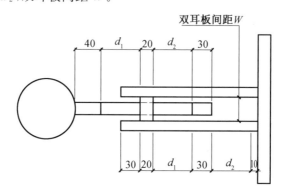

图 6.46　简化式节点主要构造尺寸(mm)

图 6.47 给出了简化式节点的单、双耳板间可能发生的几种相对变位。可见,图 6.46 中滑槽可滑动长度 d_1、d_2 需根据图 6.47 中相对滑动量 δ 的大小确定;背架双耳板间距 W 要根据图 6.47 中两种转角 θ、ψ 的大小确定。为此,需首先确定 FAST 实际结构中变形的大小。

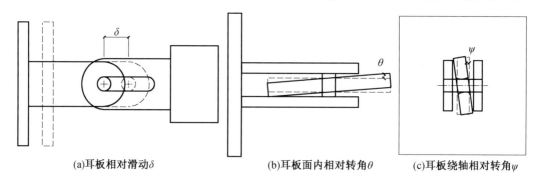

(a)耳板相对滑动 δ　　　　(b)耳板面内相对转角 θ　　　　(c)耳板绕轴相对转角 ψ

图 6.47　简化式节点变位形式

(1)耳板相对滑动 δ。取整体索网结构中的一个单元网格分析背架－单元网格变位过程,如图 6.48 所示,其中网格内部三角形表示该网格上安装的背架结构,认为其形状与网格形状相似;点画线表示背架结构三个角点处的双耳板朝向(取为背架角平分线方向),可以认为背架节点单、双耳板的相对滑动 δ 即沿着该方向。由此,只要将各双耳板方向作为参考轴,根据变位前后索网节点在参考轴上的位置即可求得相对滑动量 δ。

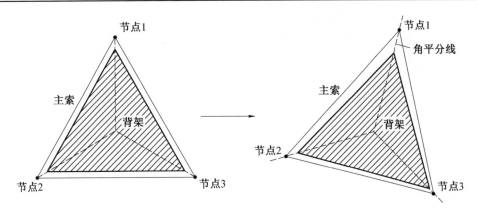

图 6.48　背架、单元网格变位过程

假设已知变位前后索网节点的空间坐标,相对滑动 δ 求解过程如图 6.49 所示,根据初始态节点坐标可以求得三根索的索长 s_1、s_2、s_3 及网格各角分线间夹角 α_1、α_2、α_3,可知该夹角即为背架角分线间的夹角。根据以上条件可以唯一确定索网节点在背架角分线方向上的截距 L_1、L_2、L_3。将变位前后的截距相减即得各节点的相对滑动量 δ。

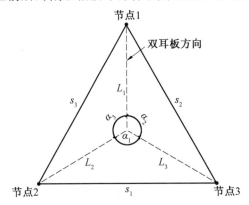

图 6.49　相对滑动 δ 求解过程

利用有限元分析软件 ANSYS 进行 FAST 结构的工作变位过程模拟,得到图 6.50 所示 7 个典型工作区域内各节点的变位前后空间坐标。

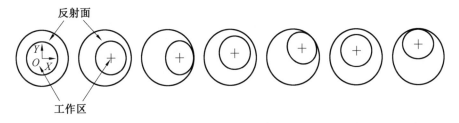

图 6.50　FAST 反射面典型工作区域

利用上述方法进行统计,得到节点相对滑动量 δ 范围如图 6.51 所示。由图可知,节点向背架外侧滑移量最大值为 10.2 mm,向内滑移量最大值为 16.6 mm。

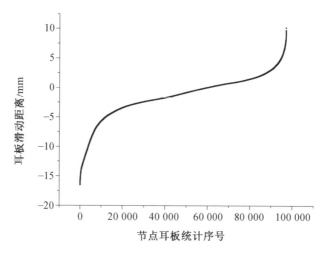

图 6.51　相对滑动量 δ 范围

（2）耳板面内相对转角 θ。转角 θ 由变位前后单、双耳板的状态共同决定。以网格单元中的一根主索作为参照物，设结构变位过程中单、双耳板相对于主索分别转动角度 θ_1、θ_2。

单耳板所在的主索节点与六根主索相连，为超静定结构，且变位过程中各主索转角大小不尽相同，索网节点单耳板朝向如图 6.52 所示，所以无法准确判断变位后节点单耳板的朝向。为此，假设如下：假设索网变位过程中，节点单耳板方向始终保持不变，即索网节点只发生平移而无转动。根据以上假设，单耳板与主索间相对转角 θ_1 即为变位过程中主索发生的转角。

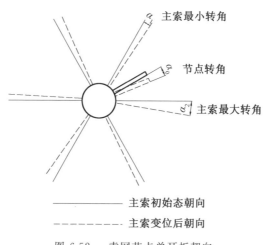

图 6.52　索网节点单耳板朝向

由图 6.52 可见：实际变位过程中，索网节点将发生与各主索相协调的转动（$\alpha_1 < \alpha_0 < \alpha_2$），而以上假设限制了索网节点的协调转动，使得单耳板相对于主索的转角 θ_1 变大，因此 θ_1 计算值将包络真实值。

同样根据上述所提到的变位前后节点理论坐标数据进行统计，得到 FAST 索网变位过程中各主索在网格平面内的转动角度，如图 6.53 所示。

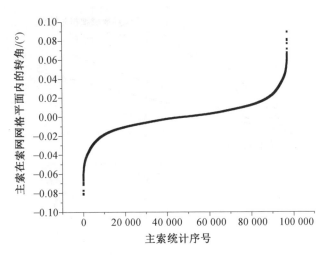

图 6.53　主索在网格平面内的转动角度

统计结果显示:主索顺时针最大转角为 0.089 2°,逆时针最大转角为 0.081 3°,则相对转角 θ_1 应介于此范围内。

背架双耳板与主索的相对转角 θ_2 通过节点相对滑动 δ 确定,如图 6.54 所示。当同一索段两端同时发生最大的向内、向外滑移量 δ 时,该索段与背架之间形成的相对转角最大。取索长为平均索长度 11 m,根据图示尺寸关系计算得到最大相对转角 θ_2 为 0.12°。

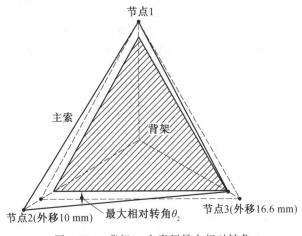

图 6.54　背架－主索间最大相对转角

考虑最不利情况,即 θ_1、θ_2 转角方向相反。此时单、双耳板间面内相对转角 $\theta = \theta_1 + \theta_2 < 0.09° + 0.12° = 0.21°$

(3)绕轴相对转角 Ψ。节点耳板绕轴相对转角 Ψ 同样由单、双耳板的转角共同决定。背架双耳板空间转角如图 6.55 所示,将背架双耳板对主索的空间转角近似作为该双耳板的绕轴转角。根据上文所述理论数据进行统计,得到各主索在空间内的转动角度如图 6.56 所示。统计结果显示:主索空间转角最大绝对值为 1.26°,则双耳板绕轴转角小于此值。

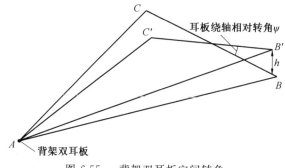

图 6.55   背架双耳板空间转角

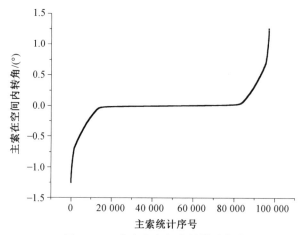

图 6.56   主索在空间内的转动角度

本节认为单耳板绕轴转角与主索节点指向的变化角度相同,假设节点的指向始终与其下拉索方向保持一致,则下拉索的转角即为节点指向变化角度。

根据上述所提到的变位前后节点理论坐标数据进行统计,得到反射面内节点的切向位移如图 6.57 所示,其范围为 $0.1 \sim 107.9$ mm。FAST 结构中最短拉索长度约 2 m,则变位过程中拉索的转角最大值为 $\arctan(107.9 \text{ mm}/2\,000 \text{ mm}) \approx 3.1°$,单耳板绕轴转角小于该值。考虑最不利的情况,即单、双耳板发生反方向绕轴转动,则相对绕轴转角 $\psi < 3.1° + 1.26° = 4.36°$。综上,索网正常变位过程中的简化式节点工作变位量见表 6.24。

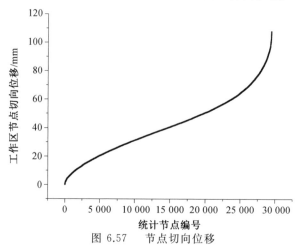

图 6.57   节点切向位移

表 6.24　简化式节点工作变位量

位移	数值
相对滑动量 δ（索网节点向网格外移动为正）	$-16.6 \sim 10.2$ mm
耳板面内相对转角 θ	绝对值小于 $0.21°$
耳板绕轴相对转角 ψ	绝对值小于 $4.36°$

根据以上节点变位范围,确定简化式节点主要构造尺寸如下:

① 考虑施工偏差,对可滑动空间适当放宽,取 $d_1 = d_2 = 50$ mm。

② 根据图 6.46 中几何尺寸进行计算,得到

滑槽长度:$d_1 + d_2 + 20 = 120$ mm。

双耳板长度:$d_1 + d_2 + 90 = 190$ mm。

单耳板长度:$d_1 + d_2 + 90 = 190$ mm。

③ 取单耳板高度为 80 mm,厚 20 mm,则单、双耳板间隙为

$$W \geqslant 20 + 190 \times \tan\theta + 80 \times \tan\psi = 26.8 \text{ mm}$$

考虑施工安装过程分析中的简化可能造成的偏差及施工中可能存在的偏差,实际取 $W = 35$ mm。

6.5　FAST 全尺寸背架模型试验研究

6.5.1　背架全尺寸模型制作

单层背架:钢结构采用冷弯薄壁型材,通过焊接连接,外围构件采用矩形截面 180 mm ×80 mm × 2 mm,内部构件采用 C 形带卷边截面 100 mm × 50 mm × 20 mm × 2 mm;选取 $\phi16$ 调节螺栓。檩条构件采用铝合金型材,通过焊接和机械连接,外围构件采用 C 形截面 70 mm × 40 mm × 10 mm × 2 mm,内部构件分别采用 T 形截面 70 mm × 60 mm ×3 mm 及 T 形截面 40 mm × 30 mm × 2 mm。

单层弦支背架:钢结构采用冷弯薄壁型材,通过焊接连接,外围构件采用矩形截面 80 mm ×40 mm × 2 mm,内部构件采用 C 形带卷边截面 70 mm × 40 mm × 10 mm × 1.6 mm;撑杆采用 $\phi48$ mm×3 mm 钢管;钢拉杆采用 $\phi12$ 钢筋;选取 $\phi16$ 调节螺栓。檩条构件采用铝合金型材,通过焊接连接,外围构件采用 C 形截面 80 mm × 40 mm × 10 mm × 2 mm,内部构件采用 T 形截面 80 mm × 60 mm × 2 mm。

反射面板均采用 1.5 mm 厚铝板,透孔率 35%。图 6.58 所示为实验现场环境及背架安装完成状态 —— 单层弦支背架架设于主实验台的促动器上,单层背架通过临时支座支承。

图 6.58　实验现场环境

6.5.2　背架成形精度试验

本试验对背架钢结构形状精度和经过檩条调节后的形状精度分别进行考查。将偏差均方根值(RMS)作为形状精度的评价指标 —— 实测形状与标准球面(半径 318.5 m)间的径向偏差 RMS,其计算方法为:将标准球面的球心坐标作为优化变量,以拟合 RMS 最小为目标进行优化计算,得到最优球心位置及相应 RMS 指标。

1.单层背架精度试验

(1) 钢结构加工精度。试验中利用高精度激光跟踪仪 FARO 对结构形状进行扫描,单层背架钢结构形状扫描如图 6.59 所示。FARO 是一种便携式、电脑操控的测量设备,通过自动追踪一个活动靶标来记录空间点三维坐标,当在物体表面上移动靶标时,便形成物体表面形状的三维图,图 6.60 所示为实测得到的钢结构表面形状。根据上文提到的方法对实测以上形状数据进行处理,得到精度评价指标(表 6.25)。

(a) 单层背架钢结构模型

(b) 高精度激光跟踪仪FARO

图 6.59　单层背架钢结构形状扫描

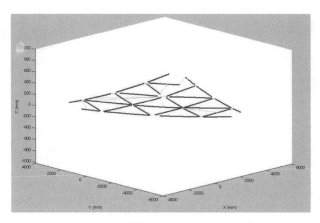

图 6.60　实测单层背架钢结构表面形状

表 6.25　单层背架主体钢结构形状精度

项目	数值 /mm
与 318.5 m 半径球面拟合径向偏差 RMS	8.51

如果采用不设置调节檩条层的背架结构方案,则反射面板直接铺设于钢结构上表面,可以认为以上精度指标即为该方案的最终面板形状(面形)精度指标。FAST 要求成形精度为 2.5 mm。可见,在现有的钢结构加工条件下,不设置调节檩条层的结构方案无法满足 FAST 对背架的精度要求。

(2)有檩条方案最终面形精度。首先,对背架结构进行如下调整 —— 将背架以水平状态放置,利用激光全站仪进行测量、定位,通过调节螺栓使各可调节点均处于曲率半径为 318.5 m 的标准球面上(偏差 ≤ 0.1 mm),单层背架面板形状扫描如图 6.61 所示。

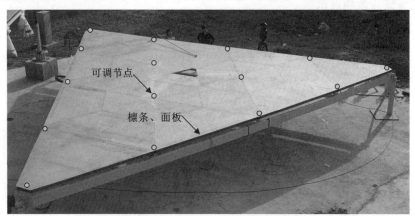

图 6.61　单层背架面板形状扫描

利用 FARO 对背架面形进行扫描,扫描点如图 6.62 所示,通过上文所述方法计算精度指标(表 6.26)。

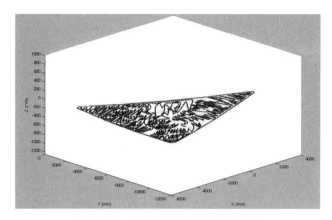

图 6.62　单层背架面板形状扫描点

表 6.26　单层背架面板形状精度

项目	数值 /mm
与 318.5 m 半径球面拟合径向偏差 RMS	2.21

　　由背架面形精度指标可见,经过檩条结构调整后的实际结构面形与标准球面间仍有约 2.2 mm 的统计偏差,虽基本满足精度要求,但仍不理想。

　　经分析,其原因为:在面形调整过程中,仅将数量较少的可调节节点(图 6.61)调整至标准球面,反射面上更多的节点位置(如檩条中点、网格内部面板节点等)均处于偏离标准球面的状态,造成优化后的 RMS 仍然较大。

　　建议改进面形调整方法为:根据全部扫描点与标准面间的偏差情况,对少数可调节节点位置做相应调节(可调节节点不必在标准球面上),如此反复多次以达到总体 RMS 最小的目的。

2.单层弦支背架精度试验

(1) 钢结构加工精度。

　　图 6.63 所示为单层弦支背架钢结构足尺模型,其成形精度受到拉杆(索)的应力水平影响较大。本次试验在背架安装、调节过程中存在如下困难和问题:

图 6.63　单层弦支背架钢结构足尺模型

① 无较理想的索力测量方法。

张弦仪为常用的索力测量工具,但不适用于本试验中所采用的钢拉杆。

本试验中采用"频率法"测量钢拉杆内力,其原理为:根据"索自振频率"与"内力"间一定的对应关系(计算公式),通过测量索的自振频率推算得到索内力。该方法中索频率测量可以达到很高精度,但索力测量精度很大程度上取决于计算公式的选取是否合适,而索自身参数(弯曲刚度、计算长度、线密度等)是否可靠及边界条件(固支、简支)的选择是否合理均对计算公式的最终选定产生影响。相关文献表明,当计算参数准确、边界条件选择合理时,计算所得索力误差可以控制在 10% 以内。

② 索力无法调节到设计值。

调索过程中已经将部分索段的可调节量用满,无法再进行调整(索实际长度已较设计长度短 3 cm),但此时索力测量值仍低于设计值。分析该问题,原因可能为:背架加工的初始形状未达到设计要求,使结构预变形不足,用于抵消预变形的索被释放,导致索力不足。

试验中通过调整使得由"频率法"测得的各索力值最大限度地接近于设计值,作为现有条件下的最终成形状态。表 6.27 为成形状态时各索段索力检验结果。由表可见,索力测量值低于索力设计值,最大偏差达到 24%。

表 6.27   单层弦支背架成形索力检验

索号	1	2	3	4	5	6	7	8	9
基频 /Hz	15.68	15.32	15.88	6.88	6.84	6.79	7.76	8.45	7.81
应力 /MPa	68.01	64.96	69.89	43.5	43.01	42.37	19.92	23.61	20.19
设计值 /MPa	81.81	81.81	81.81	45.97	45.97	45.97	26.56	26.56	26.56
相对误差 /%	17	21	15	5	6	8	25	11	24

在以上成形状态下,考查弦支背架钢结构加工精度。由于弦支背架架设位置过高,无法利用 FARO 对其钢结构形状进行扫描,试验中采取如下间接方法对其形状进行了测量:首先利用激光全站仪进行测量、定位,对檩条结构进行调节,使各可调节节点均处于曲率半径为318.5 m 的标准球面上(偏差 ≤ 0.1 mm);然后在以上状态下通过游标卡尺测得各调节螺栓的调节量,进而通过标准球面形状反推出弦支背架钢结构的形状(测点如图 6.64 所示)。

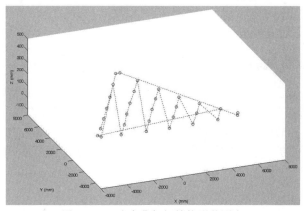

图 6.64   弦支背架钢结构形状测点

计算得到的精度指标见表 6.28,单层弦支背架钢结构与标准球面的径向偏差 RMS 很大,达到 12.89 mm。现有成形精度无法满足 FAST 对背架的精度要求。

表 6.28　弦支背架钢结构形状精度

项目	数值 /mm
与 318.5 m 半径球面拟合径向偏差 RMS	12.89

(2)有檩条方案最终面形精度。

经过上一步的调整,各调节螺栓处节点均已处于曲率半径为 318.5 m 的标准球面上(偏差 ≤ 0.1 mm)。利用 FARO 对背架面形进行扫描(扫描点如图 6.65 所示),通过上述计算方法,得到的面形精度指标见表 6.29。

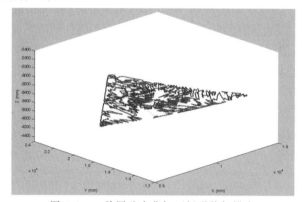

图 6.65　单层弦支背架面板形状扫描点

表 6.29　单层弦支背架面板形状精度

项目	数值 /mm
与 318.5 m 半径球面拟合径向偏差 RMS	2.03

与单层背架情况类似,背架面形与半径 318.5 m 标准球面间的拟合偏差 RMS 约 2 mm,建议如上文所述改进面形调整方法。

综上,在现有工艺条件下两种形式背架的钢结构面形精度均无法达到要求,需要采取加设檩条的方案;弦支背架安装过程中出现索力测量不准、索力无法调整到设计值的问题,说明弦支背架结构的制作、安装过程较为复杂,精度控制难度较大;两种背架结构经过调节螺栓调节后的面形偏差 RMS 基本满足 FAST 对其精度要求(约 2 mm),但其精度水平仍有提高的可能,面形调节方法有待改进。

6.5.3　倾斜变位试验

实际结构中将采取分区保形设计的方案,本试验即考查不同倾角情况下,自重变形的差异大小及其对背架结构形状精度的影响,从而为保形分区提供依据。

由于现场试验条件的限制,本次背架倾斜变位试验中仅能使背架结构达到约 5.7° 的倾角,通过计算给出 0°～55° 的理论分析结果,而将 5.7° 的实测值与理论值进行对比以验证理论结果的准确性。

1.单层背架变位试验

(1)理论分析。将标准形状的背架由水平状态变位到各倾斜状态,通过有限元分析计算得到背架径向位移,进而计算出倾斜后背架与标准球面间拟合的偏差 RMS。理论计算中单层背架面形统计点选取如图 6.66 所示,统计结果如图 6.67、图 6.68 所示。

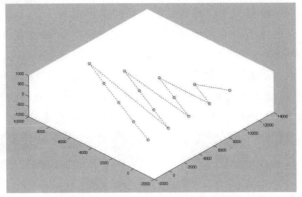

图 6.66　单层背架面板形状统计点

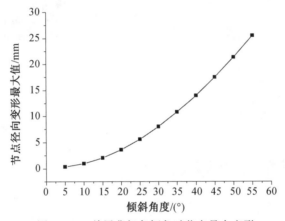

图 6.67　单层背架各倾角时节点最大变形

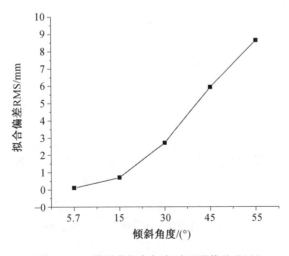

图 6.68　单层背架各倾角时面形偏差 RMS

由图 6.67 可见,随着背架倾角的增大,自重引起的径向变形迅速增大,导致背架节点偏离标准球面位置,背架与标准球面($R = 318.5$ m)间的拟合偏差 RMS 也随之增大(图 6.68),

当倾角达到 55° 时,偏差 RMS 已经达到近 9 mm。可见倾角对背架形状精度的影响较大,需要针对不同的初始态倾角进行相应的保形设计。

理论分析结果显示,倾角为 55° 时节点最大径向变形量为 25.5 mm,根据调节螺栓可调节范围 δ 的大小,可以划分不同的保形区域。初步划分三个区域设置背架结构预拱度(倾角范围分别为 0° ~ 30°、30° ~ 45°、45° ~ 55°),对未能抵消的自重变形则通过螺栓调整。

(2)变位试验。通过升高试验背架的一个节点将其倾斜 5.7°(图 6.69),此时背架面形扫描点如图 6.70 所示。将前文中得到的水平状态背架面形与此处所得的倾斜 5.7° 面形分别进行处理以得到精度指标,实测指标与理论计算结果的对比见表 6.30。

图 6.69　单层背架倾斜变位过程

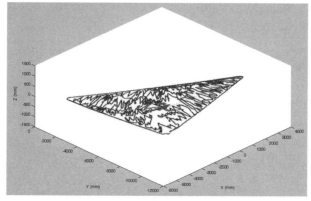

图 6.70　单层背架倾斜态面形扫描点

表 6.30　面形与标准球面间拟合偏差 RMS　　　　　　　　　　　　mm

	倾斜 5.7°RMS	水平状态 RMS	RMS 差值
实际面形	1.79	2.12	0.33
理论分析	0.11	0	0.11

由表 6.30 可见,实际结构在倾斜 5.7° 及水平状态时的 RMS 相差 0.33 mm;理论模型两状态间的 RMS 相差 0.11 mm;实测 RMS 变化量与理论变化量仅相差 0.22 mm,较为接近。

可能造成理论与实际指标偏差的因素有:

① 实际背架面形并非标准球面,只有较少的可调节节点位于标准球面,其余绝大多数扫描点均偏离于标准位置(如檩条中间节点、面板中部节点),引起的偏差对优化参数会产生影响。

② 在同一背架面形上,测点选取的不同也会造成精度统计结果不同(在非标准球面的面形上该影响尤为突出),而实际测点的选取存在随机性,变位前后的扫描点存在一定差异,实际扫描点与理论计算统计点的差别更大,由此造成优化参数的偏差。

2.单层弦支背架变位试验

（1）理论分析。如上文所述,弦支背架结构在成形过程中遇到了索力测量不准、成形索力低于设计值等问题。为尽量减小索力偏差对结构性能造成的影响,本节中首先根据实测的索力值对模型进行了调整,使理论模型中的索力与实测数值相一致,然后根据调整后的模型进行分析得到各理论数据。

将标准形状的背架由水平状态变位到各倾斜状态,通过有限元分析计算得到背架径向位移,进而计算出倾斜后背架与标准球面间拟合偏差 RMS。理论计算中单层背架面形统计点选取如图 6.71 所示,统计结果如图 6.72、图 6.73 所示。

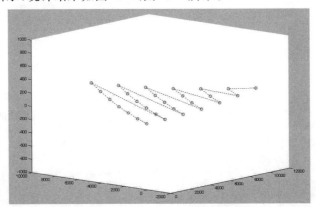

图 6.71　单层弦支背架面板形状统计点

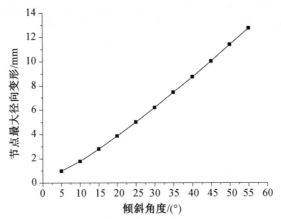

图 6.72　弦支背架各倾角时节点最大径向变形

由图 6.72 可见,随着背架倾角的增大,自重引起的径向变形迅速增大,导致背架节点偏离标准球面位置,背架与标准球面($R = 318.5$ m)间的拟合偏差 RMS 也随之增大(图 6.73),当倾角达到 55° 时偏差 RMS 已经达到近 4.7 mm。可见倾角对背架形状精度的影响较大,需要针对不同的初始态倾角进行相应的保形设计。

理论分析结果显示,倾角为 55° 时节点最大径向变形量仅约 13 mm,根据调节螺栓可调节范围 δ 的大小可以划分不同的保形区域。例如,当调节范围大于 13 mm 时,可以将全部背架钢结构设置相同预拱度,倾斜引起的变形完全通过调节螺栓调整。当然,实际加工中尚应留出部分调节余量以调整加工误差。

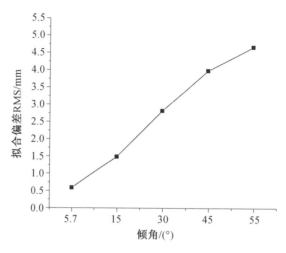

图 6.73　弦支背架各倾角时面形偏差 RMS

（2）变位试验。通过伸缩促动器，升高试验背架的一个节点将其倾斜 5.7°（图 6.74）。

图 6.74　单层弦支背架倾斜变位过程

　　扫描此时背架面形，如图 6.75 所示。将前文中得到的水平状态背架面形与此处所得的倾斜 5.7°面形分别进行处理，得到上述两种精度指标，实测面形与理论分析结果的对比见表 6.31。

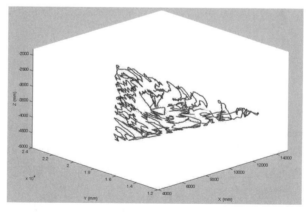

图 6.75　弦支背架倾斜态面形扫描点

表 6.31　实测面形与标准球面间拟合偏差 RMS　　　　mm

	倾斜 5.7°RMS	水平状态 RMS	RMS 差值
实测面形	2.17	2.03	0.14
理论分析	0.59	0	0.59

由表 6.31 可见，实际结构在倾斜 5.7°及水平状态时的 RMS 相差 0.14 mm；理论模型两状态间的 RMS 相差 0.59 mm。实测 RMS 变化量与理论变化量相差 0.45 mm，引起该偏差的可能因素有：① 上述所提到的测量过程中存在误差；② 索力测量不准确造成理论模型与实际结构不符。

综上，理论结果显示，背架结构倾斜对精度造成的影响较大，需针对不同的初始态倾斜角度采取相应的保形措施；单层背架结构的实测和理论面形指标吻合较好，弦支背架结构稍差，偏差可能由索力测量不准造成。

6.5.4　背架加载试验

本试验包括如下两部分内容。

（1）模拟工作风荷载试验。实测背架结构在工作风荷载作用下的节点位移，据以评价背架结构的实际工作精度是否满足要求。

（2）模拟极限风荷载试验。实测背架结构在极限风荷载作用下的结构位移及构件应力，通过与理论数据对比，评价结构安全性能。

1.单层背架加载试验

本次试验中单层背架结构的支座约束状态为固定约束，如图 6.76 所示。

图 6.76　单层背架实际约束情况

实际结构中背架结构的约束状态应为单向可滑构造。支座约束条件的变化将对背架结构受力性能产生一定的影响。本节中通过理论分析得出两种约束情况下的节点位移，并将实测数据与固定约束状态的理论值进行对比，以检验理论分析结果的准确性。

（1）工作风荷载试验。在背架的各节点处施加 3.0 kg 配重，模拟工作风荷载作用，并用百分表测量结构变形，如图 6.77 所示。

通过理论分析分别得到在固定约束和滑动约束下，模型在上述荷载作用下的位移。剔除部分错误数据后，图 6.78 给出了工作风荷载下实测及理论位移值的对比，其中节点编号如图 6.79 所示。

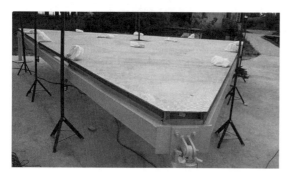

图 6.77　单层背架工作风荷载模拟及变形测量

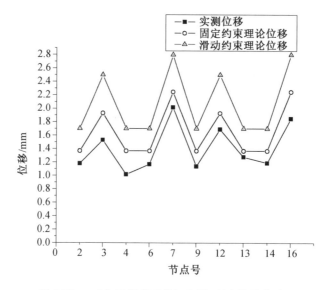

图 6.78　工作风荷载下背架实测、理论位移值对比

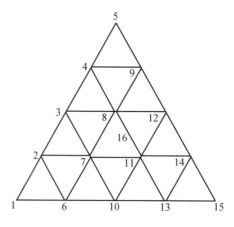

图 6.79　单层背架节点编号

对比发现，实测与理论位移值的变化趋势较为一致，固定约束下的理论变形与实际值较为接近，模型与实际结构基本吻合。

各点实测位移均小于理论位移（固定约束），最大相差仅约 0.4 mm，但由于工作风荷载位移本身很小,偏差比例较大,最大为 34%。

根据"滑动"约束理论数据,计算得到 RMS 为 2.13 mm,略大于 2 mm,据此判断背架工作精度基本满足要求。

(2)极限风荷载试验。在背架的各节点处施加 40.0 kg 配重以模拟极限风荷载作用,测量结构变形及构件应力,同时给出理论分析值并与实测值进行对比。

图 6.80 为极限风荷载作用下实测及理论位移数据,其中节点编号如图 6.79 所示。

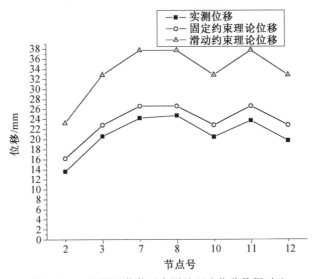

图 6.80　极限风荷载下实测及理论位移数据对比

对比数据发现,实测与理论位移值的变化趋势较为一致,固定约束下的理论位移与实际位移较为接近,模型与实际结构吻合较好。各测点实测位移均小于理论位移(固定约束),最大相差约 3.0 mm,偏差比例均在 10% 附近。

与工作风荷载位移相比,极限风荷载位移较大,受偶然误差影响较小,因此其更能反映出实际结构自身性能。单层背架实际结构变形与理论结果较为相符,各测点位移均相差约 10%,该偏差是由于构件壁厚偏差引起的。通过图 6.81 所示测量系统,实测在极限风荷载下背架构件的应变数据,并与理论分析结果进行对比,如图 6.82 所示。其中 1~8 号应变片布设于钢结构,9~18 号应变片布设于檩条结构。

图 6.81　应变采集系统

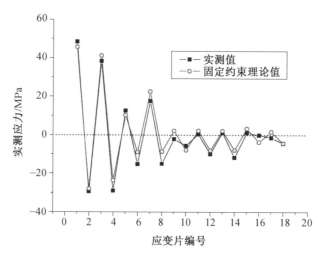

图 6.82　极限风荷载下实测、理论应力对比

　　结果显示：实测与理论应变值变化趋势较为一致；应力偏差最大约 6.42 MPa，平均偏差均在 10%，实际应力与理论值较为接近。据此判断结构应力水平接近设计值，结构安全。实测与理论数据均显示：在参与背架结构共同受力过程中，檩条构件的应力水平较小，在12 MPa 以下。

2.单层弦支背架加载试验

　　在进行理论分析之前，对模型进行修正，使索力值与实际结构成形实测索力值相一致。

　　（1）工作风荷载试验。在背架的各节点处施加 1.6 kg 配重以模拟工作风荷载作用，并用百分表测量结构变形，如图 6.83 所示。通过分析分别得到模型在上述荷载作用下的理论位移。图 6.84 给出了实测及理论位移值，其中节点编号如图 6.85 所示。

图 6.83　单层弦支背架工作风荷载模拟

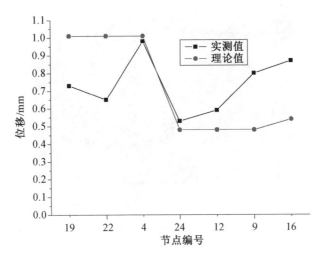

图 6.84　工作风荷载下背架实测、理论位移值对比

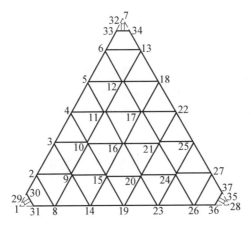

图 6.85　单层弦支背架节点编号

　　观察可见,实测与理论位移值变化趋势基本一致,数值上有一定差异,最大差值仅为 0.35 mm。根据实测节点位移,计算得到 RMS 为 0.75 mm,实际工作精度满足要求。与图 6.78 中单层背架结构工作风荷载下实测位移相比,弦支背架的位移较小,结构整体刚度较高。

　　(2)极限风荷载试验。在背架的各节点处施加 19.0 kg 配重以模拟工作风荷载作用(图 6.86),测量结构变形及构件应力,同时给出理论分析值并与实测值进行对比。

图 6.86　单层弦支背架极限风荷载模拟

图 6.87 为极限风荷载作用下实测及理论位移数据,其中节点编号如图 6.85 所示。对比发现,实测与理论位移值的变化趋势基本一致,且各测点实测位移均小于理论位移,最大位移差值约 4.6 mm,偏差比例最大达 35%。与工作风荷载位移相比,极限风荷载位移较大,受偶然误差影响较小,因此其更能反映出实际结构自身性能。由此可见,弦支背架实际结构的变形规律与理论模型间存在一定差异,各节点处变形偏差大小不一。这主要是由于实际结构、理论模型中的索力偏差、构件尺寸偏差造成的。与单层背架结构相比,实际结构、理论模型间吻合程度较差,反映出弦支结构加工、调整过程的复杂性。通过测量系统实测在极限风荷载下背架构件的应变数据,并与理论分析结果进行对比,如图 6.88 所示。其中 1 ～ 10 号应变片布设于钢结构,11 ～ 24 号应变片布设于檩条结构。

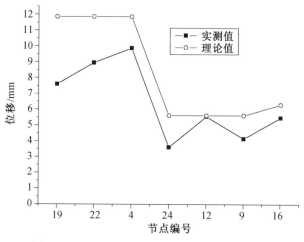

图 6.87　极限荷载下实测及理论位移数据对比

结果显示:钢结构部分实测与理论应力值基本吻合,最大应力差值 9 MPa,在应力水平较低的测点(如 2、4、6、7)处,相对偏差较大,达到 36%,但应力水平较高处,偏差不大,在 10% 以内。据此判断结构应力水平接近设计值,结构安全。檩条结构中的应力变化趋势有一定偏差,应力偏差最大约 10 MPa。但实测与理论数据均显示:在参与背架结构共同受力过程中,檩条构件的应力水平较低,在 15 MPa 以下。

与单层结构相比(图 6.82),弦支结构的理论、实测应力吻合稍差,应力差值较大,其原因可能在于弦支背架中索力状态调节不准确。这说明弦支结构加工、调整过程较为复杂。

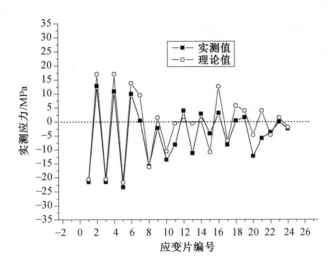

图 6.88　极限风荷载下实测、理论应力对比

本章参考文献

［1］钱宏亮,范峰,沈世钊,等. FAST 反射面支承结构整体索网方案研究［J］. 土木工程学报,2005,38(6):18-23.

［2］钱宏亮,范峰,沈世钊,等. FAST 反射面支承结构整体索网分析［J］. 哈尔滨工业大学学报,2005,37(6):750-752.

［3］商文念. FAST 反射面支承结构优化研究［D］. 哈尔滨:哈尔滨工业大学,2007.

［4］严开涛. FAST 背架结构选型及其受力性能分析［D］. 哈尔滨:哈尔滨工业大学,2006.

［5］QIU Y H. A novel design for giant radio telescopes with an active spherical main reflector［J］. Chin Astrophys,1998,22(03):391-368.

［6］500 米口径球面射电望远镜(FAST)项目初步设计书［R］. 北京:中国科学院国家天文台,2008.

［7］茹春. FAST 背架结构选型及优化研究［D］. 哈尔滨:哈尔滨工业大学,2007.

［8］范峰,牛爽,钱宏亮. 灾害雪荷载作用下 FAST 背架结构方案研究［J］.空间结构,2010,16(01):39-44＋50.

［9］钱宏亮,范峰,茹春,等. FAST 背架结构选型及优化［J］. 哈尔滨工业大学学报,2010,42(4):546-549.

［10］张毅刚,薛素铎,杨庆山,等. 大跨空间结构［M］.2 版. 北京:机械工业出版社,2014.

［11］沈世钊,徐崇宝,赵臣,等. 悬索结构设计［M］.2 版. 北京:中国建筑工业出版社,2006.

［12］ ZHAO Q，WANG Q，NIU S,et al. Analysis,optimization,and modification the back-structure of FAST［C］. Advanced Optical and Mechanical Technologies in Telescopes and Instrumentation,Paris：International Society for Optics and Photonics,2008.

［13］范峰,牛爽,钱宏亮,等.FAST背架结构优化选型及单元足尺模型试验研究［J］.建筑结构学报,2010,31(12):9-16.

第7章 FAST结构故障诊断与健康监测系统开发

FAST实质上是一个位于山区洼地复杂环境的巨型可动机械装置,工作时反射面结构不断由球面变至抛物面,长期处于较高应力且往复运动状态,结构可能发生突然的失效故障,如拉索断丝甚至断裂、连接节点的耳板断裂、促动器工作失控而导致索网张拉过度等。虽然此类故障不能导致整体结构的破坏,但若未能及时发现和诊断而继续工作,不仅会使望远镜反射面面形精度降低从而导致观测数据出现偏差或失真,而且对结构安全构成了潜在的危险,会使得结构受力状态进一步恶化,严重时造成不可挽救的后果。因此,FAST索网结构的故障自动诊断和预警是保障望远镜安全运行的必要措施。针对FAST反射面结构,其主动变位特性要求实现近似实时的故障诊断,以便在跟踪观测过程中能够及时安全预警。由于结构故障位置无法预知,致使所有构件都是待诊断对象,而其巨大的结构尺寸和构件数量使得传统的人工检测方法已无法适用,必然需要自动化、可视化的故障诊断。

结构健康监测系统是重大工程结构的必要组成部分,目前在学术和工程界均是热点研究问题。结构健康监测包括硬件、软件、理论三方面:智能传感器、传输路线与数据采集设备;可视化操作软件平台、不同子系统的集成技术;结构安全评定与预警方法。结构健康监测系统的应用一直主要集中在桥梁、海洋平台等结构,近年来随着大跨度、超高层、复杂结构的发展,相关结构健康监测系统的应用也逐渐增多[1,2],但实际应用仍主要体现在监测和验证方面[3],以离线监测居多,即数据采集之后离线进行结构分析及数据存储,且由于缺乏标准,系统设计时往往存在生搬硬套的现象。对于FAST反射面主动变位结构,其健康监测系统应监测结构长期性能变化(结构变位疲劳性能),评估其工作性能,指导其维护工作;还应实现结构故障的自动诊断和预警,并能够准确预测不同荷载作用下的结构响应,保证望远镜的安全运行。

本章针对结构故障诊断和安全评定、健康监测系统开发这两个方面,提出了适用于FAST索网结构的有效方法,并开发设计了专用的FAST反射面结构健康监测系统,将结构关键技术的理论研究成果以核心程序的形式嵌入其中,同时针对结构健康监测各子系统在不同的软硬件环境下运行,通过统一集成平台实现其协同工作要求,从而能够对各子系统进行统一控制和管理。

7.1 FAST结构故障诊断方法研究

结构的故障诊断[4]都是通过测量结构各种响应的传感器来获取反映结构行为的各种记录,对这些记录进行复杂的分析,从而诊断故障的类型和程度。然而,不同的结构形式及其工作方式,导致故障诊断方法也各不相同,而且往往在一个结构上有效的故障诊断方法在另一个结构上却不能适用。根据实测数据的性质,可将故障诊断方法分为两种:动态法和静态法[4]。动态法测试人工激励或环境激励作用下结构的动态响应,在模态分析和参数识别的基础上检测振动特性变化从而诊断故障。动态法已得到深入研究和广泛应用,特别是在航天、机械及桥梁等领域,是目前故障诊断的主要方法。然而动态法还不能可靠地应用于大型复杂结构,主要原因包括:① 大型结构难以激励,很难提取由于局部损伤导致的输出信号的变化,结构冗余度大,测量信号对结构局部损伤不敏感。② 测量信息不完备,需要大量测量数据才能推导准确的结构响应。③ 测量精度不足,测量信号易被噪声"污染"。④ 常常不能诊断具体单元,因而难以决定故障的准确位置。相对动态法而言,静态法具有较为明显的优势,仅在静荷载作用下,测量一处或多处关键位置的位移和应力响应,结合系统参数识别方法即可诊断结构故障。然而对于目前的大型结构,静态法还面临实际应用困难的问题,发展缓慢。首先,静态加载时,几乎不太可能安装与实际结构相同规模的反力结构及提供巨大反力的制动器;其次,多数情况下,大型结构的变形测量是不容易实现的,而且测点数量有限。

由于望远镜特殊的功能要求,在连续变位过程中,需要实时测量全部主索网变位节点坐标,覆盖索网的全部位置,来为结构的故障诊断提供大量有益信息,这是区别于其他大型结构监测的一个显著特点。FAST 反射面结构的另一个显著特点是其主动变位特性,工作时处于一个连续不断的由球面变至抛物面的状态,但仍以静态应力和变形为主。

(1)FAST 索网结构的连续变位过程非常缓慢,索网表面节点沿径向移动速度即促动器运行速度仅为 1.6 mm/s,可视为一系列静力平衡状态。

(2)FAST 索网结构的主要动荷载为风荷载。前述章节主要采用计算流体动力学(CFD)方法,对 FAST 结构在喀斯特地貌下的风环境进行数值模拟,得到风荷载以吸力为主的结论。然而,FAST 索网结构不同于常规的由两组相反曲率索系组成的索网结构,球面主索网的每个节点均连接了一根径向控制索,对风吸力而言,索网表面外的刚度主要为控制索的轴向刚度,刚度非常大,不再类似于常规索网结构,其主要依靠索网横向变形来抵抗风荷载,因而在风吸力作用下,FAST 索网结构很难振动。基于 CFD 数值模拟获得的风压分布系数,计算了考虑时间和空间相关性的脉动风压时程,采用随机模拟时程分析法,对FAST 索网结构进行了在平均风和脉动风共同作用下的风振响应分析,并对节点位移和索内力响应时程进行统计,得到了其均值响应和峰值响应。结果表明,在工作风速(4 m/s)和极限风速(14 m/s)下,FAST 索网结构的风振响应均很小。工作风速下,主索网节点径向位移的均值响应基本在 0.2 mm 以内,部分主索节点由于其对应控制索长度较大,法向刚度稍弱,但其均值响应也仅为 0.7 mm,相对于测量精度(节点沿反射面法线方向的位移测量精度为1 ~ 2 mm),完全可以忽略;峰值响应基本在 0.8 mm 以内,较长控制索对应节点峰值响应最大为 2.8 mm,该数据通过加大控制索截面可以进一步减小。极限风速下,主索网应力响应特别小,最大峰值响应小于 15 MPa;控制索内力响应相对较大,均值响应基本小于20 MPa,最大峰值响应约 70 MPa。

由以上分析可知,在长期的工作运行中,FAST 索网结构是一个准静态结构,静态应力和节点坐标是反映结构工作状态最主要的物理量。静态监测比动态监测精度高、可靠、稳定,对 FAST 索网结构而言,更为适用、实用。索网应力可采用定时静态采集方式,节点坐标可采用公里级高精度非接触测量方式。因此,对于 FAST 反射面结构,可基于索网应力和节点坐标的监测数据进行故障诊断。

7.1.1　结构故障模式分析

FAST 索网结构在长期变位观测工作过程中，难免会发生各种结构故障，故障原因可能是材料的腐蚀与疲劳、未知的突发荷载作用（如变位控制的促动器运行失控、结构受到冲击等）、使用与维护不当的人为因素等。例如，发生促动器失控故障时，会导致索网张拉过度而引起拉索应力的异常增大，严重时会使索两端连接节点的耳板进入塑性变形阶段甚至造成索破断；在变位往复作用下，钢绞线可能会由于钢丝间的"擦伤疲劳"而造成断丝故障，使得余下钢丝的平均应力提高，在未及时发现的情况下，断丝故障会进一步发展，最终导致索破断。

综上所述，不同类型的故障可能对应着同一种结构状态，同时，结构的故障诊断不应局限在诊断结构"裂纹"类型的小量级变化（如截面长期腐蚀、钢丝间的磨损及其表面微小裂纹等），而应诊断结构使用过程中出现的较为明显的失效状态（如索断丝或破断、耳板在较大拉力作用下进入塑性阶段而引起较大变形等）。结构由于本身缺陷或长期疲劳往复作用，不可避免地会存在微小裂纹，仅仅通过宏观的结构响应来诊断该类故障，目前的技术还不能实现，况且这些故障也并未构成结构真正的失效，结构的宏观响应，特别是静态的，只会发生非常小的变化。

依据 FAST 索网结构主动变位工作等特性，可将结构失效故障归纳为三种基本模式，见表 7.1。识别结构故障位置和基本模式后，辅助人工检测（X 射线、电磁学检测、超声波探伤等），判别具体故障类型。

表 7.1　FAST 索网结构失效故障基本模式

基本模式	失效状态
一	主索破断、连接节点的耳板断裂或塑性发展
二	控制索破断、连接节点的耳板断裂或塑性发展、连接促动器失控而向上异常运行
三	促动器向下异常运行导致索网过度张拉

7.1.2　基于应力监测数据的故障诊断方法

单元应力水平能够直接反映其安全状态，若单元发生故障必然引起其应力的异常变化，因而基于应力监测数据的结构故障诊断是最直接的方式，且无外以下两种方式：

（1）应力监测数据与以往完好、"健康"的应力监测数据直接比较的诊断。

（2）应力监测数据与有限元计算结果直接比较的诊断。

然而，基于应力监测数据的故障诊断只能诊断布设了应力监测传感器的位置。若某索单元或促动器发生故障，只会影响到附近局部区域的索单元，对那些较远处索的应力影响很小，可以忽略不计。图 7.2 给出了球面基准态时随机抽取的 154 号控制索（其位置如图 7.1 所示）在 100 步、每步 5 mm 向下过度张拉过程中附近 8 根索的应力增量。

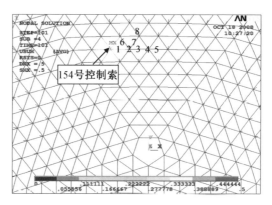

图 7.1　154 号控制索位置局部放大图

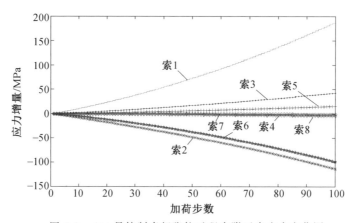

图 7.2　154 号控制索超张拉过程中附近索应力变化图

实际应用时,基于应力监测数据的故障诊断方法,首先应设定 1.5 的预警安全系数,即只要监测索应力超过$[\sigma]/1.5$($[\sigma]$为索极限抗拉强度),就及时预警并停止结构工作;其次进一步对应力监测数据诊断分析。针对球面基准态或抛物面工作态,按照上述两种方式,侧重点又有所不同。

1.球面基准态应力数据的故障诊断

在球面基准态时,应力监测数据应该直接与相同状态应力监测的历史数据直接进行比较,即采用式(7.1)进行判断。当不满足时,则可人为地判断索应力异常变化,即该索单元发生故障。

$$\frac{|\sigma_{测}-\bar{\sigma}|}{\bar{\sigma}}<5\%\tag{7.1}$$

式中　$\bar{\sigma}$—— 以往监测的"健康"应力数据的均值;

　　　5%—— 工程采用的允许偏差。

然而式(7.1)缺乏理论依据,结果可信度也无法评估,而且尽管有些监测值明显偏大或偏小,若在统计意义上仍处于合理的误差限内,则不应将其列为故障异常值。依据中心极限定理,同一状态下的多次应力重复测量数据间的随机误差近似服从正态分布[5],因而可按照式(7.2)构造检验统计量 K 来进一步诊断。

$$K = \frac{|\sigma_{测} - \bar{\sigma}|}{S} : t(n-1) \tag{7.2}$$

式中　S—— 以往监测的"健康"应力数据的标准差;

$t(n-1)$—— 自由度为 $n-1$ 的 t 分布,其概率密度函数见式(7.3)。

$$f(t(n)) = \frac{\Gamma\left(\dfrac{n+1}{2}\right)}{\sqrt{n\pi}\,\Gamma\left(\dfrac{n}{2}\right)} \left(1 + \frac{t^2}{n}\right)^{-\frac{n-1}{2}} \tag{7.3}$$

若 K 大于相应显著性水平 α(本节取 5%)的 t 分布的临界值 T_α,则能够由 $1-\alpha$ 的概率判定 $\sigma_{测}$ 为异常值,即该索单元发生故障。

2.抛物面变位工作态应力数据的故障诊断

当 FAST 索网结构处于缓慢变化的抛物面变位工作态时,同样可以采用式(7.2)进行故障诊断,但是,由于望远镜随机跟踪观测,同一抛物面状态的应力监测历史数据样本可能不足,应用该公式时精度难以保证。因此,还应结合应力诊断的第二种方式,即应力监测数据与同一状态下的有限元模型理论计算结果比较进行诊断,见式(7.4)。

$$\frac{\sigma_{测} - \sigma_{理论}}{\sigma_{理论}} < 20\% \tag{7.4}$$

式(7.4)中 20% 是参照 FAST 30 m 模型张拉成形试验结果来取值的。虽然有限元理论模型和实际模型之间不可避免地存在偏差,参照 FAST 30 m 模型索力监测结果,实测索力均较理论值低 20% 左右,主要是由测量工具(采用手持式索测力计,其适用于裸索,用于带 PE 套的钢绞线时会产生一定偏差)以及索端头连接插销缝隙引起,但是结构仍处于正常状态,且实测节点坐标与理论坐标的径向偏差 RMS 仅为 2.6 mm,精度很高,超过预期值。故依据其工程经验,索应力偏差限值设定为 20%。

7.1.3　基于坐标监测数据的故障诊断方法

相对于应力,节点坐标的变化并不直接反映结构的安全状态,孤立地从某个单点坐标偏差大小做出该位置处的故障诊断是不科学的,且用于判断是否发生故障的阈值也难以确定。所以,应综合所有坐标监测信息,在统计学分析、结构力学和参数识别技术的基础上对结构故障做出准确诊断。

基于坐标监测数据的故障诊断主要分为两步:首先,通过对节点坐标异常数据的简便、快速诊断,近似实时地定位故障点位置,从而能够在线实时安全预警;其次,通过结构分析、参数优化识别等技术,进一步诊断故障点区域的具体单元,这需要一定计算耗时,应采用离线分析的方式。

1.故障点的实时定位

故障点的定位要简便快速、物理意义清晰,研究团队提出了节点坐标异常值统计检验与节点不平衡力判别相结合的方法。

(1)坐标异常值的统计检验方法。节点沿径向偏差值 $\{\Delta d_i\}$ 是反映结构状态的重要指标,可由实测坐标与对应有限元模型理论坐标计算得到(若数据库中有同一状态下"健康"

的历史坐标监测数据,则应计算不同时间的实测坐标偏差值)。若没有发生结构故障或未知的突然荷载,Δd_i 主要由有限元理论计算的简化和假定、测量误差等引起,来自同一统计总体,但总体的统计分布未知。若结构发生故障,则必然引起一个或几个径向偏差值明显的异常,然而坐标偏差不像应力偏差可以直接反映出结构的安全状态,无法直接依据 Δd_i 的大小判断是否出现结构故障。尽管如此,由结构故障导致的异常 Δd_i 在统计意义上与其他值必然是不属于同一总体的,因而可以依据数理统计方法检验出 $\{\Delta d_i\}$ 中的异常值,从而判定对应节点处是否发生结构故障。

异常值检验[6-7] 时,由于总体的统计分布未知,一般有两种选择:将数据正态化,然后采用正态分布的参数化检验方法,或采用非参数检验方法。然而并非所有分布形式都可经变化成为正态分布,且正态化效果难以把握,变化后变量的实际意义不明确,因而采用非参数检验方法则更为简便有效。

Walsh 检验[6] 是一种最常用的非参数检验方法,可用于任意分布对象。使用时不需要临界值表,能够同时检验多个可疑数据,但只适用于大样本情形,当样本容量 n 和显著水平 α 满足以下关系式才有效:

$$\mathrm{Trunc}\sqrt{2n} > 1 + \frac{1}{\alpha} \tag{7.5}$$

式(7.5)中 Trunc 函数代表取整运算。α 取值 5% 时,n 必须在 220 以上,且越大检验功效越好,非常适用于 FAST 主索网节点坐标径向偏差序列异常值检验,这是因为其节点总数超过 2 000,满足要求。

具体检验过程如下:将所获统计数据按从小到大的次序进行排列后,异常值必然处于两侧的位置上,若怀疑该序列 $\{x_i\}$ 中最大的 r 个或最小的 r 个数据为异常的话,首先计算式(7.6)~(7.8):

$$c = \mathrm{Trunc}\sqrt{2n} \tag{7.6}$$

$$k = r + c \tag{7.7}$$

$$a = \frac{1 + \sqrt{\dfrac{c - \dfrac{1}{\alpha}}{\alpha(c-1)}}}{c - \dfrac{1}{\alpha} - 1} \tag{7.8}$$

如果可疑值为序列中的最小值,计算式(7.9):

$$w = x_r - (1+a)x_{r+1} + ax_k \tag{7.9}$$

若可疑值为最大值,计算式(7.10):

$$w = -x_{n+1-r} + (1+a)x_{n-r} - ax_{n+1-k} \tag{7.10}$$

将这 r 个可疑值判定为异常的条件见式(7.11):

$$w < 0 \tag{7.11}$$

本节采用 MATLAB 编制了 Walsh 检验的计算程序,且实际计算时自动确定 r 值,r 值确定原则为使 $w < 0$ 且达到最小值。

Walsh 检验计算简便、快速,具有较好稳健性,非常适用于 FAST 主动变位过程中的实时故障预警和定位。然而任何检验方法都无法绝对避免 Masking 效应(异判正)和

Swamping 效应(正判异),特别是发生 Masking 效应将会使结构存在严重的安全隐患,因而仍需结合其他方法,以保证故障诊断的可靠性。

(2) 节点不平衡力的判别方法。按式(7.12)可直接计算各索拉力 T。若与某主索网节点相连的所有索单元均未发生故障,则由式(7.12)计算得到这些索的拉力与该节点上恒荷载的合力(即节点不平衡力)应该等于零;若与节点相连的某个单元发生故障,则该合力必然远大于零。

$$T = \frac{L_T - L_0}{L_0} \times E \times A \tag{7.12}$$

式中　L_T—— 拉力 T 作用下的索长度,由两端节点实测坐标计算得到;

　　　L_0—— 索下料长度,mm;

　　　E—— 索弹性模量,MPa;

　　　A—— 索截面面积,mm^2。

式(7.12)存在着如下客观的不确定性。

① 索单元由索头(锚具和调节套筒)和钢绞线组成,索头与钢绞线的弹性模量不同,截面面积不一致,两者长度比例也不尽相同,因而造成各索单元的综合弹性模量不尽相同。可参照 FAST 30 m 模型试验,基于抽样索单元的索头和钢绞线的实测弹性模量,以"相等拉力作用,伸长量相等"的原则,换算得到所有索单元的等效弹性模量。

② L_0 含有制造误差,由 FAST 30 m 模型索长的入场抽样实测统计数据可知,索长误差均小于 1 mm,且为负公差,近似服从正态分布。

③ L_T 由实测节点坐标计算,节点坐标测量误差近似服从正态分布,均值为 0 mm 且在 $-1 \sim 1$ mm 范围内变化。

④ 索截面面积近似服从正态随机分布,其变异系数取 0.8%[8]。

采用 MATLAB 编制节点不平衡力的计算程序。首先,对式(7.12)中不确定变量多次随机抽样,统计出各索拉力 95% 保证率的对应值,若其超过 $[\sigma]/1.5$,则进行预警;其次,计算各节点不平衡力的平均值 f_i,若未发生结构故障,则 f_i 应在 0 附近波动,近似认为服从正态分布,故满足式(7.15)。模拟计算次数 n 使抽样计算结果的均值和标准差满足式(7.13)和式(7.14)。若某节点不平衡力 f_j 超过界限 $[\mu_{\{f_i\}} - 2\sigma_{\{f_i\}}, \mu_{\{f_i\}} + 2\sigma_{\{f_i\}}]$,则有理由认为该节点处发生结构故障。

$$\frac{u_{\{f_i\}}(n) - u_{\{f_i\}}(n - \text{check})}{u_{\{f_i\}}(n)} \leqslant 0.1\% \tag{7.13}$$

$$\frac{\sigma_{\{f_i\}}(n) - \sigma_{\{f_i\}}(n - \text{check})}{\sigma_{\{f_i\}}(n)} \leqslant 0.1\% \tag{7.14}$$

$$P(u_{\{f_i\}} - 2\sigma_{\{f_i\}} < f_i < u_{\{f_i\}} + 2\sigma_{\{f_i\}}) = 95.44\% \tag{7.15}$$

式中　$u_{\{f_i\}}$—— 所有节点不平衡力的均值;

　　　$\sigma_{\{f_i\}}$—— 所有节点不平衡力的标准差;

　　　check—— 收敛检验的间隔次数,取 100,即每隔 100 次做一次收敛检验,直至满足要求。

2.故障点区域失效单元的离线诊断

结构故障都是小概率事件且发生在局部区域,大面积发生故障的概率非常低。若假定单个促动器失效概率为 0.01%，则结构中正好有 1 个促动器失效的概率为 18.12%，有 2 个以上同时失效的概率为 2.23%，有 3 个以上同时失效的概率仅为 0.17%。实际上，只有与故障点连接的单元才是可能存在故障的单元，这样使得待诊断的单元数大大减少，故障的具体种类也大大减少。

首先，从诊断出的故障点集中，按照一定判别准则识别出可能发生故障的单元：如果主索发生故障必然对应两端节点同时发生异常，可从点集中搜索出该单元的对应两端节点号，判定该单元及其两端节点所对应的控制索是可能故障单元；如果局部单根控制索发生故障或对应促动器发生故障，可从点集中搜索出该单元唯一对应的主索节点号，判定该单元是故障单元。

其次，定义索单元的故障程度，见式 (7.16)；调用相应状态的有限元理论模型，以可能的故障索单元的弹性模量 E_i 为识别参数，通过优化计算使目标函数 F 最小，见式 (7.17)。

$$D_i = 1 - \frac{E_{i\_diag}}{E_i} \tag{7.16}$$

式中　　D_i——索单元 i 的故障程度；

　　　　E_{i_diag}——索单元 i 的弹性模量诊断值；

　　　　E_i——索单元 i 的弹性模量真实值。

对主索而言，当 $0 \leqslant D_i \leqslant 1$ 时对应故障基本模式一，其中，当 $D_i = 0$ 时对应无故障状态，当 $D_i = 1$ 时对应索完全破断。对控制索而言，D_i 在 $0 \sim 1$ 之间变化与主索意义一致，即对应故障基本模式二。当 $D_i < 0$ 时对应促动器向下过度张拉索网的故障，即故障基本模式三。

$$F = \sum_{i=1}^{n} |x_{ia} - x_{it}| + |y_{ia} - y_{it}| + |z_{ia} - z_{it}| \tag{7.17}$$

式 (7.17) 中，下标 a 代表实测节点坐标；t 代表理论计算坐标；n 代表局部故障区域附近节点个数，由程序自动选取，若确定 k 点发生故障，则选取围绕 k 点最近的 18 个主索网节点。若有监测索单元位于故障区域，则式 (7.17) 中还应包含监测索应力与计算索应力的残差。

基于 MATLAB 和 ANSYS 平台，编制参数化程序，当发现存在故障点时，自动调用优化模块进行故障程度识别。解决最优化问题已有很多比较成熟的算法，如遗传算法、神经网络、模拟退火法等，然而这些算法都只适合于特定的应用场景，各有优劣。本节采用了模式搜索算法[9]，这种算法是一类特殊的直接搜索算法，相对其他算法，由于其简单性和对随机优化问题的广泛适用性，只需对目标函数逐个搜索点进行估值，最终总能找到最优解，因而在很多大型工程问题中有着重要应用，特别适合于工程应用中的很多"坏"函数优化。模式搜索算法不要求任何目标函数梯度的信息，在足够多的迭代次数下能够寻求到全局最优点，能够很好地解决参数数目较大的优化问题，但是因为其采用迭代搜索，通常会导致较高的计算复杂度和存储空间需求，需要一定计算耗时。

模式搜索算法的基本原理如下：确定一个点序列，该点序列呈现越来越接近最优点的趋势。① 依据实际情况，确定初始解 X_0。② 确定称为模式的单位向量集，用于指定搜索方向，当有 n 个优化变量时，则向量集由 $2n$ 个单位向量 e_i 组成，$e_i = (0, \cdots, 0, 1, 0, \cdots, 0)$。③ 将初始解 X_0 作为当前迭代中心点，由此沿 $2n$ 个试探点搜索，$X_i = X_0 + \Delta_i e_i$，Δ_i 为步长，只要找到改善点 $(f(X_{i+1}) < f(X_i))$，则以 X_{i+1} 为新的中心点，步长递增，重复迭代，同时引

入一些搜索策略以加速收敛。最坏情况下，$2n$ 个试探点都已搜索完毕，尚未找到改善点，则缩短步长 Δ_i，在当前中心点 X_i 继续搜索。④ 当迭代次数达到设定值或者误差小于规定值时，终止迭代过程。具体应用时，将诊断单元的故障程度均设为 0，作为起始点，由 MATLAB 平台调用优化主程序，并编制 ANSYS 参数化有限元模型计算的接口，用于计算各试探点的目标函数值。故障诊断方法的具体流程如图 7.3 所示。

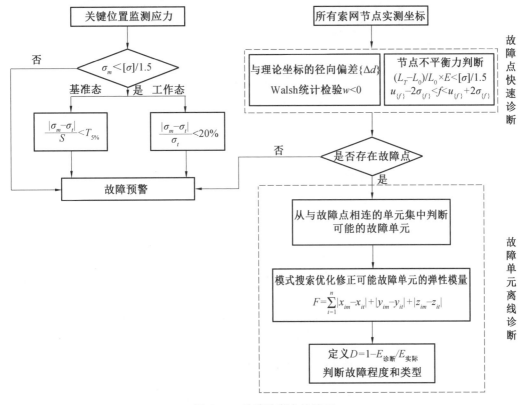

图 7.3　故障诊断方法流程

7.1.4　结构故障诊断数值模拟分析

故障诊断数值模拟时，结构失效故障可任意假定，为能够较为全面地验证本章提出的方法，假定结构发生如下失效故障：在球面基准态下，随机地使 10 根索发生 50% 的断索故障（程序自动选取 8 根主索和 2 根控制索），同时随机地使某促动器发生向下 0.01 m 的超张拉故障。采用 ANSYS 有限元软件，计算发生故障后的结构状态，通过索弹性模量折减 50% 来模拟索破断，通过给控制索下端节点施加沿促动器方向的强迫位移来模拟促动器故障。故障所引起的索网结构节点径向位移如图 7.4 所示，控制索破断或促动器发生故障所引起的对应节点径向位移非常明显，能够很直观地判断出故障点位置；发生结构故障后的主索网应力分布如图 7.5 所示，由图中可以看出，故障单元只改变了附近局部区域索的应力，对位于区域之外索的应力几乎没有影响。

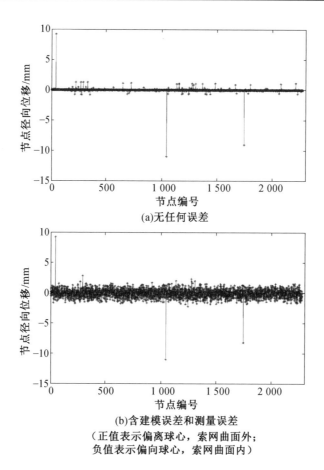

(a)无任何误差

(b)含建模误差和测量误差
（正值表示偏离球心，索网曲面外；
负值表示偏向球心，索网曲面内）

图 7.4　　故障引起的节点径向位移

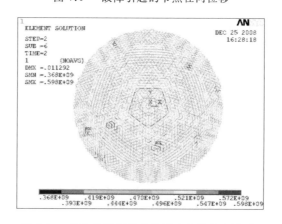

图 7.5　　发生故障后的主索网应力分布（N/m²）

　　基于应力监测数据的故障诊断方法比较直观，未进行数值模拟，只对基于坐标监测数据的故障诊断方法进行数值模拟。计算上述发生结构故障后的主索网节点径向位移，加入有限元建模、测量等误差来模拟假定的实测节点径向偏差。由于误差统计分布无法获知，为验证方法的一般性，假定误差取值为两部分之和，见表7.2。一部分服从正态分布，较为符合测量误差的统计分布；另一部分服从极值分布，较为符合结构突发故障（类似极值荷载）的统计分布。假定误差大小取值的依据如下：① 节点径向位移实际测量精度为 $1 \sim 2$ mm；②FAST 30 m 模型张拉成形试验结果表明，理论计算坐标与实测坐标的径向偏差 RMS 为 1.8 mm，即平均每个节点径向偏差在 2 mm 左右。加入误差之后，除控制索破断或促动器故障所引起的节点径向位移外，其他均被误差严重"污染"，如图 7.4 所示，因此直接根据位移值无法确定其是否发生故障。

表 7.2　假定的建模及测量等所产生的节点径向位移误差　　　　　　　mm

	分布类型	统计参数	截断范围
误差 1	正态分布	均值 0，标准差 1	$-1 \sim 1$
误差 2	极值分布	位置 0，尺度 0.5	$-1 \sim 1$

采用 Walsh 检验方法时，首先诊断出明显异常的由控制索破断或促动器故障引起的节点径向位移值，对应节点为故障点，去除这些异常位移值后，再次应用 Walsh 检验方法对剩余"污染"严重的位移值进行诊断，最终 Walsh 检验方法诊断出的故障点如图 7.6(a) 所示，并未诊断出全部故障点；计算节点不平衡力，进一步判断故障点，将 Z 向不平衡力落于界限外的节点判定为故障点，如图 7.6(b) 所示。由此共诊断出 20 个故障点，实际上故障单元为：8 根主索对应 16 个故障点，2 根控制索和 1 个促动器对应 3 个故障点，共 19 个故障点，"实际"故障点位置及诊断出的故障点位置如图 7.6(c)(d) 所示。上述方法准确诊断出"实际"故障点，但有一个冗余点，故方法有效、可行。

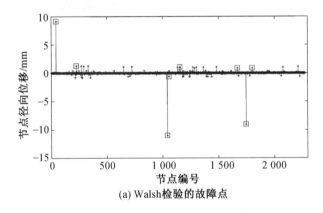

(a) Walsh 检验的故障点

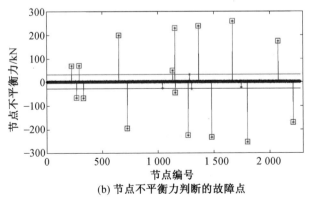

(b) 节点不平衡力判断的故障点

图 7.6　故障点位置诊断

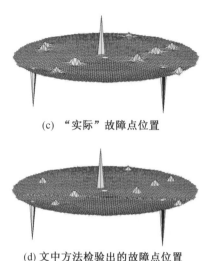

(c) "实际"故障点位置

(d) 文中方法检验出的故障点位置

续图 7.6

由诊断出的结构故障点集,按本节方法判别出故障点区域存在着 33 个可能发生故障的单元,其中准确包含了 11 个"实际"故障单元,同时选取了 245 个节点的坐标,用于参数优化识别的目标函数值计算。模式搜索优化迭代计算过程中目标函数值如图 7.7(a) 所示,目标函数值最终趋于一个非零的稳定值。可能故障单元的故障程度的最终诊断值 D_i 如图 7.7(b) 所示,D_i 为 -3.6 的值对应发生故障的促动器(即故障模式三),D_i 为 0.5 左右的值对应发生故障的主索单元(即故障模式一)和控制索(即故障模式二),由此准确诊断出所有故障单元。数值模拟的诊断结果具有很好的精度,"实际"故障索单元的故障程度诊断误差最大为 6.25%,均值仅为 0.7%;而没有发生故障的索单元被误诊,误差最大为 12.5%,均值仅为 3.1%。所以,本章提出的方法能够满足 FAST 工程应用要求。除了判断明显较大的 D_i 为故障单元外,还设置了程序自动判别准则:D_i 为负值,判定为故障模式三;D_i 为正值时,计算所有正值 D_i 的均值 $\mathrm{mean}(D_i)$ 和标准差 $\mathrm{std}(D_i)$,若超出界限 $\mathrm{mean}(D_i) \pm 2\mathrm{std}(D_i)$,则判断该单元发生故障,若为主索单元,即故障模式一,若为控制索单元,即故障模式二。

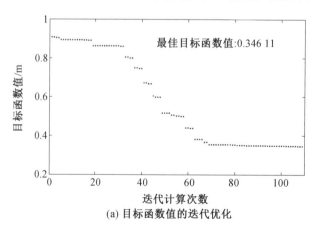

(a) 目标函数值的迭代优化

图 7.7　故障程度诊断

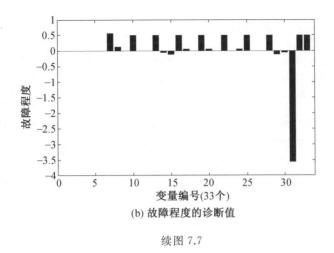

(b) 故障程度的诊断值

续图 7.7

7.2　FAST 结构安全评定方法研究

为保障望远镜安全运行,结构故障诊断是必须要实现的。在未知因素作用下结构一旦发生故障,就必须及时诊断,从而避免扩大恶性事故的影响。然而更多时候,未知故障发生之前结构的安全性更是必须关注的,结构发生故障毕竟是小概率事件,因而在下一次检测之前结构在各种荷载工况下的安全性是必须要被管理人员掌握的。针对 FAST 索网结构特点,其结构安全的评定应包括两方面:长期主动变位工作后结构剩余疲劳寿命的评定,结构在各种荷载工况下的静力安全储备评定。

7.2.1　结构剩余疲劳寿命评定方法

针对望远镜工作特点,剩余疲劳寿命定义为发生疲劳破坏之前望远镜的剩余观测工作次数,显然对于每根索,其剩余疲劳寿命是各不一致的,第 j 根索的剩余疲劳寿命 N_{r_j} 可按式(7.18) 计算:

$$N_{r\_j} = (1 - \sum_{i=1}^{k_j} \frac{n_i}{N_i}) \times N_{cj} \tag{7.18}$$

式中　k_j —— 已发生应力历程分解出的不同水平应力循环的总数;

　　　n_i —— 已发生应力历程分解出的第 i 级应力水平的应力循环次数;

　　　N_i —— 已发生应力历程分解出的第 i 级应力循环的等幅疲劳寿命;

　　　N_{cj} —— 长期主动变位下第 j 根索的疲劳寿命,具体见 5.2.4 节。

整体结构的剩余疲劳寿命 N_r 定义为各索的剩余疲劳寿命最小值,按式(7.19) 计算:

$$N_r = \min(N_{r\_j}) \tag{7.19}$$

已发生的疲劳应力历程,应同时从两个途径获取:① 根据实际的望远镜跟踪观测历史记录,通过有限元模拟计算获取已发生的疲劳应力历程;② 在疲劳危险区域布设应力监测传感器,监测结构关键位置的实际疲劳应力历程。两者相互校核,按照式(7.18)和式(7.19)计算,即可给出可靠的结构剩余疲劳寿命评定结果。

7.2.2　结构静力安全储备评定方法

针对 FAST 索网结构,其静力安全可由各种荷载工况下索网最大应力与拉索极限强度的比值来评定,要求其在 $1/2.5 \sim 1/2.0$ 范围之内。

监测结构关键位置的索应力,将其与结构安全预警限值直接比较,已经是在对结构的静力安全进行评定,但是这只能针对有限的测点位置。因而,为了能够更全面地反映结构安全状态,应在有限元分析模型重构的基础上进行结构安全评定,即输入每天预测的最大荷载,评定由重构模型计算出的索网最大应力是否处于安全界限内。鉴于 FAST 望远镜的特殊功能要求,应实时测量所有主索网节点坐标、关键位置的构件应力等,为模型重构提供了其他大型结构几乎不可能有的大量结构信息。

模型重构的目的是重新建立一个与实际状态更符合的结构有限元模型。针对 FAST 索网结构特点,本节提出了模型重构的具体流程,如图 7.8 所示。

首先,在索网安装之前抽样实测拉索的弹性模量并按"相等拉力作用,伸长量相等"原则计算所有拉索的等效弹性模量,修正初始有限元模型中索单元的弹性模量;实测基础锚固点及圈梁节点坐标,将锚固点坐标施工偏差作为约束位移施加到有限元模型中,对于圈梁连接节点坐标的施工偏差,则直接修改节点坐标,同时对与节点连接的拉索按照原长不变的原则修正索的初始应变值。

其次,采用逆迭代法进一步修正有限元模型:根据实测数据(索节点坐标和索单元内力,建模时索单元内力转化为初始预应力输入)建立初始计算模型,计算后把节点偏差反向加于初始计算模型上(改变节点初始坐标),不改变索初始预应力,建立新的初始计算模型,再重复上述过程,直到索网平衡位置与实测值一致,此过程一般只需迭代 2、3 次,即可获得更新后的有限元模型。

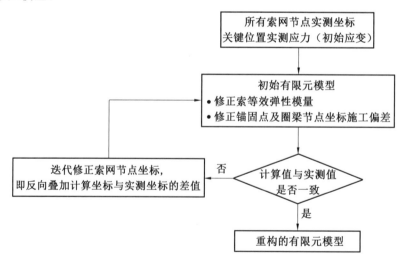

图 7.8　有限元模型重构具体流程

7.2.3　结构安全评定数值模拟分析

1.结构剩余疲劳寿命

本节任意模拟了随机观测工作 20 000 次和 50 000 次(见表 7.3),通过统计分析获得了长时巡天(巡天)和随机独立(随机)两种跟踪方式的时间和次数,按照第 5 章中 5.2 节方法生成相应的疲劳应力历程,采用实时雨流计数方法分解,从而计算出结构疲劳损伤累积程度(即最危险索的损伤累积程度)和预测剩余疲劳寿命,见表 7.3。

表 7.3　结构剩余疲劳寿命评定方法的数值模拟验证结果

观测次数	时间	损伤累积	已有疲劳损伤对应寿命 /次	预测剩余疲劳寿命 /次
20 000	巡天 732.4 d/6 286 次 随机 732.1 d/13 714 次	$\sum \dfrac{n_i}{N_i} = 0.060\ 74$	$0.060\ 74 \times 327\ 680 \approx 19\ 903$	307 777
50 000	巡天 1 833.7 d/15 260 次 随机 1 825.8 d/34 140 次	$\sum \dfrac{n_i}{N_i} = 0.150\ 94$	$0.150\ 94 \times 327\ 680 \approx 49\ 460$	278 220

2.结构有限元模型重构

以 FAST 30 m 模型索网张拉成形试验中的实际应用为示例介绍结构有限元模型重构。FAST 30 m 模型如图 7.9 所示,其反射面半径为 18 m、口径为 30 m,主索网节点共 145 个,主索共 472 根,其直径分为 8.7 mm、9.6 mm、10.3 mm 三种规格,长度均 3 m 左右;控制索直径均为 7.8 mm,长度 1 ~ 6 m 不等[10]。主索网四周和钢圈梁相连,圈梁下设 16 根均匀布置的钢柱,钢圈梁和钢柱均采用 H 型钢。

FAST 30 m 模型索网张拉前,实测锚固点和圈梁节点的施工定位坐标以确定其偏差情况;分别对 4 种不同截面的拉索各抽取 2 根,分级张拉,同时记录索的总伸长量和索段(钢绞线部分)的伸长量,从而计算不同截面的索段和索头的弹性模量(按索段截面面积折算),见表 7.4,假定同一规格索的索段和索头的弹性模量分别相同,按"相等拉力作用,伸长量相等"原则计算出每根索的等效弹性模量,如图 7.10 所示,可见其具有一定离散性,因而修正索的等效弹性模量是必要的。

FAST 30 m 模型索网张拉时,整体分 6 级张拉,并采用促动器进行张拉,张拉时间较短(每级张拉仅需约 1 min)。索网坐标采用全站仪实测,索内力采用索力仪人工实测,所需时间较长(全部实测一次约 5 h),因而只对第五级和第六级张拉后索网节点坐标和内力进行了实测。第五级张拉后的节点实测坐标与初始模型中的理论节点坐标差值、应力差值如图 7.11 所示;为了控制误差,避免较大的误差带入下一施工工序从而造成最终累积偏差过大,依据实测数据对第五级张拉后的初始模型进行修正,修正之后的模型坐标与实测坐标的三向绝对差值均小于 1 mm,修正模型的理论索力与实测索力如图 7.12 所示;依据修正模型重新计算第六级张拉后的索网坐标和内力,并与第六级张拉后的实测数据进行比较,如图 7.13 所示,坐标差值统计见表 7.5,由结果可知,修正后的模型比初始模型更能反映实际模型。实际上,由于全站仪测量精度较高(可达 0.1 mm)、索测力仪精度较差,实测坐标与索力并不匹配,实测坐标与索力其实是一个不平衡状态的数据,导致修正后的理论数据与实测数据仍存在一定偏差,若能进一步提高测量精度,修正模型将更接近实际模型。综上所述,修正方法是可行、有效的。

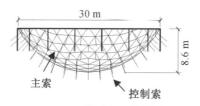

(a) FAST 30 m 模型索网结构侧视图

(b) FAST 30 m 模型试验索网成形后状态

图 7.9　FAST 30 m 模型

表 7.4　不同截面的索段与索头的实测弹性模量 　　　　　　　　　　N·m^{-2}

	直径 7.8 mm	直径 8.7 mm	直径 9.6 mm	直径 10.3 mm
索段	$1.963\ 3 \times 10^{11}$	$1.960\ 0 \times 10^{11}$	$1.995\ 0 \times 10^{11}$	$2.010\ 0 \times 10^{11}$
索头	$1.190\ 2 \times 10^{12}$	$1.061\ 6 \times 10^{12}$	$6.894\ 9 \times 10^{11}$	$6.308\ 3 \times 10^{11}$

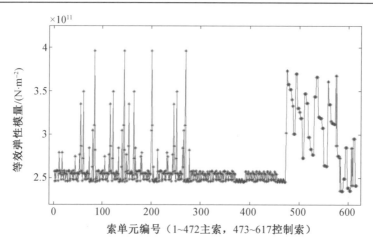

图 7.10　各索单元的等效弹性模量

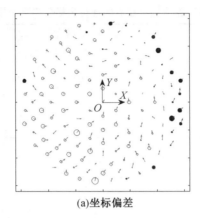

(a)坐标偏差

（圆圈直径代表径向偏差大小，实心圆表示偏离球心，空心圆表示偏向球心；
箭头长度代表切向偏差大小，方向表示在XY平面内的偏移方向）

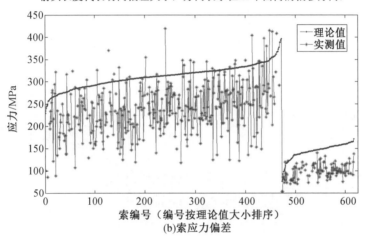

(b)索应力偏差

图 7.11　第五级张拉后的初始模型理论状态与实测状态的差值

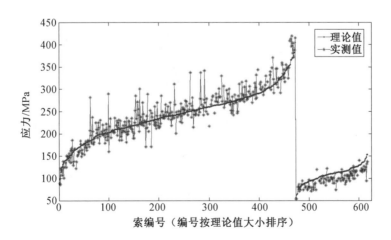

图 7.12　第五级张拉后的修正模型理论索力与实测索力的比较

表 7.5　　第六级张拉后的理论坐标与实测坐标的差值　　　　　　　　mm

	径向差值			切向差值		
	最大	均值	均方差	最大	均值	均方差
基于初始模型的理论坐标与实测值比较	17.9	4.1	5.5	11.4	5.4	6.0
基于修正模型的理论坐标与实测值比较	13.2	2.8	2.5	5.2	2.3	1.1

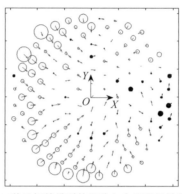

(a)基于初始模型的理论与实测坐标差值

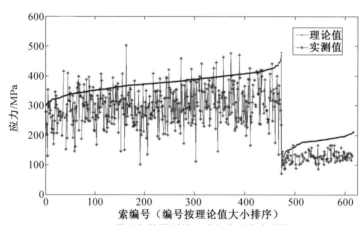

(b)基于初始模型的理论与实测索力偏差

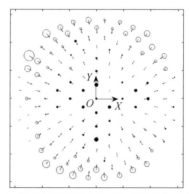

(c)基于修正模型的理论与实测坐标差值

图 7.13　　第六级张拉后的理论状态与实测状态的差值

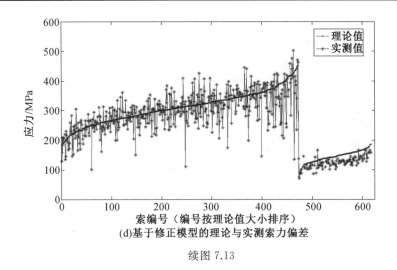

(d)基于修正模型的理论与实测索力偏差

续图 7.13

7.3　FAST 健康监测系统总体方案分析

7.3.1　系统构成及功能

FAST 健康监测系统安装了先进、适用的传感器和采集系统,实时监测结构的外部荷载作用和响应,通过在线故障预警和离线结构分析,及时掌握望远镜的结构状态、评估结构工作性能,为望远镜结构安全运行、维修决策提供科学依据。

1.系统构成

FAST 健康监测系统由 4 部分构成。

(1)传感器子系统。主要由不同类型的传感器组成,研究内容包括传感器的选型、安装工艺、测点优化布置等。

(2)数据采集和传输子系统。主要由现场传输线路和将各种类型信号转换为数字信号的数据采集硬件设备及所开发的数据采集软件系统组成,能够紧密结合传感器子系统布设合理传输线路,并对采集硬件进行优化选型、开发专用数据采集软件系统。

(3)结构分析及安全评定子系统。主要基于 MATLAB 和 ANSYS 等分析软件以及监测数据,能够进行结构分析和响应预测,实现对结构所处工作状态的健康诊断与预警。

(4)系统集成及数据管理平台。主要建立公共集成平台,协调各子系统共同运行,完成数据的传递、图形显示、文本查询、统计分析等功能。

2.系统功能

针对 FAST 反射面主动变位结构,其健康监测系统的运行应满足:索网张拉施工时的连续监测、索网基准态的定期连续监测、索网工作变位的同步连续监测。其主要功能如下。

(1)外部荷载作用和结构响应的实时监测。

(2)结构有限元分析和响应预测。

（3）主动变位过程中的结构故障诊断与预警。

（4）结构剩余疲劳寿命预测。

（5）结构静力安全储备评定。

（6）数据存储、显示、查询、统计分析等。

7.3.2 系统监测内容

监测内容的选择首先应尽可能地反映结构实际工作状态，其次应结合成本限度，从大量可选的监测项目中选择出适当的实用项目。对于一些特殊的监测项目，如拉索腐蚀等，由于需要专门设备，可采用定期的临时检测方式，不必集成到整体系统中。

监测内容分为两个方面：外部荷载作用和结构响应。长期作用在 FAST 反射面结构上的主要荷载包括风荷载和温度荷载。通过长期监测，统计荷载特性，为准确预测结构响应提供荷载输入。结构响应的监测不仅是结构有限元分析模型验证的基础，更是结构故障诊断和安全评定的依据。针对 FAST 反射面结构特点，选择的主要监测项目见表 7.6。

表 7.6　主要监测项目

类型	监测项目
外部荷载作用	风荷载（风速、风向、风攻角、结构表面风压）
	温度荷载（日照不均匀温差、季节温差）
结构局部响应	索力
	钢圈梁结构应力
	索疲劳累积损伤
结构整体响应	节点坐标变化、加速度
	地锚基础沉降

7.4　FAST 传感与数据采集系统开发

7.4.1　传感器优化选型

本书根据如下原则确定传感器的选型：① 先进性原则。根据监测要求，尽量选用技术成熟、性能先进的传感器。② 实用、可靠性原则。保证传感器在服役环境下安全、可靠运行，传感器经济实用。③ 可维护、可扩展原则。传感器易于维护和更换。④ 耐久性原则。选用耐久性好和抗干扰强的传感器。

传感器数量一般结合成本限度和结构重要性，依据传感器测点优化理论确定，并考虑一定的冗余度，可适当参考类似已建大型结构监测系统。

1.温度传感器

温度传感器要求能够测量结构表面绝对温度，具有较高精度（误差 < 1 ℃），量程满足历史最低温度和最高温度的要求。

目前各种原理的温度传感器很多，如铂电阻温度传感器、热电偶温度传感器、光纤光栅温度传感器等。其中,铂电阻温度传感器利用导体或半导体阻值随温度变化的特性实现温度监测,适合中低温区域监测,具有良好的长期稳定性,能够自我标定、无须补偿,且成本较低;热电偶温度传感器利用热电效应实现温度监测,具有量测精度高、测量范围广的特点,但是其测量需要冷端温度补偿,且在低温区测量精度相对较差,成本也较高;光纤光栅温度传感器作为一种新兴传感器,具有传热快、不受外力影响、保持准分布式能力等优点,但价格比较昂贵。

综合比较各传感器优缺点及性价比等因素,选择 PT100 铂电阻温度传感器,其主要性能指标见表 7.7,并根据不同布设位置选择不同的封装样式和传感器外形,可选用金属壳封装 STT－R 系列铂电阻温度传感器。

表 7.7　PT100 铂电阻温度传感器主要性能指标

产品图片	量程 /℃	温度误差 /℃	安装方式	公称压力 /MPa	外壳尺寸 /mm
	$-50 \sim 100$	$\pm (0.15 + 0.002 \mid t \mid)$	黏接	10	$D = 2 \sim 8$ $L = 10 \sim 50$

2.风向风速仪及风压传感器

风向风速仪及风压传感器均要求可以测量脉动风,量程要满足 4 m/s 工作风速、20 m/s 极限风速的测量,适用于风吹雨淋环境,工作温度满足建设地点全年最低和最高温度要求。

目前,不同原理的风向风速传感器产品较多,如叶轮式风速仪、超声波风速仪、陀螺风速仪等。根据选型要求并对多种产品进行性能比较,可选择美国 R.M.YOUNG 公司的 81000v 型三维超声风向风速仪,其性能较好且价格低廉,能够同时监测风速、风向、风攻角和环境温度,在我国的高层建筑与桥梁结构上多有使用。该风速仪由不锈钢、热塑料、电镀氧化铝等材料制成,均为固定件,具有优良的外界环境耐久性,其主要性能指标见表 7.8。

风压传感器的性能指标主要包括精度、量程、工作环境和质量等。可选用 LLE－1－500 系列压力传感器。该传感器采用了目前先进的压力传感器技术和工艺,具有极轻的重量和扁平外形,可以直接粘贴在其他压力传感器无法安装使用的测试体上,具有良好的抗潮防护性能,在风洞、飞行试验、喷嘴和机身压力测试等方面应用广泛,其主要性能指标见表 7.9。

表 7.8　81000v 型三维超声风向风速仪主要性能指标

产品图片	性能	指标
	风速范围	$0 \sim 40$ m/s
	风向范围	$0° \sim 360°, \pm 60°$
	分辨率	风速 0.01 m/s,风向 0.1°
	温度	$-50 \sim 50$ ℃
	采样频率	$4 \sim 32$ Hz

表 7.9　LLE－1－500 系列压力传感器主要性能指标

产品图片	性能	指标
	最大压力	$0.17 \sim 3.5$ MPa
	综合精度	$\pm 0.25\%$FS
	工作温度范围	$-40 \sim 140$ ℃
	线性振动	$\leqslant 30\ 000$ g
	质量	2.5 g

3.坐标监测传感器

FAST 反射面结构空间尺度巨大、精度控制要求严格,需要公里距离、毫米级的非接触测量技术,测量系统已成为 FAST 项目研究的主要课题之一。反射面形状测量要求采样周期小于 1 min,均方差精度为 2 mm。节点沿反射面径向位移是测量的重点,其精度要求 1～2 mm。反射面上节点数超过 2 000,照明区内节点数接近 1 000,测量数目巨大,必须采用分区同步测量方法。测量时,在每个节点块顶面粘贴一光学靶标,建立 9 个近景测量基站,每个基站上建设精密旋转平台并配备数码相机,采用高精度数码扫描测量方法,对坐标进行分区同步扫描测量,如图 7.14 所示。

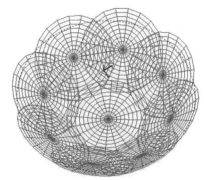

(a) 节点光学靶标　　　　　　　　　(b) 同步扫描观测分区

图 7.14　坐标分区同步扫描测量

4.索力监测传感器

索力监测传感器要求能够连续绝对测量,具有良好的耐久性和稳定性,满足精度要求(误差限在 ±5% 以内),最大量程与索的极限拉力相同或略高,工作温度满足建设地点的最低和最高温度要求。

索力是重点监测对象,目前各种索力测量方法[11-13] 的基本原理见表 7.10。针对 FAST 细长索,适用传感器有电阻应变计、振弦应变计、光纤光栅应变计和索测力仪。经过对比得到各自优缺点如下:① 电阻应变计使用最为成熟,但是传统电阻应变片耐久性较差,不能满足长期监测的要求,近几年来出现的经特殊工艺封装后的电阻应变计则克服了其耐久性差的问题,使其长期监测成为现实。② 振弦应变计是工程上运用成熟的应变监测传感器之一,不受断电影响,经特殊封装后其耐久性良好,性价比较高。③ 光纤光栅应变传感器是一种新型传感器,基于光信号测量,具有高精度、不受电磁干扰、准分布式测量等优点,但是成本较高,特别是配套的解调仪数据采集设备价格较为昂贵。④ 索测力仪是一种人工检测方法,可用于其他监测传感器的验证以及未安装传感器的拉索的临时内力检测,其操作方便,精度高(标定后误差可控制在 ±3% 以内)。

表 7.10　各种索力测量方法的基本原理

测试方法	原理	绝对测量
电阻应变计	应变引起电阻的变化	不能
振弦应变计	振弦频率与弦拉力成正比例	不能
光纤光栅应变计	应变引起波长漂移	不能
索测力仪	基于索的横向位移与拉力、横向力、长度之间的函数关系	能
磁通量法	根据索力、温度与磁通量变化的关系推算索力	不能
穿心式压力传感器	敏感元件(或应变计)输出与压力成一定关系的电信号	不能
频率法	约束条件已知的条件下拉索的自振频率与索力的对应关系	能
静态线形索力测定	测得索上三点的相对位置,求解非线性方程(组)	能

综合考虑,建议选用电阻应变计、振弦应变计和索测力仪。电阻应变计和振弦应变计均是电信号,其信号传输易于集成到促动器的机电控制系统中。相对而言,光纤光栅传感器成本较高,性价比较低。电阻应变计可采用 KCW 系列可焊接防水应变片,该型号应变片具有自补偿功能,无须设置补偿片且具有良好的防水、防潮性能,无须涂覆处理而直接焊接或黏接于构件表面,其主要性能指标见表 7.11。电阻应变计可在索端锚具处预留一小段作为应变片安装位置(在 FAST 30 m 模型中已经采用了该方式)或设计一个专用夹具,应变计安装示意图如图 7.15 所示。振弦应变计的主要性能指标见表 7.12。手持式索测力计如图 7.16 所示。

具体应用时,可预先采用手持式索测力计测量绝对索力,然后再采用应变传感器自动测量索力变化值。

表 7.11　KCW 系列可焊接防水应变片主要性能指标

产品图片	最大量程	工作温度	精度	疲劳寿命	安装方式
	9 000 $\mu\varepsilon$	$-20\sim100$ ℃	$1\sim2$ $\mu\varepsilon$	1×10^{6} ($\pm1\,000$ $\mu\varepsilon$)	焊接

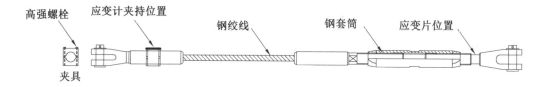

图 7.15　应变计安装示意图

表 7.12　振弦应变计主要性能指标

产品图片	最大量程	工作温度	精度	安装方式
	6 000 $\mu\varepsilon$	$-40\sim150$ ℃	$\pm0.1\%$ FS	夹接

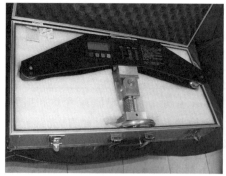 

(a)索测力计　　　　　　　　(b)FAST 30 m模型试验中测试

图 7.16　手持式索测力计

5.疲劳监测传感器

目前实际工程(如中国香港青马大桥、润扬长江大桥)的疲劳监测[14]仍多数直接采用应变片测量得到若干天的应变时程曲线,统计分析其标准样本,假定全寿命期间内的应变历程是这个标准样本的重复,利用雨流计数等方法得到疲劳应力谱,从而对关键构件的疲劳寿命进行评估。针对 FAST 主动变位疲劳监测,可直接对应变时程曲线采用实时雨流计数,实时计算结构已有疲劳损伤,从而评估结构剩余疲劳寿命,并实时存储分解后的各级应力循环,以便将来再次分析时直接调用历史已有的疲劳应力作用。

这种方法需要长期进行实时信号采集,并不是最为理想的方法,目前普遍认为疲劳寿命计是监测疲劳状态的最理想元件,但其仍处于试验室产品阶段,尚未能应用到实际工程结构上,其实际应用还有待于工艺技术的进一步发展。疲劳寿命计外形与普通应变片相似,但其敏感栅的合金成分、加工工艺、热处理规范、工作原理和检测方法等却与普通应变片不同。普通应变计是实时应变的检测元件,荷载卸除后电阻变化恢复。疲劳寿命计的电阻变化直接反映了它所参与的疲劳历程,其最终的电阻变化量是循环加载下电阻累积变化量之和,具有电阻累积记忆功能,荷载卸除后电阻变化值保留,电阻累积值与加载参数(循环应变幅和循环次数)呈单调函数关系,根据其电阻变化量可推算构件使用寿命和剩余寿命。

6.加速度传感器

加速度传感器主要监测风荷载下的风致振动。针对 FAST 索网结构,加速度传感器主要用于监测节点振动,对于一些较长的控制索,则可适当或临时测试拉索自身振动。通过对结构振动响应的监测,可以更加了解结构实际性能,也可以进一步验证结构设计。加速度传感器种类主要有压电式、电容式和伺服式。压电式价格最低,但其只适用于高频振动的测试,一般厂家给出的下限频率为 0.1 Hz,但实际使用中,其下限频率往往在 3 Hz 以上;电容式和伺服式价格较高,其最低频率范围可以达到直流 DC。

FAST 索网结构自振频率分布密集,前 25 阶为 0.9 ~ 2.8 Hz,低阶振型以切向为主。节点为空间三向振动,且由于索网轻、质量小,要求加速度传感器的质量小,对结构不产生附加影响或影响最小。加速度传感器的频响范围下限值必须小于 0.9 Hz,故应采用低频加速度传感器。选用 DH301 电容式三向加速度传感器,直流(零频)响应、体积小、质量轻,可直接黏接(或螺栓固定)于节点上,其主要性能指标见表 7.13。

表 7.13　DH301 加速度传感器主要性能指标

产品图片	最大量程	频率范围	灵敏度	横向比	外形尺寸	质量
	20 g	0 ~ 1 800 Hz(X) 0 ~ 1 800 Hz(Y) 0 ~ 1 800 Hz(Z)	~ 66 mV/ms^{-2} (X,Y,Z)	≤ 5%	12 mm × 14 mm × 8 mm	8 g

7.4.2　传感器优化布置

实际工程中,在所有结构自由度节点上安置监测传感器,不可能也不现实,因此需要利用尽可能少的传感器获取尽可能多的结构信息,即优化布置有限个传感器,从而获得传感器成本与预期监测性能之间的最佳平衡[15]。

1.荷载监测传感器

荷载监测传感器布置如图 7.17 所示,主要包括风向风速仪、风压传感器和温度传感器 3 种。

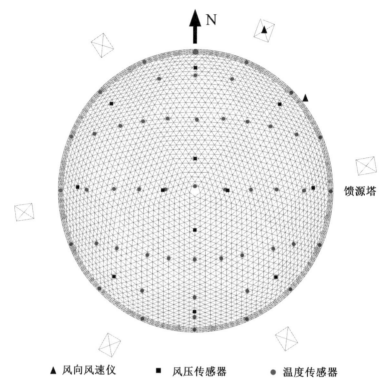

▲ 风向风速仪   ■ 风压传感器   ● 温度传感器

图 7.17　荷载监测传感器布置

3 种荷载监测传感器的布设要求如下。

（1）风向风速仪应安装在风荷载较大、较开阔和受结构外形影响较小的位置,应沿常年风向（FAST 工作台址全年以东北风居多）在圈梁顶面和馈源塔上各布设 1 个风向风速仪。

（2）FAST 周围地形对来流产生一定阻塞作用,反射面结构表面风压场整体呈风吸力作用,最大负压多出现在迎风前缘,存在较为明显的不利风向角,最不利风向为西南风。根据 FAST 反射面结构表面风压分布特点,在反射面边缘附近的上下表面各布设 8 个风压传感器,在中心位置附近的上下表面各布设 4 个风压传感器,共 24 个。

（3）温度荷载有季节温差和日照温差,布设的温度传感器应能监测环境温度和结构温度场内的温度梯度分布。根据前述章节日照非均匀温度场的数值模拟结果,随着太阳东升西落,由于结构表面在不同时刻受到不同太阳辐射强度照射和阴影遮挡等作用,在上午和下午结构不同部位之间都存在较大的温差,整体而言,非均匀温度场核心由偏西向偏东移动,结构温度变化梯度沿东西方向相对较大。根据日照非均匀温度场分布特点,沿东西向适当加密测点,并且东西向边缘位置又要比中心位置适当加密,共 84 个测点。

2.结构响应监测传感器

3 种结构响应监测传感器的布设要求如下。

（1）通过监测各种荷载工况下的较大索力可得到结构的安全状况，布设索力监测传感器就是为了测得这些局部"热点应力"。因此，索力监测传感器测点布设原则是：布设于应力较大的杆件、不利杆件较为集中的区域；同时，为方便系统布设与数据传输，测点不宜过于分散，应服从分块集中的原则。对于 FAST 索网结构，主索和控制索应分别处理，后者应力远小于前者，但由于与控制索相连的促动器是一个机械装置，设计强度为 10 t，因此主索按照应力较大的原则选取，控制索则按照拉力较大原则选取。通过对 361 个均匀分布的不同位置抛物面变位模拟的有限元计算，按照最大的应力分布次序以及最不利杆件较集中的位置，选择了 110 根主索和 40 根控制索，共计 150 根监测构件，其位置如图 7.18 所示。

（2）疲劳监测传感器按照第 5 章分析结果，布设在疲劳危险区域，选择了 5 根主索，其位置如图 7.18 所示。

（3）加速度监测传感器布设原则是：布设于风致振动较大的位置，即具有较大模态动能的节点，模态动能的计算见式（7.20）。本节按照前 10 阶模态各自由度总的模态动能排序进行选取，并避开那些转角自由度和无法安放仪器的自由度。这些节点在动力作用下响应较大，是最可能发生损伤的位置，同时也有利于数据采集以及提高测量抗噪能力。加速度监测传感器最终布设位置如图 7.18 所示。

$$KE_{in} = \varphi_{in} \sum_j M_{ij} \varphi_{in} \tag{7.20}$$

式中　　KE_{in}——第 n 个目标模态中与第 i 个自由度相关的动能；

　　　　φ_{in}——第 n 个模态的第 i 个分量；

　　　　M_{ij}——有限元质量矩阵的第 i 行第 j 列。

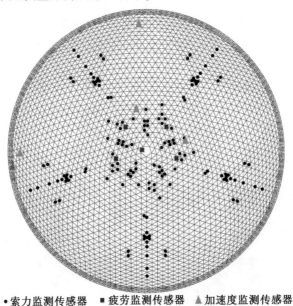

• 索力监测传感器　■ 疲劳监测传感器　▲ 加速度监测传感器

图 7.18　索力、疲劳和加速度监测传感器布置

7.4.3 数据采集软硬件系统开发

1.数据采集硬件系统合理选型

数据采集硬件系统主要是指采集箱、采集卡、数据传输设备等硬件系统,该部分是信号调理、模拟信号与数字信号进行转换的执行系统,其选型是否合适对采集信号的质量好坏有着直接影响[16]。因此该部分的合理选型至关重要,选型时主要考虑以下因素[17-19]。

(1) 与传感器的兼容性。监测系统传感器均为电信号传感器,采集系统要与此兼容。

(2) 系统的采样频率。风压传感器、加速度传感器等采集信号随时间变化较快,为动态信号;而温度、索应力等随时间变化缓慢,即使在工作变位时,促动器连续拉伸或放松的速度仅为 0.2 mm/s,索网变形非常缓慢,是一个准静力过程,应采用静态采集硬件定期间隔采样。

(3) 信号调理能力。要求系统具有较高的滤波、去噪等信号调理能力。

(4) 可维护性和易扩展性。系统应具有良好的可扩展性和可维护性,可根据需要通过增减硬件设备适当地增减采集内容。

(5) 耐久性和稳定性。室外风吹雨淋等不利环境要求采集系统应具有良好的耐久性和稳定性,同时现场工作时应采用封装箱等设备进行相应的封装处理。

(6) 与软件系统兼容能力。要求可以方便地对硬件系统进行配套软件开发,在不影响硬件系统工作的基础上,适当增减软件功能,从而提高效率。

基于以上选型原则,并考虑性价比因素,可选择美国生产的 CR1000 采集仪作为静态信号量测主机,通过 AVW2000 弹动式转换模组与 CEM416 扩展模组实现电阻应变式传感器、振弦式传感器和温度传感器的通道扩展及集成采集。而加速度传感器、风压传感器等动态信号采集可选用 DH5971 动态信号采集仪,内置专用 PC104 工控机,配备防水防尘机箱,每个采集机箱最多32通道数采,每通道独立的16位 A/D 转换器用于振动信号的采样,保证所有通道并行同步工作,采样速率可达 128 kHz/通道。该设备集信号调理、滤波器、电压放大器、A/D 转换器于一体,可根据测点要求增减测量通道,且能够采用多通道并行切换的方式,如对于 FAST 多测点的风压传感器,用切换开关有选择地对传感器分别采样,从而可以减少高频同步采样的动态数据。数据采集硬件如图 7.19 所示。

(a) CR1000采集仪　　　　　　　　　(b) AVW2000弹动模组

图 7.19　数据采集硬件

(c) CEM416扩展模组　　　　　　(d) DH5920动态信号采集仪

续图 7.19

2.数据传输布线设计

数据传输通常可以选择有线和无线 2 种方式,考虑望远镜结构的工作特点,尽管无线传输有效地避免了布线烦琐、扩展与维护困难等问题,但是存在对望远镜观测电波信号的干扰及屏蔽等致命问题,故应采用有线数据传输方案。根据测点布设方案分为 5 个静态数据采集子站和 1 个动态数据采集子站,各采集子站设置 1 个采集箱,各采集箱可根据传感器数量增减相应测量通道。传感器与采集箱之间采用与之对应的线缆连接,静态采集箱与现场监控室之间采用 RS422 总线连接,传输距离最大可达 1 200 m,并通过端口扩展器和 RS232 总线连接至计算机;动态采集箱与现场监控室之间则采用光纤通信,并通过总控制器和IEEE－1394(PCI 总线) 数据线连接至计算机,具体系统布设及传输线路如图 7.20 所示。

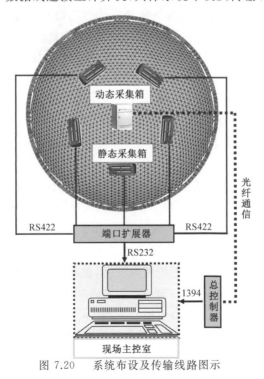

图 7.20　系统布设及传输线路图示

在所有现场传感器中,不同信号类型的传感器,其现场数据传输方式也各有不同:① 电阻应变片和振弦应变计均直接采用普通屏蔽电缆连接至采集箱,信号类型为直接电压输出,其有效传输距离为 100 ~ 300 m,但由于电阻应变片受电缆影响相对较大,因而离采集箱较远处的应变测点采用振弦应变计,较近处采用电阻应变片。② 加速度传感器和风压传感器的信号也是直接电压输出,其有效传输距离为 100 ~ 300 m,但测点较为分散,将采集仪布置在结构中心位置,能够满足传输线路要求。③ 风速仪信号可采用直接电压输出或直接输出 RS485 数字信号,由于前者需要外部激励电源,因此可采用直接输出 RS485 数字信号方式,采用 RS485 总线传输的最远距离可达 1 200 m。

传输线路应能满足现场线路距离要求,且在不影响 FAST 正常工作的基础上,尽量简洁、美观、可靠。由于 FAST 变位工作的每个促动器均布置电源走线,因而可将传感器的传输线路与就近的促动器线路汇聚共同走线,采集设备的供电也可直接采用就近促动器电源。

3.数据采集软件系统开发

数据采集硬件自带软件系统往往不能完全满足监测相关的功能要求,且多数功能也并不需要,造成系统效率低下、资源浪费、成本增加,因此有必要有针对性地开发一套适用的数据采集软件系统[20,21]。FAST 数据采集软件系统实现了以下几点功能。

(1) 硬件系统参数设置和控制。通过软件对硬件进行通道初始参数设置、通道平衡、工作通道数设置、采样频率设置、硬件滤波设置、采样开始与停止等功能控制。

(2) 采集数据的初步分析与转换。对采集数据进行初步分析,如对采集数据进行统计值(最大值、最小值、平均值、均方根值) 计算、应力换算、靶标节点误差换算等。

(3) 数据的实时显示。将初步分析与转换后的数据以数字窗、波形窗等直观的方式显示在软件界面上,从而能够直观地了解到采集内容的基本情况。

(4) 动态数据频域内的实时分析显示。对加速度等动态数据可以进行实时的频域变换,从而第一时间了解结构响应的频域信息。

(5) 良好的预警系统。依据理论分析结果对监测内容进行预警线的设置,实现结构在线预警,通过预警灯、预警声等方式发出警报。

(6) 数据的实时存储。在数据分析、显示、预警的同时,将采集数据以指定格式存储至数据库。

数据采集软件系统的开发语言或平台有很多,从低级到高级主要有:汇编语言、BASIC 语言、C 语言、Visual C++ 开发平台、LabWindows/CVI 开发平台、LabVIEW 开发平台。其中 LabVIEW 是世界上第一个图形化编程语言,LabVIEW 开发平台是应用最广的数据采集和控制开发环境之一[22]。以 LabVIEW 为开发平台,设计 FAST 数据采集软件系统,部分界面如图 7.21 所示。因静态数据更新相对较慢,故将采集数据定期读取分析,这实际上是一个对存储后数据分析处理的过程;动态数据随时间变化快,需要实时在线监测,是一个数据实时分析处理与存储并行的过程,运用 LabVIEW 中 Call Library Function 节点函数调用采集硬件的动态链接库文件并进行相应设置[18-20],可解决动态数据采集的根本问题——数据读取的速度问题、多通道数据分离问题。

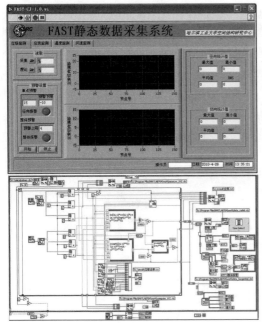

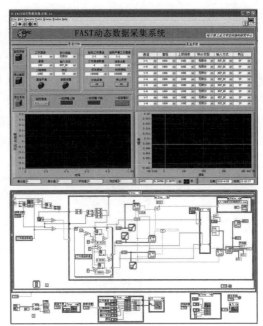

(a)静态数据采集软件界面　　　　　　　　　　(b)动态数据采集软件界面

图 7.21　数据采集软件系统开发

7.5　结构分析及安全评定系统开发

FAST 结构分析及安全评定系统是整个健康监测系统的核心,实质上也就是 FAST 结构关键技术理论研究成果高度集成的应用平台,其主要功能是基于监测数据,利用计算机编制程序,实现望远镜长期变位工作过程中的结构自动故障诊断与预警[21,22],以及结构安全的评估,同时也能够在现场进行不同荷载工况下的结构响应分析和抛物面变位分析,以准确预测结构响应。

FAST 结构分析及安全评定系统,具体分为 3 个模块:结构分析模块、结构故障诊断与预警模块、结构安全评定模块,其主界面如图 7.22 所示,各自主要功能如下。

(1)结构分析模块的主要功能是通过可视化查看和修改相关建模参数,编辑并生成结构参数化有限元计算模型;直接编辑或调入指定格式的荷载信息,进行结构静力非线性分析、动力时程分析;在交互模型下输入观测角度,进行相应的结构变位分析;以云图、列表、弹出图形等方式显示计算结果。

(2)结构故障诊断与预警模块的主要功能是基于第 7.1 节理论分析方法,依据监测数据,实时诊断结构是否存在故障,并以直观的图形显示故障位置;主要基于 ANSYS 结构分析功能和 MATLAB 优化工具箱,对可能故障单元进行具体的离线诊断;以声音、图形闪烁等方式进行预警,生成结构故障诊断报告。

(3)结构安全评定模块的主要功能是基于第 7.2 节理论分析方法,依据实测索应力历程,以望远镜跟踪观测次数作为指标,评估结构剩余疲劳寿命;依据结构实测状态,重构一个与结构实际状态更符合的有限元分析模型,并计算预测荷载作用下索网最大应力与拉索极限强度的比值,从而评估结构静力安全程度;自动生成结构安全评定报告。

　　FAST 结构分析及安全评定系统开发主要采用了 ANSYS 和 MATLAB 软件平台。其中,利用了 ANSYS 软件中极为强大的前后处理及计算分析功能,应用 APDL 语言编制了各种结构分析(结构静力分析、动力时程分析、抛物面变位分析)的参数化核心程序;利用 MATLAB 软件强大的科学运算、丰富的专用工具箱(如故障诊断中所采用的直接搜索优化工具箱)、高质量的图形可视化与界面设计等功能,开发了 FAST 结构分析及安全评定系统的交互平台,以直观的参数输入和简易的按钮操作,调用结构分析、优化、图形显示、数据统计分析等程序在后台运行计算。

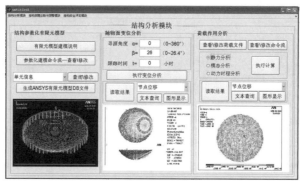

(a)结构分析模块

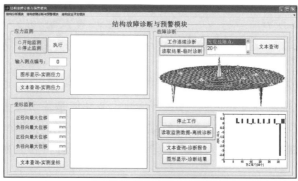

(b) 结构故障诊断与预警模块

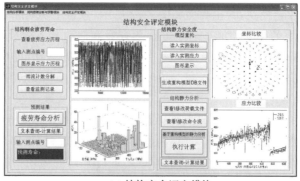

(c) 结构安全评定模块

图 7.22　结构分析及安全评定系统主界面

7.6　FAST 系统集成交互平台开发

7.6.1　数据存储与管理设计

1.数据存储

尽管监测内容繁多,布置了较多不同类型的传感器,但对于 FAST 监测系统,其主要监测数据(节点坐标和索力)为静态数据,即采样频率较低的数据,数据量较少,而动态数据,即采样频率较高的数据(主要为风压和节点加速度),长期监测必然会导致数据量过大,因此应当在达到一定条件时(如风速达到工作风速)才进行数据采集。然而,即使这样也会产生大量数据,因此有必要将静态数据与动态数据分开处理,以便提高效率[23]。

(1)针对静态数据,测量得到的所有数据均应存储,并定期备份至外部存储设备和清空。

(2)针对动态数据,建立临时数据存储和删除机制,在时域或频域处理、统计分析的基础上,定期、有选择地存储和备份临时数据:对正常的采样数据有选择性地抽取,进行频域处理,通过滤波提取频谱感兴趣的部分;对异常数据进行全部存储,如异常峰值、异常波动等数据。

在数据存储时,以固定文件名(如以时间和数据类型组合进行命名)和固定数据格式的TXT 文件、EXCEL 文件、AUTOCAD 图形 DXF 文件等,存储各种类型数据,以便其他各种接口程序识别和读取。FAST 反射面结构健康监测中心数据库分为结构信息数据库、结构监测数据库和结构分析数据库。

(1)结构信息数据库主要用于存储结构设计资料(包括地理位置、地质条件、结构几何形状、材料特性、单元尺寸等)、构件进场验收资料、结构施工以及竣工验收资料等。

(2)结构监测数据库主要用于存储传感器子系统信息(包括传感器的性能指标、安装位置等)、数据采集子系统信息、环境荷载和结构响应监测数据,以及监测数据的统计分析结果。

(3)结构分析数据库主要用于存储基准参数化有限元模型(主要以 ANSYS 命令流格式存储)、结构静动力性能分析数据、结构故障诊断结果以及实时在线预警结果和离线安全评定结果等。

2.数据管理

数据管理系统不仅为各种数据提供了集中的可视化查询、显示手段,而且通过接口调用,建立了各子系统与中心数据库的连接,各子系统自由选择所需数据,可调用、读取、修改和存储不同数据文件,实现数据交换和共享。

FAST 健康监测数据管理系统具有以下功能。

(1)数据输入和输出。数据以文本文档、EXCEL 电子表格等格式进行存储。数据管理系统可有选择性地输入数据,检查数据合法性;以文字、图表等形式报表或打印数据,并且针对特殊的功能软件需求,形成可供该软件使用的数据文件。

（2）数据查询与修改。按监测类型浏览和修改数据，针对用户特殊需求设计查询命令，并通过数据分类管理，方便用户查阅信息；以图形显示监测结果，实现文本与图形的交互查询；完成数据之间的传递、修改，主要采用文本文档或电子表格的读出、写入、再读出的方式进行。

（3）数据的统计分析和频域分析。对数据进行统计分析，计算最值、均值等统计值及数据变化趋势；进行频谱分析，提取频谱特征。

（4）数据备份与恢复。在数据超过一定容量后，将数据备份到辅助服务器。

（5）帮助系统。给出具体操作使用说明、数据使用格式等。

目前 Windows 操作环境下的软件开发主要以各种面向对象的可视化编程语言为主，如Delphi、Visual C ++、Visual Basic、Power Builder 等。其中，Delphi 借鉴了 Microsoft Windows 图形用户界面的许多先进特性和设计思想，采用弹性可重复利用的、完整的面向对象程序语言，是当今最快的编辑器、最为领先的数据库技术，拥有一个可视化的集成开发环境，非常适合非专业人员进行应用软件开发。选用 Delphi 作为数据管理系统开发软件，实现上述功能要求，部分软件界面如图 7.23 所示。

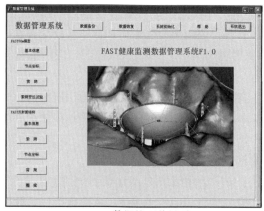

(a) 数据管理总界面

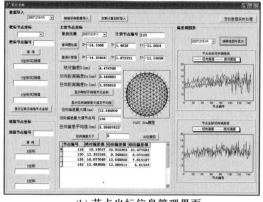

(b) 节点坐标信息管理界面

图 7.23　Delphi 数据管理系统开发软件

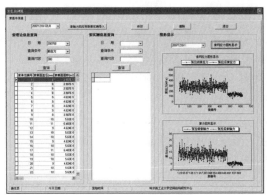

(c) 索力信息管理界面

续图 7.23

7.6.2　系统软件集成技术

系统集成的目标是对健康监测各子系统进行统一控制和管理,提高系统维护和管理的自动化水平以及协调运行能力,并提供用户界面,使之方便操作。

由于各子系统的功能分别由不同的软硬件实现,因此系统集成的主要任务是解决各功能软硬件之间的接口和调用问题。

FAST 健康监测系统中所涉及的软件主要包括数据采集软件 LabVIEW、结构分析软件 ANSYS、计算分析软件 MATLAB、数据库开发软件 Delphi、图形开发软件 AUTOCAD 等。其中采用 MATLAB 编制了整体系统集成主界面,如图 7.24 所示,通过该界面可调用并执行所有子系统。不同软件之间的软件集成技术框图如图 7.25 所示,主要接口技术详述如下。

图 7.24　整体系统集成主界面

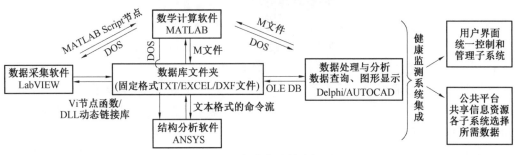

图 7.25　软件集成技术框图

（1）MATLAB 对数据采集软件 LabVIEW 的接口调用。利用 LabVIEW 提供的 MATLAB Script 节点方式，在 MATLAB Script 节点中，将编辑好的 MATLAB 程序或直接调入预先编写的 MATLAB 程序，在 LabVIEW 环境下运行；MATLAB 则采用 DOS 命令调用可执行文件的方式实现对 LabVIEW 的调用，LabVIEW 则通过 Vi 节点函数调用 DLL 动态链接库，读取和存储数据文件。

（2）Delphi 对 MATLAB 的调用。在 Delphi 中将数据输入输出命令（即分析的命令程序）写入 M 文件中，采用 Winexec 函数调用后台 MATLAB 程序，执行所编写的 M 文件完成各种运算。

（3）MATLAB 对结构分析软件 ANSYS 的调用。直接在交互模式下或非交互模式下，将分析问题的命令编辑成参数化的 ANSYS 命令流文本文件，以 DOS 命令调用 ANSYS 执行程序，进而 ANSYS 采用批处理方式执行命令流文件，在命令行中设置参数，自动从中心数据库提取建模信息和荷载信息，并进行特定的结构计算。

（4）MATLAB 对图形软件 AUTOCAD 的调用。预先编写各种标准子程序的 M 文件，以用于生成 AUTOCAD 识别的通用 ASCII 码格式的 DXF 文件，即生成 LINE、CIRCLE、TEXT、SOLID 等实体的各种标准 M 文件程序，进而在交互模式下或直接调入生成完整图形 DXF 文件的 MATLAB 程序。

7.7　FAST 监测系统在 FAST 30 m 模型张拉成形试验中的应用

FAST 30 m 模型是 FAST 原型结构的缩尺模型，该模型试验是 FAST 项目建设过程中的一个关键步骤，其张拉成形和变位工作原理与 FAST 原型结构相似。监测系统在模型张拉成形试验中的应用很好地验证了系统的适用性与可靠性，包括成形过程中的节点坐标监测及成形后的节点加速度监测。

（1）节点坐标监测。

FAST 30 m 模型张拉成形整体分 6 级进行，采用促动器进行张拉（速度为 0.2 mm/s），每级张拉时间均较短（仅约需 1 min）。然而，由于索网节点坐标采用全站仪测量，所需时间相对较长，因而实际张拉过程中，现场各方位均有工作人员监察，前 4 级张拉并没有对索网节点坐标进行测量，只对第 5 级和第 6 级张拉后的节点坐标进行了测量。张拉成形前后 FAST 30 m 模型的实际状态如图 7.26 所示。图 7.27 所示为张拉成形的节点坐标现场实时监测界面（从中心数据库 TXT 文件实时读取节点坐标测量数据，对应理论数据进行差值分析和统计分析），从图中可以直接看出，张拉结束后反射面面形精度 RMS 为 3.760 mm，其实时分析的统计值与后期数据分析处理的结果（表 7.5 及图 7.13(c) 和 7.13(d)）完全吻合。

（2）节点加速度监测。

为验证张拉成形后模型的精确程度，对 FAST 30 m 模型中具有较大模态动能的 92 号节点（图 7.28(a)）进行人工激励（硬物瞬时敲击），监测节点振动加速度。DH202 压阻式扩散硅加速度传感器的安装如图 7.28(b) 所示。92 号节点实测加速度时程如图 7.29(a) 所示，由频谱分析可知，第 1 个峰值对应频率为 29.3 Hz，而由 FAST 30 m 模型模态分析可知，其第 37 阶模态（图 7.30）与试验中结构的振动形式相同，均主要为 92 号节点 X 方向振动。第

37 阶频率为 24.9 Hz,与监测结果相差约 15%,基本吻合。

(a)索网张拉成形前的状态　　　　　(b)索网张拉成形后的状态

图 7.26　张拉成形前后 FAST 30 m 模型的实际状态

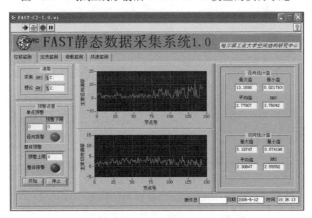

图 7.27　节点坐标实时监测界面

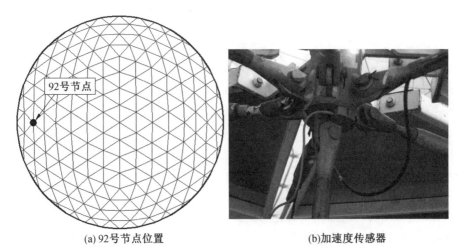

(a)92号节点位置　　　　　　　(b)加速度传感器

图 7.28　现场加速度传感器位置

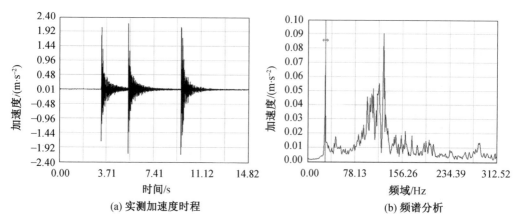

(a) 实测加速度时程　　　　　　　　　(b) 频谱分析

图 7.29　92 号节点加速度监测

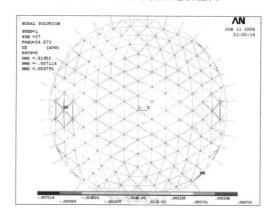

图 7.30　FAST 30 m 模型索网结构第 37 阶模态

　　监测系统在 FAST 30 m 模型张拉成形试验中的成功应用表明,数据采集系统运行稳定,监测系统实时分析功能可靠,为 FAST 原型结构健康监测系统积累了一定的工程经验。

本章参考文献

[1] PINES D,AKTAN A E. Status of structural health monitoring of Long-span Bridges in the United States[J]. Progress of Structure Engineering and Materials,2002,4(4): 372-380.

[2] ZHAO X,YUAN S F,YU Z H,et al. Designing strategy for multi-agent system based large structural health monitoring[J]. Expert Systems with Applications,2008,34(2): 1154-1168.

[3] 何浩祥. 空间结构健康监测的理论与试验研究[D]. 北京:北京工业大学,2006.

[4] 王新岐. 斜拉桥破损诊断技术的研究[D]. 天津:天津大学,2001.

[5] 陶澍. 应用数理统计方法[M]. 北京:中国环境科学出版社,1994.

[6] 张德然. 统计数据中异常值的检验方法[J]. 统计研究,2003,5(5):53-55.

[7] 陈忡生. 基于 Matlab7.0 的统计信息处理[M]. 长沙:湖南科学技术出版社,2005.

[8] 卢家森,张其林,杨联萍,等. 建筑结构用钢丝束拉索的抗力分项系数研究[J]. 同济大学学报,2005,33(2):149-152.

[9] 雷英杰,张善文,李续武,等. MATLAB 遗传算法工具箱及应用[M]. 西安:西安电子科技大学出版社,2005.

[10] 金晓飞. FAST 30 m 模型健康监测系统研究[D]. 哈尔滨:哈尔滨工业大学,2006.

[11] ZUI H,SHINKE T,NAMITA Y H. Practical formulas for estimation of cable tension by vibration method[J]. Journal of Structural Engineering,ASCE, 1996, 122(6):651-656.

[12] KIMA B H,PARK T. Estimation of cable tension force using the frequency-based system identification method[J]. Journal of Sound and Vibration,2007,304(3.5): 660-676.

[13] 魏建东,刘山洪. 基于拉索静态线形的索力测定[J]. 工程力学,2003,203(3):104-107.

[14] 方义庆. 基于疲劳寿命计的大型钢桥疲劳监测关键技术研究[D]. 南京:南京航空航天大学,2006.

[15] MEO M,ZUMPANO G. On the optimal sensor placement techniques for a bridge structure[J]. Engineering Structures. 2005,27(10):1488-1497.

[16] KO J M,NI Y Q. Technology developments in structural health monitoring of large-scale bridges[J]. Engineering Structures,2005,27(12):1715-1725.

[17] 邓炎. Labview7.1 测试技术与仪器应用[M]. 北京:机械工业出版社,2005.

[18] WHITLEY K N,BLACKWELL A F. Visual programming in the wild:a survey of LabVIEW programmers[J]. Journal of Visual Languages and Computing,2001, 12(4):435-472.

[19] KLOCKE F,DAMBON O,SCHNEIDER U,et al. Computer-based monitoring of the polishing processes using LabView[J]. Journal of Materials Processing Technology,2009,209(20):6039-6047.

[20] FREDERICK B R,GERALD H P. Labview virtual instruments for calcium buffer calculations[J]. Computer Methods and Programs in Biomedicine,2003,70(1):61-69.

[21] 汪菁,刘恒,刘晖,等. 复杂体型网架结构工作状态安全预警系统研究[J]. 武汉理工大学学报,2009,31(19):73-77.

[22] 罗尧治,沈雁彬,童若飞,等. 空间结构健康监测与预警技术[J]. 施工技术, 2009, 38(3):4-8.

[23] 陈明. FAST 健康监测数据管理及集成系统的研究与开发[D]. 哈尔滨:哈尔滨工业大学,2008.

第8章 下篇导言

目前全球范围内分布了近乎 100 面口径均在 25 m 以上的全可动射电望远镜,图8.1～8.6 给出了它们当中最为突出、最具影响力的代表。其中,口径较大的全可动望远镜结构目前为美国GBT－110 m×100 m 和德国 Bonn 100 m。自 1960 年开始,我国也先后自主设计并建造了一批有代表性的全可动射电望远镜,例如上海佘山 65 m 和北京密云50 m。

图 8.1 上海佘山 65 m

图 8.2 北京密云 50 m

图 8.3 美国 GBT－110 m×100 m

图 8.4 德国 Bonn 100 m

图 8.5　英国 Lovell 76 m

图 8.6　澳大利亚 Parkes 64 m

进行此类大口径全可动射电望远镜的结构设计,正确合理地选择其反射面形式尤为关键。通常望远镜主反射面可采用的几何形式主要有:抛物面、圆柱、偏轴式抛物面。其中抛物面型射电望远镜应用最为广泛。依据其电磁光学特点,抛物面型射电望远镜又分为如下 3 类:单抛物面型、卡塞格伦型及格里高利型。后 2 种采用的是双反射面系统,区别在于副反射面几何面形,卡塞格伦型副反射面成形于双曲面(图 8.7),而格里高利型副反射面成形于椭球面(图 8.8)。

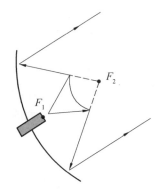

图 8.7　卡塞格伦型

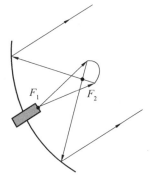

图 8.8　格里高利型

从结构形式来看,通常全可动射电望远镜结构主要包括背架结构、俯仰机构及方位座架 3 部分(图 8.9 所示为全可动望远镜结构示意 Pro－E 模型)。其主反射面几何构型通常成形于抛物面。工作时利用电销隙驱动形式在方位和俯仰 2 个方向对目标进行随机寻源连续追踪。方位的运动由位于轨道上的滚轮绕中心枢轴转动实现,俯仰的运动则通过扇形大齿轮绕俯仰轴承座转动实现。望远镜的轨道安装于极为稳固的混凝土地基上,使得射电望远镜能保持很高的指向精度。望远镜主反射面由上千块的高精度实面板铺成,面板的安装过程采用最先进的主动面技术。每块面板都固定在一组可精密调节的遥控支架上,在观测的过程中随时补偿因重力、风、温度等因素带来的反射面变形,使得在所有的观测频率中射电望远镜都能获得最大效率。

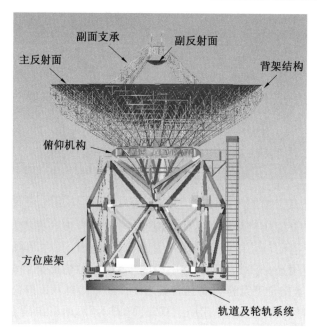

图 8.9   全可动望远镜结构示意 Pro－E 模型

为满足嫦娥探月工程二期、三期的 VLBI 测定轨、定位以及各项深空探测任务,我国在上海建造了 65 m 口径大型射电望远镜(即天马望远镜)。该工程已于 2015 年全面完工,目前是亚洲最大、总体性能位列全球第三的全方位可转动大型射电望远镜结构。就在同年 4 月,国家重点基础研究发展(973)计划"110 米大口径全可动射电望远镜关键技术研究"项目在新疆乌鲁木齐宣告启动,建成投入使用后,其将成为世界上口径最大的全可动、高灵敏度、多学科目标、国际领先的通用型射电望远镜。

哈尔滨工业大学空间结构研究中心曾相继受到上海天文台和中国电子科技集团 54 所委托,先对上海 65 m 望远镜结构的综合力学性能进行校核分析,提出了相应的结构改进措施并被采纳;后又对新疆 110 m 全可动射电望远镜结构进行了方案预研及关键技术的研究。通常建造如此超大跨度的望远镜,从结构技术角度看,最为突出的问题如下:仅自重作用就显著降低了主反射面精度(也称主反射面 RMS),制约了其性能的发挥;迎风姿态多样造成主反射面风压分布复杂以及日照作用引起的非均匀温度场,均会严重影响主反射面 RMS 值;此外,电磁波在副反射面聚焦而产生的"太阳灶"效应也应引起重视。关于射电望远镜结构技术方面的研究内容多、涉猎范围广,不同问题对应的研究技术路线也有所不同。本篇仅围绕上述关键科学问题,以控制主反射面 RMS 值为主线,提高主反射面精度为目标,对全可动射电望远镜相关结构技术进行深入、系统的研究;以 110 m 射电望远镜结构初步方案提出过程为主,辅以 65 m 望远镜结构技术的部分研究成果,详述全可动射电望远镜结构从概念设计、模型试验及建造中所遇到的关键问题及解决方案。上海 65 m 射电望远镜工程的成功实施及对大口径全可动望远镜结构系列关键技术的合理解决,为后来新疆 110 m 射电望远镜结构的成功研制及其他类似待建的望远镜结构研制提供了相应的参考。

具体来看,第 9 章从结构概念角度出发,以提高反射面面形精度 RMS 为目标对一种新型高效的望远镜结构总体方案进行研究。第 10 章完成背架结构的截面优化,确定反射体最佳安装调整角,进一步对其他几何变量对 RMS 的影响进行系统的参数分析。随后第 11、12 章分别从风场和温度场 2 方面对全可动望远镜结构展开系列关键技术研究。第 11 章采用 CFD 与风洞试验方法对反射面结构进行风荷载特性分析并获得荷载取值,基于不同风速展开结构性能分析。第 12 章研究日照作用构成的非均匀温度场对主反射面 RMS 的影响,以及电磁波聚焦在副反射面形成的"太阳灶"效应,并对主反射面的日照非均匀温度场效应辅以试验研究,论证了前期数值模拟的相关成果。

第9章　大口径全可动望远镜结构方案

望远镜反射面精度是衡量望远镜性能的最重要指标,与其口径大小直接相关,口径越大,其灵敏度和分辨率越高。因此,想要捕捉宇宙天体中更多更为微弱的信号,需要建造更加巨大口径的望远镜结构[1]。然而,随着口径的增大,自重作用将严重降低反射面精度[2]。因此需要分析望远镜传统结构技术的不合理之处,有针对性地提出创新或者改进,旨在引导望远镜结构总体方案的研究工作。

9.1　全可动望远镜工作原理及结构特点

全可动望远镜结构主要由副反射面系统、主反射面系统、俯仰机构、方位座架及轮轨系统等组成,其模型如图 9.1 所示。

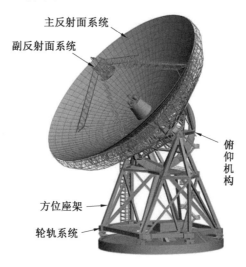

图 9.1　全可动望远镜结构模型

(1)副反射面系统中,副反射面采用铝蜂窝夹层结构,几何面形为一旋转双曲面,在 45°方向由 4 榀钢桁架作为支承系统将其支承在主反射面表面。

(2)主反射面系统中,主反射体由铝蜂窝面板和调整促动器构成,主反射面连接于背架结构上弦,通过调节二者间连接装置(促动器)的长度以保证反射面的超高精度;背架结构的主要作用是承接主反射面并维持其几何面形,是望远镜结构设计中的关键,它通常采用空间桁架体系,杆件之间采用相贯连接,并在节点处焊有加劲肋。

(3)俯仰机构的组成主要包括以下部分:扇形大齿轮、俯仰轴承座及俯仰平台。首先,俯仰平台作为直接支承背架结构的部分,一般由多边形框架梁构成;其次,俯仰轴承座安装于方位座架的 2 个顶点,将主、副反射体及俯仰机构的自重通过这 2 点传递至方位座架;而最下面的扇形大齿轮则通过电磁装置的驱动[3]，使得俯仰机构及以上部分(简称俯仰旋转部分) 绕着俯仰轴承座发生转动，从而实现俯仰角方向的变位旋转，转动范围为 5° ～ 90°，如图 9.2 所示。

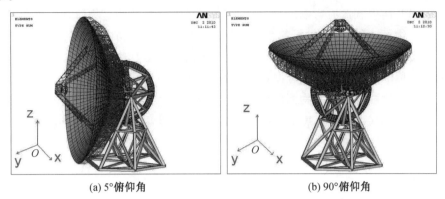

(a) 5°俯仰角　　　　　　　　　　　　　　(b) 90°俯仰角

图 9.2　　俯仰角转动范围

在整个俯仰变位中，由于俯仰旋转部分的重心未落在俯仰轴上，存在不平衡力矩，因此可通过在扇形大齿轮的底部施加配重抵消该不平衡力矩，以保证俯仰轴能通过俯仰旋转部分的重心，最终使得望远镜在任意俯仰角姿态下均能维持平衡[4]，配重的调整如图 9.3 所示。

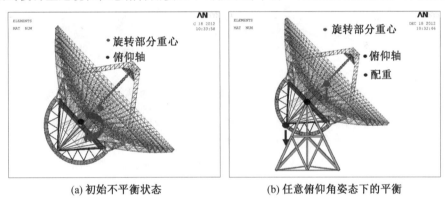

(a) 初始不平衡状态　　　　　　　　　　(b) 任意俯仰角姿态下的平衡

图 9.3　　配重的调整(后附彩图)

(4) 方位座架为箱型截面构成的空间框架结构，支承于底部的方位滚轮之上。滚轮分为主动轮和从动轮[5]，整个座架依靠主动轮的驱动，绕着中心枢轴在水平面内转动，完成方位角方向的旋转变位。

整个望远镜结构通过俯仰角和方位角的组合变位，对来自天穹中任意角度的信号进行捕捉，以满足探月工程及各项深空探测任务的需要。

9.2　反射面精度拟合

由于外荷载以各种形式存在，故反射面几何形状不能与理想抛物面形状完全吻合，会产生一定的误差，从而影响望远镜的工作性能。而其工作性能的好坏取决于表面各点间的相对误差，并非各点的绝对误差[6-9]。

设计抛物反射面在荷载的作用下发生变形,其上一点 A 移动至点 B,而 $A-B$ 这一位移可分解为 2 部分($A-B=A-C+C-B$):前一部分是源于抛物面的刚体位移($A-C$ 代表着转动和移动)及抛物面焦距的变化;后一部分则是源于反射面各点的弹性变形($C-B$)。其中对反射面几何形状造成影响的只有后者,而具备拟合标准的抛物面有无数个,但其中必定存在 1 个抛物面,可使得反射面各点对该抛物面半光程差的均方根值(简称为 RMS,以此作为精度的衡量指标) 达到最小,这样的拟合抛物面称为最佳吻合抛物面。故反射面精度分析中的拟合标准是相对最佳吻合抛物面而言的,而非原设计抛物面[10]。

最佳吻合抛物面与设计抛物面的位置关系如图 9.4 所示,相对于设计抛物面有 6 个参数,即顶点的位移 u_A、v_A、w_A,焦轴方向 ϕ_x、ϕ_y 和焦距的变化量 h,坐标间关系如图 9.5 所示。

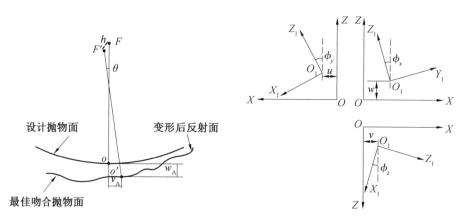

图 9.4　最佳吻合抛物面与设计抛物面的位置关系　　图 9.5　坐标间关系

设 $OXYZ$ 为原设计抛物面的坐标系[11],$O_1X_1Y_1Z_1$ 为最佳吻合抛物面的坐标系,原点 O 与 O_1 分别为它们的顶点,OZ 与 O_1Z_1 分别为它们的焦轴。

令 x、y、z 为空间一点在 $OXYZ$ 坐标系下的坐标;x_1、y_1、z_1 为空间一点在 $O_1X_1Y_1Z_1$ 坐标系下的坐标。设计抛物面方程为

$$x^2 + y^2 = 4fz \tag{9.1}$$

最佳吻合抛物面方程为

$$x_1^2 + y_1^2 = 4(f+h)z_1 \tag{9.2}$$

因 ϕ_x、ϕ_y、ϕ_z 均为微量,可以忽略它们的高阶微量,故得坐标变换方程为

$$\begin{cases} x_1 = (x - u_A) - z\phi_y + y\phi_z \\ y_1 = (y - v_A) - x\phi_z + z\phi_x \\ z_1 = (z - w_A) - y\phi_x + x\phi_y \end{cases} \tag{9.3}$$

将式(9.3) 代入式(9.2),并略去高阶微量,可得最佳吻合抛物面在原设计抛物面坐标系下的方程为

$$x^2 + y^2 + 2yz\phi_x - 2xz\phi_y - 2x(u_A - 2f\phi_y) - 2y(v_A - 2f\phi_x) + 4fw_A - 4z(f+y) = 0 \tag{9.4}$$

变形后的抛物面对最佳吻合抛物面的偏差如图 9.6 所示,略去高阶微量,得法向偏差 Δ 的表达式为

$$\Delta = \frac{1}{2\sqrt{f(f+z_0)}} \times [x_0(u-u_A) + y_0(v-v_A) - 2f(w-w_A) - 2hz_0 + \qquad (9.5)$$

$$y_0\phi_x(z_0+2f) - x_0\phi_y(z_0+2f)]$$

令 $X_0 = \dfrac{x_0}{f}$, $Y_0 = \dfrac{y_0}{f}$, $Z_0 = \dfrac{z_0}{f}$, $U = \dfrac{u}{f}$, $V = \dfrac{v}{f}$, $W = \dfrac{w}{f}$, $U_A = \dfrac{u_A}{f}$, $V_A = \dfrac{v_A}{f}$, $W_A = \dfrac{w_A}{f}$, $H = \dfrac{h}{f}$,

再令 $Q = \dfrac{1}{4(1+Z_0)}$, $B = X_0U + Y_0V - 2W$, 则

$$\Delta^2 = \sum Qf^2[B - X_0U_A - Y_0V_A + 2W_A - 2Z_0H + Y_0(2+Z_0)\phi_x - X_0(2+Z_0)\phi_y]^2$$

$$(9.6)$$

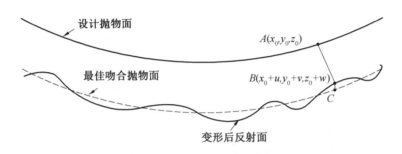

图 9.6　对最佳吻合抛物面的偏差

最佳吻合抛物面的 U_A、V_A、W_A、ϕ_x、ϕ_y、H 应该使 Δ^2 最小。即 $\dfrac{\partial\Delta^2}{\partial U_A} = 0$, $\dfrac{\partial\Delta^2}{\partial V_A} = 0$, $\dfrac{\partial\Delta^2}{\partial W_A} = 0$,

$\dfrac{\partial\Delta^2}{\partial H} = 0$, $\dfrac{\partial\Delta^2}{\partial\phi_x} = 0$, $\dfrac{\partial\Delta^2}{\partial\phi_y} = 0$, 得到 6 个方程:

$$
\begin{bmatrix}
\sum QX_0^2 & \sum QX_0Y_0 & -2\sum QX_0 & 2\sum QX_0Z_0 \\
\sum QX_0Y_0 & \sum QY_0^2 & -2\sum QY_0 & 2\sum QY_0Z_0 \\
\sum QX_0 & \sum QY_0 & -2\sum Q & 2\sum QZ_0 \\
\sum QX_0Z_0 & \sum QY_0Z_0 & -2\sum QZ_0 & 2\sum QZ_0^2 \\
\sum QX_0Y_0(2+Z_0) & \sum QY_0^2(2+Z_0) & -2\sum QY_0(2+Z_0) & 2\sum QY_0Z_0(2+Z_0) \\
\sum QX_0^2(2+Z_0) & \sum QY_0X_0(2+Z_0) & -2\sum QX_0(2+Z_0) & 2\sum QX_0Z_0(2+Z_0)
\end{bmatrix}
$$

$$
\begin{bmatrix}
-\sum QX_0Y_0(2+Z_0) & \sum QX_0^2(2+Z_0) \\
-\sum QY_0^2(2+Z_0) & \sum QX_0Y_0(2+Z_0) \\
-\sum QY_0(2+Z_0) & \sum QX_0(2+Z_0) \\
-\sum QY_0Z_0(2+Z_0) & \sum QX_0Z_0(2+Z_0) \\
-\sum QY_0^2(2+Z_0)^2 & \sum QX_0Y_0(2+Z_0) \\
-\sum QX_0Y_0(2+Z_0)^2 & \sum QX_0^2(2+Z_0)^2
\end{bmatrix}
\begin{bmatrix}
U_A \\ V_A \\ W_A \\ H \\ \phi_x \\ \phi_y
\end{bmatrix}
=
\begin{bmatrix}
\sum QBX_0 \\
\sum QBY_0 \\
\sum QB \\
\sum QBZ_0 \\
\sum QBY_0(2+Z_0) \\
\sum QBX_0(2+Z_0)
\end{bmatrix}
$$

$$(9.7)$$

求解 U_A、V_A、W_A、ϕ_x、ϕ_y、H，得到 Δ^2，而半光程差的表达式见式(9.8)[12]：

$$\Delta_D = \frac{\Delta}{\sqrt{1+\left(\dfrac{r}{2f}\right)^2}} \tag{9.8}$$

式中，r 代表反射面上一点到所在口面圆心的距离；f 是抛物面焦距。反射面RMS值统计来源是反射面上每点的半光程差，表达式为

$$\text{RMS} = \sqrt{\frac{\sum\limits_{i=1}^{N}\Delta_D^2}{N}} \tag{9.9}$$

式中，N 为表面节点数。

9.3　结构总体方案研究

通过式(9.9)看出反射面变形的均匀程度直接影响着反射面 RMS，若要提高精度(降低RMS值)，必须最大程度降低这种变形的不均匀性。对传统望远镜结构进行细致的研究分析，发现副反射面支承方案、背架结构支承方案、背架结构形式这3个因素对主反射面变形不均匀性均产生了显著影响，后续针对这3个因素分别展开研究，提出新的结构方案。

通常会选取某一俯仰角 γ 进行反射体的安装，并在此角度下通过反射面面板与背架结构间的促动器将反射面调到理想抛物面形状，认为此刻状态为望远镜反射面安装的最终状态。显然，对于安装完毕的望远镜结构，当俯仰角转动至其他 α 角时，反射面形状将会与理想抛物面形成新的偏差，这种偏差以望远镜指平姿态(0°)和仰天姿态(90°)时最为严重，如图9.7所示。通过计算分析发现，这两种最不利姿态下反射面 RMS 值的大小分别随背架结构安装角度的变化而变化，但二者的 RMS 值之和始终不变。因此，在望远镜俯仰变化范围内，必然可以找到某一合适角度进行背架结构的安装，最终使得望远镜反射面 RMS 最大值(可选取 0°或 90°)达到最小。因此，为了使望远镜在整个俯仰变化区间有合适的反射面精度，确定背架结构的安装调整角十分必要[13-15]。后续在对各结构方案或连接措施进行研究时，统一选取俯仰角 90°模型为分析对象，以最佳安装调整角修正后的反射面 RMS 值作为方案效果的比选依据。

9.3.1　副反射面支承方案

副反射面传统支承方案中，望远镜副反射面通过 4 条撑腿直接与背架结构上弦(即反射面表面)相连，如图 9.8 所示。由此带来的问题是：副反射面及撑腿的重力以荷载的形式作用于反射面相应节点，集中力的存在必会引起反射面变形的不均匀，从而降低反射面精度。鉴于此，提出新的连接方案，通过撑腿穿过背架结构上弦网格与俯仰机构直接相连，新方案主视图如图 9.9 所示。具体连接方式为：在俯仰平台的对应位置分别伸出 4 片伸臂小桁架，作为副反射面撑腿的支承点，使得副反射面及撑腿的质量直接传递给俯仰机构，新方案局部放大如图 9.10 所示。这一改进措施完全消除了背架结构表面集中力的作用。

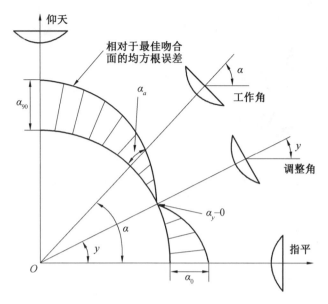

图 9.7　主反射面精度随俯仰角变化

(a)连接示意图

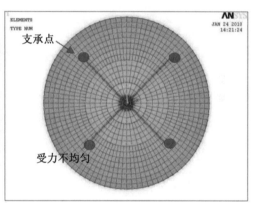

(b)荷载分布

图 9.8　副反射面传统支承方案

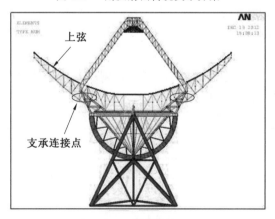

图 9.9　新方案主视图

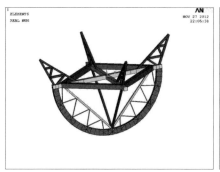
(a)伸臂小桁架

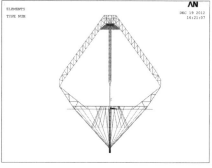
(b)支承连接点

图 9.10　　新方案局部放大

以桁架式背架结构为例对这 2 种副反射面支承方案进行计算对比,图9.11、图9.12分别给出了2种方案俯仰角为90°时背架结构在自重下的上弦变形(三向位移)图,可以看出新的连接方案中每一环节点的变形均比传统方案要均匀。

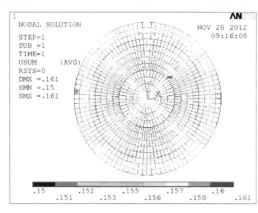

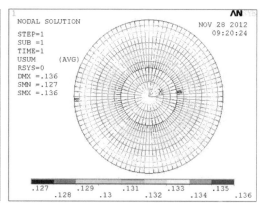

图 9.11　传统支承方案的上弦变形　　　　图 9.12　新支承方案的上弦变形

表 9.1 给出了 2 种不同副反射面支承方案的对比,其中 RMS 值具体计算方法为:选取90°俯仰角,在自重作用下反射面发生变形,提取反射面表面节点的坐标及三向位移,按照式(9.1)～(9.9),求取该姿态下的最佳吻合抛物面,采用最小二乘法将变形后的反射面与最佳吻合抛物面进行面形偏差拟合,得到该俯仰角下的反射面 RMS 值(针对每一种连接措施改进后的反射面 RMS 值计算均如此,后续不再赘述)。 可以看出新方案的 RMS 值为0.490 mm,远小于传统方案的 0.826 mm。因此将副反射面撑腿直接支承于俯仰机构的连接方案可以有效提高主反射面精度。

表 9.1　不同副反射面支承方案的对比

副反射面支承方案	90°俯仰角背架上弦节点变形均匀性	RMS/mm
传统方案	欠均匀	0.826
新方案	较均匀	0.490

9.3.2　背架结构支承方案

俯仰机构作为反射面背架结构的支承部分,其约束形式直接影响着背架结构杆件内力的分布及变形模式。因此,对背架结构与俯仰机构的连接方案进行研究至关重要。为了提高反射面精度,应尽量保证背架结构变形均匀,即在俯仰角为 90° 时,应该将背架结构及其约束条件设计成关于中心轴极对称的形式[16,17]。通过对传统方案的研究可发现,背架结构本身就是由一榀单元(对应圆心角为 15°)绕中心轴旋转而成,满足极对称形式[18],传统方案中的背架结构如图 9.13 所示。

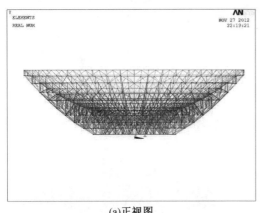 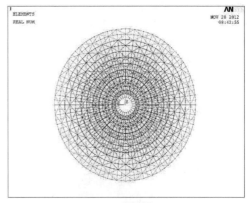

(a)正视图　　　　　　　　　　　　　　　(b)俯视图

图 9.13　传统方案中的背架结构

然而传统方案中,支承背架结构的俯仰机构两端悬挂有大齿轮,另两端装有俯仰轴承座,不可能实现极对称设计,只能实现双轴对称设计,传统方案中的俯仰机构如图 9.14 所示。

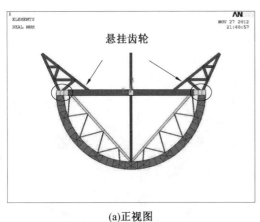 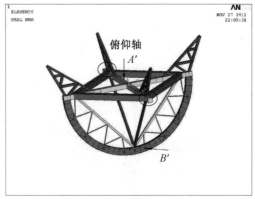

(a)正视图　　　　　　　　　　　　　　　(b)轴测图

图 9.14　传统方案中的俯仰机构

因此只有在中心轴上将背架结构与俯仰机构连接,才能保证背架结构的约束条件关于中心轴极对称。为了实现这种连接方式,本节设计一种伞形支承结构,简称伞撑。伞撑由上部平台与下部斜向杆件组成(图 9.15),通过上部平台的 3 环节点与背架结构直接相连,组成一个整体(图 9.16)。

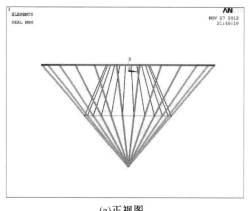

(a)正视图   (b)轴测图

图 9.15   伞撑结构

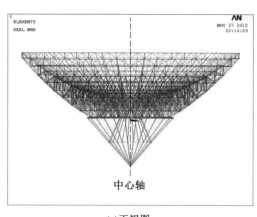 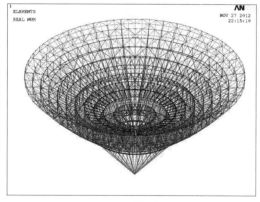

(a)正视图   (b)轴测图

图 9.16   整体背架结构

通过伞撑中心轴上的 A、B 点分别与俯仰机构的 A'、B' 点相连,实现了俯仰机构对整体背架结构的极对称约束,伞撑与俯仰机构的连接如图 9.17 所示。

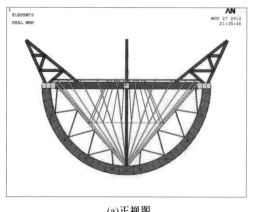 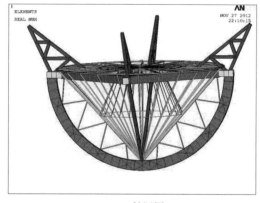

(a)正视图   (b)轴测图

图 9.17   伞撑与俯仰机构的连接

显然,这样的背架结构与俯仰机构仅通过极轴上的两点相连,二者之间几乎没有有效的抗扭力臂,因此背架结构的抗扭刚度很弱。通过模态分析可以发现,其一阶振型呈现出明显的扭转变形,频率只有 0.04 Hz,一阶模态背架上弦面 X 向位移如图 9.18 所示。

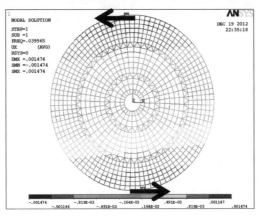

图 9.18　一阶模态背架上弦面 X 向位移

为改善结构的抗扭刚度,在俯仰机构上增设一圈抗扭环,使得抗扭环与伞撑平台中间环的 24 个节点相连,增设抗扭环后的俯仰机构如图 9.19 所示。考虑到在增设抗扭环的同时,仍需维持对背架结构约束的极对称性,因此,这 24 处的连接仅约束伞撑平台平面内的自由度,而在中心轴方向允许自由变形。

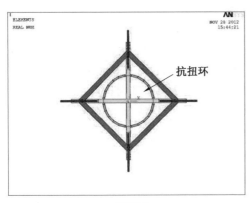

(a)俯视图

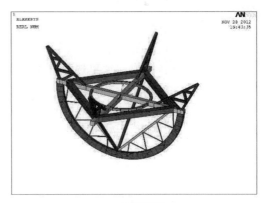

(b)轴测图

图 9.19　增设抗扭环后的俯仰机构

为了说明极对称方案的优越性,将传统的双轴对称约束支承方案和伞撑式极对称约束支承方案进行对比,图 9.20、图 9.21 分别给出了俯仰角为 90° 时传统支承方案与新支承方案背架结构上弦变形(三向位移)图,可以看出极对称约束支承方案的各环变形比传统的双轴对称约束支承方案要均匀;表 9.2 给出了 2 种不同背架结构支承方案下反射面 RMS 值,其中极对称约束支承方案为 0.49 mm,远小于双轴对称约束支承方案的 1.05 mm。因此,极对称约束支承方案可以有效地提高反射面精度。

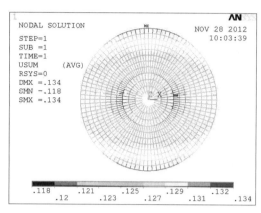
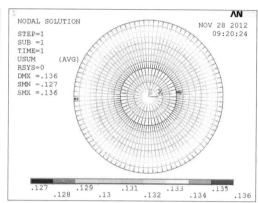

图 9.20　传统支承方案上弦变形图　　　图 9.21　新支承方案上弦变形图

表 9.2　不同背架结构支承方案对比

背架结构支承方案	90°俯仰角背架上弦节点变形均匀性	RMS/mm
传统方案	不均匀	1.05
新方案	较均匀	0.49

9.3.3　背架结构选型

传统望远镜背架结构采用的都是肋环形交叉桁架系空间网格结构[19,20]，图 9.22 给出了背架结构一榀单元上弦平面及立面布置图。其中，一榀单元对应圆心角为 15°，整个背架结构由 24 榀单元连接而成。这里选取有代表性的一类：上弦共 11 环、984 个节点，由沿圆周方向均布的 24 分主辐射梁、48 分副辐射梁、96 分副辐射梁以及若干环向杆件组成。由一榀单元立面图可以看出，网格布置从核心筒处第 1～6 环采用大网格嵌套小网格，自第 7 环开始向后收为单体网格。交叉桁架系背架结构整体示意图如图 9.23 所示。

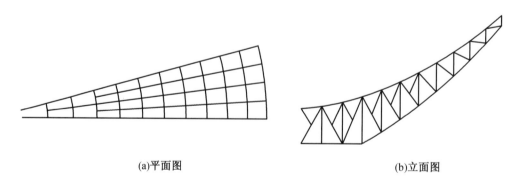

(a)平面图　　　　　　　　　　　　　　(b)立面图

图 9.22　背架结构一榀单元上弦平面及立面布置图

针对这种传统交叉桁架系空间网格结构，依次改变上弦节点环数、上弦各环节点个数、横断面杆件分布方式及桁架高度，做出多个不同的方案，以反射面 RMS 值为评价指标，通过大量计算分析后发现这些方案间并无显著差别。其本质原因是肋环型交叉桁架基本仍属于平面受力体系，结构空间作用较弱，上弦网格不够均匀，从而导致上弦各点变形均匀性不够。

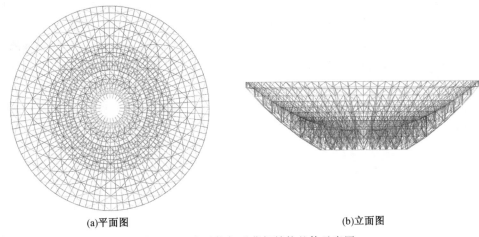

(a)平面图　　　　　　　　　　　　　(b)立面图

图 9.23　交叉桁架系背架结构整体示意图

　　基于此,本书提出背架结构采用角锥系方案的空间网格结构,其一榀单元示意图如图 9.24 所示。该方案与传统的交叉桁架系方案的不同之处在于:首先上弦网格由于引入了过渡三角形,使得网格分布更为均匀,接近双向板受力状态[21];其次从立面图看,总体呈现出上下两层,上层网格采用三角锥,下层网格采用四角锥,靠近悬挑端过渡为单体四角锥。两种角锥单元合理搭配,使得整个背架结构网格更为均匀,杆件布置更为密集,较前述桁架系方案空间受力更好。角锥系方案的整体背架结构示意图如图 9.25 所示。

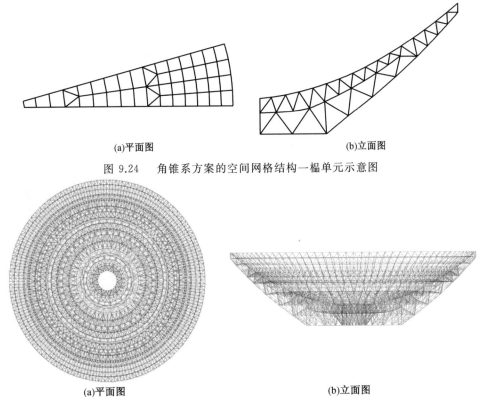

(a)平面图　　　　　　　　　　　　　(b)立面图

图 9.24　角锥系方案的空间网格结构一榀单元示意图

(a)平面图　　　　　　　　　　　　　(b)立面图

图 9.25　角锥系方案的整体背架结构示意图

　　为了说明角锥系空间网格结构比交叉桁架系空间网格结构更为优越,对这 2 种不同类型的背架结构方案进行对比。选取不同俯仰角姿态,以图 9.26 ～ 9.30 分别给出 2 种方案在自重作用下的背架结构半光程差云图。通过对比可以看出,对于同一俯仰角姿态下的望远镜结构模型,角锥系方案对应的半光程差的取值范围要小于桁架系方案对应值;并且从半光程差云图分布模式可以看出,角锥系方案半光程差的不均匀程度明显低于桁架系方案对应值。这也充分印证了前面提及的角锥系方案空间作用更强、杆件受力更为均匀,从而表现出背架结构上弦变形的均匀一致性更高。

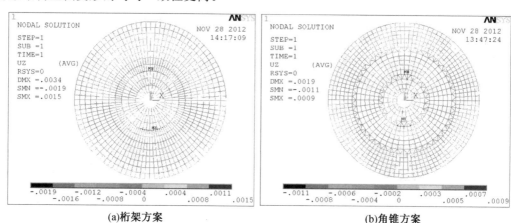

(a)桁架方案　　　　　　　　　　　　　　　　(b)角锥方案

图 9.26　俯仰角为 5° 时自重作用下背架结构半光程差云图(后附彩图)

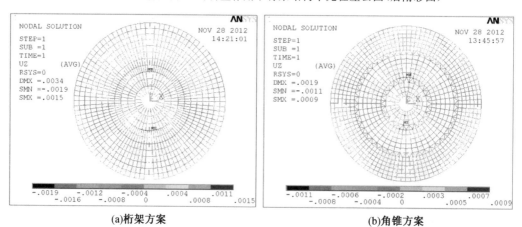

(a)桁架方案　　　　　　　　　　　　　　　　(b)角锥方案

图 9.27　俯仰角为 25° 时自重作用下背架结构半光程差云图(后附彩图)

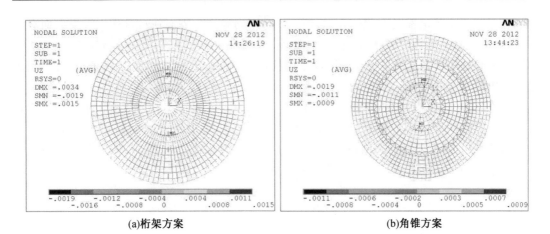

(a)桁架方案　　　　　　　　　　　　(b)角锥方案

图 9.28　　俯仰角为 45° 时自重作用下背架结构半光程差云图(后附彩图)

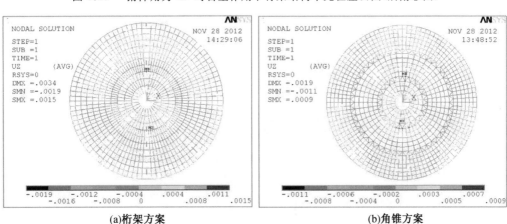

(a)桁架方案　　　　　　　　　　　　(b)角锥方案

图 9.29　　俯仰角为 65° 时自重作用下背架结构半光程差云图(后附彩图)

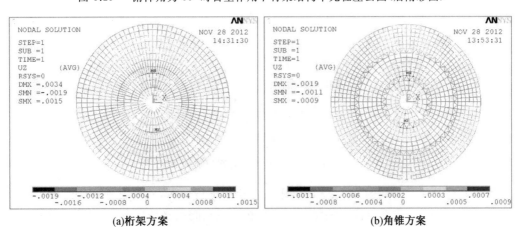

(a)桁架方案　　　　　　　　　　　　(b)角锥方案

图 9.30　　俯仰角为 90° 时自重作用下背架结构半光程差云图(后附彩图)

　　望远镜在工作时需要在俯仰方向进行变位,不同俯仰角姿态在自重作用下反射面会有不同的 RMS 值。基于 MATLAB 和 ANSYS 平台,编制相应的精度计算分析模块,便可获得背架结构的最佳安装角以及按此角度修正后的任意俯仰角下的反射面 RMS 值,最终实现望远镜结构精度分析的自动处理。

　　基于此,图 9.31、图 9.32 分别给出了桁架系和角锥系 2 种方案在自重作用下不同俯仰角时的主反射面精度。可以看出,在俯仰角变化范围内,角锥系空间网格结构方案反射面 RMS 值始终小于桁架系空间网格结构方案的对应值,且最大值为 0.306 mm,比桁架系方案的最大值 0.49 mm 小了约 38%,精度显著提高。

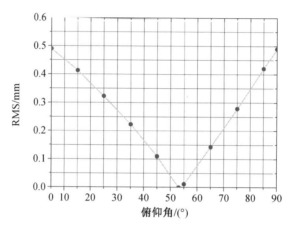

图 9.31　　自重作用下桁架系方案反射面 RMS 值

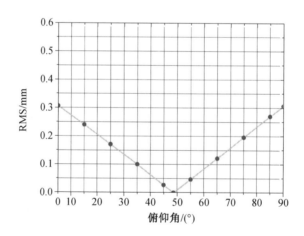

图 9.32　　自重作用下角锥系方案反射面 RMS 值

　　后续又对 2 种背架结构方案,选取若干工况模型进行分析,对比其他相关性能指标,见表 9.3。可以看出,角锥系空间网格结构方案较桁架系空间网格结构方案,其质量更轻、结构刚度更大、自重作用下的反射面 RMS 值更小,充分反映出角锥系方案这一空间受力形式的优势,其各方面性能指标均优于交叉桁架系方案。

表 9.3　两种背架结构方案对比

对比指标	交叉桁架系方案	角锥系方案
背架结构自重	1 038 t	826 t
俯仰机构悬挂配重	656 t	616 t
反射面 RMS 最大值	0.49 mm	0.306 mm
90° 俯仰角模型最大位移	120 mm	108 mm
45° 俯仰角模型最大位移	135 mm	120 mm
5° 俯仰角模型最大位移	150 mm	128 mm

本章参考文献

[1] 赵彦.大射电望远镜指向误差建模分析与设计研究[D].西安:西安电子科技大学,2008.

[2] 郑元鹏.50 m 口径射电望远镜反射面精度分析[J].无线电通信技术,2002(05):17-18＋50.

[3] 张亚林.50 米口径射电望远镜天线结构静动力分析[J].电子机械工程,2004(06):37-40.

[4] 郑国忠.射电望远镜天线的精密测量概述[J].工程勘察,1985(03):4-8.

[5] 张亚林,刘维明.50 米射电望远镜天线座架结构动力设计[J].无线电通信技术,2003(05):5-6＋41.

[6] 叶尚辉.天线结构设计[M].北京:国防工业出版社,1980.

[7] 段宝岩.天线结构分析优化与测量[M].西安:西安电子科技大学出版社,2006.

[8] 王建.天线原理与设计[M].北京:国防工业出版社,1993.

[9] 克里斯琴森 W N,霍格玻姆 A.射电望远镜[M].北京:科学出版社,1977.

[10] 程景全.天文望远镜原理与设计[M].北京:中国科学技术出版社,2003.

[11] 杨德华,徐灵哲.系统仿真在天文望远镜设计中的应用综述[J].系统仿真学报,2009,21(10):2801-2805＋2827.

[12] 赵青.军用望远镜设计风格分析与研究[J].美术大观,2012(06):136.

[13] SUBRAHMANYAN R.Photogrammetric measurements of the gravity deformation in a cassegrain antenna[J].IEEE Transaction on Antennas and Propagation,2005,53(8):2590-2596.

[14] 王从思,段宝岩,仇原鹰.天线表面误差的精确计算方法及电性能分析[J].电波科学学报,2006(03):403-409.

[15] 周生怀.大型天线结构的预调及实践[J].通信与测控,1998(2):47-59.

[16] 庞毅.深空大天线结构设计关键技术[J].电子机械工程,2011,27(03):28-30＋43.

[17] 马品仲.大型望远镜设计与研究[J].应用光学,1994(03):6-11.

[18] 厉建峰.大型光电阵望远镜结构传热分析与设计[D].南京:南京理工大学,2007.

［19］马品仲.大型望远镜机械结构研究［J］.现代机械,1996(01):1-4.

［20］邱育海.具有主动主反射面的巨型球面射电望远镜［J］.天体物理学报,1998(02):107-113.

［21］刘岩.110 m天线结构技术研究报告［R］.哈尔滨:哈尔滨工业大学空间结构研究中心,2012-12.

第10章　　大口径全可动望远镜背架结构优化

射电望远镜背架结构作为主反射体骨架,是望远镜结构系统中最重要的部分。其杆件截面尺寸、结构高度、网格疏密程度及支承范围大小等几何参数会直接影响到主反射面精度。此外,在背架结构安装过程中,合理地选择安装调整角可使主反射面精度有最高值,这对提高望远镜的整体工作效率尤为重要。

为此,本章以主反射面RMS值为优化目标,采用改进的遗传算法,对背架结构进行截面优化;以上述研究为基础,对结构的其他几何变量进行参数分析,探讨它们对反射面RMS值的影响程度;分析采用促动器对局部节点进行调节对反射面精度的影响,对局部节点调节的可行性进行分析;同时,利用梯度法的基本思想确定望远镜背架结构的最佳安装角度。

10.1　　背架结构截面优化分析方法

随着对结构优化设计方法的深入研究,望远镜结构优化设计在最近 20 年来得到了迅速发展,尤其是自 20 世纪 60 年代末 Von Hoerner 提出对大型精密望远镜保形设计以来,优化设计越来越占有重要位置。到目前为止,望远镜结构优化分析方法很多,无论选取哪种方法,其关键都是对望远镜结构建立合理的数学模型。下文就对望远镜背架结构截面优化的几种主要方法进行总结,在分析各自优缺点后,建立适合本问题的优化分析方法。

10.1.1　　优化分析方法现状

1.严格的保形优化设计

严格的保形优化设计要满足反射面表面相对误差的均方根值为零的要求,精度可达到最高极限。其主要思想是:背架结构在自重荷载下发生变形,找出反射面的最佳吻合抛物面,然后设定变形后的反射面就是该最佳吻合抛物面。由此计算出反射面各点的位移值,在结构拓扑关系和节点坐标给定的前提下,经过构件截面优化,使得望远镜结构的变形满足该位移值,即求得一个严格的保形设计,可归纳为如下线性规划问题:

求
$$\boldsymbol{A} = [A_1, A_2, A_3, \cdots, A_m]^{\mathrm{T}} \tag{10.1}$$

有最小
$$W = \sum_{i=1}^{m} \gamma_i l_i A_i \tag{10.2}$$

并满足
$$\begin{cases} DA = p \\ A_i \geqslant A_{i,\min} (i = 1, 2, \cdots, m) \end{cases} \tag{10.3}$$

上述符号中 W 代表自重,$D = (T, X, \omega, u)$,其中 T 为结构拓扑关系,X 为几何关系,ω 为材料物理特性,u 为前述的预定位移,p 为荷载项。这一方法虽然在理论上是可行的,但距实际应用仍有距离,其原因是:若结构有 J 个节点(不包含支座节点),即有 $3J$ 个方程为约束条件,这显然大大超过设计变量数,因此很可能无解;另外,即使有解,在实际加工时也难以实现。

2.一阶优化分析方法

一阶优化分析方法可以借助大型通用有限元软件,实现优化模块与有限元计算分析间的友好对接。在对背架结构截面优化时,直接将目标函数 RMS 值作为因变量,杆件截面尺寸作为设计变量,在每一次迭代中,通过梯度计算(用最大斜度法或者共轭梯度法)来确定新的搜索方向,并且利用线性搜索对目标函数进行最小化。这一方法最大的好处在于目标函数和优化变量间的关系简单明了,只需在设计空间内随机搜索,找出梯度变化最大的点作为下一个设计点即可,不需要像数学规划法那样建立具体、细致的迭代公式。

但该法需要不断地对目标函数一阶导数信息进行分析,计算工作量大;同时在搜索中需要预先给定一个初始设计点,如果初始点接近局部最小值,优化结果很可能会陷入局部最优解;此外,构成背架结构的圆钢管采用的是具有一定规格的型材,而一阶法对于设计变量的求解是一个连续过程,因此即便最后求出了最优解,还需要将截面尺寸进行圆整,变量越多,圆整量将越大,而对圆整过后的变量再经目标函数计算,得到的结果很可能与当初的最优解已相去甚远,导致优化失效。

3.标准遗传算法

标准遗传算法是一种通过模拟自然进化过程搜索问题最优解的方法。其主要特点是所采用的整体搜索策略和优化搜索方法在计算时不依赖于梯度信息或其他辅助信息,本身易于实现并行化,并且拥有较好的全局寻优能力;同时,该算法采用概率的变迁规则来自适应地调整搜索方向,而不依赖某个确定规则[1,2]。标准遗传算法与传统优化算法的最大区别在于:传统优化算法通常是从问题的单个解开始搜索,容易陷入局部最优解;而标准遗传算法是从问题解的串集开始搜索,在随后的每一次迭代计算中对搜索空间中的多个解同时进行评估,覆盖面大,利于全局寻优。

10.1.2 基于改进遗传算法的优化分析方法

大口径全可动望远镜背架结构优化分析中的变量为杆件截面尺寸,由于背架结构形式较为复杂,即使同一位置的一圈杆件采用同一种截面,经过分类后,仍然有上百个独立变量,其数目庞大,且均为型材式的离散型变量,这一特征导致截面优化尤为困难。

通过对前述望远镜结构各优化方法的总结和对比,可以看出,对这种复杂背架结构的优化问题,部分方法并不适用,如严格的保形优化设计法和一阶优化分析方法。而若采用标准遗传算法,鉴于该优化问题的特点,在初始阶段,变量数与种群个体数在同一数量级,导致初始种群多样性较为简单,不够丰富;另外,由于初始种群个体间相似度本身较高,如果采用标准的交叉和变异,而不针对个体特征加以有效干预,会使得交叉后产生的子代个体与父代个体间相比并无显著改善[3,4]。因此为避免这种"近亲繁殖",提高遗传算法的效率,最终采用改进遗传算法作为本问题的优化分析方法,并基于 MATLAB 和 ANSYS 软件编制了相应程序。

该方法本质上是对目前标准遗传算法各算子操作改进的优秀集成,解决了背架结构优化问题,如下就这些改进措施予以必要的阐述。

1.初始化群体的改进 —— 种群的多样性

种群的多样性可作为评价遗传进化过程的重要指标。当遗传算法找到存在极值的某个区域时(无论是全局还是局部),种群中的个体会持续不断地向该区域集中,从而出现诸多相似甚至相同的个体,导致种群多样性程度逐渐降低,最终影响到算法操作的效率以及搜索其他区域极值的能力。

为解决这个问题,采用 Hamming 距离(Hamming 距离是指两个体相应基因片段不同基因位的总数)控制初始种群的个体差异,用来丰富种群多样性,遏制超长个体的快速繁殖。具体方法如下:种群初始化中,每产生新的个体,都与前面所有个体进行比较,若新个体与前面某一个体的 Hamming 距离小于某一设定值(如 2 ~ 4,该数与个体编码长度有关),则停止比较,跳出循环,重新产生新个体。如此往复循环,直到产生个体间均有一定差异的种群[5,6]。

2.选择算子的改进

适应度比例法是目前遗传算法中最基本也是最常用的选择方法,是一种回放式随机抽样的方法。但若单纯采用适应度比例法进行选择,有可能会出现最优个体在选择过程中没有被选择复制到下一代的情况。因此,本节在传统选择算子的基础上,引入父子竞争机制[7]。具体表现为父代的 2 个个体交叉产生出子代的 2 个个体,对这 4 个个体(父子两代共 4 个)按照适应度高低排列,最高的 2 个个体进入下一代;如果父子两代的个体适应度相等,子代个体优先进入下一代[8]。将这 2 种方法结合起来,既能保证全局多峰性质的空间搜索,同时又能保证算法的收敛性。

3.交叉算子的改进

交叉操作是遗传算法的主要进化手段,标准遗传算法中交叉算子的设计包括以下 3 个方面:交叉点位置的确定、个体交叉概率的选择及交叉配对方式的选择。标准遗传算法中交叉算子对所有个体采用同一概率,并未具体结合个体的特点予以考虑。结合本问题特点 —— 变量规模数庞大,若采用标准算法进行配对交叉,很容易产生前述提及的"近亲繁殖"问题。因此对这 3 方面做出了如下改进。

(1)交叉位置的选择。

两个体交叉最常用的就是单点交叉,当对两个体 X、Y 进行交叉操作时,设 $X = \{x_1, x_2, \cdots, x_M\}$,$Y = \{y_1, y_2, \cdots, y_M\}$,假使交叉点选择不当,就有可能得到与父代一模一样的个体,导致交叉操作失效,算法无法跳出局部极值点[9],如图 10.1 所示。因此有必要确定交叉的有效区域,只在该区域内随机选择交叉点,确保交叉操作后产生的子代个体是与父代个体不同的新个体。

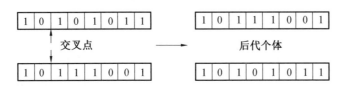

图 10.1　单点交叉无效操作

$$v_{\min} = \min\{m/k_{im} \neq k_{jm}, m = 1, 2, \cdots, M\}$$
$$v_{\max} = \max\{m/k_{im} \neq k_{jm}, m = 1, 2, \cdots, M\}$$

交叉的有效区域为$(v_{\min}, v_{\max})$。例如:两个体$X = 1101101$，$Y = 1010011$，其交叉有效区域为$(2,6)$。

（2）自适应交叉概率。

遗传算法中交叉概率p_c的大小与算法收敛性直接相关,交叉概率越大,产生新个体的速度就越快,优秀个体容易遭到破坏;如果交叉概率太小,又会使得搜索过程缓慢,甚至停滞不前[11-13]。因此采用自适应交叉概率,即对于适应度值高于群体平均值的个体,给予较低的交叉概率,尽可能使它得以保存进入下一代;而低于平均值的个体,则给予较高的交叉概率,使其尽可能被剔除[14-16]。具体采用的自适应交叉概率见式(10.4)[17]:

$$p_c = \begin{cases} p_{c1} - \dfrac{(p_{c1} - 0.6)(f_{\max} - f)}{f_{\max} - \overline{f}}, & f \geqslant \overline{f} \\ p_{c1}, & f < \overline{f} \end{cases} \quad (10.4)$$

其中,$p_{c1} = 0.9$；$f_{\max}$是群体中最大适应度值；$\overline{f}$为各代群体平均适应度值；f是进入配对池中待交叉的个体适应度值。

（3）相关性配对交叉。

相关性用来表征2个个体间的相似程度[18,19],以二进制编码为例,设2个个体X、Y分别为

$$X = \{x_1, x_2, \cdots, x_M\}$$
$$Y = \{y_1, y_2, \cdots, y_M\}$$

其中,$x_i \in \{0,1\}$，$y_i \in \{0,1\}$，$i = 1, 2, \cdots, M$。定义个体X、Y之间不相关指数为

$$r(X,Y) = \sum_{i=1}^{M} x_i \Theta y_i \quad (10.5)$$

其中

$$x_i \Theta y_i = \begin{cases} 0, & x_i = y_i \\ 1, & x_i \neq y_i \end{cases}$$

由此可以看出,$r(X,Y)$表示了2个个体X和Y之间不同基因的数目,即$r(X,Y)$越大,代表X和Y之间的相关性越小,对X和Y进行交叉时出现无效操作的可能性就越小。

4.变异概率

变异运算作为产生新个体的辅助方法,决定着遗传算法的局部搜索能力。变异算子的设计主要包含2方面:变异点位置的确定以及基因值的替换方式[20]。最常用的变异算子是以某概率进行随机单基因座变异[21],而随着进化阶段的更迭,不同阶段针对不同个体采用自适应的变异概率,见式(10.6):

$$P_m = \begin{cases} p_{m1} - \dfrac{(p_{m1} - 0.06)(f_{\max} - f)}{f_{\max} - \overline{f}}, & f \geqslant \overline{f} \\ p_{m1}, & f < \overline{f} \end{cases} \quad (10.6)$$

其中,$p_{m1} = 0.1$；$f_{\max}$是群体中最大适应度值；$\overline{f}$为各代群体平均适应度值；f是待变异的个体适应度值。

10.2   算例验证及背架结构截面优化

10.2.1   算例验证

为了说明改进算法的有效性,选取优化领域中常用的经典测试函数和典型结构模型为算例,分别采用标准遗传算法和本章提出的改进遗传算法,对其展开优化计算分析。通过对优化结果的优越性、迭代进化过程快慢、优化空间改进幅度大小等多方面进行对比,表明改进遗传算法的优势。

1.测试函数

(1) 问题描述。

利用标准遗传算法和改进遗传算法,对 2 个常用的二元多峰数值 Shaffer 函数进行优化测试计算并进行比较。其中函数 f_1 是求最小值,函数 f_2 是求最大值。

$$f_1(x,y) = (4 - 2.1x^2 + x^4/3)x^2 + xy + (-4 + 4y^2)y^2, x > -100, y < 100$$

$$f_2(x,y) = 0.5 - \frac{\sin^2\sqrt{x^2 + y^2} - 0.5}{[1 + 0.001(x^2 + y^2)]^2}, x > -100, y < 100$$

(2) 算法设置。

对于标准遗传算法和改进遗传算法选择相同的参数:种群规模数 $M = 100$,交叉和变异算子均采用自适应的交叉概率和变异概率,遗传的进化终止代数 $T = 200$。由于 f_2 是求最大值,可直接用函数本身作为其适应度函数;而 f_1 是求最小值,需采用置大数(可设置为100)与函数做差后的结果,作为其适应度函数。同时,引入父子竞争机制。2 种算法各自随机运行 50 次,其数值计算结果见表 10.1。

表 10.1   标准遗传算法和改进遗传算法测试结果对比

测试函数	最小收敛代数		平均收敛代数		标准方差	
	标准算法	改进算法	标准算法	改进算法	标准算法	改进算法
f_1	54	26	108	54	0.000 13	0.000 02
f_2	71	35	117	61	0.001 21	0.000 06

(3) 标准遗传算法与改进遗传算法优化结果比较。

从表 10.1 以及图 10.2 中可知,改进算法最小收敛代数、平均收敛代数都比标准遗传算法相应值要少,改进遗传算法更为稳定,不但很快收敛到全局最大值,且种群的优良性程度好。这表明在优化过程中,由于改进遗传算法引入了初始种群的多样性,以及交叉算子有效性大大增强,使得优秀个体得以更快地产生。其中,函数 f_1 的理论最小值为 $-1.031\ 628$,实际数值模拟收敛最小值为 $-1.031\ 60$;函数 f_2 的理论最大值为 1,实际数值模拟最大值为0.995。逼近程度都在 99.5% 以上。

同时,从图 10.3 中可以看出,采用了自适应的交叉和变异概率,群体当中适应度 f 低于平均适应度 f_{avg} 的个体会自动采用最高的交叉和变异概率;而当个体的适应度 f 大于平均适应度 f_{avg} 后,采用的交叉和变异概率又会呈现线性减小的趋势;当个体适应度 f 达到群体

当中的最大适应度 f_{max} 时,采用的交叉和变异概率均为 0,即不进行交叉和变异操作,从而将每代中具有最大适应度的个体很好地保留下来,而不遭到破坏。这一改进很好地展示出自适应交叉和变异概率会随着个体适应度的大小而进行合理化调节。

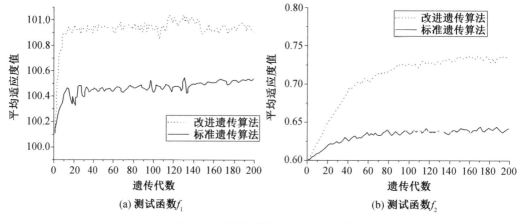

(a) 测试函数f_1　　　　　　　　(b) 测试函数f_2

图 10.2　　测试函数平均适应度曲线

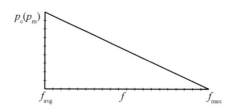

图 10.3　　自适应交叉、变异概率调整曲线

2.十杆桁架结构优化

(1)问题描述。

十杆桁架结构如图 10.4 所示,已知 $P = 10$ kN。材料属性为:弹性模量 $E = 2.0 \times 10^5$ MPa,密度 $C = 7.8 \times 10^3$ kg/m³,材料的容许应力$[\sigma] = 100$ MPa,$a = b = 2$ m。根据材料供应的截面库 $A = [1.132, 1.432, 1.459, 1.749, 1.859, 2.109, 2.276, 2.359, 2.659, 2.756, 3.086, 3.382, 3.486, 3.791, 4.292, 5.076]$cm²,该问题属于离散变量优化设计,采用遗传算法设计此结构,使得结构最轻。

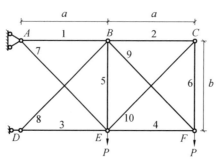

图 10.4　　十杆桁架

备选截面库共有 16 类截面,对这样一类变量取值范围为离散区间的情况,每一类截面与二进制编码间的映射关系见表 10.2。

表 10.2　每一类截面与二进制编码间的映射关系

二进制编码	解码对应的十进制数	截面库中截面面积
0000	0	1.132
0001	1	1.432
⋮	⋮	⋮
1111	15	5.076

(2)算法设置。

以杆件截面面积为设计变量,结构质量最轻为设计目标,设计的算法见式(10.7)。由材料力学强度理论可知,各杆件应力应满足约束条件,见式(10.8)。具体计算时,由于是求质量最轻,即最小值问题,并考虑到约束条件,采用罚函数将目标函数转化为遗传算法所能处理的无约束问题,见式(10.9),这样解空间中某一点目标函数值 W 到搜索空间对应个体的适应度函数采用式(10.10)。运行参数为:群体规模 $M=100$,遗传的进化终止代数 $T=100$,改进遗传算法采用上述相关性配对交叉,并采用自适应交叉和变异概率,同时引入父子竞争机制。

$$\text{find } A_1, A_2, \cdots, A_{16}$$

$$\min W = \sum_{i=1}^{16} A_i \tag{10.7}$$

$$m_i = g_{1,2,\cdots,16}(A_1, A_2, \cdots, A_{16}) - [\sigma] \leqslant 0, i = 1, 2, \cdots, 16 \tag{10.8}$$

$$F(A_1, A_2, \cdots, A_{16}) = W + C \sum_{i=1}^{16} \max(0, m_i) \tag{10.9}$$

式中,C 为罚因子,采用大数,本节取 $C = 10\ 000$。

$$f(X) = \begin{cases} C_{\max} - F, & f(X) < C_{\max} \\ 0, & f(X) \geqslant C_{\max} \end{cases} \tag{10.10}$$

式中,$C_{\max}$ 为一个适当的相对较大的数。

(3)标准算法与改进算法对结构优化的比较。

十杆桁架优化结果如图 10.5 所示,由图可以看出,当采用标准遗传算法时,目标函数从第 80 代基本开始收敛,最优值为 19.9 kg;而采用改进遗传算法时,目标函数从第 55 代基本开始收敛,最优值为 16.3 kg。

从如上给出的多峰值数学函数、平面桁架结构优化分析可以看出,本节的改进遗传算法较标准遗传算法而言,在整个优化历程当中,由于采用了自适应的交叉和变异概率,使其能依据个体的优劣程度灵活地选择交叉和变异概率,且在交叉中通过引入不相关性指数配对个体,确定有效区域来进行交叉,有效避免了近亲繁殖,从而使得每代种群的多样性及平均适应度值始终高于标准遗传算法的结果。而在获取优秀个体方面,改进遗传算法比标准遗传算法能较早地获得更为优秀的解,且改进幅度也比标准遗传算法更大。这些对比结果较好地体现出了本节改进遗传算法的有效性和先进性。

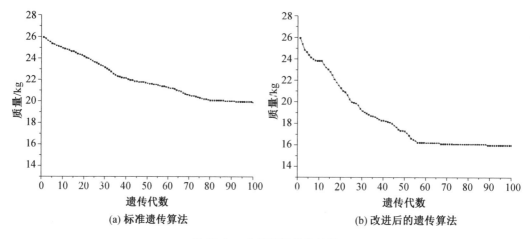

(a) 标准遗传算法　　　　　　　　　　(b) 改进后的遗传算法

图 10.5　　十杆桁架优化结果

10.2.2　背架结构截面优化

针对新疆即将建造的 110 m 巨型全可动射电望远镜,选取角锥系背架结构方案进行优化计算,给出背架结构一榀单元杆件布置如图 10.6 所示。整个背架结构上弦共 2 000 余个节点、8 654 根杆件。将同一环杆件定义为一个截面变量,这样对一榀单元给予变量标定,共有 120 个变量。如前所述,选取常用的圆形钢管截面构建截面库,共有 16 种截面备选,编码串与型钢截面尺寸的映射关系见表 10.3。以反射面 RMS 值为优化目标,构件强度为约束条件,分别采用标准遗传算法以及改进遗传算法对背架结构杆件进行截面优化,两种遗传算法的参数取值及说明见表 10.4,最终优化迭代曲线如图 10.7 所示。这里给出采用改进遗传算法优化后的背架结构杆件截面尺寸:上弦径向杆件最大截面为 146 mm × 7 mm,最小截面为 121 mm × 6 mm;环向杆件最大截面为 146 mm × 7 mm,最小截面为 121 mm × 6 mm;下弦径向杆件最大截面为 245 mm × 8 mm,最小截面为 121 mm × 6 mm;环向杆件最大截面为 146 mm × 7 mm,最小截面为 121 mm × 6 mm;腹杆最大截面为 219 mm × 8 mm,最小截面为 83 mm × 4 mm。

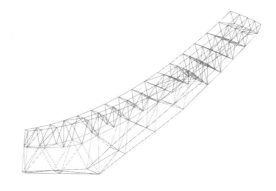

图 10.6　　背架结构一榀单元杆件布置

表 10.3 编码串与型钢截面尺寸的映射关系

二进制编码	截面库中对应的截面尺寸 /mm
0000	60×3
0001	70×4
⋮	⋮
1111	325×10

表 10.4 两种遗传算法的参数取值及说明

	标准遗传算法	改进遗传算法
种群规模	500	500
遗传代数	100	100
种群初始化	随机产生	确保种群多样性
适应度函数	置大数	线性尺度变换
选择算子	轮盘赌	轮盘赌,引入父子竞争机制
交叉算子及交叉率	按固定交叉率进行随机配对	避免近亲繁殖、非等概率交叉
变异算子及变异率	按固定变异率进行随机变异	非等概率变异

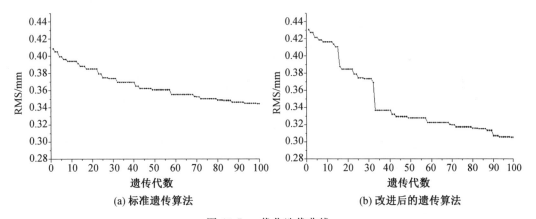

图 10.7 优化迭代曲线

　　从迭代曲线来看,本章提出的集成多种改进措施后的遗传算法,针对该大口径全可动射电望远镜背架结构截面优化,其优化进程较标准算法能较快地产生优秀个体;从优化历程变化幅度来看,采用改进算法其变化幅度更大;从最后的优化目标来看,RMS 值更小,即结果更优(标准算法为 0.34 mm,改进算法为 0.306 mm);较为有效地解决了望远镜背架结构大规模数型材式变量的优化问题。

10.3　背架结构几何参数分析

　　第 9 章中已得出影响反射面变形不均匀的 3 个主要因素,分别为副反射面支承方案、背架结构支承方案以及背架结构形式。其中,第 1 个因素通过改变副反射面支承位置完全消除了集中力带来的不利影响,而后述 2 个因素所提出的改进措施使得主反射面变形的不均匀程度得到了很大改善,但并未完全消除,还存在进一步改进的空间。本着这一出发点,本节针对背架结构高度、背架结构约束范围及上弦网格疏密程度这三方面展开相应的参数分析,进一步挖掘后述 2 个因素对主反射面精度的影响。

10.3.1 参数分析方案

1.背架结构高度

由于在变高度时,背架结构上弦始终要维持抛物面面型,因此对高度做参数分析时,可以维持下弦不动,而将上弦整体向上平移。在此,以背架结构根部高度为分析对象,考察网架高度变化对主反射面 RMS 的影响,背架结构根部高度示意图如图 10.8 所示,高度参数取值见表 10.5。

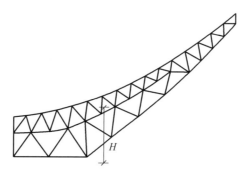

图 10.8　背架结构根部高度示意图

表 10.5　背架结构根部高度参数取值　　　　　　　　　　　　　　　　　　　　　m

高度	数值					
H	11.0	11.5	12.0	12.5	13.0	13.5

2.背架结构约束范围

以极对称中心位置为原点,对下弦约束范围进行参数分析,背架结构下弦约束平面半径示意图如图 10.9 所示,约束半径参数取值见表 10.6。

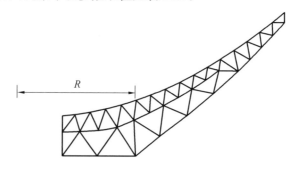

图 10.9　背架结构下弦约束平面半径示意图

表 10.6　背架结构下弦约束半径参数取值　　　　　　　　　　　　　　　　　　　m

半径	数值										
R	19.5	20.0	20.5	21.0	21.5	22.0	22.5	23.0	23.5	24.0	24.5

3.上弦网格疏密程度

针对背架结构,分别在 2 个区域进行网格疏密变化:一种是在支座区域(称为区域 1)进行网格加密,另一种是在悬挑段(称为区域 2)进行网格加密。背架结构上弦网格分区示意图如图 10.10 所示。分别探讨 2 部分上弦网格疏密变化对主反射面 RMS 的影响,2 个区域的上弦网格数具体取值见表 10.7。

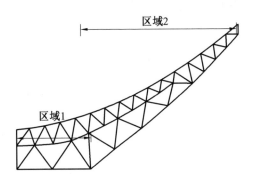

图 10.10　背架结构上弦网格分区示意图

表 10.7　背架结构上弦网格数　　　　　　　　　　　　　　　　　　　　个

分区	上弦网格数			
区域 1	1 008	1 056	1 080	1 104	1 128
区域 2	960	1 056	1 104	1 152	

10.3.2　各参数对主反射面精度 RMS 的影响

1.背架结构高度的影响

本节分析了高度 $H = 11.0$ m、11.5 m、12.0 m、12.5 m、13.0 m、13.5 m 时,望远镜结构主反射面精度的变化规律。在具体分析时,背架结构约束半径统一采用 $R = 22$ m,上弦网格疏密程度统一采用的节点为 1 056 个。最终获得主反射面精度 RMS 随背架结构高度变化的规律,如图 10.11 所示。

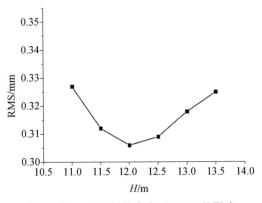

图 10.11　背架结构高度对 RMS 的影响

从 RMS − H 曲线可以看出,对精度而言,背架结构高度对其影响并非像网架高度之于结构刚度那样的影响。这里呈现的是 U 字形变化规律,主反射面 RMS 值先是随高度的增加而逐步减小,当 $H = 12$ m 时,其 RMS 值达到极值,约等于 0.306 mm;过了此点之后,其RMS 值又开始增大。可见对于此望远镜结构,以主反射面精度 RMS 为目标,每变一次高度都进行截面优化。图 10.12 同时给出了背架结构不同高度上弦三向位移云图,可以看出,随着高度的变化,分布模式整体上趋于一致,但是在 $H < 12$ m 时,高度越大,位移分布极值差距越小;当 $H = 12$ m 时,达到最小;当 $H > 12$ m 时,高度越大,位移分布极值差距又开始增大。这进一步表明,在 $H = 12$ m 时,找到了精度极值点。

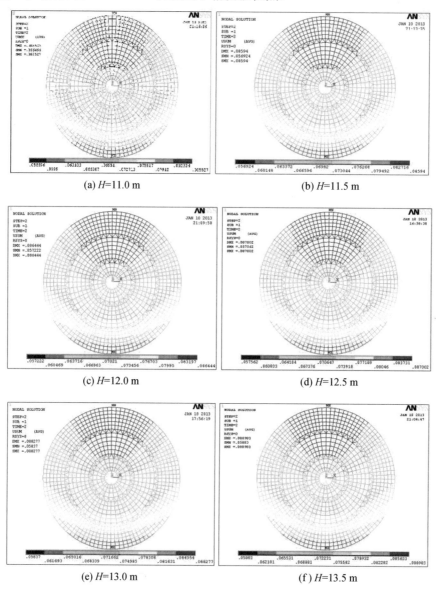

(a) H=11.0 m   (b) H=11.5 m

(c) H=12.0 m   (d) H=12.5 m

(e) H=13.0 m   (f) H=13.5 m

图 10.12　背架结构不同高度上弦三向位移云图

2.背架结构约束范围的影响

本节分析了背架结构约束半径 $R = 19.5$ m、20.0 m、20.5 m、21.0 m、21.5 m、22.0 m、22.5 m、23.0 m、23.5 m、24.0 m、24.5 m 时，望远镜结构主反射面精度的变化规律。在具体分析时，背架结构高度统一采用 $H = 12$ m，背架结构统一采用的上弦节点数为 1 056。最终获得主反射面精度 RMS 随背架结构约束范围的变化规律，如图 10.13 所示。

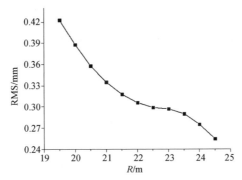

图 10.13　背架结构约束范围对 RMS 的影响

从图 10.13 中可以看出，随着约束半径 R 的不断扩大，主反射面精度呈现单调下降的趋势，这是由于在背架结构反射面变形中，悬挑段的变形对主反射面精度影响最大。因此，R 的增大意味着悬挑段的减小，而随着悬挑效应的减弱，其主反射面 RMS 值必然呈现减小的趋势。同时，图 10.14 给出了背架结构在不同约束范围下，上弦的三向位移云图，可以看出不同的约束范围，分布模式趋于一致，只是在数值上略有差别。

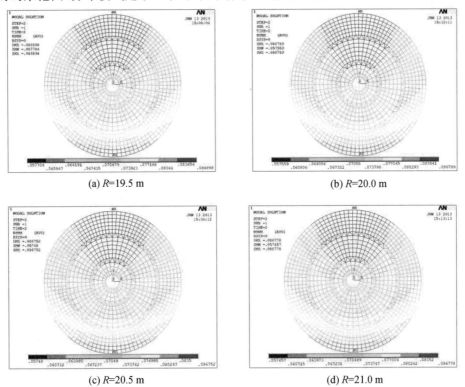

(a) R=19.5 m　　　　　　　　　　(b) R=20.0 m

(c) R=20.5 m　　　　　　　　　　(d) R=21.0 m

图 10.14　背架结构在不同约束范围下，上弦三向位移云图

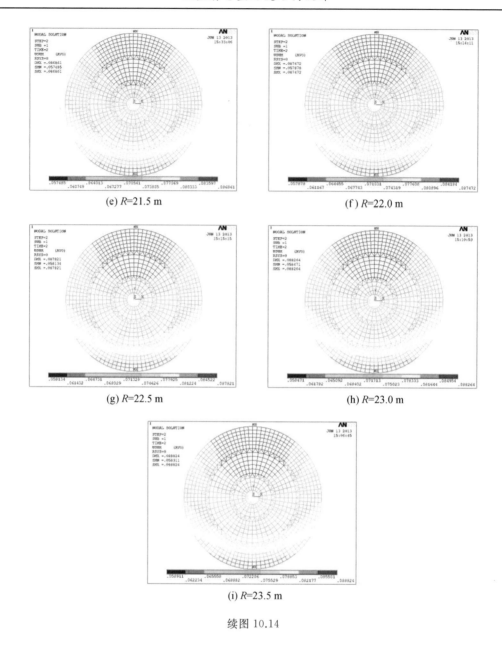

(e) $R=21.5$ m

(f) $R=22.0$ m

(g) $R=22.5$ m

(h) $R=23.0$ m

(i) $R=23.5$ m

续图 10.14

3.背架结构上弦网格疏密程度的影响

本节对背架结构上弦不同区域进行网格加密,分析了不同疏密程度对望远镜结构主反射面精度的影响。具体分析时,针对区域 1 进行网格疏密变化而产生的上弦节点个数分别为 $N=1\,008$、$1\,056$、$1\,080$、$1\,104$、$1\,128$,针对区域 2 进行网格疏密变化而产生的上弦节点个数分别为 $N=960$、$1\,056$、$1\,104$、$1\,152$。而背架结构根部高度统一采用 $H=12$ m,约束半径统一采用 $R=22$ m。最终获得主反射面精度 RMS 随背架结构上弦网格疏密程度的变化规律,如图 10.15 所示。

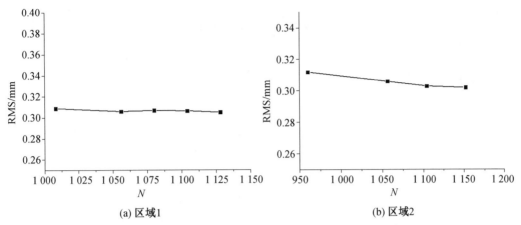

(a) 区域1   (b) 区域2

图 10.15 背架结构上弦网格疏密程度对 RMS 的影响

从图 10.15 中可以看出,在区域 1 对上弦网格进行加密,主反射面精度基本上呈现平缓直线状,即仅在区域 1 变化网格的疏密,主反射面精度对其并不敏感;而在区域 2 对上弦网格进行加密,主反射面精度变化较为明显,且随着区域 2 网格的加密,精度有所提高。其主要原因在于区域 1 是支座区域,而区域 2 属于悬挑段。在支座区域进行网格加密,由此带来刚度的增大相对本身支座的刚度影响微乎其微,而对主反射面精度的影响主要源于悬挑段的变形,因此,在区域 2(即悬挑段)进行网格加密带来的刚度增大对主反射面精度产生了明显的影响。因此,在望远镜背架结构设计时,在网格拓扑连接方面,应合理地选取位置进行网格加密,以适度地提高主反射面精度。限于篇幅,这里只给出在对区域 2 加密后上弦的三向位移云图,如图 10.16 所示。

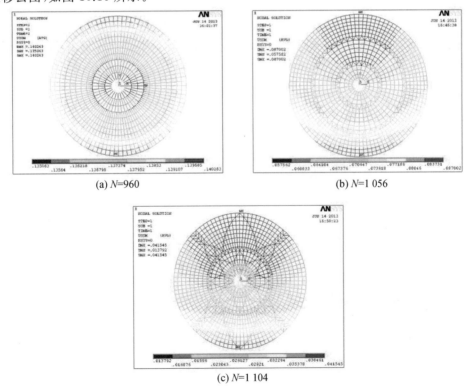

(a) N=960   (b) N=1 056

(c) N=1 104

图 10.16 对背架结构区域 2 加密后上弦三向位移云图

10.4 背架结构最佳安装调整角的确定

10.4.1 结构力学分析

望远镜背架结构的安装需要根据设计抛物面形状进行各构件的下料安装。然而由于自重的作用,必然会使得反射面产生一定的变形而偏离初始设计抛物面,并且这种变形也是望远镜俯仰角的函数。对背架结构进行静力学分析,每一点自重下的受力分解如图 10.17 所示。

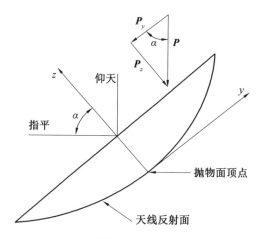

图 10.17 背架结构自重下受力分解

假定望远镜结构系统为小变形线弹性体系,其位移与自重呈线性关系,由胡克定律可知:

$$P = K\delta \tag{10.11}$$

由图 10.17 可知,$P_y = P\cos\alpha$,$P_z = P\sin\alpha$,α 为俯仰角。

结合图 10.17 可知,反射面在任意俯仰角下的重力变形都可以看作是在力 $\boldsymbol{P}_y$ 和 $\boldsymbol{P}_z$ 分别作用下变形的叠加。通过式(10.11),力 $\boldsymbol{P}_y$ 作用下的变形可表达为

$$\delta_y(\alpha) = K_y^{-1} \cdot P_y = K_y^{-1} \cdot P\cos\alpha = \delta_0\cos\alpha \tag{10.12}$$

同理,力 $\boldsymbol{P}_z$ 作用下的变形可表达为

$$\delta_z(\alpha) = K_z^{-1} \cdot P_z = K_z^{-1} \cdot P\cos\alpha = \delta_{90}\cos\alpha \tag{10.13}$$

式中,δ_0、δ_{90} 分别代表反射面在指平状态(0°俯仰角)和仰天状态(90°俯仰角)重力作用下的变形。

根据小变形线弹性系统位移矢量叠加原理,当望远镜俯仰角为 α 时,自重作用下反射面上任意一点的位移向量可表达为

$$\delta(\alpha) = \delta_y(\alpha) + \delta_z(\alpha) = \delta_0\cos\alpha + \delta_{90}\sin\alpha = c\cos(\alpha + \omega) \tag{10.14}$$

式中

$$c = \sqrt{\delta_0^2 + \delta_{90}^2},\omega = \arctan(|\delta_{90}|/|\delta_0|)$$

10.4.2　最佳安装调整角的确定

对望远镜通常所处的某工作俯仰角,自然可以选其作为背架结构的最佳安装调整角,例如同步卫星地面站的望远镜就属于这样一类。然而,对于全可动望远镜而言,则不能简单地采用上述角度作为背架结构最佳安装调整角,它需依据其追踪目标的变位规律,将整个俯仰角变化范围分为若干区段,依次求出追踪目标在每个区段出现的概率,将每个概率分别作为各对应区段的加权因子,最终表示出各区段在自重作用下反射面各点加权半光程差的平方和,见式(10.15)。

$$E(\gamma) = \sum_{\alpha} W_{\alpha} \left[\sigma_0^2 (\cos\,\alpha - \cos\,\gamma)^2 + \sigma_{90}^2 (\sin\,\alpha - \sin\,\gamma)^2 \right] \tag{10.15}$$

式中,W_{α} 为区段 α 概率加权因子,且 $\sum W_{\alpha} = 1$；γ 为所求俯仰角；α 为区段变量。

以该平方和最小为目标,最终建立寻求背架结构最佳安装调整角的数学模型为

$$\begin{cases} \text{find } \gamma \\ \min E(\gamma) = \sum_{\alpha} W_{\alpha} \left[\sigma_0^2 (\cos\,\alpha - \cos\,\gamma)^2 + \sigma_{90}^2 (\sin\,\alpha - \sin\,\gamma)^2 \right] \\ \text{s.t. } \underline{\gamma} \leqslant \gamma \leqslant \overline{\gamma} \end{cases} \tag{10.16}$$

式中,$\overline{\gamma}$ 和 $\underline{\gamma}$ 分别表示望远镜工作时俯仰角上、下限。求解该数学规划问题便可获得最佳安装调整角 γ^*。

对于新疆 110 m 巨型全可动射电望远镜,仅知道其俯仰角变化范围为 5°～90°,但并未确定其在俯仰区段工作时的具体相关信息,假定在各俯仰角出现的概率都相同,则式(10.16)可转化为

$$\begin{cases} \text{find } \gamma \\ \min E(\gamma) = \int_5^{90} \left[\sigma_0^2 (\cos\,\alpha - \cos\,\gamma)^2 + \sigma_{90}^2 (\sin\,\alpha - \sin\,\gamma)^2 \right] \mathrm{d}\alpha \\ \text{s.t. } 5° \leqslant \gamma \leqslant 90° \end{cases} \tag{10.17}$$

具体对该角度进行求解时,首先利用前述已编制的望远镜精度数据自动处理程序,计算 0° 和 90° 俯仰角下的反射面精度值记作 σ_0 和 σ_{90}；然后根据俯仰转动范围 5°～90°,以该区域的 2 个极端角作为最佳调整角优化模型中的上、下界,对 γ 所在的变化区域按照式(10.17)进行积分求和；随后对 γ 进行求导令其导数为 0,即可求得最佳安装调整角 γ^*。按此步骤最终对角锥系背架结构方案的望远镜求解,获得背架结构最佳安装调整角为 48.7°。按此角度进行调整可得重力荷载作用下主反射面精度如图 10.18 所示,同时也给出按其他俯仰角进行调整的 RMS 曲线。通过对比可以看出,若按照比 48.7° 更小的俯仰角(如 45°)调整时,反射面 RMS 最大值达到了 0.333 mm；若按比 48.7° 更大的俯仰角(如 50°)来调整时,反射面 RMS 最大值达到了 0.314 mm；而按照 48.7° 调整后的 RMS 最大值为 0.306 mm,且在 2 个极端角(5° 与 90° 俯仰角)RMS 均相等,整个俯仰变位过程中的精度值被控制在了合理范围内,进一步辅证了最佳安装调整角为 48.7°。

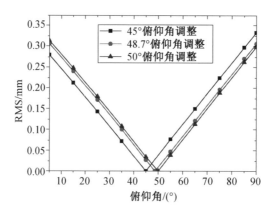

图 10.18　采用不同安装调整角的主反射面精度

10.4.3　数值试验与解析对比

为了检验在自重荷载作用下最佳安装调整角计算模型的正确性与有效性,以 110 m 口径射电望远镜有限元模型为例,通过改变重力的轴向与径向分量,采用 ANSYS 计算得出反射面背架结构在指平状态和仰天状态时,上部结构在重力荷载作用下的变形情况,如图 10.19 所示。随后在 5°、15°、25°、35°、45°、55°、65°、75°、85°、90° 共 10 个工作俯仰角处,分别改变重力的轴向和径向分量,对望远镜结构进行静力分析,依据计算结果按照上述方法得到反射面 RMS 值。同时按照前述结构力学分析中的矢量叠加法,计算各俯仰角采样点对应的 RMS 值。矢量叠加与数值模拟两种计算均以前述求得的最佳安装调整角 48.7° 进行修正,如图 10.20 所示。可以看出,两种方法所得反射面 RMS 曲线基本吻合,表明通过矢量叠加法求得自重下反射面 RMS 值的正确性和有效性;且通过矢量叠加法算出的 RMS 值比直接数值计算结果稍大,但偏差仍在容许范围内。

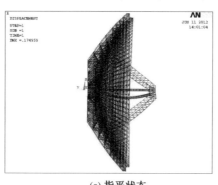

(a) 指平状态

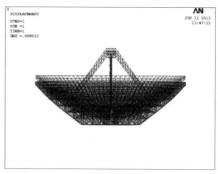

(b) 仰天状态

图 10.19　望远镜上部结构在重力荷载作用下的变形图

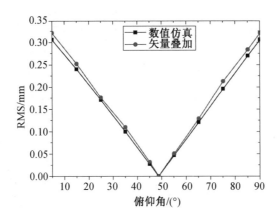

图 10.20　矢量叠加与数值模拟反射面 RMS 随俯仰角变化曲线

10.5　背架结构与下部抗扭环连接对于 RMS 的影响分析

望远镜背架结构通过下部的伞撑结构与俯仰机构连接,伞撑结构及俯仰机构对背架结构的约束直接决定背架结构的受力情况,因此很有必要针对其连接形式进行分析研究。

望远镜背架结构通过下部的伞撑结构与俯仰机构连接,其中背架结构下弦共有 3 圈节点,每一圈都是 24 个,最外一圈的 24 个节点与下部伞撑结构三向耦合连接,最靠内的一圈节点同样与伞撑结构三向耦合。中间一圈的 24 个节点要起到抗扭转的作用,因此,中间一圈的节点不仅要与伞撑结构连接在一起,还应该与下部俯仰机构的抗扭环连接,俯仰机构抗扭环如图10.21 所示。伞撑与俯仰机构的连接形式如图 10.22 所示。

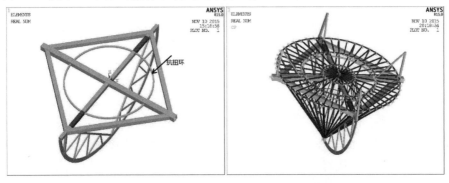

图 10.21　俯仰机构抗扭环　　　　图 10.22　伞撑与俯仰机构的连接形式

背架下弦的 3 圈节点中最内圈与最外圈的节点与下部伞撑三向耦合,但是中间一圈节点由于要与俯仰机构的抗扭环连接,初始采用双向耦合的方式连接,在平面内耦合 X 向与 Y 向,释放 Z 向的自由度。背架结构与抗扭环耦合形式(双向耦合)如图 10.23 所示。

采用双向耦合形式的反射面 RMS 最小值可以达到 0.306 mm,较为理想,但是考虑到反射面 RMS 对于结构的不均匀变形敏感度很高,而当背架结构与抗扭环采用平面内双向耦合时,抗扭环在提供结构抗扭刚度的同时还会给背架结构提供抗侧刚度,尤其是当望远镜结构在指平状态时这个现象尤为明显。

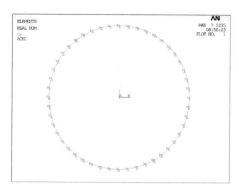

图 10.23　背架结构与抗扭环耦合形式(双向耦合)

　　当望远镜处于指平状态时,整个背架结构会在自重作用下产生竖向位移,而由于抗扭环与背架结构耦合在一起,抗扭环会对背架结构产生约束,使得反射面竖向变形不均匀。经过计算发现,采用双向耦合连接形式的背架结构,随着抗扭环截面的增加,反射面 RMS 会显著降低。这是因为随着抗扭环截面的增大,抗扭环的抗侧刚度也随之增大,背架结构在变形时抗扭环会约束背架结构变形,从而使得背架结构的变形不均匀。这样的约束是不利约束,应该尽可能屏蔽掉。

　　因此在背架结构与抗扭环连接时,仅考虑抗扭环的抗扭作用。具体操作时,背架结构下弦中间圈节点与俯仰机构抗扭环的节点采用柱坐标形式,在耦合时,不考虑这些节点的径向耦合,只考虑环向耦合。背架结构与抗扭环耦合形式(仅环向耦合)如图 10.24 所示。

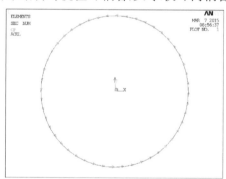

图 10.24　背架结构与抗扭环耦合形式(仅环向耦合)

　　将耦合形式改为环向耦合、径向释放之后,背架结构在指平状态下发生竖向变形时,抗扭环不会对其产生约束,从而使得反射面的变形趋于均匀。在这种连接形式下计算反射面 RMS 为 0.167 mm,反射面的拟合精度得到极大的提高。

10.6　局部节点控制对反射面精度的影响分析

10.6.1　反射面不同位置节点对反射面精度的影响分析

　　射电望远镜反射面上不同位置的节点对反射面精度的贡献值是不一样的。本节通过对比反射面各点在自重作用下的变形及各个节点偏离最佳吻合抛物面的半光程差值,探索节点位移与半光程差之间的联系,找出对于反射面精度影响较大的区域。

望远镜工作时,自重作用是影响精度的主要因素。其中,在 0° 俯仰角下望远镜处于指平状态,反射面整体位移如图 10.25 所示;在 90° 俯仰角下为仰天状态,自重作用下反射面整体位移如图 10.26 所示。

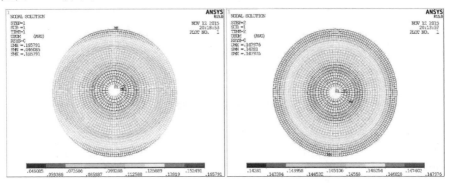

图 10.25　0° 俯仰角下反射面整体位移　　图 10.26　90° 俯仰角反射面整体位移

对反射各点半光程差进行分析,将反射面各点在 0° 俯仰角与 90° 俯仰角下的位移提取出来,并且经过 MATLAB 计算,可以求出反射面上各点相对最佳吻合抛物面的半光程差值。由于实际使用中望远镜结构俯仰角变化范围为 5° ~ 90°,因此计算出 5° 俯仰角下反射面各点的半光程差数值云图如图 10.27 所示,90° 俯仰角下反射面各点的半光程差数值云图如图 10.28 所示。

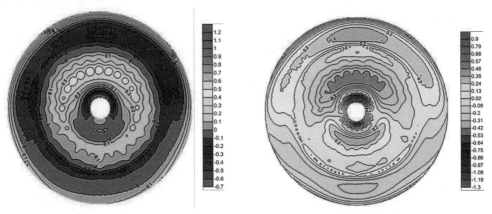

图 10.27　5° 俯仰角下反射面各点的半光程差数　　图 10.28　90° 俯仰角下反射面各点的半光程差
　　　　　值云图　　　　　　　　　　　　　　　　　　　　　数值云图

由图 10.27 可以看出,在 5° 俯仰角下,半光程差绝对值超过 0.3 mm 的区域较小,主要集中在 3 个区域。其中半光程差小于 −0.3 mm 的区域主要集中在靠近反射面中心的小片区域,以及靠近反射面边缘的小片区域,而半光程差大于 +0.3 mm 的区域则成串状分布在反射面中部。半光程差绝对值超过 0.3 mm 的区域基本对称分布。

而 90° 俯仰角下,半光程差绝对值超过 0.3 mm 的区域相比反射面整体同样较小。其中半光程差小于 −0.3 mm 的区域主要是靠近反射面中心的小片区域以及反射面中部的小部分区域,半光程差大于 +0.3 mm 的区域包括反射面中心的小片区域以及反射面上部边缘的一片区域和反射面下侧中部的小片区域。半光程差绝对值超过 0.3 mm 的区域基本对称分布。

分析反射面上各点在自重作用下的变形图及反射面上各点相对最佳吻合抛物面的半光程差数值云图可以发现，反射面各点的位移与相对最佳吻合抛物面的半光程差没有直接关联，不存在相关性。这是因为在计算反射面拟合精度时，选取的是反射面上各点相对最佳吻合抛物面的半光程差值，并不是相对原设计抛物面的。最佳吻合抛物面相对原设计抛物面存在刚体位移及转动。可以看出造成反射面半光程差数值较大的节点范围相对较小，但是对于反射面精度的影响较大。

10.6.2 局部节点调节对反射面精度的影响分析

针对反射面控制系统的研究是较为成熟的，传统的 PID 算法在一般的天线结构中应用较为广泛，它是一种自适应控制算法。目前来说，针对射电望远镜反射面的控制大部分都是整体控制，即在反射面的全部节点上安装电液伺服促动器。但是考虑到 110 m 射电望远镜反射面上节点个数超过 2 500 个，如果每个节点都安装促动器会大大增加控制难度以及建造成本，因此提出了在望远镜反射面的部分节点安装促动器进行调节，通过计算分析部分节点安装促动器对于反射面精度的影响。

通过 10.6.1 节的分析可以看出，对于反射面精度影响较大的区域是比较小的，而且大部分集中在反射面的中心区域。因此提出了对反射面中心区域的节点进行控制，并且分析对反射面中心不同的区域节点进行控制而对反射面精度产生的影响。

1.反射面上节点控制方法介绍

假设原设计抛物面上一点 $A(x_0, y_0, z_0)$ 在荷载作用下移动到 $B(x_0 + u, y_0 + v, z_0 + w)$，如图 10.29 所示，点 B 显然不在最佳吻合抛物面上，在这里认为点 B 对于最佳吻合抛物面的法线方向与原抛物面上点 A 对设计抛物面的法线方向相同，因为结构的变形是相对微小的。

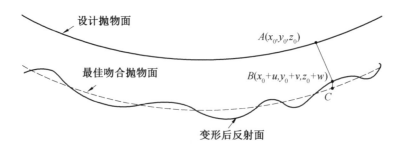

图 10.29 对最佳吻合抛物面的偏差

原设计抛物面上 A 点的法向余弦 l、m、n 是已知的，分别为

$$l = \frac{-x_0}{2\sqrt{f(f + z_0)}}, m = \frac{-y_0}{2\sqrt{f(f + z_0)}}, n = \sqrt{\frac{f}{f + z_0}} \tag{10.18}$$

从 B 点向最佳吻合抛物面作法线，与最佳吻合抛物面相交于 C 点，则 $BC = \Delta$，C 点坐标

为

$$\begin{cases} x = x_0 + u + l\Delta \\ y = y_0 + v + m\Delta \\ z = z_0 + w + n\Delta \end{cases} \qquad (10.19)$$

通过式(10.19)可以求出 C 点的坐标,而这里的 Δ 在计算反射面 RMS 时已经求出。则在计算出反射面各点在自重下的变形后,在自重位移的基础上增加 B 点到 C 点的位移为调整位移,由式(10.18)和式(10.19)可以求出 B 点到 C 点的调整位移为

$$\begin{cases} \Delta x = l\Delta \\ \Delta y = m\Delta \\ \Delta z = n\Delta \end{cases} \qquad (10.20)$$

以自重下的位移加 B 点到 C 点的调整位移为调整后自重下的位移,并以此位移计算反射面精度。

2.调节局部节点坐标对反射面精度影响的分析

局部节点控制对反射面精度影响的分析所采用的方法比 10.6.1 节介绍的方法更为复杂,因为 10.6.1 节介绍的是对反射面所有节点同时调节的优化流程,而本节中仅对反射面部分节点进行调节。针对反射面部分节点的调整流程如下。

首先计算除去需要调节节点所在区域的反射面精度,并且计算求出此时对应的最佳吻合抛物面。然后计算出需要调节的节点相对该最佳吻合抛物面的半光程差值 Δ,进而按照式(10.20)计算出的位移调整值进行调节。按照调节之后的位移再次计算反射面精度,对比调节前后的反射面精度。

由于对反射面精度影响较大的区域主要集中在反射面中心位置,因此考虑调节反射面中心区域节点位移来优化反射面精度。反射面节点分布如图 10.30 所示,本节对于调节不同区域对反射面精度的影响做出了分析,将调节区域分为 4 种情况,情况分别为 a、b、c、d,4 种情况节点分布图如图 10.31 所示。

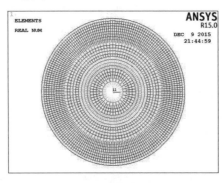

图 10.30　反射面节点分布图

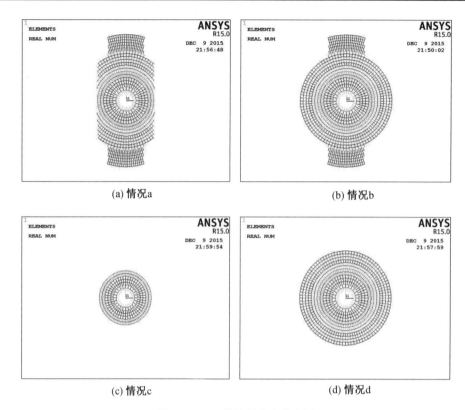

(a) 情况a

(b) 情况b

(c) 情况c

(d) 情况d

图 10.31　4 种情况节点分布图

通过对比 4 种情况可以看出:图 10.31(a) 所示区域是对反射面拟合精度影响较大的区域,该区域共有节点 1 102 个;图 10.31(b) 所示区域是在图 10.31(a) 所示的基础上,将靠近反射面中心区域补圆,该区域共有节点 1 350 个;图 10.31(c) 所示区域是靠近反射面中心的圆形区域,共有节点 480 个;图 10.31(d) 所示区域是将图 10.31(b) 所示区域上下两部分削减,保留中部的圆形区域,该区域共有节点 1 056 个。

经过计算发现,在对图 10.31(a) 所示区域各点进行调节之后,反射面精度由 0.21 mm 提高到图 10.31(b) 所示的 0.136 3 mm;在对图 10.31(b) 所示区域的各点进行调节之后,反射面精度由 0.21 mm 提高到 0.099 6 mm;在对图 10.31(c) 所示区域的各点进行调节之后,反射面精度由 0.21 mm 提高到 0.172 7 mm;在对图 10.31(d) 所示区域的各个节点进行调节之后,反射面精度由 0.21 mm 提高到 0.112 5 mm。

通过上述分析可以得出结论如下。

对比图 10.31(c) 和图 10.31(d) 所示 2 种情况可以看出,随着调节节点数目的增多,反射面精度得到显著提升,由 0.172 7 mm 提高到 0.112 5 mm;对比图 10.31(a) 和图 10.31(d) 所示 2 种情况可以看出,完全按照对反射面精度影响较大的区域进行调节不如将影响较大的区域进行补圆,然后削减上下突出部分,此时调节的节点个数有所减少,而且反射面的拟合精度由 0.136 3 mm 提高到 0.112 5 mm;对比图 10.31(b) 和图 10.31(d) 所示 2 种情况可以看出,情况 b 与情况 d 的区别在于情况 b 在情况 d 圆形区域的基础上增加了对反射面精度影响较大的两部分,此举使得情况 b 相对于情况 d 反射面精度由 0.112 5 mm 提高到 0.099 6 mm,提高了 11%,而调节的节点数目由 1 056 个增加到 1 350 个,增加了 22%。

通过上面的结论可以看出,调节反射面上的部分节点确实能够有效地提高反射面精度,通过调节反射面上 1/3 左右的节点可使得反射面拟合精度提高接近 1 倍。

本章参考文献

[1] 吴景龙,杨淑霞,刘承水.基于遗传算法优化参数的支持向量机短期负荷预测方法[J].中南大学学报:自然科学版,2009,40(01):180-184.

[2] 张琛,詹志辉.遗传算法选择策略比较[J].计算机工程与设计,2009,30(23):5471-5474＋5478.

[3] 边霞,米良.遗传算法理论及其应用研究进展[J].计算机应用研究,2010,27(07):2425-2429＋2434.

[4] 庄健,杨清宇,杜海峰,等.一种高效的复杂系统遗传算法[J].软件学报,2010,21(11):2790-2801.

[5] 王银年.遗传算法的研究与应用[D].无锡:江南大学,2009.

[6] 罗源伟,李泉永,李文勇,等.基于遗传算法的天线结构优化[J].现代雷达,2000(04):67-71.

[7] 岳嵚,冯珊.遗传算法的计算性能的统计分析[J].计算机学报,2009,32(12):2389-2392.

[8] 曹道友,程家兴.基于改进的选择算子和交叉算子的遗传算法[J].计算机技术与发展,2010,20(02):44-47＋51.

[9] 吴值民,吴凤丽,邹赟波,等.退火单亲遗传算法求解旅行商问题及 MATLAB 实现[J].解放军理工大学学报:自然科学版,2007(01):44-48.

[10] HADLEY G,WHITN T M.Analysis of inventory systems[M].New Jersey:Prentice-Hall Inc,1963.

[11] 邝溯琼.遗传算法参数自适应控制及收敛性研究[D].长沙:中南大学,2009.

[12] 王小平,曹立明.遗传算法实现与软件实现[M].西安:西安交通大学出版社,2002.

[13] 张明辉,王尚锦.具有自适应交叉算子的遗传算法及其应用[J].机械工程学报,2002(01):51-54.

[14] 卢厚清,陈亮,宋以胜,等.一种遗传算法交叉算子的改进算法[J].解放军理工大学学报:自然科学版,2007(03):250-253.

[15] 蔡良伟,李霞.遗传算法交叉操作的改进[J].系统工程与电子技术,2006,(06):925-928.

[16] 姜薇.遗传算法中交叉算法的改进[D].长春:吉林大学,2009.

[17] 吴佳英.多亲遗传算法及其应用研究[D].湘潭:湘潭大学,2003.

[18] 杨国军,陈丽娟,周丽,等.评"遗传算法交叉操作的改进"[J].电子科技,2007(10):22-25.

[19] 尹作海,邱洪泽,周万里.基于改进变异算子的遗传算法求解柔性作业车间调度[C].第三届中国智能计算大会论文集.济南:电子工业出版社,2009.

[20] 王湘中.进化策略的变异算子与仿真平台研究[D].长沙:中南大学,2005.

[21] 邝航宇,金晶,苏勇.自适应遗传算法交叉变异算子的改进[J].计算机工程与应用,2006(12):93-96＋99.

第11章　大口径全可动望远镜反射面结构风荷载特性及其对精度的影响

风荷载作用会造成望远镜反射面几何形状的变化,严重影响其分辨率和灵敏度,致使工作性能降低[1-2]。因此,对反射面风荷载特性的分析显得尤为重要。

本章首先采用计算流体力学软件 FLUENT,选取 110 m 望远镜($F/D=0.3$)反射面为切入点,对其表面平均风压分布进行数值模拟,并展开相应的风洞试验研究,来验证 CFD 数值模拟反射面平均风压分布的有效性。通过对比数值模拟与试验结果,揭示旋转抛物反射面的风荷载特性。随后,以数值模拟为研究手段,对其他若干反射面结构进行大规模计算,给出不同口径、不同焦径比的分析结果,为日后旋转抛物反射面抗风设计提供较为充分的资料。最后以 110 m 望远镜($F/D=0.3$)为例,评估了生存风速下结构的力学可靠性,尤其是工作风速对反射面精度的影响。

11.1　CFD 数值模拟

11.1.1　计算流体力学与计算风工程

计算流体力学(Computational Fluid Dynamics,CFD),是通过计算机来近似模拟流动现象并获得流体产生的作用力的一种方法,近年来随着计算机软硬件的快速发展,在航空、机械、气象以及建筑等诸多领域得到了广泛的应用[3]。通过 CFD 数值模拟,可以获得可视化的流场信息,帮助理解流体力学问题,为试验提供指导,为设计提供参考,节省人力、物力和时间。

风工程是近半个世纪来形成的一门交叉学科,主要研究内容建立在气象学和钝体空气动力学的基础上。随着计算流体力学理论的发展和计算机处理能力的不断提升,以计算流体力学为基础的计算风工程学科迅猛发展,为研究建筑结构的风场问题提供了一种有效手段,并成为当前研究的热点之一[4]。

11.1.2　CFD 数值模拟方法简介

CFD 数值模拟方法在近 20 年中受到了世界范围内研究人员的广泛重视,并取得了飞速发展,除计算机硬件性能的不断提高给它提供了坚实的物质基础外,主要原因还在于现有的试验方法和分析方法都存在较大的局限性,例如钝体绕流复杂性很高,既无法做分析解,也因费用昂贵而在大多数情况下没有条件进行试验。CFD 数值模拟方法与之相比具有以下优点:成本低,可重复操作;适用范围广,能模拟复杂或较理想的过程;方便控制试验条件,便于进行各种参数分析;采集结果更为全面,可获得可视化的流场信息等。

CFD 数值模拟方法的实现载体是各种数值模拟软件,CFD 求解软件对于定常和非定常流动、层流和湍流、可压缩和不可压缩、传热、化学反应等均有针对不同物理问题的流动特点而提供的多种优化的物理模型[5]。目前的求解软件主要有 FLUENT、CFX、CART3D、AIRPAK、ICEPAK、STAR－CD 和 PHOENICS 等。其中,建筑结构的风场模拟最常用的是 FLUENT 软件。

11.1.3　CFD 的基本方程

流体的计算以流速 u 及压力 p 为基本未知变量,以雷诺数 Re 为参数,得到不可压缩流体基本控制方程(Navier － Stokes 方程,N － S 方程)的无量纲表达形式见式(11.1)和式(11.2)。

$$\nabla \cdot U = 0 \quad \text{其中 } U = (u_1, u_2, u_3) \tag{11.1}$$

$$\frac{\partial u}{\partial t} + (u \cdot \nabla)u - \frac{1}{Re}\nabla^2 u + \nabla p = 0 \tag{11.2}$$

式(11.1)是基于质量守恒定理表示的连续方程,式(11.2)是基于动量守恒定理建立的表示非定常、非线性形式的运动方程。式(11.2)中,流体的对流项与耗散项见表 11.1 中,对流项和耗散项的结合,表现为流体对流耗散的特征[6-7]。

表 11.1　式(11.2)中流体的对流项与耗散项说明

公式项	类别	说明
$(u \cdot \nabla)u$	对流项	该项体现动量具有与流动相对应的从上游向下游传递的流动性质
$\frac{1}{Re}\nabla^2 u$	耗散项	黏性的耗散效果引起的对动量的影响向四周等向扩展体现衰减耗散的性质

其中,对流项的非线性具有生成小尺度涡的效果,雷诺数 Re 大时会出现湍流现象。湍流现象的模拟是 CFD 数值模拟过程中的核心问题之一。

计算风工程领域中主要研究宏观、低速、不可压缩、黏性的牛顿流体,因此式(11.2)左边第 4 项的压力要受到式(11.1)连续方程不可压缩条件的约束,这样就出现了拉格朗日(Lagrange)未知数。所以,在不可压缩流体中压力不是由状态方程决定的,而是由瞬间流速场的体积变形引起的。为满足不可压缩条件即连续方程,流体应具有抵抗能力,该值是由边界条件的初始值确定的[8-9]。

综上所述,在不涉及能量交换的不可压缩、黏性牛顿流体运动中,带有对流耗散特性的方程(11.1)和方程(11.2)组成了封闭的基本控制方程组[10]。我们可以通过设定适当的边界条件,来实现对流体的计算求解。

11.1.4　计算域设置

计算域是 CFD 数值模拟进行计算求解的空间流场网格区域,原则上,对计算域的设置应在对计算结果没有影响的前提下,尽可能选择小的范围以减少计算量。但值得注意的是,如果计算域设置不合理,由于阻塞效应对结构周围流场造成干扰,则得不到正确的模拟结果,因此通常要求阻塞率不大于 3%。

计算域的设置包括上游距离 L_1,下游距离 L_2,计算域迎风面宽度 B 及高度 H,其中计算模型尺寸为 $l \times b \times h$,如图 11.1 所示[11]。

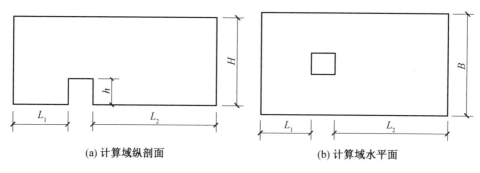

(a) 计算域纵剖面   (b) 计算域水平面

图 11.1   计算域的设置

由于大口径全可动射电望远镜天线结构工作时俯仰角和方位角会发生变化,流场绕流情况多样复杂,既不同于低矮建筑的顶部绕流为主,也不同于高层建筑的两侧绕流为主[12]。所以,计算域的设置需综合考虑顶部和两侧绕流的情况,通过试算算例,最终确定采用的计算域参数设置见表 11.2。

表 11.2   计算域参数设置

计算模型尺寸	$l \times b \times h$
计算域	$L_1 = 5l, L_2 = 15l, H = 8h, B = 10b$

11.1.5   网格划分与优化

1.网格划分方法的选择

考虑到巨型射电望远镜的多种工况(不同俯仰角、方位角的变化),为实现对计算域的统一设置,选取巨型射电望远镜旋转抛物面反射面的口径 D 作为特征尺寸,并令 $l = b = h = D$。此外,采用内外多计算域可实现在减小网格总数量的同时,使计算网格由疏到密更好地过渡,有效减少数值耗散;并且可以通过旋转内部计算域来考虑不同风向角的影响,有效提高划分网格的效率。

通过大量的对望远镜天线结构模型周围流场的网格划分实践,我们发现如下优化措施。

(1)外部计算域采用结构化六面体网格可以精细化控制网格的尺寸、减少网格整体数量和有效控制网格质量;内部计算域采用非结构化网格,可实现对模型周围空间流场有效填充。

(2)由于旋转抛物反射面几何模型存在空间曲率变化以及模型厚度很薄(建模时厚度取反射面面板厚度为 100 mm),采用自下而上(即先生成壳 / 面网格,然后在此基础上生成体网格)的非结构化四面体网格(Tetra/Mixed)可以实现对空间流场的有效填充;采用六面体核心网格(Hexa-core)可以实现在减少整体网格数量的同时提高网格质量;对于近壁区域,采用棱柱体边界层网格(Prism Layers)可以实现近壁区域的网格精细化控制以满足 $Y+$ 值的要求(近壁区域网格的 $Y+$ 值控制在下文"网格分布和尺寸的控制"中详细阐述)。

综上所述,本节结合望远镜天线结构几何模型的特点,外部计算域采用 O－Block 方法生成结构化六面体网格,内部圆柱体计算域采用 Quick(Delaunay) 方法生成非结构化四面体网格(图 11.2),并结合了棱柱体边界层网格(Prism Layers)和六面体核心网格(Hexa-core)的使用。

此外,通过旋转内部计算域,可考虑不同风向角的影响,减少了网格划分的工作量,但内外计算域之间的交界面需设置为协调一致的网格。

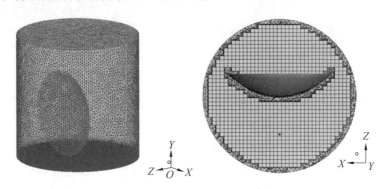

图 11.2　非结构化四面体网格示意图

2.网格分布和尺寸的控制

依据现有数值模拟研究成果,以及对望远镜结构模型周围流场的反复网格划分实践,网格的空间分布和过渡比率应满足以下条件。

(1) 对于流动急剧变化的区域或剪切率变化较大的区域,即望远镜结构模型周围区域,需采用足够细的网格,以捕捉相应尺度的剪切流、涡等现象。

(2) 网格由密到疏的过渡比率不宜大于 1.3,以 1.05 ~ 1.2 之间为宜。

(3) 对于远离模型位置的计算域入口和出口位置,可采用较大尺寸网格以减少计算量。

通过对模型网格划分的反复实践,确定网格的尺寸控制见表 11.3,具体工况的网格划分在此基础上进行调整。

表 11.3　网格的尺寸控制

参照基准	模型 特征尺寸	内部计算 域直径	内部计算 域直径	外部计算 域高度	模型厚度
缩小比例	1/200	1/40	1/80	1/20	1/1
实际尺寸	0.55 m	4 m	2 m	40 m	0.1 m

注:表中实际尺寸为口径 $D = 110$ m 望远镜模型的参数设置,供参考。

对于网格尺寸的控制,特别需要注意的是近壁区域第一层网格位置的控制,即满足 $Y+$ 值的要求,$Y+$ 值的计算见式(11.3)。

$$Y+=\frac{\rho\mu_x y}{\mu} \tag{11.3}$$

式中,y 为第一层网格节点距离壁面的法向距离;μ_x 为摩擦速度;ρ 为流体的密度;μ 为流体的动力黏性系数[13]。

如前文所述,本节选用非平衡壁面函数方法来处理近壁区域的流体运动,此时要求第一层网格位置要在对数区内,即 $Y+$ 值满足 $30\sim60\leqslant Y+\leqslant300\sim500$($Y+$ 值的确切上限需依据雷诺数来判定),且在边界层范围内至少有 10 层网格以便计算平均速度和湍流量。这与增强型壁面函数处理方法要求第一层网格位置 $Y+$ 值位于黏性底层内,且 $Y+$ 值尽量等于 1 是明显不同的,即放宽了对 $Y+$ 值的限制,近壁区域网格不必太密,从而也在保证一定精度的前提下减少了计算量。

实际操作中,由于 $Y+$ 值与流场的实际情况相关,划分网格前对 $Y+$ 值的估算往往是不尽准确的,只能供参考。所以,实际中应首先依据 $Y+$ 值的估算以及经验判断初步完成网格划分,在导入求解器进行计算求解后,提取流场近壁区域网格 $Y+$ 值,依据 $Y+$ 值的分布情况重新调整相应区域的网格划分,再进行计算求解、提取查看和调整网格,直至 $Y+$ 值条件的满足。此外,整个调整的过程中,结合 ICEM－CFD 软件强大的棱柱体边界层网格划分功能,可以方便地实现对边界层区域网格的调整和划分,且使网格和模型表面的正交性更好,从而提高网格质量。

3.网格质量的控制与优化

网格质量与具体问题的几何特性、流动特性、流场求解算法有关,因此网格的质量最终要由计算结果来评判[14]。但是误差分析及经验表明,计算流体力学对计算网格有些一般性的要求,如光滑性、正交性、在流动变化剧烈的区域分布足够多的网格节点等[15]。但对于复杂的几何外形,这些要求往往不可能被同时完全满足。ICEM－CFD 和 FLUENT 软件均提供了诸多网格质量检查项目,通常情况下,我们主要关注以下几项要求。

(1)Quality(最基本的网格质量标准)。一般应满足所有网格质量大于 0.2。

(2)Skewness(偏斜率)。三角形与四面体网格的最大偏斜率应低于 0.95,宜低于 0.90,平均偏斜率应低于 0.33。偏斜率大于 0.95 可能导致收敛困难。

(3)Angle(每个网格单元的最小内角)。一般应满足最小内角大于 $18°$。

(4)Squish(压扁程度)。对所有类型网格,最大压扁程度应小于 0.99。

对于网格质量,有质量较差和不可接受 2 种情况。当网格质量较差时,通常采用光顺技术对网格控制点的位置进行调整,以实现对网格的优化。网格质量不可接受的情况通常是由于网格扭曲畸变、网格过渡设置不合理、网格尺寸设置不当、网格生成方法不合适等原因造成的。故在网格质量不可接受时,对于结构化网格则需重新设置网格节点布置,并检查几何映射关系是否正确;对于非结构化网格则需重新选择生成方法,重新调整网格参数,并合理设置加密区,不断调整直至网格质量符合要求。

对网格质量进行调整和优化的过程是艰苦而漫长的,本节由于工况繁多,每个工况均需重新建模、生成非结构化网格,且由于内外计算域的衔接部位只能通过设置网格尺寸接近并通过 ICEM－CFD 的合并节点命令进行衔接,往往会出现局部网格不满足要求的情况,需要耐心、细致的调整。

另外,FLUENT 软件提供了网格自适应技术,可以依据求解结果对网格区域进行加密、稀疏等调整,本节亦对部分工况采用了此种方法。

基于对反射面结构周围流场网格多次划分,最终决定采用的流场计算域各部分网格划分类型和数量见表 11.4,计算域网格具体示意如图 11.3 所示。

表 11.4　流场计算域各部分网格划分类型和数量

结构模型	计算区域	网格类型	网格数量
旋转抛物面	外部计算域	结构化六面体网格	100 万
	内部计算域	非结构四面体网格	50 万
	近壁面区域	棱柱体边界层网格	15 万

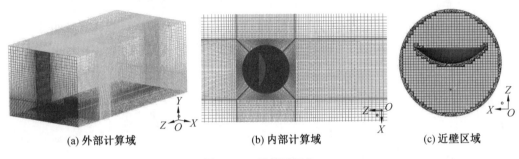

(a) 外部计算域　　　　　　(b) 内部计算域　　　　　　(c) 近壁区域

图 11.3　计算域网格

11.1.6　分析工况

风向角示意如图 11.4 所示。根据模型对称性,选取风向角变化范围为 $0° \sim 180°$,每隔 $30°$ 进行测压,共选取 7 个角度作为试验风向角。俯仰方向选取 $5°$、$30°$、$60°$、$90°$ 共 4 个角度作为试验俯仰角。2 项交叉共计 22 种工况($90°$ 俯仰角为仰天状态,任意风向角关于中心轴极对称,因此只需任选 1 种风向角即可)。

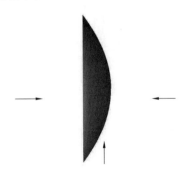

图 11.4　风向角示意

11.1.7　CFD 模拟结果

利用流体计算软件 FLUENT 对望远镜进行数值计算，采用 Tekplot 绘图软件，对所有数值工况下的反射面平均风压分布进行等值线描绘，如图 11.5 ～ 11.8 所示。从图中可以看出，在 5° 俯仰角下，当风向角小于 90° 时，反射面完全受正压作用，且随着风向角的增大，迎风边缘区域的局部风压系数逐步增大；风向角为 90° 时，开始出现负压，表现为风吸力，且沿着顺风向反射面风压分布基本呈对称分布；风向角转过 90° 以后，反射面负压区域开始逐步扩大，直到 180° 风向角，反射面完全受负压作用。而在俯仰角为 30°、60° 时，各风向角下风压分布表现出与上述 5° 俯仰角相似的分布规律。同时，在相同来流风向角下，随着俯仰角增大，局部正压系数会增大，且分布区域也有所扩大，尤其在 60° 俯仰角、60° 风向角下，最大正风压系数达到了 1.9。而当俯仰角为 90°、风向角为 0° 时，反射面风压分布不但呈现较好的对称性，且在迎风前缘表现为最大负压；沿着来流方向，负压系数绝对值逐步减小并过渡为正压，并在下游方向开始增大，总体表现为正压区面积大于负压区面积。

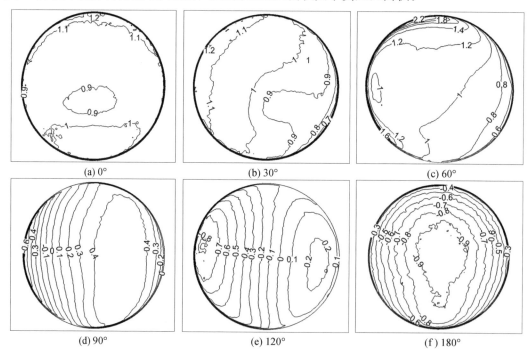

(a) 0°　　　　　(b) 30°　　　　　(c) 60°

(d) 90°　　　　　(e) 120°　　　　　(f) 180°

图 11.5　5° 俯仰角不同风向角下反射面平均风压分布

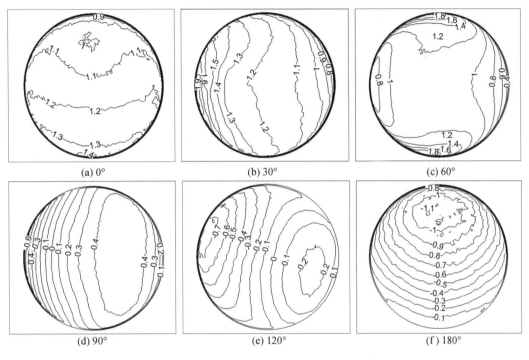

图 11.6 30°俯仰角不同风向角下反射面平均风压分布

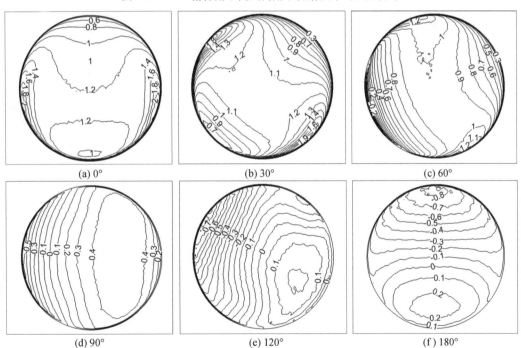

图 11.7 60°俯仰角不同风向角下反射面平均风压分布

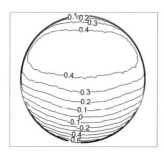

图 11.8　90° 俯仰角反射面平均风压分布

11.2　反射面风洞试验

为验证CFD数值模拟的有效性,这里对$110 \text{ m} (F/D = 0.3)$反射面结构进行了风洞缩尺试验,具体试验工况与前述数值计算工况一致,试验类型为刚性模型测压试验。通过将试验结果与数值模拟结果进行对比,进一步描述旋转抛物反射面的风荷载特性,并揭示其内在机理。

11.2.1　风洞设备与测量系统

风洞测压试验在国家重点建设的哈尔滨工业大学边界层风洞与浪槽联合试验室中进行。试验室属于单回流闭口双试验段的大气边界层风洞(图 11.9 所示为哈尔滨工业大学风洞结构轮廓图),是一个集近地风场模拟、深海海浪模拟及降雨系统环境模拟于一体的综合性试验平台。两个试验段情况如下:小试验段宽 4 m、高 3 m、长 25 m,试验风速范围为 $3 \sim 50 \text{ m/s}$;大试验段宽 6 m、高 3.6 m、长 50 m,试验风速范围为 $3 \sim 27 \text{ m/s}$。本试验在小试验段展开。

风洞配有自动调速、控制、数据采集及模型试验自动转盘系统,其流场校测和实际使用结果均表明:该风洞流场的速度均匀性、平均气流偏角、湍流度等流场特性良好,能量比较高,噪声与振动较低,均满足相关设计要求。

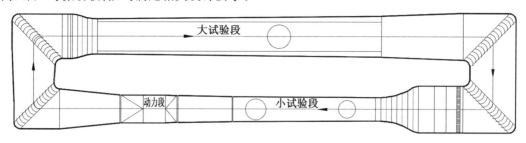

图 11.9　哈尔滨工业大学风洞结构轮廓图

11.2.2　大气边界层风场的模拟

在边界层风洞准确再现大气边界层流动特性,是试验结果可信的必要保证,即风洞试验中的流场需要与外界自然风下的大气边界层内流场尽可能一致,其风速、湍流度随高度变化,对脉动风的功率谱也有一定要求。

1.平均风速剖面

在梯度风高度以下,由于近地面摩擦的作用,使得近地风速随其离地高度的减小而降低。描述平均风速随高度变化的曲线称为风速剖面。通常用对数函数和指数函数来描述这一曲线规律。本节采用指数函数,即

$$\frac{U(Z)}{U_r} = (\frac{Z}{Z_r})^\alpha \tag{11.4}$$

式中　$U(Z),Z$—— 任一高度处的平均风速(m/s)和高度(m);

　　　　U_r,Z_r—— 标准参考高度处的平均风速(m/s)和参考高度(m);

　　　　α—— 地面粗糙度指数,本结构处于 B 类地貌,取值为 0.15。

2.湍流强度分布

高度 Z 处湍流强度为

$$I_Z = \sigma_u(Z)/U(Z) \tag{11.5}$$

湍流强度随着高度增大而减小,一般在靠近地面处为 $20\% \sim 30\%$,我国规范目前对此尚未有规定,而日本规范给出了对湍流强度的建议。

3.脉动风速功率谱密度函数

大气湍流属于一种随机、脉动的过程,而脉动风速功率谱密度函数是描述风场的一个重要特征参数,用来描述湍流中不同尺度涡的动能对湍流脉动动能的贡献。目前常用的顺风向脉动风功率谱有 Davenport 谱、Karman 谱和 Kaimal 谱。

(1)Davenport 谱(基于加拿大规范 NBC 与我国规范 GBJ[16-18])。

$$\frac{fS_u(f)}{\sigma_u^2} = \frac{4x^2}{6(1+x^2)^{4/3}} \tag{11.6}$$

式中,$x = fL_u/\overline{U}_{10}$;$f$ 为频率;L_u 为湍流积分尺度,假定沿高度不变,近似取 $L_u \approx 1\,200$;$\overline{U}_{10}$ 为 10 m 高度处平均风速。

(2)Karman 谱(基于日本规范 AIJ)。

$$\frac{fS_u(f)}{\sigma_u^2} = \frac{4x}{(1+70.8x^2)^{5/6}} \tag{11.7}$$

式中,$x = fL_u/\overline{U}_{10}$。

(3)Kaimal 谱(基于美国规范 ASCE)。

$$\frac{fS_u(f)}{\sigma_u^2} = \frac{200x}{6(1+50x)^{5/3}} \tag{11.8}$$

式中,$x = fZ/U(Z)$。

4.风场模拟

本节利用被动模拟技术对大气边界层进行风洞模拟,采用尖劈、挡板和沿着风洞地板布

置的粗糙元模拟 B 类地貌,风洞模拟中被动模拟装置如图 11.10(a) 所示。而风速谱实测值与理论值曲线对比如图 11.10(b) 所示,其风速剖面和湍流度剖面如图 11.10(c) 和图 11.10(d) 所示。通过比较,可见该风洞试验中的风速谱实测值与 Karman 谱最为接近。

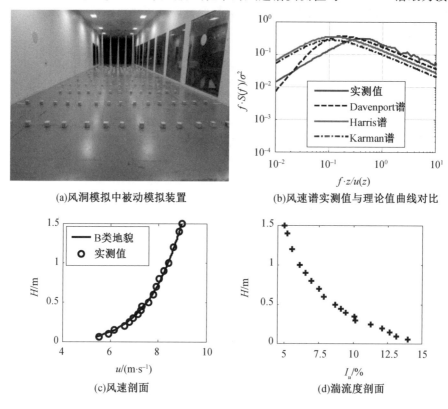

(a)风洞模拟中被动模拟装置   (b)风速谱实测值与理论值曲线对比

(c)风速剖面   (d)湍流度剖面

图 11.10   风洞模拟 B 类地貌大气边界层(后附彩图)

11.2.3   试验模型及过程描述

风洞试验模型如图 11.11 所示,下部支架俯仰转轴高度距基台高为 250 mm,在侧臂钢管和竖向钢管上根据转角几何关系开有螺栓孔,通过侧臂的摆动实现反射体俯仰方向的旋转。每次旋转完毕,将侧臂钢管与竖向钢管对应的连接孔进行螺栓连接,使其能在试验俯仰角姿态维持平衡,支架尺寸如图 11.12 和图 11.13 所示。为了使模型既有足够的刚度和强度,又能够在加工工艺方面便于打孔,反射面采用亚克力有机玻璃板。考虑到风洞阻塞率要求,模型几何缩尺比定为 1/200。模型跨度为 550 mm,矢跨比为 1/4.8,两层亚克力有机玻璃板各厚 5 mm,金属测压管长 8 mm,考虑到管线的布置,最小夹层厚度需要 10 mm 的空间,其尺寸参见图 11.14 所示的试验反射面剖面图。在模型凸面和凹面均布置测压点,每一面布置 91 个测压点,测点布置如图 11.15 所示。

(a) 主视图　　　　　　　　　　　　　　(b) 轴侧图

图 11.11　风洞试验模型

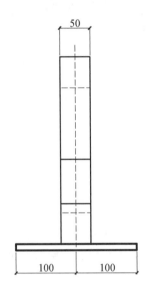

图 11.12　下部支架主视图

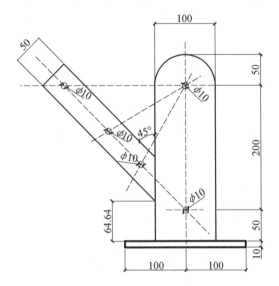

图 11.13　下部支架侧视图

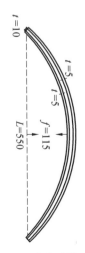

图 11.14　试验反射面剖面图

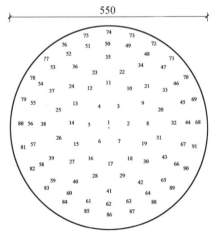

图 11.15　测点布置

试验开始前,首先对试验模型进行气密性检查,通过压力计检查是否存在漏气、堵塞测点,如图 11.16 所示。检查完毕后,将反射面与下部支架进行螺栓连接,并将整个模型用螺栓固定在一直径为 3.5 m 的转盘中心,通过旋转转盘实现不同风向角的变换。取 5°俯仰角下模型最高点作为参考高度,并在此高度处安装皮托管进行总压和静压的测量,如图 11.17 所示。正式采集数据前,选取 5°俯仰角模型,在 0°风向角下进行风速为 14 m/s 的模型试吹,对模型连接和数据的可靠性进行检验。检查无误后依次按照 5°、30°、60°、90°俯仰角的顺序进行各风向角下的试验及数据采集。

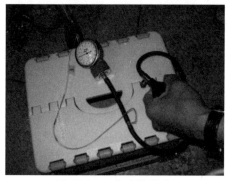 

图 11.16　气密性检查　　　　　　图 11.17　总压和静压测量

11.2.4　相似比设计及数据处理方法

风洞试验来流风速为 14 m/s,试验风速比为 1:4;测压阀块信号采样频率为 625 Hz,采样时长为 20 s;每个测压点采集单个样本数据为 12 500 个,共 5 个样本。由风洞相似理论,有

$$n_m L_m / U_m = n_p L_p / U_p \tag{11.9}$$

式中,n 为频率;L 为几何尺寸;U 为风速;下标 m 代表模型,下标 p 代表原型。由上式可以得 $n_m = 150$ Hz。基于奈奎斯特采样准则,试验最小采样频率为 150 Hz×2=300 Hz。可见试验中的采样频率 625 Hz 满足要求。风洞试验相似比计算中的其余相关变量相似比见表 11.5。为获得稳定可靠的试验数据,最终采用的风压时程为多次采样后的平均值。

表 11.5　风洞试验相似比计算

名称	模型值	原型值	相似比
底径	550 mm	110 m	1:200
速度	14 m/s	56 m/s	1:4
时间	20 s	16.6 min	1:50

模型上各测压点的风压值采用无量纲压力系数表示:

$$C_{P_i}(t) = \frac{P_i(t) - P_\infty}{P_0 - P_\infty} \tag{11.10}$$

式中,$C_{P_i}(t)$ 是模型当中第 i 测压孔的风压系数;$P_i(t)$ 为该处位置测得的结构表面风压值;P_0 和 P_∞ 分别为参考点处平均总压和平均静压。风压系数参考点取在俯仰变化范围内反射面最高点位置,即 5°俯仰角下的反射面最高点处。对 $C_{P_i}(t)$ 进行统计处理,便可进一步获得平均风压系数 $\overline{C}_{P_i}$。约定风压符号为:沿法线方向指向反射面内为正,反之为负。同时为便于日后望远镜结构抗风设计以及与相应的规范进行对照,将模型风洞试验测得的风压系数转换为体型系数,则第 i 点的体型系数 μ_{si} 与平均风压系数 $\overline{C}_{Pi}$ 关系为

$$\mu_{si} = \overline{C}_{Pi} \left(\frac{Z_r}{Z_i}\right)^{2\alpha} \tag{11.11}$$

式中,α 为地面粗糙度指数,因试验模拟 B 类地貌,故取 0.15;Z_i 为测点高度;Z_r 为标准参考点高度。

11.2.5　试验结果

基于 MATLAB 编制相应平均风压数据计算程序以及等值线绘制程序,对采集到的风压时程数据按照式(11.10)进行处理,随后对所有试验工况得到的反射面平均风压数据进行等值线描绘,5°、30°、60°俯仰角不同风向角下反射面平均风压分布如图 11.18 ～ 11.20 所示,90°俯仰角反射面平均风压分布如图 11.21 所示。从图中可以看出,当俯仰角为 5°、风向角在 90°以内时,反射面完全受正压作用,且在 60°风向角时,风压系数的最大值为 1.2;而风向角为 90°时,反射面开始出现负压区,表现为风吸力作用;当风向角大于 90°时,反射面负压区域开始逐步扩大,在 120°风向角时,正、负压的分界线基本处于反射面中央位置,直到 180°风向角反射面完全受到负压作用。此外,30°、60°俯仰角工况下的风压分布等值线较 0°风向角更为密集,具体表现为在反射面边缘区域,风压分布梯度变化较为剧烈,而中部区域风压分布梯度较为平缓。对于俯仰角为 90°、风向角为 0°工况,反射面风压分布呈现较好的对称性,且最大风吸力出现在迎风前缘;沿着来流方向,负压系数绝对值逐步减小直至过渡为正压,并逐渐增大;反射面在风荷载作用下,整体表现为正压作用大于负压作用,而负压作用主要集中在反射面来流前缘的局部区域。

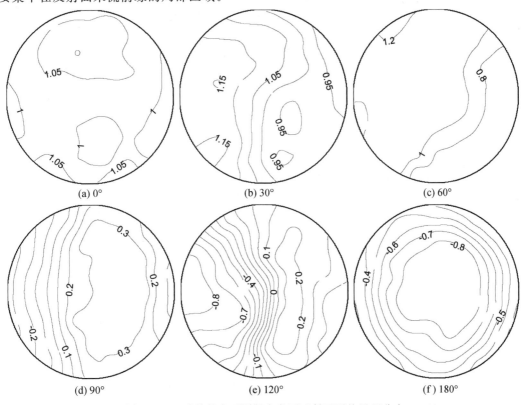

图 11.18　5°俯仰角不同风向角下反射面平均风压分布

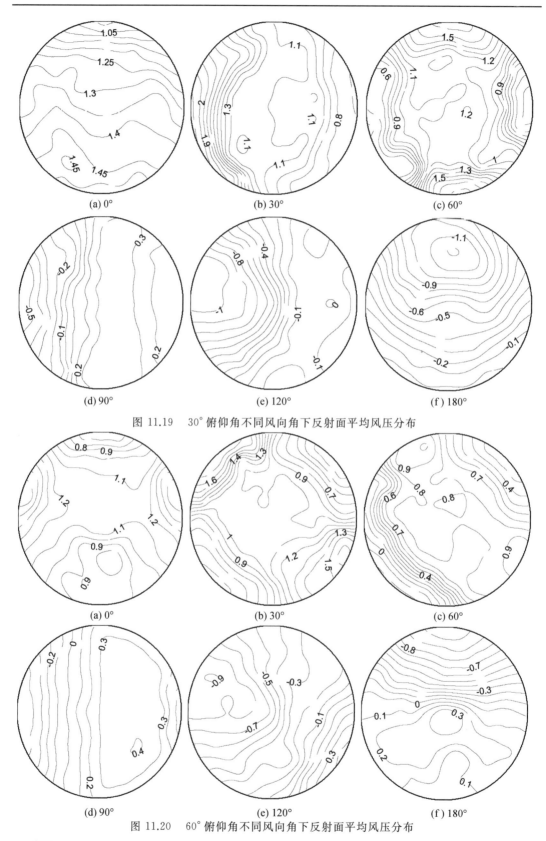

(a) 0°   (b) 30°   (c) 60°

(d) 90°   (e) 120°   (f) 180°

图 11.19   30°俯仰角不同风向角下反射面平均风压分布

(a) 0°   (b) 30°   (c) 60°

(d) 90°   (e) 120°   (f) 180°

图 11.20   60°俯仰角不同风向角下反射面平均风压分布

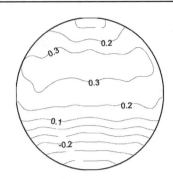

图 11.21　90°俯仰角反射面平均风压分布

11.2.6　数值模拟与风洞试验结果对比

考虑试验工况较多,选取风向角变化范围内的 0°、90° 及 180° 风向角为典型代表。为了充分反映反射面平均风压系数梯度变化,均以来流方向为对称轴,在 0° 和 180° 风向角工况下,选取反射面竖向对称轴线上的平均风压系数进行对比;在 90° 风向角工况下,选取反射面水平向对称轴线上的平均风压系数进行对比。图 11.22 ~ 11.24 给出了各工况下风洞试验与 CFD 数值模拟的结果对比。发现风洞试验结果与 CFD 数值模拟结果的分布规律整体趋于一致,数值较为接近,二者吻合较好,试验很好地验证了数值模拟结果。这说明对旋转抛物反射面进行风荷载特性分析,CFD 是一种切实有效的技术手段。

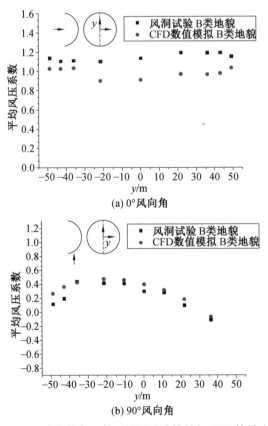

图 11.22　5°俯仰角反射面风洞试验结果与 CFD 结果比较

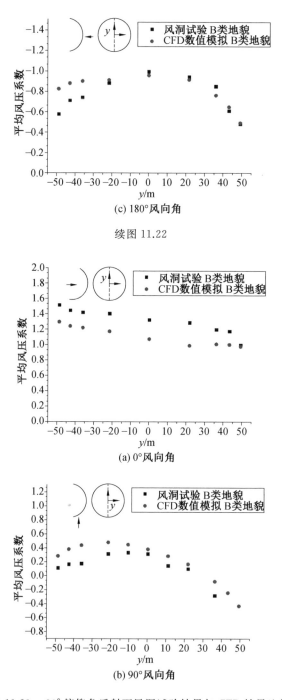

(c) 180°风向角

续图 11.22

(a) 0°风向角

(b) 90°风向角

图 11.23　30°俯仰角反射面风洞试验结果与 CFD 结果比较

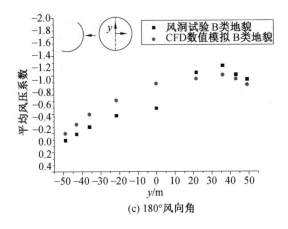

(c) 180°风向角

续图 11.23

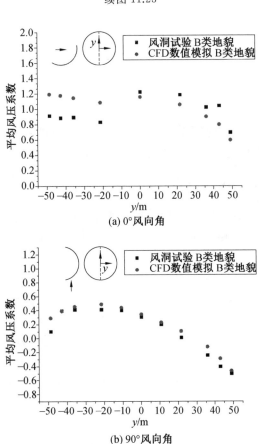

(a) 0°风向角

(b) 90°风向角

图 11.24　60°俯仰角反射面风洞试验结果与 CFD 结果比较

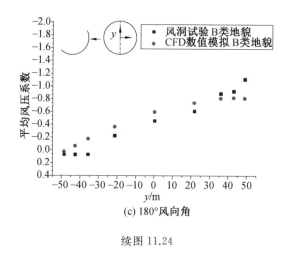

(c) 180°风向角

续图 11.24

11.3　反射面风荷载特性分析

前述对 110 m 口径$(F/D=0.3)$的反射面表面风压场进行了基于望远镜变位全过程的数值和试验分析。这里首先通过对反射面平均风压分布的细致描述,揭示旋转抛物反射面风荷载特性的内在成因;其次为便于在背架结构抗风设计时进行风荷载取值,对反射面予以分区,给出不同类型的反射面结构分区风荷载体型系数。

11.3.1　反射面平均风压分布特性

为了探究产生反射面结构风荷载特性的本质原因,进一步对比图 11.5 ～ 11.8 和图 11.18 ～ 11.21,可以发现旋转抛物面在不同迎风姿态时体现出的特点如下。

1.以风向角为考察点

(1) 通过分析比较各俯仰角姿态下不同风向角的平均风压分布规律,发现风向角对反射面的风压分布有较大影响。从现有风洞试验数据中看,当风向角在 0°左右时,上述风洞试验中反射面表面皆表现为正压。随着风向角增大至 90°,结构表面风压力值逐渐减小,并从反射面边缘开始出现风吸力。对于 0°俯仰姿态下的 180°风向角工况,反射面总体上皆处于负压作用,这一现象产生的主要原因是反射面凸面受到正压,而凹面在分离流和尾流作用下受到风吸力作用。

(2) 针对望远镜同一俯仰角姿态,在不同风向角下,由于壁面气流的分离点位置和尾流作用有所差异,因此反射面平均风压(风压力或吸力)最大值出现位置也不同。此外,对于大多数俯仰角及不同风向角工况,来流通常在反射面边缘处产生明显的气流分离,故反射面最大负压值一般出现在迎风边缘区域。

2.以俯仰角为考察点

(1) 首先,对于 5°俯仰角,望远镜反射面在此迎风姿态下,主要以两侧绕流为主,在反射面局部区域产生压力梯度变化较为剧烈的狭窄区带;整体而言平均风压系数变化梯度较为平缓,且离迎风分离点越远,平均风压系数绝对值越小。在 0°～180° 风向角变化过程中,当反射面为凹面迎风时,平均风压较大,而凸面迎风时,表现出的是较大的风吸力。因为凸面迎风,来流风与反射面表面发生碰撞后沿着曲面表面向四周扩展并逐步分离,这与凹面迎风时在反射面边缘发生分离相比,程度减弱很多,故整体受力相对较小,且随着曲率的平缓过渡,风压梯度变化更小。

(2) 其次,针对 30° 和 60° 俯仰角,望远镜反射面均表现出由迎风前端的绕流为主逐步向两侧绕流为主过渡。当风向角小于 90° 时,最大风压均分布在反射面边缘处,即迎风分离点附近。此时来流与反射面发生碰撞后,一部分气流沿着反射面上表面向上爬升产生压力作用,而另一部分在边缘处发生分离,并沿反射面下表面形成尾流,尾流作用区内压力值相对较小。由于上下表面的风压方向一致,故产生了较大的正压,即对于同样的风向角(小于90°),30° 和 60° 俯仰角下的正压最大值要大于 0° 俯仰角的对应值,具体表现为 30° 俯仰角最大的正压系数为 1.9,出现在 30° 风向角工况;60° 俯仰角最大的正压系数为 2.0,分别出现在 0° 和 30° 风向角工况;而 5° 俯仰角下,0° 和 30° 风向角的最大正压系数均为 1.2。同理,当风向角大于 90° 时,最大的负压亦如此,不再赘述。

(3) 最后,再分析 90° 俯仰角时的平均风压分布情况。来流在反射面迎风前缘处发生分离,一部分会沿着凸下表面流动,另一部分受到阻挡产生分离,分离后的这部分流体加速抬升后会与反射面下游区表面发生再附,从而形成风压力作用,而在反射面上游区域形成较小的旋涡,产生风吸力。如此整个反射面的分布逐渐由迎风前缘的负压区均匀过渡到远端的正压区,并且反射面平均风压以来流方向为轴呈左右对称分布。整体风压值较小,在风荷载作用下,反射面整体受力表现为绕俯仰轴的转动力矩。

11.3.2　反射面风荷载体型系数

为提供便于望远镜抗风设计的风荷载取值,拟对反射面进行区域划分。分区时,考虑到反射面本身是极对称结构,所以依据其本身成形规律,沿着环向和径向进行划分。同时,根据前述平均风压分布等值线结果,考虑到边缘区域属于风压梯度变化较大的地方,而靠近中心区域属于风压变化较为平缓地带,因此外环区域划分较密,内环区域较为稀疏,反射面表面区域划分如图 11.25 所示。

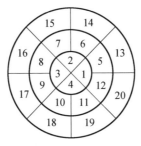

图 11.25　反射面表面区域划分

通常,全可动射电望远镜结构可按照口径的大小进行分类,认为 50 m 以内为中尺度口径望远镜,100 m 以上是超大跨度望远镜。50 m 以内的望远镜在世界范围内分布很多,且各研究成果也较为丰富;50～100 m 的全可动望远镜在世界范围内分布较少,目前只有 10 余座;100 m 以上的仅有 2 座,分别在美国和德国。因此,依照目前全可动望远镜存在现状,从中尺度到超大跨度这个区间选取两种口径(65 m 和 90 m),超大跨度以上选取一种口径(110 m),且每种口径下又针对反射面通常使用最多的两种类型,即焦径比为 0.3 和 0.5 两类(图 11.26),继续采用 CFD 数值模拟针对其各迎风姿态的流场特性展开大规模计算分析。通过计算分析,获得不同口径、不同焦径比的反射面平均风压分布后,按照式(11.11)计算出反射面每一点的风荷载体型系数,采用图 11.25 的方法对其进行反射面分区,计算相应的分区风荷载体型系数。最后,将反射面结构在各迎风姿态下的分区风荷载体型系数进行统一归并,如图 11.27 ~ 11.32 所示。依据此图,便可根据具体口径和焦径比,直接查找各典型俯仰角下,任意风向角反射面分区的风荷载体型系数。

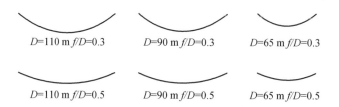

D=110 m f/D=0.3　　　D=90 m f/D=0.3　　　D=65 m f/D=0.3

D=110 m f/D=0.5　　　D=90 m f/D=0.5　　　D=65 m f/D=0.5

图 11.26　不同类型的反射面

对比不同类型的反射面结构风荷载体型系数,可以看出:① 同一口径的反射面结构,焦径比为 0.3 和 0.5 时风荷载体型系数较为接近。② 具有同样焦径比的反射面,当口径按照 110 m、90 m、65 m 依次减小时,同一迎风姿态下的风荷载体型系数相对有所增大。③ 同一口径、同一焦径比的反射面结构,同样的俯仰角在 90° 风向角以内,风荷载体型系数普遍较大;90° 时风荷载体型系数绝对值最小;当风向角超过 90° 后,风荷载体型系数绝对值开始有所增大,具体表现为负值;但总体来看,还是表现出凹面迎风的体型系数要大于相应的凸面迎风值。

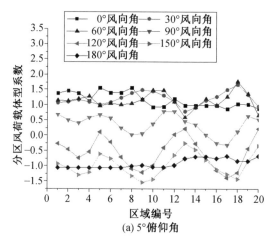

(a) 5°俯仰角

图 11.27　110 m($f/D = 0.3$)反射面各俯仰角分区风荷载体型系数

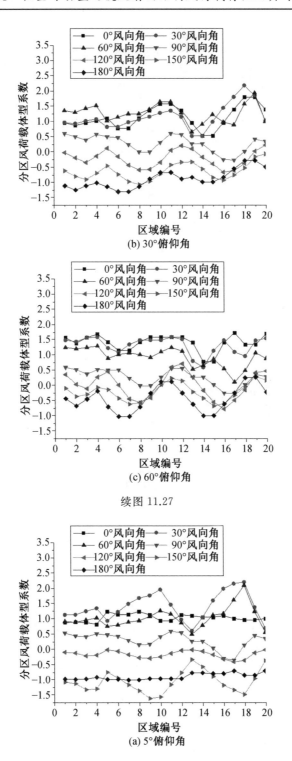

(b) 30°俯仰角

(c) 60°俯仰角

续图 11.27

(a) 5°俯仰角

图 11.28　110 m($f/D = 0.5$) 反射面各俯仰角分区风荷载体型系数

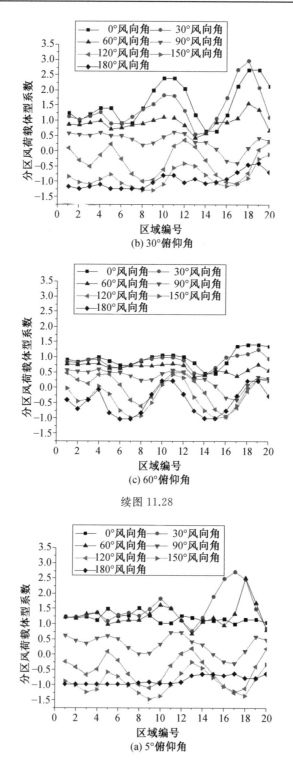

图 11.29　90 m($f/D = 0.3$) 反射面各俯仰角分区风荷载体型系数

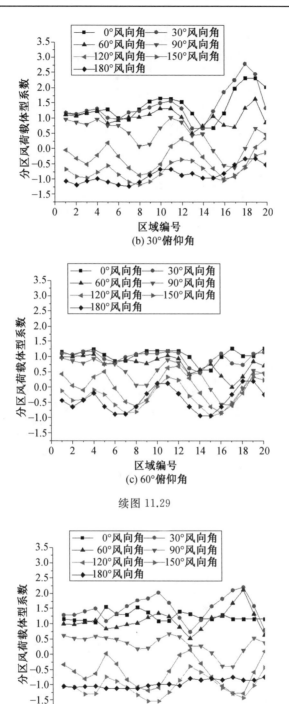

(b) 30°俯仰角

(c) 60°俯仰角

续图 11.29

(a) 5°俯仰角

图 11.30　90 m($f/D = 0.5$)反射面各俯仰角分区风荷载体型系数

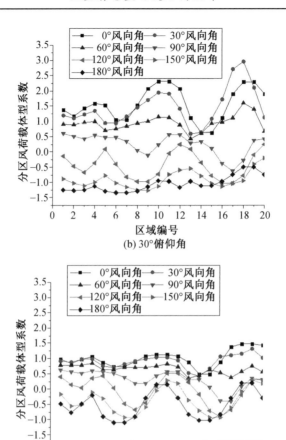

(b) 30°俯仰角

(c) 60°俯仰角

续图 11.30

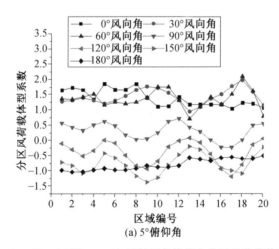

(a) 5°俯仰角

图 11.31　65 m($f/D = 0.3$)反射面各俯仰角分区风荷载体型系数

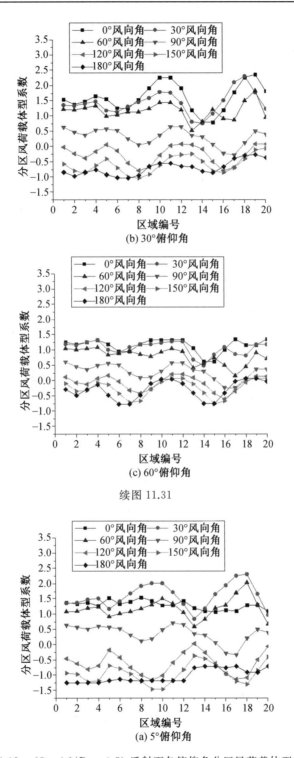

(b) 30°俯仰角

(c) 60°俯仰角

续图 11.31

(a) 5°俯仰角

图 11.32　65 m($f/D = 0.5$) 反射面各俯仰角分区风荷载体型系数

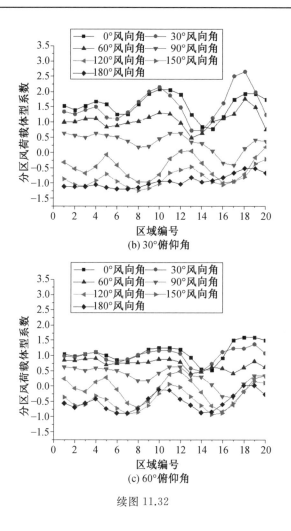

(b) 30°俯仰角

(c) 60°俯仰角

续图 11.32

11.4 射电望远镜风场的绕流特性

上文对口径 $D=110$ m、焦径比 $f/D=0.3$ 的巨型射电望远镜天线结构的整体风力系数、平均风压分布以及分区风荷载体型系数等进行了系统的比较和分析。实际上,上述风荷载特性本质上均是由望远镜风场的绕流特性决定的。本节在上文基础上,对一些典型工况的风场绕流情况进行分析,明确其绕流形式的特点,同时也为上文风荷载特性的规律作以佐证。

本节首先对受力不利工况下的风场绕流情况进行分析,而后选取几个典型工况来着重说明望远镜反射面凹面迎风和凸面迎风时的流场绕流情况的不同(图 11.33～11.36)。最后在风场绕流特性分析的基础上,对受力最不利工况(即望远镜天线结构最不利受力姿态)进行预测。

11.4.1 望远镜不利受力工况下的风场绕流特性

(1)0°俯仰角、45°风向角下的风场绕流特性(图 11.33)。

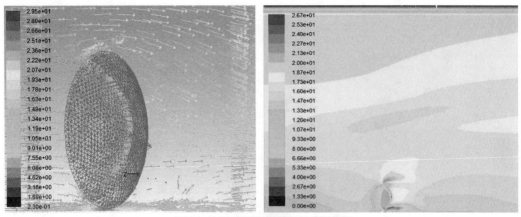

(a) 风速矢量和风速等值线x轴竖直剖面图

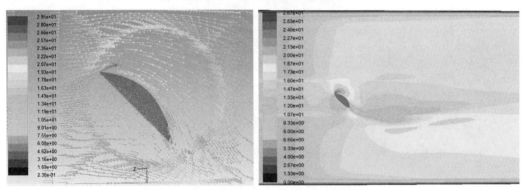

(b) 风速矢量和风速等值线y轴水平剖面图

图 11.33 0°俯仰角、45°风向角下的风场绕流特性

(2)30°俯仰角、0°风向角下的风场绕流特性(图 11.34)。

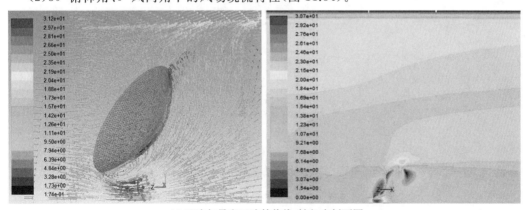

(a) 风速矢量和风速等值线x轴竖直剖面图

图 11.34 30°俯仰角、0°风向角下的风场绕流特性

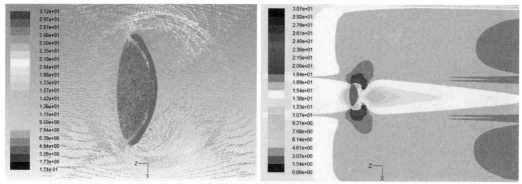

(b) 风速矢量和风速等值线y轴水平剖面图

续图 11.34

(3)45°俯仰角、0°风向角下的风场绕流特性(图 11.35)。

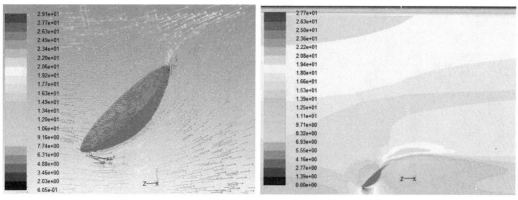

(a) 风速矢量和风速等值线x轴竖直剖面图

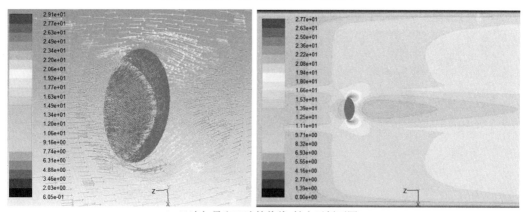

(b) 风速矢量和风速等值线y轴水平剖面图

图 11.35　45°俯仰角、0°风向角下的风场绕流特性

（4）60°俯仰角、0°风向角下的风场绕流特性（图 11.36）。

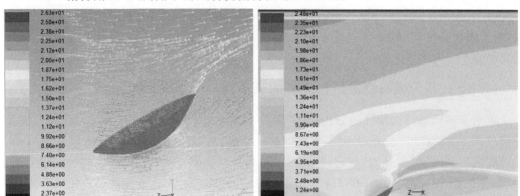

(a) 风速矢量和风速等值线 x 轴竖直剖面图

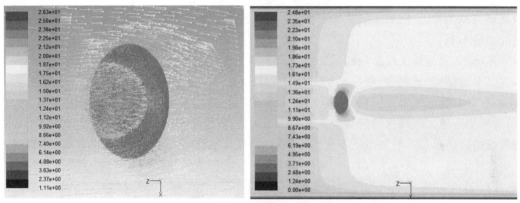

(b) 风速矢量和风速等值线 y 轴水平剖面图

图 11.36　60°俯仰角、0°风向角下的风场绕流特性

通过观察和对比以上各受力不利工况下的风场风速矢量和风速等值线图，我们发现以下值得注意的地方。

（1）望远镜反射面底部与地面间形成"夹缝效应"，加速了风的流动，在反射面下部形成较大逆压梯度，产生风吸力作用，尤其在 30°俯仰角时，下部"夹缝效应"最为显著，形成了流速较大、内压较小的旋涡，风吸力作用最为强烈。这是因为俯仰角太小时，流场受阻碍较大，未形成大的旋涡；而俯仰角太大时，流场又较少受阻碍作用，也不易形成大的旋涡。

（2）望远镜反射面迎风前缘分离绕流和两侧绕流同时存在。在望远镜反射面迎风前缘位置，一部分流体沿望远镜上表面向上爬升形成正压，且由于受到反射面阻挡作用加速了风的流动；另一部分在下表面发生分离，在分离作用最为显著的 30°俯仰角工况下由于空气的黏性阻力作用，使得贴近望远镜反射面下表面附近的空气出现了倒流现象，形成了内压较小的旋涡，产生了较强的风吸力作用；且由于望远镜上下表面风力作用方向一致，在局部产生了很大的压力，在迎风后缘位置，沿上表面向上爬升的风与发生分离、再附到下表面的风汇聚到一起，并向上流动，从而导致望远镜背风一侧流场存在较长区域的尾流。

（3）两侧绕流同样存在分离、形成旋涡和再附的过程，在 30°俯仰角、0°风向角工况的风速矢量图（图 11.34(b)）中，可以观察到 2 个明显的对称旋涡。同样，两侧绕流也会在望远镜边缘发生分离位置形成较大的压力区。

(4)0°俯仰角时底部绕流作用不显著,而其他俯仰角时由于存在明显的底部迎风前缘位置,故受力规律也有所不同,这就是风力系数规律中 0°俯仰角的变化趋势与其他俯仰角的变化趋势不同的本质原因。

11.4.2　基于风场绕流特性分析的最不利受力工况预测

基于上述风场绕流特性的分析,我们换一个角度来看受力最不利工况。我们发现 30°俯仰角、0°风向角工况受力最不利,也可以这样理解:当望远镜凸面中心位置处的法向向量与来流风向呈约 30°夹角时,望远镜受力最不利;角度从 30°～0°和 30°～90°时,望远镜受力均呈减小趋势;角度大于 90°时,望远镜开始以凸面迎风为主,整体上受力比凹面迎风时要小。

这样来看,0°俯仰角时,也理应是 30°风向角时受力最不利,但是由于 0°俯仰角时望远镜底部离地面较近,阻碍了绕流的形成,故相应规律发生了变化,但仍然在接近 30°的 45°附近受力最不利。

实际上,望远镜天线结构的风场绕流属于风工程领域里最复杂的钝体绕流情况,其风场不仅受来流湍流(地貌、风速等)的影响,还受特征湍流(实际中背架结构、馈源、支承反力架等装置,以及望远镜口径、焦径比等几何参数的变化等因素导致风场绕流情况不同)的影响,这样望远镜天线结构的流场绕流及受力情况也随之变得复杂。所以,想得到唯一、准确的天线结构受力最不利姿态是不现实的,需要剔除干扰因素,并抓住主要因素,以期获得其影响规律。对于望远镜结构来说,就是抓住反射面的影响规律。

以往文献中对天线结构受力最不利姿态的分析和研究,由于受到风洞试验条件的限制等原因,不能在大量统计基础上和理想条件下去把握主要因素 —— 反射面对结构流场绕流和受力特性的影响规律,所以得到的结论与本节成果也略有不同。

11.5　风振响应特性研究

由于望远镜结构的反射面部分属于典型的大跨空间结构,风荷载复杂,准定常假定一般不适用,这使得结构脉动风的动力作用难以估算。加之望远镜结构自振周期较大、结构偏柔、对脉动风荷载十分敏感,并且这种开敞式的反射面结构在脉动风作用下的动力响应特征也未见过相关报道。因此,有必要以前期风洞试验获取的风压时程为基础,进一步对望远镜进行风荷载作用下的动力响应分析,探究该类结构在不同俯仰角姿态下的风振响应特性。

结构表面脉动风荷载时程取自风洞试验,根据相似比间的关系确定作用在实际结构上的加载步长及脉动风荷载时程。风洞试验的相似比关系为

$$(fL/U)_m = (fL/U)_p \qquad (11.12)$$

式中,f 为频率;L 为结构几何尺寸;U 为风速;下标 m 表示模型,下标 p 表示原型。风洞试验中脉动风压测量采样频率为 625 Hz,几何缩尺比为 1:200,梯度风高度处风速为 14 m/s(对应于实际高度 350 m 处 56 m/s 风速)。由于规范当中没有规定新疆维吾尔自治区奇台县的基本风压,于是参考其附近地区,重现期为 100 年的基本风压为 0.7 kN/m²,且为 B 类地貌。此外,设定风荷载的加载步数为 3 000 步,相当于实际结构风致动力分析的总加载时间为

10 min。

根据风洞试验测点布置,采用空间插值确定作用在结构上的脉动风压系数时程。然后利用脉动风压系数乘以参考高度处的风压值,得到实际结构的脉动风压时程。

11.5.1　自振特性分析

自振频率是分析结构动力响应的重要参数,结合风洞试验典型工况,选取望远镜结构变位中的 4 种典型俯仰姿态,采用子空间迭代法对结构自振特性进行分析。这里以 90° 俯仰角模型为例,表 11.6 列出模型前 10 阶自振频率值,可见该模型自振频率分布密集,各相邻振型间频率十分接近,且基频较低,结构较柔。限于篇幅,只给出模型前 2 阶振型,模型振型如图 11.37 所示。可以看出,结构的第一阶振型主要表现为背架结构及俯仰机构绕俯仰轴的转动,第二阶振型主要表现为背架结构相对于下部座架结构沿着俯仰轴方向的平动。其余振型多表现为结构的局部振动或者扭转。

表 11.6　模型前 10 阶自振频率值

阶次	1	2	3	4	5	6	7	8	9	10
频率/Hz	0.887	1.032	1.158	1.214	1.358	1.545	1.681	1.843	1.972	2.125

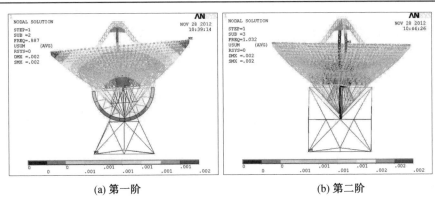

(a) 第一阶　　　　　　　　　　　(b) 第二阶

图 11.37　模型振型图

11.5.2　风振响应分析方法

1.风振响应分析方法

采用非线性时程分析法对望远镜结构进行风振响应分析,具体做法为:利用有限元将结构离散化,在相应的单元节点上作用风荷载,通过在时间域内直接求解运动方程得到结构响应。该法的计算结果比频域内的线性方法更接近实际,原则上适用于任意系统和任意激励,并且可以得到较完整的结构动力响应全过程信息,是分析望远镜结构风振响应的有效途径之一。这里求解结构动力响应时采用 Newmark $-\beta$ 方法直接进行时程计算,具体步骤为:根据动力学方程,引入某些假设,建立由 t 时刻到 $t+\Delta t$ 时刻结构状态向量的递推关系,从 $t=0$ 时刻出发,逐步求出各时刻的状态向量。

2.风振系数的确定方法

（1）位移风振系数和内力风振系数。

根据规范定义，将风荷载的动力效应以风振系数 β 的形式等效为静力荷载，则风振系数表达式如下：

$$\beta = \frac{P_e}{\overline{P}} = \frac{\overline{P} + P_d}{\overline{P}} = 1 + \frac{P_d}{\overline{P}} \tag{11.13}$$

式中，β 为风振系数；P_e 为等效静风荷载；$\overline{P}$ 为静力风荷载；P_d 为动力风荷载。

目前规范中规定的荷载风振系数只是针对高层建筑结构等以一阶振型为主要振动的结构，采用了一阶模态位移响应来计算动力风荷载。对于复杂空间结构的有限元风振时程分析，若按照规范计算荷载风振系数会遇到很多问题。为此，本节采用直接基于结构响应的风振系数，即采用位移风振系数和内力风振系数，其表达式如下：

$$\beta = \frac{D_y}{\overline{D}_y} \tag{11.14}$$

式中，$\overline{D}_y$ 表示静风荷载作用下的结构响应，包括结构位移响应和内力响应；D_y 表示结构总的极值风振响应，其中包括静风响应和动力响应，见式（11.15）：

$$D_y = \overline{D}_y \pm g \cdot \mathrm{sgn}(\overline{D}_y)\sigma_y \tag{11.15}$$

式中，g 为峰值因子，其大小与 1 h 平均时间内超越荷载效应平均值的次数有关，当平均荷载效应的概率分布为正态分布时，g 可按照式（11.16）计算，其中 T 为观察时间（通常为 1 h），v 为水平跨越数，其常用取值范围在 $3.0 \sim 4.0$ 之间，这里取 3.5；sgn 为符号函数；σ_y 为脉动风响应均方差。

$$g = \sqrt{2\ln vT} + 0.577/\sqrt{2\ln vT} \tag{11.16}$$

（2）整体风振系数。

采用式（11.17）和式（11.18）即可得到结构各点的位移风振系数和各根杆件的内力风振系数，但是对于大跨空间结构，由于频谱密集，主要贡献模态不一定出现在结构的第一振型，因此很难判断风振控制点的位置。为此，本节进一步采用最大动力响应为控制指标的整体位移风振系数和整体内力风振系数的概念，具体方法为

$$\beta_d^* = \frac{\{\beta_{di} \times U_{wi}\}}{\{U_{wi}\}_{\max}} \tag{11.17}$$

$$\beta_s^* = \frac{\{\beta_{si} \times S_{wi}\}}{\{S_{wi}\}_{\max}} \tag{11.18}$$

式中，$\{U_{wi}\}_{\max}$ 和 $\{\beta_{di} \times U_{wi}\}$ 分别为静风荷载作用下的节点位移最大值和总风荷载作用下的节点位移时程最大值；$\{S_{wi}\}_{\max}$ 和 $\{\beta_{si} \times S_{wi}\}$ 分别为静风荷载作用下的单元应力最大值和总风荷载作用下的单元应力时程最大值。从统计角度看，式（11.17）和式（11.18）既包含了节点（单元）的最大动力响应信息，又避免了对风振系数选取的过分保守，因而较为合理。尽管对于某些部位来说 β_d^* 和 β_s^* 可能比实际的要小，但由于其相应的动响应值较小，对构件设计不起控制作用，因此并不影响整个结构的安全度。另外，考虑到脉动风实际上是一个随机过程，响应均方差只是一个具有一定保证率的动力响应幅值（均为正值），因此在与平均风效应叠加时，应考虑正向和负向叠加，即应考虑 $U_{wi} \pm g\sigma_{U_{wi}}$ 和 $S_{wi} \pm g\sigma_{S_{wi}}$ 两种组合。

11.5.3　风振响应结果分析

1.分析方案及响应指标

根据风洞试验分析结果,望远镜结构在 3 种俯仰姿态下的整体阻力系数如图 11.38 所示,阻力系数均在 0° 风向角时最大(此时为凹面迎风,受力投影面最大),因此风振响应分析时统一选取 0° 风向角,俯仰角分别为 5°、30°、60°。结合大跨空间结构的特点和设计人员所关心的风振响应,以反射面节点法向位移和杆件轴向应力、弯曲应力作为风振响应指标。

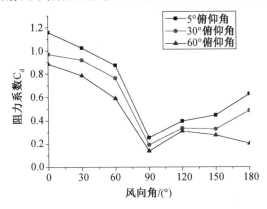

图 11.38　阻力系数随风向角变化曲线

2.结构风振响应结果分析

3 个模型极值应力响应时程及极值位移响应时程如图 11.39 和图 11.41 所示,为了在频域内分析结构在脉动风荷载作用下的响应特性,采用傅里叶变换,将响应时程进行时域到频域的转换,获得相应的极值应力与位移功率谱密度函数如图 11.40 和图 11.42 所示。根据功率谱密度函数可以看出,望远镜结构的风振响应是一个窄带过程。对于同一俯仰角模型而言,极值应力功率谱与位移功率谱在对结构的动力响应特征上呈现高度一致。结合前述结构自振频率,对于 5° 俯仰角,均表现出振动的能量主要集中在结构第一阶频率(0.7 Hz)附近;对于 30° 俯仰角,依然表现出振动的能量主要集中在结构第一阶频率(0.7 Hz)附近,不过能量幅值有所增大;对于 60° 俯仰角,结构表现出振动的能量开始往高阶频率发展,从能量分布图可以看出,在 0.9 Hz 和 1.1 Hz 附近均出现了峰值(分别对应 3 阶、4 阶频率),即高阶振型明显参与进来,开始对风致振动有所贡献。其次,能量幅值和俯仰角间的变化关系表现出振动能量随着俯仰角的增大而逐渐增高。后续给出各模型的极值应力分布及极值位移分布,分别如图 11.43、图 11.44 所示。从极值应力分布图中可以看出,在 0° 风向角下,3 个模型中最大的应力主要集中在上弦第 2 环的径向杆,最大值可达 170 MPa,出现在 30° 俯仰角姿态;从极值位移分布图中可看出,在 0° 风向角下,位移表现为沿竖向轴左右对称,且各模型的位移极值主要集中在反射面的上、下悬挑端和两侧悬挑端,3 个模型中,法向位移最大为 24 cm,出现在 5° 俯仰角姿态。限于篇幅,其他俯仰角结构极值响应及风振系数的计算结果可参见表 11.7,这为后续风荷载参与的结构力学响应分析提供了风振系数取值依据。

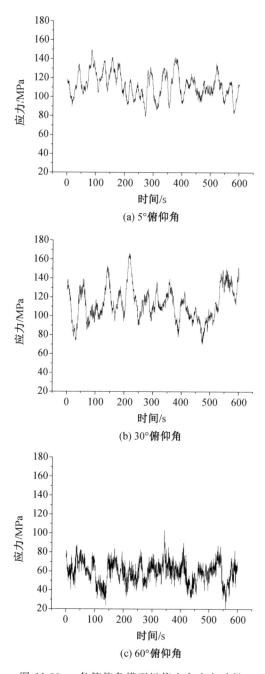

(a) 5°俯仰角

(b) 30°俯仰角

(c) 60°俯仰角

图 11.39　各俯仰角模型极值应力响应时程

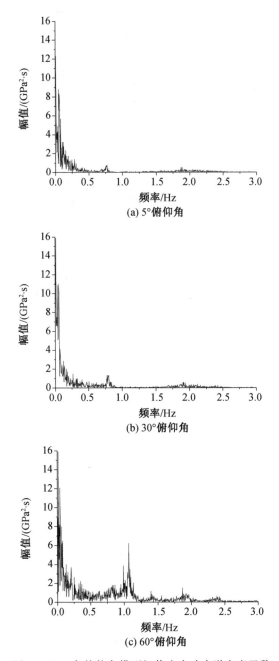

图 11.40　各俯仰角模型极值应力功率谱密度函数

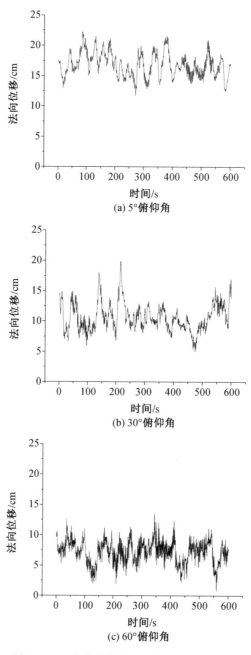

图 11.41　各俯仰角模型极值位移响应时程

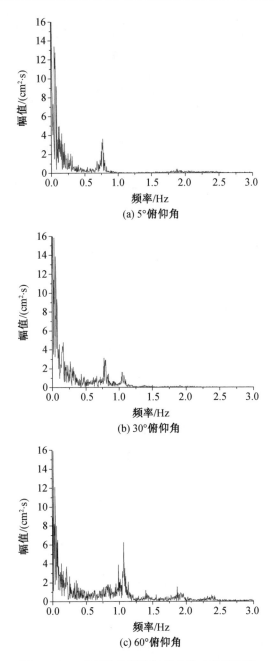

(a) 5°俯仰角

(b) 30°俯仰角

(c) 60°俯仰角

图 11.42　各俯仰角模型极值位移功率谱密度

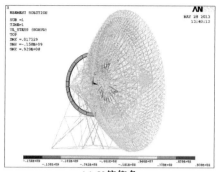

(a) 5°俯仰角

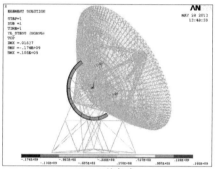

(b) 30°俯仰角

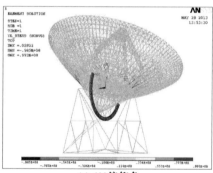

(c) 60°俯仰角

图 11.43　各俯仰角模型极值应力分布

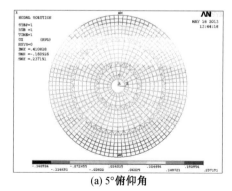

(a) 5°俯仰角

图 11.44　各俯仰角模型极值位移分布

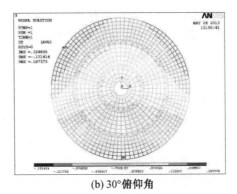

(b) 30°俯仰角

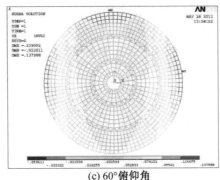

(c) 60°俯仰角

续图 11.44

表 11.7　其他俯仰角结构极值响应及风振系数

俯仰角	5°	30°	60°	90°
最大位移	24 cm	19 cm	14 cm	22 cm
最大内力	158 MPa	174 MPa	99 MPa	152 MPa
整体位移风振系数	2.37	1.73	1.82	1.92
整体内力风振系数	1.41	1.54	1.57	2.18

11.6　设计风速下望远镜结构特性分析

通过前述对 110 m($f/D=0.3$) 望远镜反射面进行的风洞试验和CFD数值模拟,获得了其变位过程中任意工作姿态下的反射面风荷载取值。基于此,可对望远镜进行生存风速下的结构性能分析,评估其力学可靠性;在确保其安全性的基础上,再在工作风速下探讨风荷载和自重作用对反射面精度的影响,为促动器的变形调控提供参考依据,进而使其工作性能得以充分发挥。

11.6.1 生存风速下的结构力学性能分析

该全可动射电望远镜结构要求其在生存风速 $v= 40$ m/s 下,结构构件满足相应的强度要求,变形限定在容许范围内而不至于倒塌倾覆。这里选取 110 m($f/D = 0.3$) 角锥系网架方案的望远镜结构作为分析对象,对其在自重、风荷载、雪荷载等静力工况下的强度及稳定性进行分析[19-21]。

根据望远镜结构生存环境,按照《建筑结构荷载规范》(GB 50009—2012)对望远镜的静力荷载进行组合,该结构的设计荷载属于可变荷载效应组合起控制作用。结合《钢结构设计标准》(GB 50017—2017),拉杆及拉弯构件进行强度计算,压杆及压弯构件进行稳定性计算。静力组合工况见表11.8,表中雪荷载仅当望远镜结构在5°俯仰角时才考虑。其中风1、风2、风3分别代表0°风向角、90°风向角和180°风向角,风振系数按照前述结构风振响应的分析结果,依据表11.7取值。选取俯仰角为5°、30°、60°及90°共4种模型,按照如图11.45所示望远镜结构构件力学性能分析流程,分别进行构件静力强度及稳定性分析。限于篇幅,这里给出5°俯仰角模型下的分析结果,如图11.46~11.50所示,其他静力组合工况下的计算结果统计见表11.9。从表中可以看出:在静力荷载工况作用下望远镜背架结构、俯仰机构和方位座架均处于弹性范围;绝大部分构件均处于低应力水平,在100 MPa之内,最大位移也只有128 mm;应力和变形满足结构相关规范要求,结构处于安全状态。

表 11.8 静力组合工况(分项系数 × 组合系数)

	组合情况	自重作用	雪荷载	风荷载
1	自重	1.2×1.0	—	—
2	自重＋风1	1.2×1.0	—	1.4×1.0
3	自重＋风2	1.2×1.0	—	1.4×1.0
4	自重＋风3	1.2×1.0	—	1.4×1.0
5	自重＋雪	1.2×1.0	1.4×1.0	—
6	自重＋雪＋风1	1.2×1.0	1.4×0.7	1.4×1.0
7	自重＋雪＋风2	1.2×1.0	1.4×0.7	1.4×1.0
8	自重＋雪＋风3	1.2×1.0	1.4×0.7	1.4×1.0

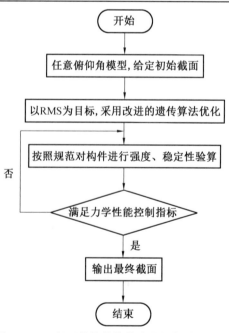

图 11.45 望远镜结构构件力学性能分析流程

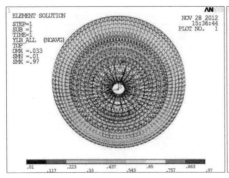

图 11.46 背架结构构件应力比云图   图 11.47 俯仰机构构件应力比云图

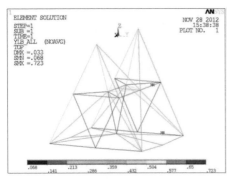

图 11.48 方位座架构件应力比云图   图 11.49 望远镜整体结构位移云图

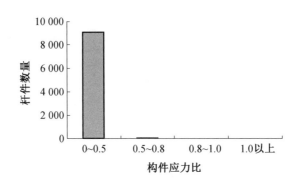

图 11.50 望远镜背架结构构件应力比分布柱状图

表 11.9 其他静力组合工况计算结果

俯仰角	结构响应	背架	俯仰机构	座架
	应力比最大值	0.92	0.77	0.75
5°	超限构件数量	无	无	无
	最大位移 /mm	128		
	应力比最大值	0.99	0.97	0.67
30°	超限构件数量	无	无	无
	最大位移 /mm	120		

续表11.9

俯仰角	结构响应	背架	俯仰机构	座架
	应力比最大值	0.96	0.94	0.62
60°	超限构件数量	无	无	无
	最大位移 /mm	114		
	应力比最大值	0.97	0.95	0.72
90°	超限构件数量	无	无	无
	最大位移 /mm	108		

11.6.2 工作风速下结构工作性能分析

该全可动射电望远镜结构要求在工作风速 $v=20$ m/s 下,结构能够正常工作,即风荷载产生的变形在经过促动器微量调节后,还能继续追踪天体目标完成相应观测任务。因此需要对风荷载下的反射面精度进行分析,如图 11.51 和 11.52 所示,统一选取 0° 风向角,给出了仅在风荷载作用下不同俯仰角反射面半光程差云图及结构整体位移云图,其他风向角下的反射面精度值在表 11.10 中给出。

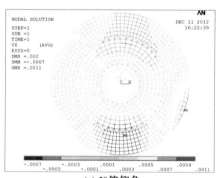

(a) 5°俯仰角

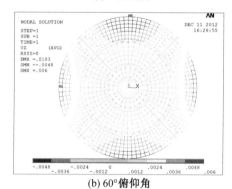

(b) 60°俯仰角

图 11.51　反射面半光程差云图

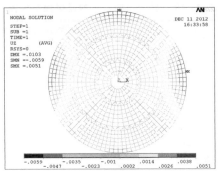

(c) 90°俯仰角

续图 11.51

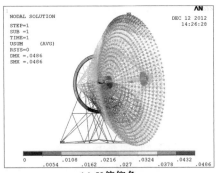

(a) 5°俯仰角

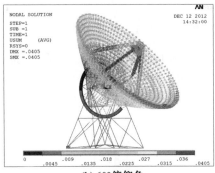

(b) 60°俯仰角

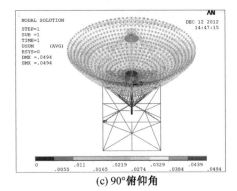

(c) 90°俯仰角

图 11.52　结构整体位移云图

表 11.10   其他风向角下的反射面精度值   mm

俯仰角	风向角		
	0°	90°	180°
5°	0.362	2.092	0.212
30°	2.206	1.715	0.377
60°	2.102	1.785	0.586
90°	2.096	2.092	2.103

1.风荷载作用下反射面精度分析

从结构三向位移来看,整体表现出反射面表面节点位移分布不够均匀。5°俯仰角、0°风向角工况下,顶部位移最大,底部位移最小,最大差值达到 38 mm;60°俯仰角、0°风向角工况下,底部位移最大,靠近反射面中央区域逐步减小,最大差值达到 32 mm;在 90°俯仰角、0°风向角工况下,迎风前缘位移最大,由于反射面的曲面造型,往中央区域核心筒周围处,位移达到最小。这是由结构组成特点所致,使得背架结构靠近悬挑部分的区域,在风荷载作用下类似于悬挑屋盖受力,在向内环区域过渡时,距离背架结构支座区域越来越近,同时网架的厚度也在逐渐加大,因此结构刚度逐步提升,反射面位移有所减小;尤其是靠近中央核心筒区域,背架结构表面所在位置不但处在背架结构支承范围内,同时,此处为网架根部区域,厚度达到最大值,结合前述章节的分析结果可知,靠近反射面边缘的地带往往是风压系数极值出现的地方,并且风压梯度过渡较为剧烈,而越靠近反射面中央地带,风压梯度过渡越平缓,受力越均匀。因此,从上述受力以及结构刚度变化来看,必然致使反射面在风荷载作用下变形较不均匀,精度较低。

2.各荷载工况下不同俯仰角模型反射面精度分析

实际望远镜结构工作时,自重和风荷载是共同存在的,因此有必要计算各荷载单独作用及共同作用时对反射面精度的影响,对起主导作用的因素予以分析。表 11.11 给出了各荷载工况下反射面精度值,涉及自重时需按照 48.7°俯仰角进行修正(限于篇幅,风荷载参与时只给出 0°风向角参与的结果)。

表 11.11   各荷载工况下反射面精度

自重作用			
俯仰角	5°	30°	60°	90°
反射面精度	0.306 mm	0.223 mm	0.143 mm	0.306 mm

风荷载			
风速			20 m/s
俯仰角	5°	30°	60°	90°
反射面精度	0.362 mm	2.206 mm	2.102 mm	2.096 mm

自重作用＋风荷载			
风速			20 m/s
俯仰角	5°	30°	60°	90°
反射面精度	0.175 mm	2.265 mm	2.342 mm	2.259 mm

从表 11.11 中可以看出,对于 110 m 口径巨型射电望远镜结构反射面精度,风荷载的作用效应明显要大于自重的作用效应。一方面是当射电望远镜的口径达到一定程度时,结构表现得更柔,风荷载更为敏感,开始起主导作用,相较自重而言变得更为不利。另一方面,由于前述的选型优化是针对望远镜在自重作用下的优化,即基于自重作用效应对结构形式做出了改进,同时又配合既定的结构总体方案,通过优化算法给出了合适的杆件截面尺寸,使得背架结构刚度得到了合理化分配,即刚度较大的地方分得的重力也较大,刚度较小的地方分得的重力也较小,达到这样一种随刚度大小合理"导重"的自调节效果。而风荷载下的变形由于受力大小并不能够和背架结构刚度大小形成很好的匹配协调,因此造成的变形不均匀性比自重作用下的效应更为严重,从而导致风荷载作用下的反射面精度要低于自重作用下的相应值。

11.6.3 工作风速下反射面精度的变化规律

以望远镜的俯仰角和风向角以及风速作为基本变量进行组合,俯仰角从 5°到 60°,以 5°为间隔;风向角从 0°到 180°,同样以 5°为间隔进行组合;由于风速在 5 m/s 以下时,风荷载对反射面精度的影响有限,因此风速选取从 5 m/s 到 20 m/s,以 1 m/s 为间隔进行组合,共有组合 7 000 余种。本节主要计算 7 000 余种组合下的反射面精度并且从计算结果当中寻找规律,分析工作风速下风荷载对射电望远镜反射面精度的影响。

首先分析风速对反射面精度的影响,选取 5°、30°、60°俯仰角与 0°、30°、60°、90°、120°、180°风向角进行组合,研究这些组合在风速由 5 m/s 增加到 20 m/s 时反射面精度的变化趋势。不同风向角下风荷载对反射面精度(RMS)的影响如图 11.53 ～ 11.58 所示。

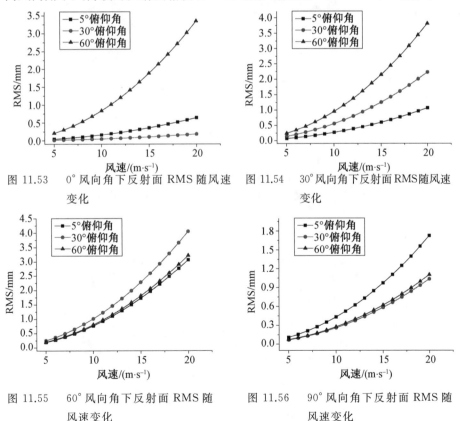

图 11.53　0°风向角下反射面 RMS 随风速变化

图 11.54　30°风向角下反射面 RMS 随风速变化

图 11.55　60°风向角下反射面 RMS 随风速变化

图 11.56　90°风向角下反射面 RMS 随风速变化

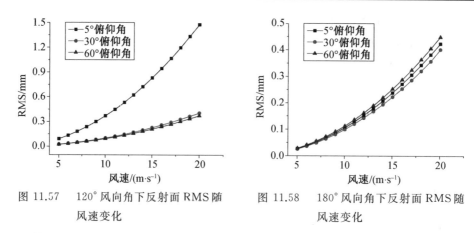

图 11.57　120°风向角下反射面 RMS 随　　图 11.58　180°风向角下反射面 RMS 随
　　　　　风速变化　　　　　　　　　　　　　　风速变化

通过射电望远镜反射面精度随风速变化的曲线可以看出,望远镜反射面精度随着风速的增加而降低。而且曲线的斜率都在逐渐增大,这说明随着风速的增大,望远镜反射面精度下降的速度越来越快。在 20 m/s 的工作风速下,风荷载对反射面精度的影响超过自重作用,成为控制因素。

接下来分析风向角对望远镜反射面精度的影响。在 20 m/s 的工作风速下分别求出 5°俯仰角、30°俯仰角及 60°俯仰角下反射面拟合精度随风向角的变化趋势,如图 11.59 ～ 11.61 所示。

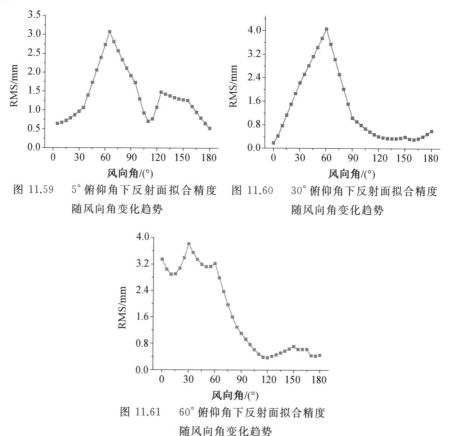

图 11.59　5°俯仰角下反射面拟合精度　　图 11.60　30°俯仰角下反射面拟合精度
　　　　　随风向角变化趋势　　　　　　　　　　随风向角变化趋势

图 11.61　60°俯仰角下反射面拟合精度
　　　　　随风向角变化趋势

通过分析图 11.59 ～ 11.61 所示的 3 组曲线可以看出,不同风向角下风荷载对望远镜反射面精度的影响程度是不同的。在 90°、120° 和 180° 风向角下,风荷载对望远镜反射面精度的影响较小,而 0°、30° 和 60° 风向角下风荷载对望远镜反射面精度的影响较大。以 0° 俯仰角为例,分析不同风向角风荷载对反射面精度的影响原因:0° 俯仰角时望远镜处于指平状态,此时不同风向角下的风荷载如图 11.62 所示,从图中可以看出,在 0°、30° 和 60° 风向角下反射面都是正面受风,此时反射面的风荷载体型系数较大,因此风荷载对于反射面精度的影响较大;而当风向角转到 90° 以后,反射面背面受风,此时反射面的体型系数相对正面受风小很多,因此风荷载对于反射面精度的影响较小。

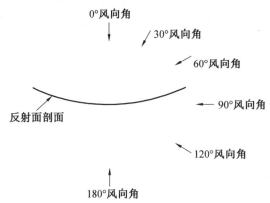

图 11.62　0° 俯仰角时反射面不同风向角下的风荷载示意图

由图 11.59 ～ 11.61 可知:在 5° 俯仰角下,反射面精度最大值出现在 60° 风向角下,其值为 3.1 mm;在 30° 俯仰角下,反射面精度的最大值出现在 60° 风向角下,其值为 4.1 mm;而 60° 俯仰角下,反射面精度的最大值出现在 30° 风向角下,其值为 3.8 mm。

最后针对俯仰角对望远镜反射面精度的影响展开分析。在 20 m/s 的风速下,选取最具有代表性的 3 种风向角(0° 风向角、60° 风向角、150° 风向角)与俯仰角进行组合,计算不同的俯仰角下的反射面拟合精度,如图 11.63 ～ 11.65 所示。

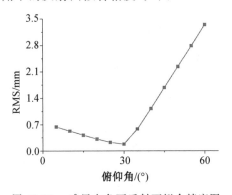

图 11.63　0° 风向角下反射面拟合精度图

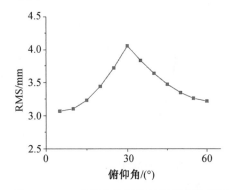

图 11.64　60° 风向角下反射面拟合精度图

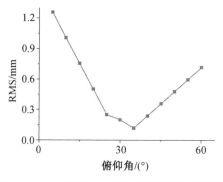

图 11.65 　 150°风向角下反射面拟合精度图

　　通过图 11.63～11.65 所示的反射面拟合精度曲线可以看出:在 20 m/s 风速、0°风向角下,望远镜反射面精度在 30°俯仰角时最高,在 60°俯仰角时最低,说明反射面在 60°俯仰角时对于 0°风向角的风荷载敏感度高;而在 60°风向角下,望远镜反射面精度在 30°俯仰角时最低,数值达到 4.1 mm,在所有 7 000 余种情况中反射面精度最低,说明望远镜反射面在 30°俯仰角时对 60°风向角的风荷载敏感度高;在 150°风向角下,反射面精度在 5°俯仰角时最低,而在 30°俯仰角时数最高。

　　通过分析,其原因为:在 0°风向角下,望远镜俯仰角从 5°增加到 30°时,反射面的平均体型系数会有所减小,而且随着反射面下边缘与风荷载之间夹角减小,反射面下部区域的风荷载体型系数相对 5°俯仰角会有所降低,反射面 5°俯仰角到 30°俯仰角示意图如图 11.66 所示,因此反射面精度会有所提高;而当俯仰角增大到 60°时,随着俯仰角的增大,反射面下部出现剥离区域,此处的体型系数相对反射面上部小很多,而且反射面下部区域与上部区域体型系数之间的差值会增加,这样就造成反射面不均匀变形程度的增加,反射面 30°俯仰角到 60°俯仰角示意图如图 11.67 所示,从而降低了反射面精度。

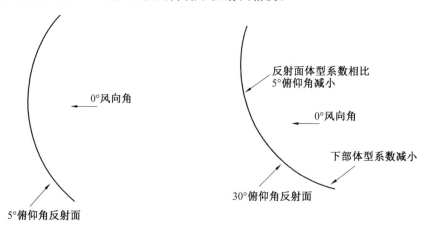

图 11.66 　 反射面 5°俯仰角到 30°俯仰角示意图

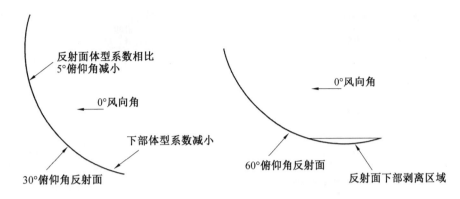

图 11.67　反射面 30° 俯仰角到 60° 俯仰角示意图

而反射面在 0° 风向角、60° 俯仰角下存在的这些现象在 60° 风向角的各个俯仰角下普遍存在,因此反射面精度在 60° 风向角下较低,而在 60° 风向角、30° 俯仰角下尤其明显,因此 30° 俯仰角时的反射面精度最低。

60° 风向角与 150° 风向角在平面上的一条直线上,只是方向相反。望远镜结构在 30° 俯仰角时,60° 风向角下反射面精度较低,而 150° 风向角下反射面精度较高,说明当反射面精度对于某一个方向的风荷载敏感度高时,对于相反方向的风荷载敏感度低。

11.6.4　工作风速下反射面精度的优化

由 11.6.3 节的分析可以看出,在工作风速下风荷载会对反射面精度产生决定性的影响,相比于自重作用下的反射面精度 0.21 mm,望远镜结构在 20 m/s 的风荷载作用下反射面精度降低到了 4.1 mm,因此很有必要针对风荷载对反射面精度造成的影响进行优化。

射电望远镜结构的风荷载包括平均风作用和动态的脉动风作用,由于脉动风具有随机性,在这里不做考虑,只对平均风对反射面精度产生的影响进行优化。

这一节的主要工作是针对风荷载对反射面精度造成的影响进行优化,针对反射面上所有节点采用前面介绍的方法进行调整。同样以望远镜的反射面俯仰角、风向角和风速为基本变量进行组合,共有 7 000 余种组合,然后对这 7 000 余种组合进行优化分析。

首先对比优化前后不同风速对反射面精度的影响,选取 5°、30°、60° 俯仰角与 30°、60°、120° 风向角的组合进行对比,如图 11.68 ～ 11.70 所示。

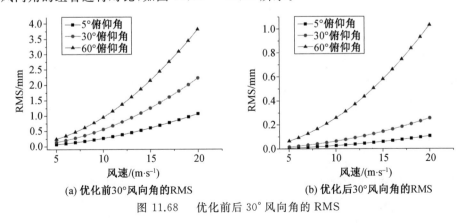

(a) 优化前30°风向角的RMS　　　　(b) 优化后30°风向角的RMS

图 11.68　优化前后 30° 风向角的 RMS

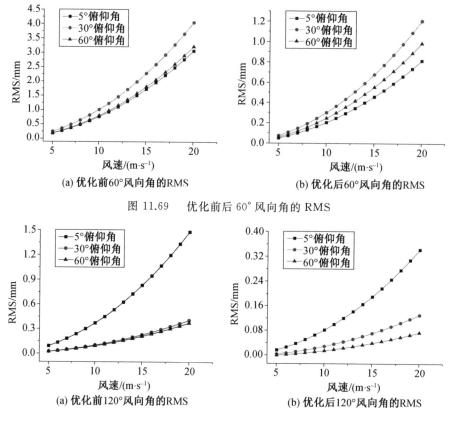

(a) 优化前60°风向角的RMS　　　　(b) 优化后60°风向角的RMS

图 11.69　优化前后 60° 风向角的 RMS

(a) 优化前120°风向角的RMS　　　　(b) 优化后120°风向角的RMS

图 11.70　优化前后 120° 风向角 RMS

通过对比发现,经过优化之后,所有组合的反射面精度都比优化前有很大提升:30° 风向角风荷载下的反射面精度由 3.8 mm 提高到 1.03 mm;60° 风向角风荷载下的反射面精度由 4.1 mm 提高到 1.2 mm;120° 风向角风荷载下的反射面精度由 1.48 mm 提高到 0.34 mm。

接下来对比优化前后不同风向角对望远镜反射面精度的影响。在 20 m/s 的风速下分别取 5° 俯仰角、30° 俯仰角及 60° 俯仰角时优化前后的反射面精度进行对比,如图 11.71 ～11.73 所示。

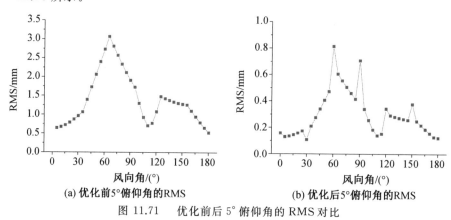

(a) 优化前5°俯仰角的RMS　　　　(b) 优化后5°俯仰角的RMS

图 11.71　优化前后 5° 俯仰角的 RMS 对比

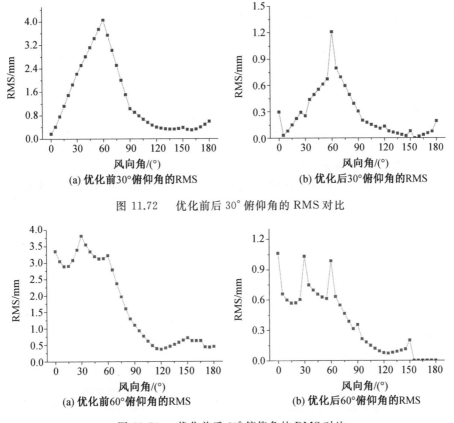

图 11.72　优化前后 30° 俯仰角的 RMS 对比

(a) 优化前60°俯仰角的RMS　　　　(b) 优化后60°俯仰角的RMS

图 11.73　优化前后 60° 俯仰角的 RMS 对比

通过对比发现，经过优化之后，在 20 m/s 的风速下，在 5° 俯仰角、30° 俯仰角、60° 俯仰角时的反射面精度都比优化前有很大提升：5° 俯仰角时风荷载作用下的反射面精度由优化前的 3.1 mm 提高到 0.8 mm；30° 俯仰角时风荷载作用下的反射面精度由优化前的 4.1 mm 提高到 1.2 mm；60° 俯仰角时风荷载作用下的反射面精度由 3.8 mm 提高到 1.03 mm。

最后对比优化前后望远镜结构俯仰角对反射面精度的影响。在 20 m/s 的风速下，对比最具有代表性的 3 种风向角（0° 风向角、60° 风向角、150° 风向角）下不同的俯仰角时优化前后的反射面精度，如图 11.74 ~ 11.76 所示。

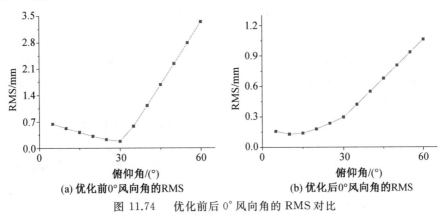

(a) 优化前0°风向角的RMS　　　　(b) 优化后0°风向角的RMS

图 11.74　优化前后 0° 风向角的 RMS 对比

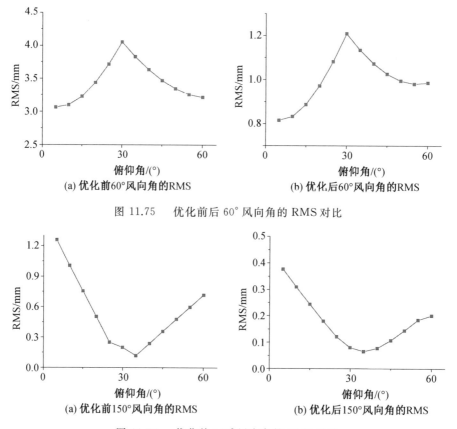

图 11.75　优化前后 60° 风向角的 RMS 对比

图 11.76　优化前 150° 风向角的 RMS 对比

　　通过对比发现,在 20 m/s 的风速下,在 0° 风向角、60° 风向角、150° 风向角下反射面精度优化后都有很大提升:对比优化之前 0° 风向角下风荷载作用下的反射面精度由 3.3 mm 提高到了 1.1 mm;60° 风向角下风荷载作用下的反射面精度由 4.1 mm 提高到了 1.2 mm;150° 风向角下风荷载作用下的反射面精度由 1.25 mm 提高到了 0.38 mm。

本章参考文献

[1]高延龙. 雷达天线风荷载特性的数值仿真方法研究[D]. 西安:西安电子科技大学,2009.

[2]DE Y, VOGIATZI K. Numerical simulations of airflow in verylarge telescope enclosures[C]. Proceeding of the SPIE. Backaskog Castle:International Society for Optics and Photonics,2004.

[3]刘国俊. 计算流体力学的地位、发展情况和发展趋势[J]. 航空计算技术,1993 (01):15-18.

[4]吴晓蓉. 大跨空间屋盖的风压分布及绕流特性研究[D]. 哈尔滨:哈尔滨工业大学,2005.

[5]纪兵兵,陈金瓶. ANSYS ICEM CFD网格划分技术实例详解[M]. 北京:中国水利水电

出版社，2012.

[6] 日本建筑学会. 建筑风荷载流体计算指南[M]. 孙瑛，译. 西安：中国建筑工业出版社，2010.

[7]LAUNDER B E,SPALDING D B. The numerical computation of turbulent flows, Comp[J]. Math. Appl. Mech. Eng，1974（3）：35-61.

[8]CANUTO C，HUSSAINI M Y，QUARTERINI A，et al. Spectral methods in fluid dynamics[J]. Springer—Verlag，1987（19）：339-367.

[9]MURAKAMI S，MOCHIDA A. Development of a new model for flow and pressure fields around bluff body[J]. Journal of Wind Engineering and Indusrial Aerodynamics，1997(67)：169-182.

[10] 周国俊，徐国权，张华俊. FLUENT 工程技术与实例分析[M]. 北京：中国水利水电出版社，2010.

[11] 孙晓颖，武岳，沈世钊.大跨屋盖风压分布的数值模拟及拟合方法研究[J]. 哈尔滨工业大学学报，2006(4)：553-557.

[12] 吴迪.大跨度球壳结构的风洞试验与风振响应分析关键技术[D]. 哈尔滨：哈尔滨工业大学，2008.

[13] 秦义.单向悬挂屋盖结构的风致气弹耦合效应数值模拟[D]. 哈尔滨：哈尔滨工业大学，2010.

[14]BARDINA J，FERAZIGER H，REYNOLDS C. Improved turbulence models based on LES of homogeneous incompressible turbulent flows[R]. San Francisco：Department of Mechanical Engineering，Stanford University,1983.

[15]MURAKAMI S. Overview of turbulence models applied in CWE—1997[J]. Journal of Wind Engineering and Industrial Aerodynamics，1998（74）：1-24.

[16] 林斌. CFD 模拟技术在大型复杂结构工程中的应用[D]. 哈尔滨：哈尔滨工业大学，2005.

[17]KHO S，BAKER S，HOXEY R. POD/ARMA reconstruction of the surface pressure field around a low rise structure[C]. The 5th Asia—Pacific Conference on Wind Engineering. Kyoto：Scientific Committee of APCWE V，2001.

[18]CHEN Y，KOPP G. A，SURRY D. Prediction of pressure coefficients on roofs of low buildings using artificial neural networks[J]. Wind Eng. Ind. Aerodyn,2003（91）：423-441.

[19]LAUNDER B E,SPALDING D B. The numerical computation of turbulent flows, Comp[J]. Math. Appl. Mech.Eng，1974(3)：35-61.

[20] 孙瑛.大跨屋盖结构风荷载特性研究[D]. 哈尔滨：哈尔滨工业大学，2007.

[21] 曾锴.计算风工程中几个关键影响因素的分析与建议[J]. 空气动力学学报，2007(04)：504-508.

第12章 大口径全可动望远镜日照非均匀温度场特性及其对反射面精度的影响

日照作用源于一昼夜内太阳东升西落在物体表面产生的非均匀温度变化,这种变化受到太阳辐射、阴影遮挡、大气温度等诸多因素的影响。目前,日照作用是影响巨型射电望远镜结构反射面精度的一个重要因素。它要求在太阳辐射强度显著改变或周围环境温度剧烈变化时,反射面经过促动器的热变形调控,仍能维持原有的几何面型。

然而,日照作用在时间和空间上往往表现出短时急变、分布不均等特征,若对其采用常规手段分析则变得难以考虑,需采用专门的数值模拟予以系统全面的计算。此外,对于望远镜存在的每种工作姿态,结构的非均匀温度场都具有唯一性,还需对结构多种姿态下的非均匀温度场特性进行大量的计算统计,获得反射面精度随时间变化的历程响应,为促动器调控提供全面的热变形参考。

12.1 全可动望远镜热分析基本理论

12.1.1 热交换

1.热交换基本方式

对于没有防护结构的望远镜,在自然环境中存在 3 种基本热交换方式:热传导、热对流、热辐射[1]。

热传导是热量从物体温度较高的部分沿着物体传到温度较低的部分的换热方式。热传导服从傅里叶定律,热传导几何示意图如图 12.1 所示。取 1 块绝热的材料,材料外部尺寸如图 12.1 所示,单元传热面积 $A_c = A_1 = A_2$。因为单元右侧的温度低于左侧的温度,因此热流的方向为由图中左侧到右侧。根据傅里叶定律,热传导的传热量可由式(12.1)计算:

$$q_c = -kA_c(T_2 - T_1)/(x_2 - x_1) = -kA_c \Delta T/\Delta x = -kA_c \frac{\partial T}{\partial x} \qquad (12.1)$$

式中　　k——材料的热传导系数,W·m^{-1}·K^{-1};

A_c——接触面积,m^2;

ΔT——换热面温差,K;

Δx——面间距离,m。

热对流是指热量通过流动介质,由空间的一处传播到另一处的现象。对流可分为自然对流和强迫对流两种:自然对流往往自然发生,是由于温度不均匀而引起的;强迫对流是由于外界的影响对流体进行搅拌而形成的,会加大液体或气体的流动速度,能加快对流传热。热对流服从牛顿定律,如图 12.2 所示,对流换热热量由式(12.2)求得:

$$q_f = -h_f A_f (T_s - T_f) \tag{12.2}$$

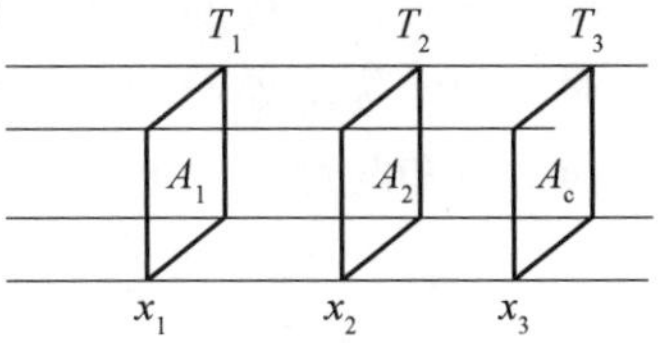

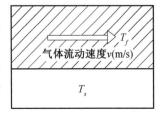

图 12.1　热传导几何示意图

式中　h_f——对流换热系数，$W \cdot m^{-2} \cdot K^{-1}$；

　　　A_f——接触面积，m^2；

　　　T_s——固体表面温度，K；

　　　T_f——流体温度，K。

对流换热系数 h_f 受到诸多因素的影响，例如流体的流动速度、黏度、流动形式（层流或是湍流），结构外形，空气密度，结构所处位置的海拔高度等。具体结构构件的对流换热系数计算方法将在后续章节中进行研究。

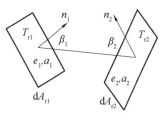

图 12.2　热对流示意图

热辐射是指物体由于具有温度而发射电磁波的现象。它是由物体内部微观粒子在改变运动状态时所激发出来的。辐射热量可以用 Stefan-Boltzman 法则表示，见式（12.3）：

$$Q(e) = e\sigma T_r^4 \tag{12.3}$$

式中　e——单元辐射发射率；

　　　σ——Stefan-Boltzman 常数；

　　　T_r——辐射物表面绝对温度，K。

如图 12.3 所示，已知两平面：平面 1 的面积为 $A_{r1}(m^2)$，温度 $T_{r1}(K)$，发射率为 e_1，吸收率为 a_1；平面 2 的面积为 $A_{r2}(m^2)$，温度为 $T_{r2}(K)$，发射率为 e_2，吸收率为 a_2，二者间距为 r，面法线与两面间连线的夹角为 β_1、β_2，经计算可得到面 1 发射到面 2 并被面 2 吸收的辐射热量值，计算公式见式（12.4）：

$$\Delta q_{1-2} = e_1 a_2 \sigma A_1 \varphi_{1,2} (T_{r1}^4 - T_{r2}^4) \tag{12.4}$$

图 12.3　辐射换热角系数几何示意图

式中，$\varphi_{1,2}$ 是平面 1 和平面 2 之间的辐射角系数，按照式（12.5）计算：

$$\varphi_{1,2} = (1/\pi A_{r1}) \int_{A_{r1}} \int_{A_{r2}} [\cos\beta_1 \cos\beta_2 / r^2] \mathrm{d}A_{r1} \mathrm{d}A_{r2} \tag{12.5}$$

望远镜及其围护结构与天空、地面的辐射角系数的计算方法将在后续章节中研究。

2.望远镜与周围热环境的热交换

望远镜与其所在地环境发生热交换，在很大程度上会影响望远镜的性能，因此要对与望远镜设计、运行有关的周围环境参数进行有目的的分析。自然环境在不同区域、不同季节、不同日期都会发生变化，每个区域都需要进行单独研究，并且经过很长的时间收集真实、可靠的数据才可以确定一个地区的气候环境。望远镜在环境中可能会达到一个静态或者拟静态的状态，或者随着环境的变化在一定的时间延迟后到达某一特定极值状态。结构构件与周围环境的热交换可以通过结构表面刷涂层、加隔热层，对结构通风，甚至是将结构放置于某种保护设施中等方式来改变热交换量的大小。对于望远镜热工设计很重要的参数是自然气象环境的时程以及望远镜各组成部分的热性能参数。地面上的望远镜与周围环境发生热交换的示意图如图 12.4 所示：① 与空气（温度 T_A）的对流换热；② 与大地（温度 T_G）的辐射换热；③ 与天空（温度 T_S）的辐射换热；④ 吸收太阳辐射作为直接热源。外界热环境会对望远镜及其维护结构的热状态产生影响,但是望远镜不会对周围热环境产生太大的影响[2]。每时每刻结构均处于一定的热平衡状态中,根据能量守恒原则,结构与周围环境发生各种热交换的总和与结构内能变化值相等,表达式见式(12.6):

$$Q_1 + Q_2 + Q_3 + Q_4 = Q_5 \qquad (12.6)$$

式中　Q_1——结构所吸收的直接太阳辐射热量值,J;

　　　Q_2——结构与空气间对流换热的热量值值,J;

　　　Q_3——结构与天空发生辐射换热的热量值,J;

　　　Q_4——结构与地面发生辐射换热的热量值,J;

　　　Q_5——结构内能变化值,J。

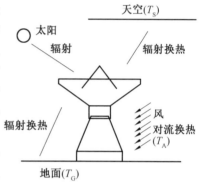

图 12.4　望远镜与周围环境热交换示意图

　　尽管气象是一种极其复杂的自然现象,但是无论是整个地球还是某个地区局部的天气都可以由几个简单的参数来描述,例如气温、气压、风速、风向、湿度、云量以及太阳辐射量等,一段时间内这些量的平均值可以用来描述一个地区的气象条件。从望远镜结构的整体热性能方面来考虑,给出一个环境的平均气象条件以及极端条件即可代表一个区域的气象条件。对于一些热参数,可以通过前人的经验公式根据经验值计算出来,但是这种计算结果通常与实际有一定的偏差,最真实的气象条件一般需要进行当场的测试及记录才能得到。

　　世界各地望远镜位于不同的经度、纬度、海拔高度上,望远镜的热性能与该地区的气象特征有很大的联系。望远镜的运行性能可能与当地的地区效应有很大的关系,或者与其围护结构创造的环境有很大的关系。对于人口比较多的地方,通常其气象条件有完整的记录,但是对于一些偏远地区,可能该地区的气象条件记录就不够完善。

12.1.2　温度环境

　　望远镜被周围空气所包围,空气的特征可以从以下几方面来描述:化学组成、密度、压强、温度、湿度等。空气是大气层的组成部分,其特征参数随观测地点的海拔高度会发生变化。从热分析方面考虑,则需要知晓当地空气的热容、导热系数、黏度及气流运动(也就是风速)。空气的基本特征参数受空气流动影响比较大,而与观测地点、望远镜高度关系不大,但是不同观测地点、望远镜不同高度处的风场却有很大区别。科学研究及实测表明,风速、风向会随着地表布置的变化及观测地点高度的变化而变化。

　　望远镜周围气温、气流速度、天空温度、地面温度是影响望远镜温度场的主要因素。本节介绍大气、天空、地面的温度计算方法。

　　望远镜周围的空气可以视为一个容量无限大的热库,空气的温度对望远镜温度有着直接的影响,其数值可以用式(12.7)表示:

$$T_A(t) = T_{A0} - \Delta T_A \cos[\omega(t - t_0)] \qquad (12.7)$$

式中　T_{A0}——日平均温度,℃;

　　　ΔT_A——温度变化峰值,℃;

ω—— 温度变化计算参数,$\omega = 2\pi/24$;

t_0—— 初始延迟时间,h。

表 12.1 给出了不同季节世界知名望远镜所在位置的海拔高度及夏冬季平均气温[3]。

表 12.1　不同季节世界知名望远镜所在位置的海拔高度及夏冬季平均气温

地点	海拔高度 /m	冬季平均气温 /℃	夏季平均气温 /℃
Effelsberg	320	2.5	15.0
Pico Veleta	2 900	−5.0	10.0
Chajnantor	5 000	−10.0	0.0

望远镜与天空以辐射的形式发生热交换,典型的天空温度表达式见式(12.8):

$$T_S(t) = 0.055\ 3 T_A^{1.5}(t) \tag{12.8}$$

式中　$T_S(t)$—— 典型天空温度,K;

　　　$T_A(t)$—— 气温,K。

望远镜与地面以辐射的形式发生热交换,典型的地面温度表达式见式(12.9):

$$T_G(t) = T_A(t) + \Delta T_G(t) \tag{12.9}$$

式中　ΔT_G—— 天空与地面的温差(℃),在下午或者傍晚时候可能是 +5 ~ +10 ℃,夜里或清晨是 −10 ~ −5 ℃。

12.1.3　太阳辐射

太阳辐射是射电望远镜及其围护结构的主要热源[4]。太阳辐射到地面的热量是随着时间变化的,很明显,太阳辐射量受到日夜效应、季节性效应及云雾的遮挡等因素的影响[5,6]。太阳在天空中的可视运动与观测点的地理纬度(φ)、太阳赤纬角(δ)、年份日期及时刻都有关。根据太阳的位置及高度,很容易就可以得出平面、竖直面、倾斜面的太阳辐射量[7-12]。太阳位置的确定以及直接太阳辐射热量的计算按照参考文献[1]进行计算。图 12.5 给出了单元太阳辐射量计算流程图。表 12.2 给出了一些经过不同表面处理方法处理后的太阳直接辐射吸收率。

表 12.2　不同表面处理方法处理后的太阳直接辐射吸收率

表面处理方法	太阳直接辐射吸收率
黑色涂层	0.8 ~ 0.95
白色涂层	0.4 ~ 0.5
二氧化钛涂层	0.3 ~ 0.4
抛光铝	0.1 ~ 0.2

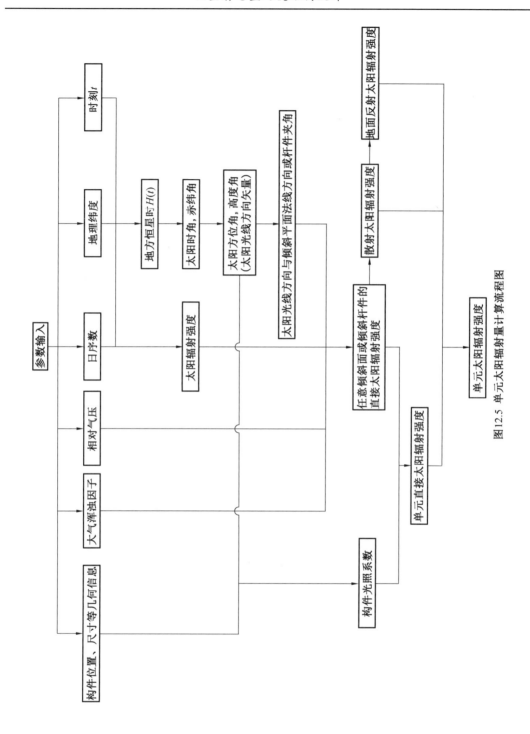

图 12.5 单元太阳辐射量计算流程图

12.2　全可动望远镜结构阴影分析

12.2.1　太阳视运动和太阳位置的确定

1.太阳视运动

地球绕地轴自西向东自转,同时循着偏心率约为 1.67％ 的椭圆形轨道自西向东绕太阳公转,太阳位于椭圆轨道两个焦点的一点上,因此太阳与地球间的距离在一年中是变化的。1 月初,地球经过轨道上离太阳最近的点,称为近日点;7 月初,地球经过轨道上离太阳最远的点,称为远日点;4 月初和 10 月初,地球在日地平均距离处;最远与最近距离之差仅为 3.4％。

根据运动的相对性原理,假定地球不动,以地球上某一观察点的真实地平面为水平面,则一天中太阳东升西落,相对于观察点做有规律的旋转运动,即太阳的视运动。由于太阳的视运动,使得地球表面朝向太阳的部分是白昼,而背向太阳的部分是黑夜,在地球上同一观察点出现昼夜交替现象。由于地球的自转轴与公转运行轨道面的法线成 23°27′ 的倾斜夹角,且地球公转时自转轴方向始终不变,因此,地球处于运行轨道上的不同位置时,太阳光投射到地球上的方向或直射点也不同。地球围绕太阳公转 1 圈,太阳直射点将在地球表面的北纬 23°27′ 和南纬 23°27′ 之间来回移动 1 个周期(即 1 年),从而产生四季交替现象。

太阳视运动是射电望远镜结构产生日照阴影的直接原因,其运动规律对射电望远镜结构各构件表面的阴影分布具有重要影响。因此,本节以太阳视运动为出发点,分析射电望远镜结构日照阴影的形成原因及计算方法,为后续的日照非均匀温度场分析奠定基础。

2.太阳位置的确定

在确定太阳的位置时,假定太阳处在中心与观察点重合、半径足够大的球形天空(天球)中,采用常用的地平坐标系(图 12.6)来确定太阳在天球上所处的位置,太阳的位置以太阳高度角 β_s、方位角 α_s 表示。

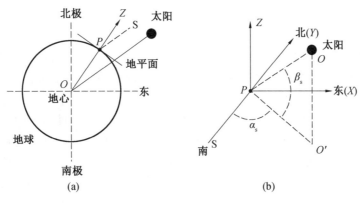

图 12.6　地平坐标系

（1）太阳高度角。从地面观察点 P 向太阳中心作射线 PO，PO 与其在地平坐标系上的投影线 PO' 的夹角称为太阳高度角，用 β_s 表示。太阳高度角的变化范围为 $0° \sim 90°$。

（2）太阳方位角。PO' 与从观察点向正南方向的射线 PS 之间的夹角称为太阳方位角，用 α_s 表示，规定正南方向为 $0°$，向西取正值，向东取负值，变化范围为 $-180° \sim +180°$。

根据球面和平面三角形知识以及天文学的基本概念，可得出地球上任何地区、任何时刻的太阳高度角和方位角的计算公式，见式（12.10）～（12.12）。

$$\sin \beta_s = \sin \varphi \sin \delta + \cos \varphi \cos \delta \cos \omega \tag{12.10}$$

$$\cos \alpha_s = \sec \varphi \sec \beta_s (\sin \varphi \sin \beta_s - \sin \delta) \tag{12.11}$$

$$\sin \alpha = \cos \delta \sin \omega \sec \beta_s \tag{12.12}$$

式中　　φ——观察点的地理纬度，$(°)$，表 12.3 为中国重要射电天文台或观测站的经纬度；

　　　　ω——某时刻的太阳时角，即单位时间内地球自转的角度，每小时相应的时角为 $15°$，规定正午的时角为 $0°$，上午时角为负值，下午时角为正值，$\omega = (t - 12) \times 15$，$(°)$；

　　　　δ——某地的赤纬角，即太阳直射光线与赤道平面的夹角，可由 Cooper 方程近似计算[13]：

$$\delta = 23.45 \sin \left(360 \times \frac{284 + n}{365} \right) \tag{12.13}$$

其中，n 为从每年 1 月 1 日起算的日序数，1 月 1 日为 1，12 月 31 日为 365。

表 12.3　中国重要射电天文台或观测站的经纬度

名称	所在地	北纬	东经
密云观测站	北京	$+116°46'$	$+40°33'$
紫金山天文台	南京	$+118°49'$	$+32°04'$
佘山观测站	上海	$+121°11'$	$+31°06'$
乌鲁木齐观测站	乌鲁木齐	$+87°11'$	$+43°28'$
云南天文台	昆明	$+102°47'$	$+25°02'$

12.2.2　射电望远镜结构的阴影分析

1.概述

太阳直接辐射是射电望远镜结构所受热荷载的主要部分，约占热荷载总量的 $60\% \sim 80\%$，因此，精确计算构件表面的太阳辐射强度是提高射电望远镜结构非均匀温度场分析精度的重要前提。射电望远镜的骨架结构一般为空间桁架结构，骨架结构支承着天线反射器——面板结构，整个射电望远镜结构构件数目较大，杆件与杆件、杆件与面板、面板与面板的空间几何位置关系复杂。当太阳直射射电望远镜结构时，各构件之间存在着复杂的遮挡关系，在各构件表面形成日照阴影，从而显著影响各构件表面的太阳辐射强度。对于面形精度或指向精度要求不高的射电望远镜结构，忽略日照阴影不会影响分析精度，但对于精度要求较高的毫米或亚毫米级射电望远镜结构，不考虑日照阴影对温度场的影响将会造成较大的计算误差。因此，对射电望远镜结构的日照阴影进行分析是十分必要的工作。

然而,由于存在太阳视运动,射电望远镜结构各构件表面的日照阴影在一天中呈现规律性变化,在一年中呈现周期性变化。同时,由于射电望远镜结构的构件数目大,构件间的空间几何位置关系复杂,因此准确计算任意时刻的日照阴影是一个艰难的过程。

本章参考文献[3]指出,计算机图形学的消隐算法可以有效地计算大型星载可展开天线结构的遮挡问题。由于射电望远镜结构与大型星载可展开天线结构具有类似的几何构造,热源的性质也相近,因此本节将以消隐算法为基础,采用光线投影算法分析太阳直射情况下射电望远镜结构的日照阴影。

2.光线投影算法

对于射电望远镜结构,日照阴影问题实际上是太阳入射光线与构件、构件与构件之间的空间几何位置关系问题。由于射电望远镜结构的几何尺寸远远小于日地距离,因此,可以认为在望远镜结构几何高度范围内,不同高度处的太阳辐射强度相同。同时,由日地距离变化所引起的太阳常数的波动变化在实际工程计算中也是可以忽略不计的。此外,由于日地距离约为 1.5×10^8 km,在地球上观察太阳,太阳仅占 $0.5°$ 立体角。因此,在日地距离的数量级上,可近似地将太阳处理为点光源,将入射到构件表面的太阳光线看作平行光。进行太阳日照阴影分析时,可以采用光线投影算法来解决平行光入射时构件间的相互遮挡问题。图 12.7 所示为光线投影算法的分析流程。

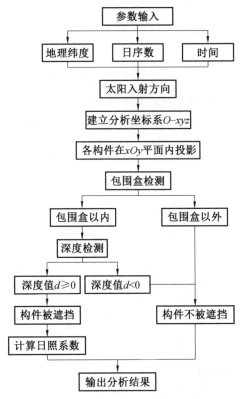

图 12.7　光线投影算法的分析流程

(1) 模型的坐标变换。

采用光线投影算法分析射电望远镜结构不同时刻的日照阴影时,需建立两套坐标系:整体坐标系 $O-XYZ$ 和分析坐标系 $O-xyz$,如图 12.8 所示。整体坐标系以主反射面的最低点 O 为坐标原点,XOY 平面平行于望远镜结构的口径平面,$+Y$ 轴指向太阳在 XOY 平面内的投影点,太阳入射光线在 ZOY 平面内绕 X 轴逆时针旋转,与 $+Z$ 轴的夹角为 θ。分析坐标系 $O-xyz$ 的 zOy 平面与 ZOY 平面重合,$+x$ 轴与 $+X$ 轴重合,$+z$ 轴平行于太阳入射光线指向太阳。在日照阴影分析过程中,整体坐标系用来描述模型的原始几何坐标,分析坐标系用来描述各构件的投影关系。因此,模型的几何坐标需要在整体坐标系和分析坐标系两套坐标系之间进行几何旋转变换。

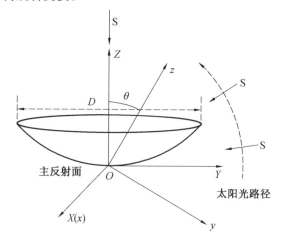

图 12.8   整体坐标系与分析坐标系示意图

对于模型上的 M 点,在整体坐标系中的坐标为 (X,Y,Z),按式(12.14)可将其变换为分析坐标 (x,y,z),从而在分析坐标系中判断各构件的阴影遮挡关系。

$$\begin{Bmatrix} x \\ y \\ z \end{Bmatrix} = \boldsymbol{T}^{-1} \begin{Bmatrix} X \\ Y \\ Z \end{Bmatrix} \tag{12.14}$$

式中 $\boldsymbol{T}$ —— 坐标变换矩阵,见式(12.15):

$$\boldsymbol{T} = |\ 0 \quad \cos\theta \quad \sin\theta\ | \tag{12.15}$$

(2) 构件的遮挡检测。

按照式(12.14)与式(12.15)将整体坐标系中的原始模型变换到分析坐标系中后,即可在分析坐标系中对构件的遮挡关系进行判断。由于射电望远镜结构一般由成千上万根杆件和数百甚至上千块面板组成,构件数目大,空间几何位置关系复杂,若对任意一个构件,均要将其他所有构件逐次与其进行精确的遮挡关系判断,那么望远镜结构的阴影分析将是一项十分繁重的工作。因此,为减少工作量,提高阴影分析效率,在判断某一构件是否被其他构件遮挡时,首先要对所有构件进行粗略判断 —— 包围盒检测,确定出与此构件可能存在遮挡关系的构件后,再对其进行精确判断 —— 深度检测,最终确定此构件是否被其他构件遮挡。

包围盒检测是在分析坐标系的 xOy 平面内完成的。如图 12.9 所示,对任意一个需要判断是否被其他构件遮挡的构件(杆件或面板,图中 ①),均可用一个最小矩形面 R(称为包围盒)将其投影包围,然后判断其他构件的投影与包围盒的关系:若某一构件的投影落在包围盒以外,如构件 ④、⑤、⑥、⑦,则可以确定被检测构件不被该构件遮挡;相反,若某一构件的投影落在包围盒以内或者与包围盒相交,如构件 ②、③,则被检测构件可能被该构件遮挡,此时需要通过深度检测进一步判断被检测构件与该构件的遮挡关系。显然,包围盒检测能够有效地排除不可能存在遮挡关系的构件,减少运算工作量,提高分析效率。

深度检测主要包括杆件与杆件的深度检测和杆件与面板的深度检测两种情况。杆件与杆件的深度检测如图 12.10 所示,图中 MN 为被检测杆件,PQ 为杆件 MN 与太阳之间的另一根杆件,两者在空间中交叉,且两者在 xOy 平面上的投影 $M'N'$、$P'Q'$ 相交于 T' 点,因此,可根据两杆件重影点(S 点和 T 点)在分析坐标系中的 z 坐标(即深度值的大小),判断杆件的遮挡关系。

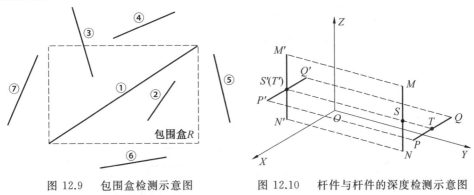

图 12.9　包围盒检测示意图　　　图 12.10　杆件与杆件的深度检测示意图

12.2.3　主反射面的日照阴影分析

射电望远镜结构的主反射面可采用不同的结构形式,如抛物面型、卡塞格伦型、喇叭型等,且均可采用简单的数学方程描述此类反射面几何形状。对于常用的抛物面型主反射面,其数学方程为

$$4F(Z+C)=X^2+Y^2 \tag{12.16}$$

式中　F—— 主反射面的焦距;

C—— 主反射面的顶点坐标。

在计算射电望远镜结构主反射面的温度场时,由于主反射面面板正面和背面采用的热控涂层材料或者性能要求不同,因此在进行主反射面的日照阴影分析时,将正面和背面分开考虑。按照遮挡关系将主反射面分为 3 个不同的阴影区域,如图 12.11 所示:Ⅰ 区域表示主反射面正面被照射,背面被遮挡;Ⅱ 区域表示主反射面正面和背面均被遮挡;Ⅲ 区域表示主反射面正面被遮挡,背面被照射。为分析主反射面自身以及主反射面对骨架的遮挡阴影,需要按式(12.17)和式(12.18)求解主反射面正面和背面在分析坐标系 xOy 平面内的投影方程,从而确定主反射面在 xOy 平面内的阴影区。

1.抛物面型主反射面正面的投影方程

在整体坐标系 $O-XYZ$ 中,抛物面型主反射面的口径满足式(12.17):

$$\begin{cases} f(X,Y)=0 \\ Z=H \end{cases} \tag{12.17}$$

按式(12.14)进行坐标旋转变换,将主反射面的口径向分析坐标系的 xOy 平面投影,其投影方程为

$$f(x,y)=0 \tag{12.18}$$

2.抛物面型主反射面背面的投影方程

根据主反射面与太阳入射光线的几何关系可知,主反射面在 xOy 平面内的最大投影面除正面的投影外,还包括背面的投影。正面的投影已由式(12.18)给出,背面的投影即为太阳入射光线与主反射面背面的切点所围成平面(图 12.12 中的 m 截面)的投影区域,其 m 截面的数学方程为

$$\begin{cases} g(X,Z)=0 \\ Y=D \end{cases} \tag{12.19}$$

经过坐标旋转变换,主反射面的背面在分析坐标系 xOy 平面内的投影方程为

$$g(x,y)=0 \tag{12.20}$$

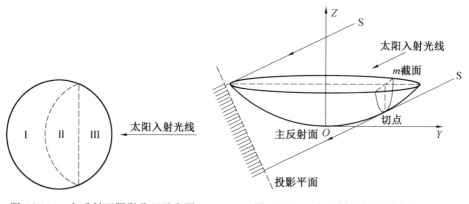

图 12.11 主反射面阴影分区示意图 图 12.12 主反射面投影示意图

3.抛物面型主反射面日照阴影的具体实现

由于存在太阳的视运动,在一天中的不同时刻,太阳入射光线 S 与主反射面的几何关系不断发生变化,但呈现一定规律性。如图 12.12 所示,当太阳入射光线与主反射面的口径相切时,太阳入射光线 S 与 $+Z$ 轴的夹角 θ_0 称为临界夹角。任意时刻太阳入射光线与 $+Z$ 轴的夹角为 θ,顺时针为正值,变化范围为 $0 \sim \pi/2$,则由式(12.14)~(12.17)可求得主反射面口径在分析坐标系 xOy 平面内的投影方程,见式(12.21):

$$\left(\frac{H\sin\theta+x}{\cos\theta}\right)^2+y^2=4F(C+H) \tag{12.21}$$

同理,由式(12.14)、式(12.15)及式(12.17)可求得主反射面背面的投影方程:

$$x=-\frac{y^2}{4F}\sin\theta+F\sin\theta\cot^2\theta+C\sin\theta \tag{12.22}$$

由图 12.13 所示的几何关系可知,任意时刻太阳入射光线与 $+Z$ 轴的夹角 θ 可分为 5 个区间:①$0<\theta\leqslant\theta_0$;②$\theta_0<\theta\leqslant\pi/2$;③$\pi/2<\theta\leqslant3\pi/2$;④$3\pi/2<\theta\leqslant2\pi-\theta_0$;⑤$2\pi-\theta_0<\theta\leqslant2\pi$。在分析主反射面自身的遮挡阴影以及主反射面对骨架结构的遮挡时,可根据

如下 3 种情况确定是否考虑主反射面正面或背面的投影:(1)当 θ 位于区间 ① 或 ⑤ 时,只考虑主反射面正面的投影。(2)当 θ 位于区间 ② 或 ④ 时,同时考虑主反射面正面和背面的投影。(3)当 θ 位于区间 ③ 时,只考虑主反射面背面的投影。

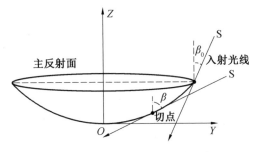

图 12.13　主反射面投影临界角

在求得主反射面正面和背面的投影时,同样可根据 θ 的大小分 3 种情况讨论主反射面的遮挡阴影:(1)当 θ 位于区间 ① 或 ⑤ 时,面板均位于 Ⅰ 区,即所有面板正面被照射,背面被遮挡。(2)当 θ 位于区间 ② 或 ④ 时,若面板位于 Ⅰ 区,则面板正面被照射,背面被遮挡;若面板位于 Ⅱ 区,则面板正面和背面均被遮挡;若面板位于 Ⅲ 区,则面板正面被遮挡,背面被照射。(3)当 θ 位于区间 ③ 时,所有面板正面均被遮挡,此时,若面板位于 Ⅲ 区,则面板背面也被遮挡;若面板位于 Ⅰ、Ⅱ 区,则面板背面被照射。

12.2.4　杆件结构的日照阴影分析

1.杆件结构日照阴影分析流程

杆件结构的日照阴影分析可按如下 3 个步骤进行:(1)判断杆件是否被主反射面遮挡。(2)若杆件不被主反射面遮挡,则进一步判断杆件是否被其他杆件遮挡。(3)若杆件被其他杆件遮挡,则求出杆件被遮挡的总长度,计算杆件的日照系数(杆件被照射的总长度占杆件几何长度的百分比)。

2.主反射面对杆件的遮挡

首先,对任意一根杆件 MN,设其在分析坐标系 xOy 平面内的投影为线段 mn,数学方程为

$$y = kx + b \tag{12.23}$$

在求出杆件 MN 的投影方程后,则可根据式(12.21)、式(12.22)求得线段 mn 与主反射面正面和背面的投影交点坐标,具体方法如下:

当 $k^2 D^2 - 4(b + H \sin \alpha)^2 + D^2 \cos^2 \alpha > 0$ 时,式(12.23)所示直线与主反射面正面和背面的投影均相交,四个交点的坐标可按式(12.24)～(12.31)计算:

$$x_1 = \frac{-2k\xi - 2\sqrt{k^2 \xi^2 - \xi \sin \alpha (b - f \sin \alpha \cot^2 \alpha)}}{\sin \alpha} \tag{12.24}$$

$$y_1 = kx_1 + b \tag{12.25}$$

$$x_2 = \frac{-2k(b + H \sin \alpha) - \cos \alpha \sqrt{D^2(k^2 + \cos^2 \alpha) - 4(b + H \sin \alpha)^2}}{2(\cos^2 \alpha + k^2)} \tag{12.26}$$

$$y_2 = kx_2 + b \tag{12.27}$$

$$x_3 = \frac{-2k(b + H\sin\alpha) + \cos\alpha\sqrt{D^2(k^2 + \cos^2\alpha) - 4(b + H\sin\alpha)^2}}{2(\cos^2\alpha + k^2)} \tag{12.28}$$

$$y_3 = kx_3 + b \tag{12.29}$$

$$x_4 = \frac{-2k\xi + 2\sqrt{k^2\xi^2 - \xi\sin\alpha(b - f\sin\alpha\cot^2\alpha)}}{\sin\alpha} \tag{12.30}$$

$$y_4 = kx_4 + b \tag{12.31}$$

当 $k^2D^2 - 4(b + H\sin\alpha)^2 + D^2\cos^2\alpha \leqslant 0$，且 $b \geqslant -H\sin\alpha + D\cos\alpha/2$ 时，按式(12.23)确定的直线只与主反射面背面的投影相交，交点坐标按式(12.28)～(12.31)计算。

由以上两种情况求出杆件投影所在直线与主反射面投影的交点坐标后，即可根据杆件投影线段端点坐标与交点坐标的大小关系判断出杆件是否被主反射面遮挡。

3. 杆件对杆件的遮挡

在12.2.4节的2中，已判断出杆件结构中被主反射面遮挡的杆件，而对于不被主反射面遮挡的杆件，则需要进一步判断杆件是否被其他杆件遮挡，具体的步骤如下。

对于任意一根杆件 MN，首先对其进行初始判断：

若杆件 MN 在分析坐标系 xOy 平面内的投影为 $M'N'$，则可过 $M'N'$ 的两端点 $(x_{M'}, y_{M'})$，$(x_{N'}, y_{N'})$ 做包围线段 $M'N'$ 的最小矩形面 R。对任何不为 MN 的杆件，如 PQ，判断其在 xOy 平面内的投影 $P'Q'$ 是否位于矩形面 R 内。

设 P' 点坐标为 $(x_{P'}, y_{P'})$，Q' 点坐标为 $(x_{Q'}, y_{Q'})$，若 $P'Q'$ 满足下列条件之一，则 $P'Q'$ 位于矩形面 R 内：

(1) $x_{P'} < x_{M'}$ 且 $x_{Q'} < x_{M'}$（$P'Q'$ 在矩形面 R 左侧）。

(2) $x_{P'} < x_{N'}$ 且 $x_{Q'} < x_{N'}$（$P'Q'$ 在矩形面 R 右侧）。

(3) $y_{P'} < y_{M'}$ 且 $y_{Q'} < y_{M'}$（$P'Q'$ 在矩形面 R 下侧）。

(4) $y_{P'} < y_{N'}$ 且 $y_{Q'} < y_{N'}$（$P'Q'$ 在矩形面 R 上侧）。

若 $P'Q'$ 不满足上述任何一个条件，则需要对杆件 MN 和 PQ 进行深度检测，判断杆件 MN 是否被杆件 PQ 遮挡。

经过深度检测，可知杆件 PQ、杆件 MN 和太阳之间的相对位置关系。若杆件 PQ 位于杆件 MN 和太阳之间，则需按如下方法最终判断杆件 PQ 是否遮挡杆件 MN。

投影 $M'N'$ 所在直线的方程为

$$Ax + By + C = 0 \tag{12.32}$$

其中，$A = y_{N'} - y_{M'}$；$B = x_{N'} - x_{M'}$；$C = x_{N'}y_{M'} - x_{M'}y_{N'}$。

同理，投影 $P'Q'$ 所在直线的方程为

$$Dx + Ey + F = 0 \tag{12.33}$$

其中，$D = y_{Q'} - y_{P'}$；$E = x_{Q'} - x_{P'}$；$F = x_{Q'}y_{P'} - x_{P'}y_{Q'}$。

根据两投影线段的直线方程，可按以下4种情况判断杆件 PQ 是否遮挡 MN。

(1) 若 $AE = DB$，且直线 $Ax + By + C = 0$ 不过点 $(x_{P'}, y_{P'})$，则杆件 MN 不被杆件 PQ 遮挡。

(2) 若 $AE = DB$，且直线 $Ax + By + C = 0$ 通过点 $(x_{P'}, y_{P'})$，两直线重合，则杆件 MN

和杆件 PQ 之间的遮挡情况可分为 4 种。

① 当 $x_{M'} \leqslant x_{P'}$ 且 $x_{N'} < x_{Q'}$ 时,则阴影长度为 $L_s = (x_{Q'} - x_{P'}) \sqrt{(A^2 + B^2)}/(-B)$;

② 当 $x_{P'} \leqslant x_{M'} \leqslant x_{Q'}$ 且 $x_{P'} \leqslant x_{N'} \leqslant x_{Q'}$ 时,则阴影长度为 $L_s = (x_{N'} - x_{M'}) \sqrt{(A^2 + B^2)}/(-B)$;

③ 当 $x_{P'} \leqslant x_{M'} \leqslant x_{Q'}$ 且 $x_{N'} \geqslant x_{Q'}$ 时,则阴影长度为 $L_s = (x_{Q'} - x_{M'}) \sqrt{(A^2 + B^2)}/(-B)$;

④ 当 $x_{M'} \leqslant x_{P'}$ 且 $x_{P'} \leqslant x_{N'} \leqslant x_{Q'}$ 时,则阴影长度为 $L_s = (x_{M'} - x_{P'}) \sqrt{(A^2 + B^2)}/(-B)$;

(3) 若 $AD \neq DB$ 且交点不在投影 $M'N'$ 上,则杆件 MN 不被杆件 PQ 遮挡。

(4) 若 $AD \neq DB$ 且交点在投影 $M'N'$ 上,则杆件 MN 不被杆件 PQ 遮挡,遮挡长度为

$$L_s = \frac{d_{PQ}}{\sin \eta}$$

式中,d_{PQ} 为遮挡杆件 PQ 的直径;η 为杆件 MN 和杆件 PQ 的夹角,可按如下方法求解:$M'N'$ 的方向向量为 $\boldsymbol{m} = (x_{N'} - x_{M'}, y_{N'} - y_{M'})$,$P'Q'$ 的方向向量为 $\boldsymbol{p} = (x_{Q'} \leqslant x_{P'}, y_{Q'} - y_{P'})$,则

$$\cos \eta = \frac{\boldsymbol{m} \cdot \boldsymbol{p}}{|\boldsymbol{m}||\boldsymbol{p}|} \tag{12.34}$$

在实际工程中,若 d_{PQ} 较小时,可忽略计算所得的阴影长度。

12.2.5　日照系数的计算

1.杆件日照系数的计算

一根杆件中被太阳照射的总长度占杆件几何长度的百分比即为杆件的日照系数。对于任意一根杆件 i,其日照系数可按式(12.35)计算:

$$SF = 1 - \frac{\sum_{j=1, j \neq i}^{n} l_{ij} + \sum l_{ia} - \sum l_{ik}}{l_i} \tag{12.35}$$

式中　$\sum l_{ij}$——除杆件 i 外,其他所有杆件对杆件 i 的遮挡长度总和;

　　　$\sum l_{ia}$——面板对杆件 i 的遮挡长度总和;

　　　$\sum l_{ik}$——杆件 i 的重叠遮挡长度总和;

　　　l_i——杆件 i 的几何长度。

2.面板日照系数的计算

不同于杆件的日照系数,面板的日照系数按面板的阴影面积进行计算,计算公式见式(12.36):

$$SF = 1 - \frac{d \left(\sum_{j}^{n} l_{aj} - \sum_{j} l_{jk} \right)}{S_a} \tag{12.36}$$

式中 $\sum_j l_{aj}$ —— 所有杆件对面板的阴影长度之和；

$\sum_j l_{jk}$ —— 杆件遮挡面板的重叠阴影长度之和；

S_a —— 面板在分析坐标系 xOy 平面内的投影面积。

12.3 望远镜结构日照非均匀温度场特性分析

12.3.1 主反射面非均匀温度场分析

主反射面是典型的单口抛物线型的反射面，支承反射面的背架是开放式背架，反射面板在自然条件下发生如下热交换。

（1）板内发生自身的热传导。

（2）板面凹侧受太阳直接辐射、天空辐射、地面辐射。

（3）板面凸侧与背架发生辐射热交换，与天空、地面发生辐射热交换。

在计算中暂不考虑主反射面与背架之间的辐射换热[14,15]，且主反射面凸侧由于受到背架结构的严重遮挡，暂不考虑其接收的直接太阳辐射换热。下面分别对各种热交换相关计算参数和计算方法进行研究，得到结构热分析的边界条件，在此基础上应用有限元法对反射面进行温度场分布的分析。

1.上海 65 m 射电望远镜主反射面

上海 65 m 射电望远镜主反射面是采用单块面板组装的实板，反射面口径为 65 m，其面积相当于 8 个篮球场的大小。反射面单块面板采用 4 点支承，在面板四个角的交汇点处设置 1 个促动器，将面板支承在背架结构的对应节点上进行同步调整。基于此原理，反射面沿径向的分环采用依次倍增或等值数量的方法进行，从而使主动面使用最少数量的促动器。如图 12.14 所示，主反射面在径向分为 14 环面板，各环在周向依次为 24 块 ×2 块、48 块 ×4 块、96 块 ×8 块，共计 1 008 块面板，各环面板的主要结构参数见表 12.4[16]。

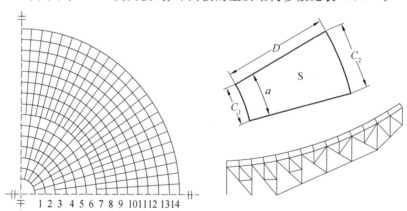

1 2 3 4 5 6 7 8 9 10 11 12 13 14

图 12.14　主反射面分块示意图

表 12.4　　各环面板的主要结构参数

环数	D/mm	C_1/mm	C_2/mm	环数	D/mm	C_1/mm	C_2/mm
1	2 311	850	1 448	8	2 370	1 206	1 346
2	2 310	1 448	2 047	9	2 371	1 346	1 483
3	2 309	1 023	1 318	10	2 370	1 483	1 617
4	2 292	1 318	1 609	11	2 371	1 617	1 748
5	2 105	1 609	1 870	12	2 371	1 748	1 877
6	2 085	1 870	2 126	13	2 371	1 877	2 003
7	2 370	1 063	1 206	14	2 371	2 003	2 126

2.台址环境

上海天文台地处西佘山之巅,其前身是法国 1900 年建造的具有欧洲建筑风格的教堂,占地面积 8 000 m² 以上。佘山区地势低洼,海拔高度为 4 m,地理上位于北纬 31°06′、东经 121°11′。其所在地理位置与东八区标准时间仅差 1°(地方恒星时差为 4 min),所以地方恒星时差可忽略不计。查历年资料,上海年平均风速为 3.2 m/s,最热月为 7 月,最冷月为 1 月;7 月平均气温为 28 ℃,最高气温为 36 ℃,最低气温为 20 ℃,7 月 15 日日出时间为 05:01,日落时间为 19:00。根据前文天空温度与大气、地面温度的关系,得到台址地区大气、天空、地面温度时程,三者如图 12.15 所示。

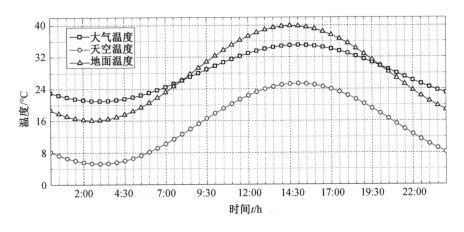

图 12.15　　佘山 7 月 15 日自然环境温度时程

3.主反射面阴影

如图 12.16 所示,当阳光以一定角度照射到望远镜反射面上时,在阴影与阳光照射区之间有一条很清晰的分界线,那么在阴影区域内,面板单元将不受阳光照射,而在阴影区之外,面板单元将受到阳光照射,吸收太阳直接辐射热能,与阴影区的面板产生较大的温差。因此在计算反射面温度场分布时,计算每一块面板单元是否位于阴影区内,具有重要意义。对于全方位可动射电望远镜,反射面在俯仰机构、方位座架等的作用下将在不同的俯仰角、方位角的状态下工作,所以计算不同状态下反射面的阴影分布具有重要意义。

图 12.16　望远镜反射面阴影图

　　本节将采用光线投影算法计算上海 65 m 望远镜结构在不同俯仰角下一天内不同时刻反射面的阴影分布。

　　按照前述方法分别计算俯仰角为 30°、45°、60°、90° 这 4 种状态下，反射面在 7 月 15 日日照时间内的不同时刻阴影分布，图 12.17、图 12.18 给出了 8∶00、16∶00 时不同俯仰角下阴影分布状态对比。一天内不同时刻、不同俯仰角的阴影面积百分比统计如图 12.19 所示。

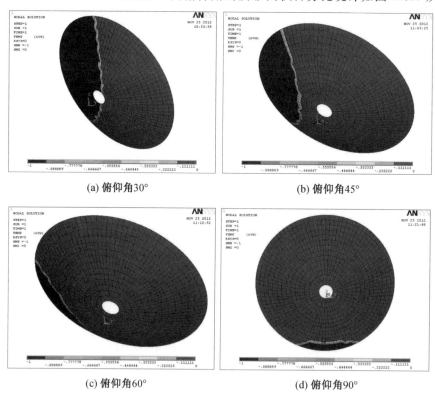

(a) 俯仰角30°　　　　　　　　　　　(b) 俯仰角45°

(c) 俯仰角60°　　　　　　　　　　　(d) 俯仰角90°

图 12.17　8∶00 时各俯仰角下阴影分布状态对比(后附彩图)

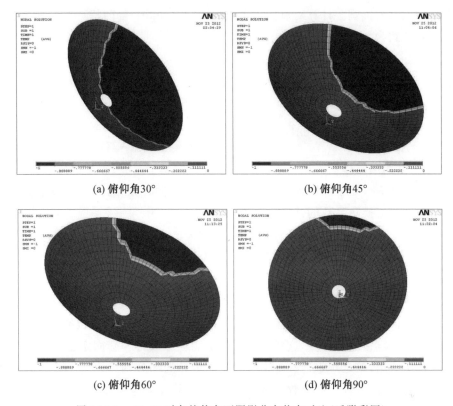

(a) 俯仰角30°　　　　　　　　　　(b) 俯仰角45°

(c) 俯仰角60°　　　　　　　　　　(d) 俯仰角90°

图 12.18　16:00 时各俯仰角下阴影分布状态对比(后附彩图)

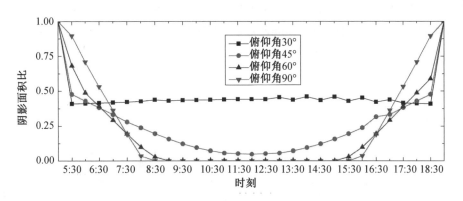

图 12.19　不同时刻、不同俯仰角的阴影面积百分比

4.对流换热

对流换热是流体与所接触的固体表面间的热量传递过程[17-19]。根据形成对流的原因，对流形式可以分为 2 种：流体各部分因温度引起的密度差所形成的运动称为自然对流；由风机、泵等所驱动的流体运动称为强制对流。相应的换热过程分别称为自然对流换热和强制对流换热。当空气以一定风速吹过结构表面与结构发生对流换热时，认为此种对流换热为强制对流换热。

对流换热系数是影响对流换热过程中热流量的主要参数，受到诸如空气黏度、风速、板

件边长等多种因素的影响。计算对流换热系数需确定 Prandtl（普朗特）常数、雷诺数[10]，其中雷诺数的表达式为

$$Re_L = vL/\nu \tag{12.37}$$

式中　　Re_L——雷诺数；

　　　　L——板件边长，m；

　　　　ν——动力黏度，N·s/m²；

　　　　v——风速，m/s。

根据经验，认为当流体的雷诺数不小于 4×10^5 时，属于紊流；小于此值，则属于层流。对于对流换热系数 h_L，处于不同流动状态其计算公式不同。根据计算，本节中望远镜结构处于层流状态。对流换热系数的计算公式为

$$h_L = 0.664(Re_L)^{1/2} Pr^{1/3} k/L \tag{12.38}$$

式中　　Pr——Prandtl 常数，对于空气其值为 0.71；

　　　　k——空气导热系数。

（1）强制对流换热。

气体或者液体等流体的动力性、流动性由一系列复杂的定律控制，包括 Navier－Stokes 公式、连续性定律及热传递定律。这些定律虽然不能整理成为一套固定公式为每个望远镜及其围护结构所应用，但是对于这些定律中有关热传导的部分则可以用一系列的参数来描述，这些参数包括几何位置关系参数、流体物理性质参数等。这些参数中的一部分与结构所处位置的海拔高度相关，所以要求得坐落于某一地理位置的望远镜及其维护结构的对流换热系数，首先需要知道这些计算参数与观测点地理位置的关系。

最基本的变量是无量纲常数 Prandtl 常数，其表达式为

$$Pr = \nu/\alpha \tag{12.39}$$

式中　　α——空气散射率。

流体流动速度 v 与无量纲数雷诺数有关。对于沿空气流动方向长度为 L 的平板，相应的雷诺数可以用式（12.40）表达：

$$Re_L = vL/\nu \tag{12.40}$$

式中　　Re_L——雷诺数；

　　　　L——板件边长，m。

直接决定流体与结构热交换的对流换热系数是无量纲数 Nusselt（努塞尔）数。对于平面的 Nusselt 数按式（12.41）（层流）或式（12.42）（紊流）计算，对流换热系数 h_L 按式（12.43）（层流）或式（12.44）（紊流）计算：

$$Nu_L = 0.664(Re_L)^{1/2} Pr^{1/3} \tag{12.41}$$

$$Nu_L = 0.036(Re_L)^{1/1.25} Pr^{1/3} \tag{12.42}$$

$$h_L = 0.664(Re_L)^{1/2} Pr^{1/3} k/L \tag{12.43}$$

$$h_L = 0.036(Re_L)^{1/1.25} Pr^{1/3} k/L \tag{12.44}$$

表 12.5 给出了不同风速、尺寸状态下典型尺寸构件的 Nusselt 数和对流换热系数，表中无括号数值为海平面数据，括号中数值为海拔高度为 5 000 m 时的相应数据[4]。

表 12.5　典型尺寸构件的 Nusselt 数和对流换热系数

	L/m	$v = 1$ m/s	$v = 5$ m/s	$v = 10$ m/s
Nu_{L}	1	154(124)	345(277)	486(391)
Nu_{L}	5	345(277)	769(618)	1 087(875)
Nu_{L}	10	486(391)	1 087(875)	1 538(1 237)
$h_{\text{L}}/\text{W} \cdot (\text{m}^2 \cdot \text{k})^{-1}$	1	3.7(2.9)	8.3(6.6)	11.6(9.4)
$h_{\text{L}}/\text{W} \cdot (\text{m}^2 \cdot \text{k})^{-1}$	5	1.6(1.3)	3.7(3.0)	5.2(4.2)
$h_{\text{L}}/\text{W} \cdot (\text{m}^2 \cdot \text{k})^{-1}$	10	1.2(0.9)	2.6(2.1)	3.7(3.0)

（2）自然对流换热。

当一温度为 T_{BZ} 的物体周围被温度为 T_{FZ} 的流体包围时，如果 T_{BZ} 和 T_{FZ} 间存在一定温差，并且在距物体一定距离处流体速度为 0，那么物体表面与流体之间将发生自然对流。另外，如果流体内部存在温度差，使得各部分流体的密度不同，温度高的流体密度小，流体必然上升；温度低的流体密度大，流体必然下降，从而引起流体内部的流动称为自然对流。这种没有外部机械力的作用，仅仅靠流体内部温度差，而使流体流动从而产生的传热现象，称为自然对流换热。通常来讲，自然对流换热经常发生在有温差流体的温度较高层与温度较低层之间[7]。

自然对流换热服从 Grashof（格拉晓夫）定律，表达式为

$$Gr = gL^3\beta\Delta t/\nu^2 = gL^3\beta\rho^2\Delta T/\mu^2 \tag{12.45}$$

式中　L——接触面特征尺寸，m；

　　　g——重力加速度，m/s^2；

　　　β——热膨胀系数；

　　　ρ——气体密度，kg/m^3；

　　　ν——流体的运动黏度，m^2/s；

　　　μ——流体的动力黏度，kg/(s·m)。

由于大气密度 ρ 是海拔高度的函数，所以 Grashof 数也是海拔高度的函数。通常认为 $Gr \leqslant 10^9$ 时，气流是层流；而 $Gr > 10^9$ 时，则为紊流。在自然对流中的 Nusselt 数按式（12.46）计算：

$$Nu_{\text{nc}} = C \times (Gr \times Pr) = h_{\text{nc}}L/k \tag{12.46}$$

显然，自然对流换热系数与对流面形状（平板还是圆管）以及在对流面上的流体流动形式有关。在层流状态下，对于直径为 D 的杆件或者特征长度为 L 的竖直放置（也可以是水平放置且上表面温度较高）的平板，其对流换热系数按式（12.47）计算：

$$h_{\text{nc}} \approx 1.35(\Delta T/D)^{1/4} \tag{12.47}$$

在紊流状态下对流换热系数按式（12.48）计算：

$$h_{\text{nc}} \approx 1.3(\Delta T)^{1/3} \tag{12.48}$$

由上述关系可知，在自然对流状态下，结构构件的对流换热系数是随着构件与空气温差的变化而变化的，所以在计算中更为复杂。

由上文可知，风速越小，对流换热系数越小，越不利于反射面板的温度场均匀分布。由于按风速时程对结构对流换热系数进行计算的计算量过大，暂取一天内的风速值为统一值，

即取有记录的一天内平均风速最小值 1.4 m/s 对结构不同构件进行对流换热系数的计算，得到面板不同单元对流换热系数分布如图 12.20 所示。

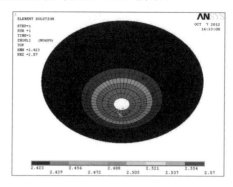

图 12.20　面板不同单元对流换热系数分布图(后附彩图)

5.辐射换热系数

(1) 主反射面辐射换热。

当反射面位于一定工作状态时，位于反射面板上的单元与天空接近，而位于面板下侧的单元与地面接近，那么在反射面上可以明显看出上下区单元温度的差距，而造成这一温差的主要原因就是天空、地面辐射。在 12.1.1 节中介绍了一般辐射换热系数计算的基本原理，对于通常的板件(如俯仰轴板件)，一般都是水平或者竖直放置的，但是对于望远镜反射面的面板而言，其正面是凹面状的，而面板的外侧则是凸面状的，当望远镜在不同工作状态时，面板相对于天空、地面的位置也有所不同，相应的辐射换热系数也有所不同。本部分将介绍不同俯仰角下的天空辐射换热角系数 φ_S、地面辐射换热角系数 φ_G 的计算方法。

如图 12.21 所示，抛物面上一点 P，与天空发生天空辐射，与地面发生地面辐射，并且与反射面上另一点 P^* 发生面面辐射。对于反射面上的单元，面积为 ΔF，面上法向向量为 $\boldsymbol{n}_p$，角系数 φ_S、φ_G 的计算与点 P 和水平面 H 的相对位置关系有关。在水平面以下，所有在 α_S 范围内的辐射方向在 P 点与地面辐射相关；而在水平面以上，所有在太阳方向角 α_S 范围内的辐射方向在 P 点与天空辐射相关。为了计算 P 点的 φ_S、φ_G，图 12.22 所示的辐射角系数计算几何示意图给出了在室外环境中，反射面整体坐标下和局部坐标下的各角度关系。

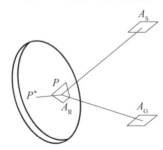

图 12.21　反射面辐射换热示意图

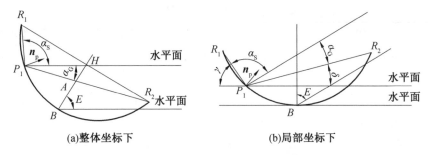

(a)整体坐标下　　　　　　　　　　(b)局部坐标下

图 12.22　辐射角系数计算几何示意图

如图 12.22 所示,假设反射面在工作状态下,俯仰角为 E,在 $\angle R_1 P_1 H$ 范围内,P 点与天空发生辐射换热,天空被上边缘 R_1 遮挡;在 $\angle R_2 P_1 H$ 范围内,P 点与地面发生辐射换热,地面被下边缘 R_2 遮挡。在 $\angle A P_1 R_1$ 范围内,面板单元与面板上部分发生相互辐射,在角 $\angle B P_1 R_2$ 范围内,面板单元与面板下部范围发生辐射换热。P 点的天空辐射角系数按式(12.49)计算,地面辐射角系数按式(12.50)计算,面板自身辐射角系数按式(12.51)计算:

$$\varphi_S = (1/2)\int_{90-E}^{180-\gamma}(\boldsymbol{n}_p,\boldsymbol{n}_d)\mathrm{d}\omega = (1/2)\int_{90-E}^{180-\gamma}\sin(\beta+\omega)\mathrm{d}\omega = \tag{12.49}$$
$$(1/2)[\cos(\beta-\gamma)-\sin(\beta-E)]$$

$$\varphi_G = (1/2)\int_{\delta}^{90-E}(\boldsymbol{n}_p,\boldsymbol{n}_d)\mathrm{d}\omega = (1/2)\int_{\delta}^{90-E}\sin(\beta+\omega)\mathrm{d}\omega = \tag{12.50}$$
$$(1/2)[\cos(\beta+\delta)+\sin(\beta-E)]$$

$$\varphi_R = (1/2)\int_{180-\gamma}^{180-\beta}(\boldsymbol{n}_p,\boldsymbol{n}_d)\mathrm{d}\omega + (1/2)\int_{-\beta}^{\delta}\sin(\beta+\omega)\mathrm{d}\omega = \tag{12.51}$$
$$(1/2)[2-\cos(\beta-\gamma)-\cos(\beta+\delta)]$$

假设面板单元温度为 T_{PR},天空温度为 T_{SR},地面温度为 T_{GR},面板平均温度为 T_{RR},面板单元发生辐射换热的热流按式(12.52)计算:

$$q_r = e_S a\sigma\varphi_S[(T_{PR})^4-(T_{SR})^4]\Delta F + e_G a\sigma\varphi_G[(T_{PR})^4-(T_{GR})^4]\Delta F + \tag{12.52}$$
$$e_R a\sigma\varphi_R[(T_{PR})^4-(T_{RR})^4]\Delta F$$

式中　　a——面板光线吸收率,其值与面板辐射发射率相等;

　　　　e_S——天空辐射发射率;

　　　　e_G——地面辐射发射率;

　　　　e_R——面板辐射发射率;

　　　　T_{PR}——面板单元温度,K;

　　　　T_{SR}——天空温度,K;

　　　　T_{GR}——地面温度,K;

　　　　T_{RR}——反射面板平均温度,K。

因为 $T_{PR} \approx T_{RR}$,所以等式中右侧第 3 项一般忽略不计。表 12.6 给出了一些典型表面的辐射发射率。

表 12.6 典型表面的辐射发射率

表面处理方式	发射率	表面处理方式	发射率
黑色涂层	0.8 ~ 0.9	抛光铝板	0.05 ~ 0.15
白色涂层	0.8	铑	0.18
不锈钢	0.75 ~ 0.85	天空	0.6 ~ 0.9
二氧化钛涂层(新)	0.7	云	0.8 ~ 0.9
二氧化钛涂层(旧)	0.75 ~ 0.85	地面	0.3 ~ 0.8

(2)天空辐射换热角系数。

基于前文理论,得到不同俯仰角下面板凹侧天空辐射换热角系数的分布如图 12.23 所示。将不同俯仰角下,中间对称线 2.5 m 范围内的反射面凹侧天空辐射换热角系数进行对比,得到图 12.24,并可从图中得到以下结论。

① 在同一俯仰角下,上边缘天空辐射换热角系数明显大于下边缘天空辐射换热角系数。

② 对于结构上同一点,俯仰角越大,该点的天空辐射换热角系数越大。

③ 辐射换热角系数随俯仰角的增大而增大。

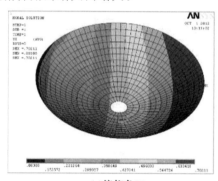

(a)俯仰角0°

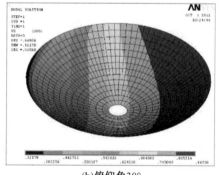

(b)俯仰角30°

图 12.23 不同俯仰角下面板凹侧天空辐射换热角系数分布图(后附彩图)

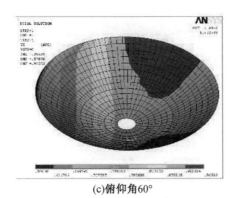

(c)俯仰角60°

续图 12.23

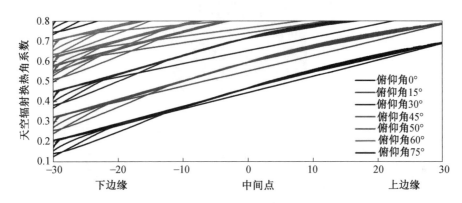

图 12.24　不同俯仰角下中间对称线 2.5 m 范围内的天空辐射换热角系数对比图(后附彩图)

对面板凸侧进行天空辐射换热角系数的计算,得到不同俯仰角下面板凸侧天空辐射换热角系数分布如图 12.25 所示。

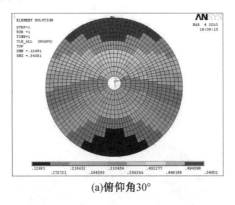

(a)俯仰角30°

图 12.25　不同俯仰角下面板凸侧天空辐射换热角系数分布图(后附彩图)

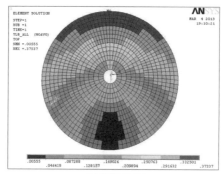

(b)俯仰角60°

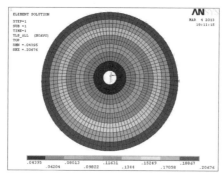

(c)俯仰角90°

续图 12.25

（3）地面辐射换热角系数。

基于前文理论，得到不同俯仰角下主反射面凹侧地面辐射换热角系数的分布如图12.26所示。将不同俯仰角下，中间对称线 2.5 m 范围内的地面辐射换热角系数进行对比，得到图12.27，并可从图中得到以下结论。

① 在同一俯仰角下，上边缘地面辐射换热角系数明显小于下边缘地面辐射换热角系数。

② 对于结构上同一点，俯仰角越大，该点的地面辐射换热角系数越小。

③ 辐射换热角系数随俯仰角的增大而减小。

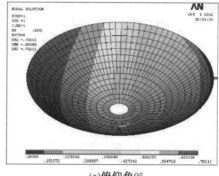

(a)俯仰角0°

图 12.26　不同俯仰角下主反向面凹侧地面辐射换热角系数分布图

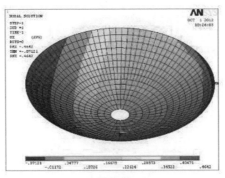

(b)俯仰角30°

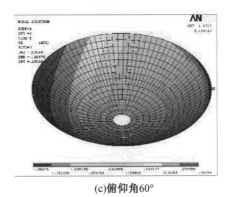

(c)俯仰角60°

续图 12.26

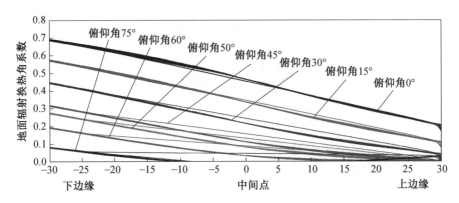

图 12.27　不同俯仰角下中间对称线 2.5 m 范围内的地面辐射换热角系数对比图

对面板凸侧进行地面辐射换热角系数的计算,得到不同俯仰角下面板凸侧地面辐射换热角系数分布如图 12.28 所示。

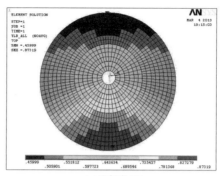

(a)俯仰角30°

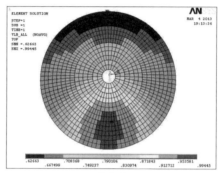

(b)俯仰角60°

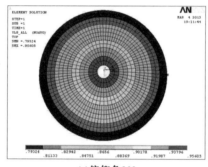

(c)俯仰角90°

图 12.28   不同俯仰角下面板凸侧地面辐射换热角系数分布图

6.主反射面有限元建模

根据上海 65 m 射电望远镜反射面结构的结构组成、几何尺寸、材料热物理特性等,以大型通用有限元软件 ANSYS 为基础,结合 MATLAB、APDL 语言,建立如图 12.29 所示反射面结构有限元模型,其中考虑了太阳辐射作用、阴影遮挡、空气对流换热、天空辐射换热、地面辐射换热等复杂时变边界条件。ANSYS 模拟单元选取见表 12.7,材料热物性参数见表 12.8。

在反射面板有限元模型中,采用 SHELL57 单元模拟面板面内的热传导,采用 SURF152 单元模拟面板与周围环境的对流换热,采用 LINK31 单元模拟天空、地面辐射换热。SHELL57 单元为可考虑面内热传导的空间壳单元,每个节点只有 1 个温度自由度。

SURF152 单元为三维表面效应单元,可以考虑面板与空气的对流换热。LINK31 单元为单点热辐射单元,单元的每个节点只有 1 个温度自由度,用以模拟天空、地面辐射换热。每个面板单元的 4 个节点均建立 4 个辐射单元,分别用于考虑面板凸、凹两侧的天空、地面辐射换热。单元面积常数取该点所在位置处面板单元面积的 1/4。各单元连接方法如图 12.30 所示。

在有限元建模过程中,面板简化为厚度为 4 mm 的铝板,面板的热辐射吸收率为 0.15[20],天空、地面辐射发射率按实际选取。

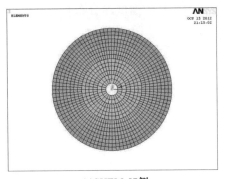 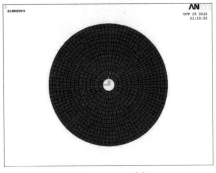

(a)SHELL57侧　　　　　　　　　　　　(b)SUPF152侧

图 12.29　　反射面结构有限元模型

表 12.7　有限元模拟单元选用表

	ANSYS 模拟单元
热传导	SHELL57
对流换热	SURF152
辐射换热	LINK31

表 12.8　材料热物性参数

材料	密度 /(kg·m⁻³)	比热容 /(J·kg⁻¹·K⁻¹)	导热系数 /(W·m⁻¹·K⁻¹)
铝	2 702	903	273

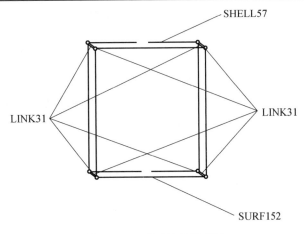

图 12.30　　单元连接示意图

7.主反射面温度场

（1）计算流程。

反射面温度场计算流程如图 12.31 所示。根据前几节中的理论知识,分别计算面板的日照阴影、板件单元的对流换热系数、天空辐射角系数、地面辐射角系数,得到各个热交换的计算相关数据,并据此计算施加于结构上的热荷载,对有限元模型加载,运用软件中的求解器求解动态热平衡方程,得到不同状态下反射面板的非均匀温度场分布状态。

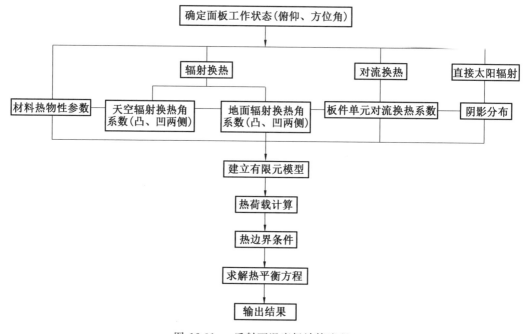

图 12.31　反射面温度场计算流程

（2）反射面温度场算例分析。

对反射面在俯仰角 30°、45°、60°、90° 状态下,考虑热传导、对流换热、辐射换热,分别计算反射面板的温度场分布。对比 8:00、12:00、18:00 时,主反射面温度场分布(图 12.32 ～ 12.34);主反射面平均温度值与空气温度时程值对比如图 12.35 所示;不同俯仰角下,主反射面面板间最大温差时程图如图 12.36 所示。

由图 12.32 ～ 12.34 可以得到如下结论。

① 同一时刻,不同俯仰角状态下反射面温度场分布有明显不同;对于俯仰角为 30°、45°、60° 时的反射面板,各时刻最高、最低温度相差约 10 ℃,但是温度梯度分界线有很大差别。

② 俯仰角为 90° 时,随着日照时间的增长,到中午 12 点时温度场分布明显与其他俯仰角不同。

由图 12.35 可以得到以下结论。

① 日出后各俯仰角下反射面板平均温度迅速升高,到 7:30 时约等于气温。在 7:30 ～ 17:30 之间,俯仰角为 45°、60°、90° 工况下平均温度均大于气温;俯仰角为 30° 状态时平均温度略低于大气温度。

② 在 17:30 至次日 7:30 的时间段内,面板平均温度明显低于气温,且平均温度基本相

同。

③ 面板平均温度最高值出现在 13:30 附近,俯仰角为 90° 时,温度最大值为 37.2 ℃。最高温度按从小到大排列的顺序为:俯仰角 90°、俯仰角 60°、俯仰角 45°、俯仰角 30°。

分析以上现象产生的原因,可以认为:① 太阳直接辐射作为热源对结构有加热作用,而直接太阳辐射热量的大小与反射面阴影分布有直接关系,当俯仰角为 90° 时,正午左右虽然气温不是最高,但是此时反射面阴影面积最小,所以各俯仰角状态均在正午左右达到温度最高。② 接近日落时,反射面温度降低加速,主要是因为接近日落时太阳直接辐射量减小,而长波辐射作用效果增强,其作用累加导致日落后面板温度低于气温。

由图 12.36 可得到以下结论。

① 同一时刻温差在反射面位于不同俯仰角时不同,俯仰角为 90° 时主反射面温差最小。

② 无光照时,最大温差约为 2 ℃,一天内日出后温差迅速上升,俯仰角为 30°、45° 状态时,结构在 12:00 左右达到一天内温差的最大值,其中俯仰角为 45° 时最大,其值为 11.6 ℃;俯仰角为 60°、90° 时温差在日出后一段时间内短暂升高后又下降,俯仰角为 60° 时温差约 10 ℃,下降并不明显,但俯仰角为 90° 时,快到正午时温差下降较为明显,日落后又迅速下降至接近 0 ℃。

分析以上现象产生的原因,可以认为:俯仰角为 30°、45° 时由于正午还存在面板自身遮挡的阴影,导致阴影区与光照区之间温差逐渐增大,而对于其他 2 种俯仰角,接近正午时阴影面积在很长一段时间内为 0,各面板单元之间的温差在正午最小,而对于面板阴影面积变化较大的日出后 2 h、日落前 2 h 时间段内,温差则会较大。

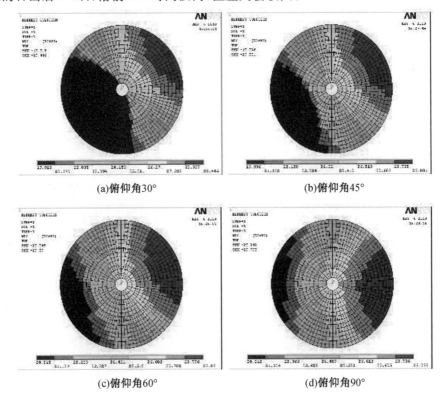

(a)俯仰角30°　　　　　　　　　　　(b)俯仰角45°

(c)俯仰角60°　　　　　　　　　　　(d)俯仰角90°

图 12.32　不同俯仰角 8:00 时主反射面温度场分布图

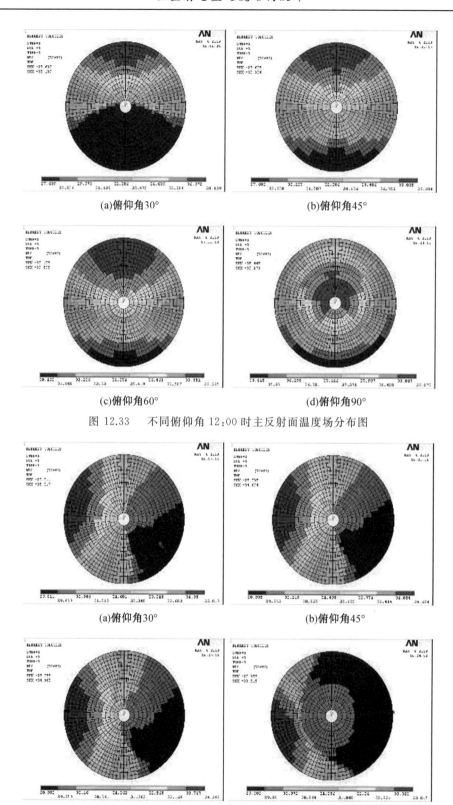

(a)俯仰角30° (b)俯仰角45°

(c)俯仰角60° (d)俯仰角90°

图 12.33　不同俯仰角 12:00 时主反射面温度场分布图

(a)俯仰角30° (b)俯仰角45°

(c)俯仰角60° (d)俯仰角90°

图 12.34　不同俯仰角 18:00 时主反射面温度场分布图

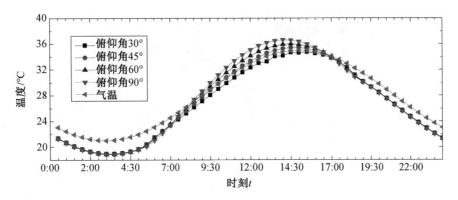

图 12.35　不同俯仰角下主反射面平均温度统计

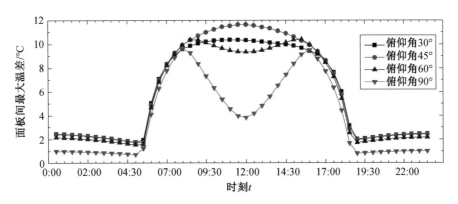

图 12.36　主反射面面板间最大温差时程图

（3）风速对温度场的影响算例分析。

结构在工作中会处于不同风速中，本节为了探寻风速对主反射面温度场的影响，计算了不同俯仰角状态下主反射面在 3 种典型风速［1.4 m/s（有记录最小日平均风速）、3.2 m/s（年平均风速）、4.8 m/s］下的温度场。得到不同风速下，俯仰角为 30°、45°、60°、90° 这 4 种状态下不同风速工况反射面平均温度如图 12.37 所示，反射面自身温差如图 12.38 所示，反射面最高温度如图12.39 所示。

由图 12.37 可知，在俯仰角为 30° 时：无光照时面板平均温度明显低于气温，风速越小，面板平均温度低于气温值越大；有光照时反射面平均温度略小于气温，但风速越大，面板平均温度越接近气温。俯仰角为 45° 时与俯仰角为 30° 时有类似规律。俯仰角为 60° 时，无光照时面板平均温度低于气温，在日出有光照一段时间后面板平均温度开始高于气温，在正午附近达到最高，且风速越小，平均温度越高。俯仰角为 90° 时与俯仰角为 60° 时有类似规律。

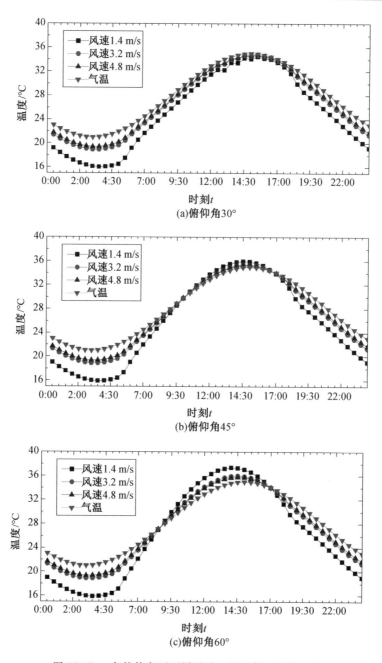

(a)俯仰角30°

(b)俯仰角45°

(c)俯仰角60°

图 12.37　各俯仰角下不同风速工况反射面平均温度

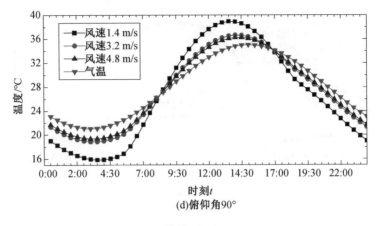

(d)俯仰角90°

续图 12.37

　　由图 12.38 可知,反射面在俯仰角为 30° 时,温差在不同风速下有很大差别。有光照时温差明显大于无光照时,在日出后温差迅速上升,在日出后 2 h 温差接近稳定,风速为 1.4 m/s 时稳定在 10 ℃ 左右,风速为 3.2 m/s 时稳定在 3.8 ℃ 左右,风速为 4.8 m/s 时稳定在 2.5 ℃ 左右;接近日落时温差又开始下降,直至接近 0～2 ℃,一直维持到第 2 天日出前。俯仰角为 45° 时与俯仰角为 30° 时有类似规律,但其温差最大值为 11.8 ℃。俯仰角为 60° 与俯仰角为 45°、30° 的主要区别在于,正午附近的时段,温差会有所降低,但是降低幅度较小,约为 0.5 ℃,温差最大值出现在 8:00 和 18:00,值为 10.8 ℃。俯仰角为 90° 时与前 3 幅图比较可以看出,在 8:00 后温差迅速下降,12:00 后开始上升,到 18:00 后又出现明显下降,其规律类似于俯仰角为 60° 时的规律,但在正午附近温差降低幅度明显大于俯仰角为 60° 时,温差最大值为 9.8 ℃,是所有工况中最小的。

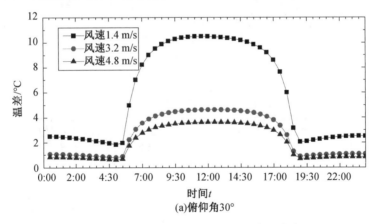

(a)俯仰角30°

图 12.38　各俯仰角下不同风速工况反射面自身温差

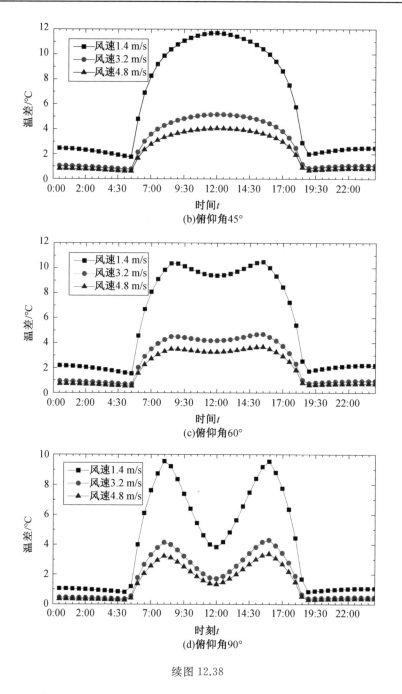

续图 12.38

对比图 12.39 与图 12.37 可知,面板温度最大值与平均值变化规律相同,但是可以看出:在风速最小时,面板最高温度比空气高 10 ℃ 左右;风速越大,面板最高温度越大。

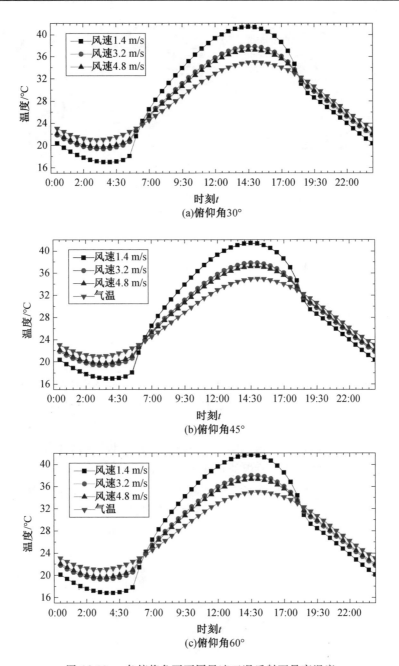

图 12.39　各俯仰角下不同风速工况反射面最高温度

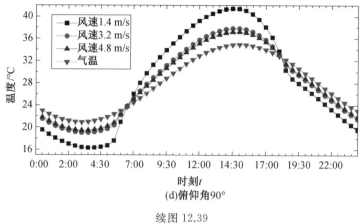

时刻t
(d)俯仰角90°

续图12.39

12.3.2 支承结构非均匀温度场分析

1.65 m 射电望远镜支承结构

65 m 射电望远镜支承结构力学模型如图12.40所示,结构按构件形式可以分为2大部分:

(1)杆件部分。它包括背架结构、方位座架、俯仰机构、馈源及其撑腿。需要考虑的热交换方式包括天空辐射换热、地面辐射换热、太阳直接辐射换热、空气对流换热、构件间的热传导。

(2)板件部分。它包括俯仰齿轮板。需要考虑的热交换方式包括内外侧面板的天空辐射换热、内外侧面板的地面辐射换热、空气对流换热、各块面板间的热传导。由于背架结构、方位座架的遮挡,暂不考虑俯仰齿轮板的直接太阳照射。

对于以上2部分构件,因为构件基本形式的不同,在计算参数时,需采用不同的公式、计算方法等。下面将对2种类型构件分别进行热边界条件的分析。

图 12.40 65 m 射电望远镜支承结构力学模型

图12.41给出了主反射面的背架结构示意图,背架结构由沿圆周方向均布的24片主辐射梁、24片副辐射梁、48根上弦辐射梁以及若干环向杆组成。主辐射梁是由下弦杆、上弦杆、斜腹杆、分层腹杆及轴向腹杆等焊接而成的平面桁架,主要作用是和环向杆件共同支承副辐射梁而形成背架结构,是背架结构的主要受力构件。主辐射梁的平面形状可以决定背架结构的外形形状,在径向上主辐射梁有7个大圈、14个小圈(由每个大圈分2个小圈得

到),与 14 圈反射面相对应,起到主要受力的作用。背架结构的中心体由内端的 2 个大圈的水平下弦杆与环向杆件共同组成,用于连接背架结构与方位座架。

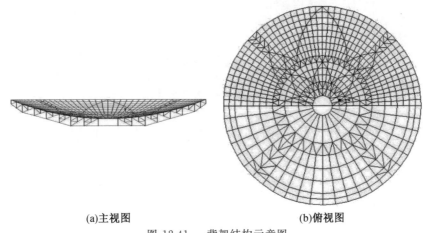

(a)主视图　　　　　　　　　　(b)俯视图

图 12.41　　背架结构示意图

2.支承结构对流换热

表 12.9、表 12.10 分别列出了典型风速、典型尺寸杆件的 Nusselt 数,对流换热系数,表中未加括号数值为海平面的数据,括号中数值为海拔高度为 5 000 m 时的相应数据。

根据杆件尺寸,计算不同构件的对流换热系数,不同风速下杆件对流换热系数统计如图 12.42 所示,板件对流换热系数统计如图 12.43 所示。由图可知,同一风速下,杆件的对流换热系数明显大于板件的对流换热系数,风速越大对流换热系数越大。

表 12.9　典型风速、典型尺寸杆件的 Nusselt 数

	D/cm	$v = 1$ m/s	$v = 5$ m/s	$v = 10$ m/s
Nu	5	31(24)	77(60)	115(89)
Nu	10	46(36)	115(89)	170(133)
Nu	60	127(100)	315(247)	475(374)
Nu	5	38(29)	101(78)	153(118)
Nu	10	58(45)	153(118)	231(178)
Nu	60	171(133)	442(342)	680(530)

表 12.10　典型风速、典型尺寸杆件的对流换热系数

	D/cm	$v = 1$ m/s	$v = 5$ m/s	$v = 10$ m/s
$h_L/(\mathrm{W \cdot m^{-2} \cdot K^{-1}})$	5	15(11)	37(29)	55(43)
$h_L/(\mathrm{W \cdot m^{-2} \cdot K^{-1}})$	10	11(9)	28(21)	41(32)
$h_L/(\mathrm{W \cdot m^{-2} \cdot K^{-1}})$	60	5(4)	13(10)	19(15)
$h_L/(\mathrm{W \cdot m^{-2} \cdot K^{-1}})$	5	18(14)	48(39)	73(57)
$h_L/(\mathrm{W \cdot m^{-2} \cdot K^{-1}})$	10	14(11)	37(28)	55(43)
$h_L/(\mathrm{W \cdot m^{-2} \cdot K^{-1}})$	60	7(5)	18(14)	27(21)

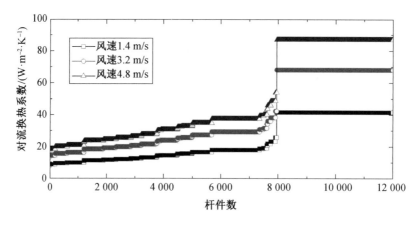

图 12.42　不同风速下杆件对流换热系数统计

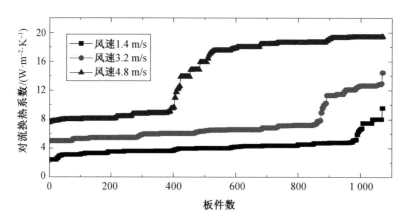

图 12.43　板件对流换热系数统计

3.支承结构阴影

支承结构主要受到反射面及自身遮挡,上文已给出其计算理论。计算天线结构在俯仰角为 90°状态时,7 月 15 日各时刻的杆件日照系数,得到杆件日照阴影系数的时程,6∶00、9∶00、12∶00、18∶00 的杆件日照系数分布如图 12.44 所示。由图可知,不同时刻结构阴影分布有很大差别,日出后与日落前杆件光照系数较大,而在接近正午时,由于太阳高度角较大,直接照射主反射面,反射面下部形成阴影。

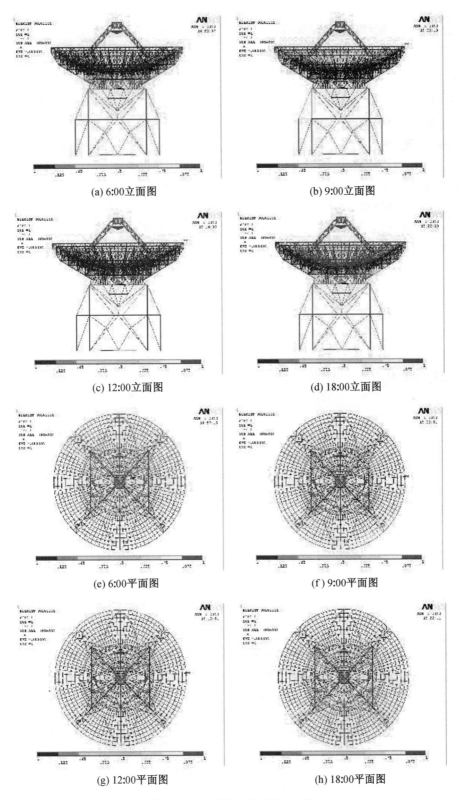

(a) 6:00立面图　　　　　　　　　　　(b) 9:00立面图

(c) 12:00立面图　　　　　　　　　　　(d) 18:00立面图

(e) 6:00平面图　　　　　　　　　　　(f) 9:00平面图

(g) 12:00平面图　　　　　　　　　　　(h) 18:00平面图

图 12.44　　杆件日照系数分布图

4.支承结构温度场分析有限元建模

在支承结构有限元模型中,需要对杆件部分和板件部分分别建模,然后组合成为一个整体模型。

板件部分参照反射面板建模,采用 SHELL57 单元模拟俯仰齿轮板内的热传导,采用 SURF152 单元来模拟俯仰齿轮板与周围环境的对流换热。SHELL57 单元为可考虑面内热传导的空间壳单元,每个节点只有 1 个温度自由度;SURF152 单元为三维表面效应单元;LINK31 单元为点辐射单元,单元的每个节点只有 1 个温度自由度,用以模拟天空、地面辐射换热,在设置 LINK31 的单元面积实常数时,板件 3 个节点处面积均为板件单元面积的 1/3。

对于支承部分的结构杆件的建模,要先在每根杆件中点处建立 1 个新的节点,把杆件划分为等长的 2 部分,采用 LINK33 考虑杆件的热传导,两端点的面积实常数按杆件单元实际表面积选取。在杆件的 3 个节点处,建立 3 个 LINK34 单元,两端端点单元面积实常数选取杆件表面积的 1/4,中间节点单元面积选取杆件表面积的 1/2,用于考虑杆件对流换热;在杆件的 3 个节点处,建立 6 个 LINK31 单元,3 个用于考虑天空辐射换热,中间节点单元面积实常数为杆件表面积的 1/2,边缘两端点的单元面积实常数为杆件表面积的 1/4,辐射换热系数根据 ANSYS 中计算辐射换热的方法,取杆件的长波辐射吸收率 0.8 与天空辐射率 0.8 的乘积平方根,另外 3 个单元用于考虑地面辐射换热,中间节点单元面积实常数为杆件表面积的 1/2,边缘两端点的单元面积实常数为杆件表面积的 1/4,辐射换热系数根据 ANSYS 中计算辐射换热的方法,取杆件的长波辐射吸收率 0.8 与地面辐射率 0.5 的乘积平方根,对于 6 个单元的辐射换热角系数均取为 0.5。杆件上各单元的连接如图 12.45 所示。

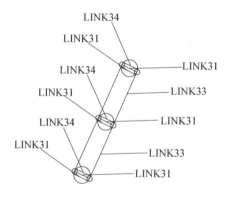

图 12.45　杆件各单元连接示意图

在有限元建模过程及计算过程中,板件的热辐射吸收率为 0.15,杆件对于天空、地面辐射的发射率(吸收率)取为 0.8,杆件对太阳直接辐射的吸收率取为 0.4。ANSYS 模拟单元见表 12.11,材料热物性参数见表 12.12。

表 12.11　ANSYS 模拟单元

ANSYS 模拟单元	
热传导	俯仰齿轮 SHELL57、杆系 LINK33
对流换热	俯仰齿轮 SURF152、杆系 LINK34
辐射换热	LINK31

表 12.12 材料热物性参数

材料	密度 /(kg·m⁻³)	比热容 /(J·kg⁻¹·K⁻¹)	导热系数 /(W·m⁻¹·K⁻¹)
钢	7 840	465	49.8

5.支承结构温度场数值模拟

（1）计算流程。

支承结构温度场计算流程如图 12.46 所示,分别计算杆件的阴影遮挡、杆单元的对流换热系数、天空辐射换热角系数、地面辐射换热角系数,得到各个热交换的计算相关数据,并据此计算施加于结构上的热荷载,对有限元模型加载,运用软件中的求解器求解动态热平衡方程,得到不同状态下支承结构的非均匀温度场分布状态。

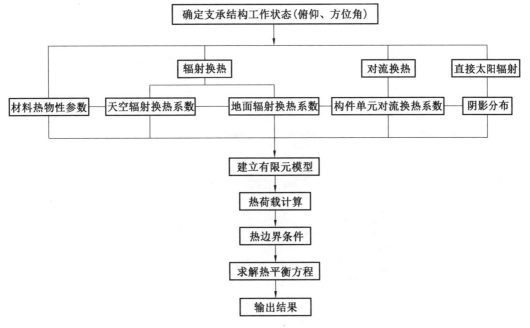

图 12.46 支承结构温度场计算流程

（2）支承结构温度场算例分析。

对 65 m 射电望远镜支承结构在俯仰角 90° 状态时,7 月 15 日风速为 1.4 m/s 下计算边界条件,进行温度场分布的数值模拟,按照该工况边界条件,进行连续 48 h 的有限元计算,得到稳定状态下的温度场分布结果:8:00、12:00、18:00、次日 1:00 的温度场分布如图 12.47 所示。由图 12.47 可知,支承结构在不同时刻温度场有很大区别,夜间温度场较为均匀,温差不明显;而对于日照影响下的温度场,则可以明显看到各部分构件温度的差别。

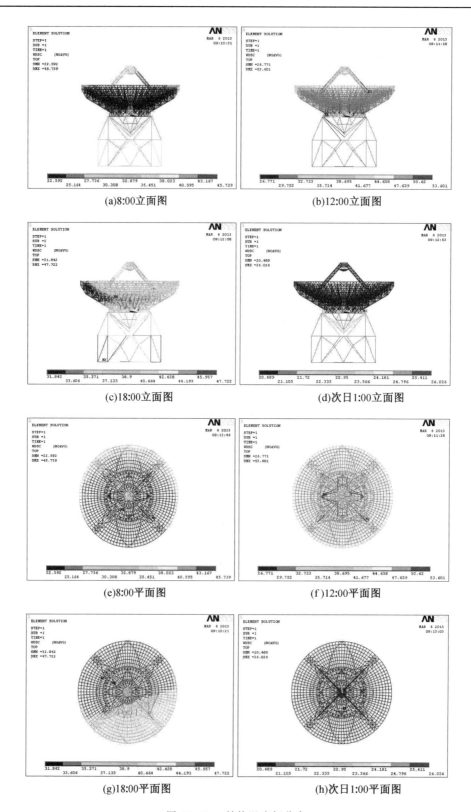

(a)8:00立面图   (b)12:00立面图

(c)18:00立面图   (d)次日1:00立面图

(e)8:00平面图   (f)12:00平面图

(g)18:00平面图   (h)次日1:00平面图

图 12.47　结构温度场分布

图 12.48 为望远镜的方位座架、副反射面、撑腿结构、背架结构在一天中不同时刻的平均温度与空气温度的对比图。由图可知,撑腿结构和副反射面等构件,一直在反射面的上部,接收直接太阳辐射较多,所以在 5:00～19:00 期间温度明显高于空气温度,在没有日照的状态下,由于受到天空、地面低温辐射的影响,各部分温度略低于空气温度;对于背架结构,在太阳升起之后,由于大部分杆件受到反射面的遮挡,不能接收直接太阳辐射,所以平均温度一直较其他部分低;副反射面、撑腿结构、背架结构等部分的最高温度出现在 16:00 附近,比空气最高温度出现时间 14:00 要晚;构件平均最低温度出现在 5:00 左右,比空气最低温度出现时间 3:00 也晚;在日照条件下,方位座架的平均温度在日照条件下会发生很大的变化,正午附近由于反射面的遮挡作用比较严重,方位座架平均温度较低,而在其他存在太阳照射的时刻,方位座架平均温度与撑腿结构、副反射面温度接近,据此可知方位座架在一天中温度变化幅度最大,其变形也就最大,极可能对望远镜的精度造成不良影响。

图 12.49 和图 12.50 所示为望远镜副反射面、背架结构、方位座架、撑腿结构在一天中不同时刻的最高温度与最低温度,图 12.51 所示为各部件在一天中不同时刻的最大温差。由图可知,各部分构件的最高、最低温度变化幅度均比较大。在日照条件下,午间各构件的最高温度可以达到 43.8 ℃;同一时刻撑腿的平均温度、单根杆件最高温度、单根杆件最低温度明显高于其他构件;同一时刻方位座架单根杆件之间的温差最大。

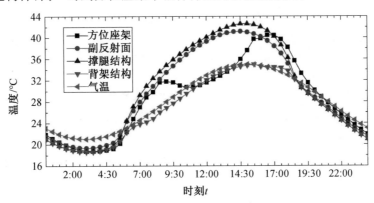

图 12.48　望远镜各部分构件平均温度与空气温度对比图

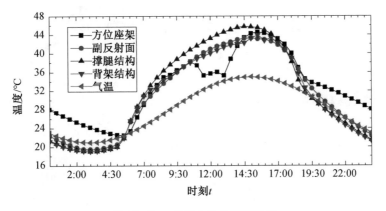

图 12.49　各部分构件最高温度

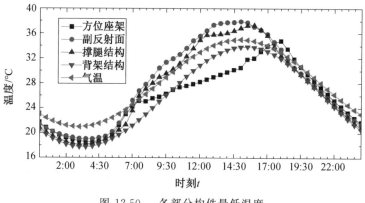

图 12.50 　各部分构件最低温度

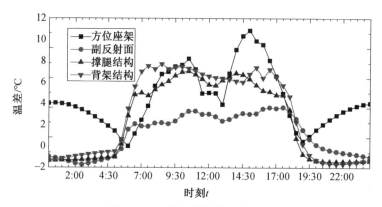

图 12.51 　各部分构件最大温差

（3）风速对支承结构温度场的影响分析。

分别计算风速为 3.2 m/s、4.8 m/s 时，结构在 7 月 15 日热边界条件下的 48 h 温度场分布，得到风速为 3.2 m/s 时结构各部分平均温度时程分布（图 12.52），风速为 4.8 m/s 时结构各部分平均温度时程分布（图 12.53）。不同风速下各部分平均温度对比如图 12.54 所示。

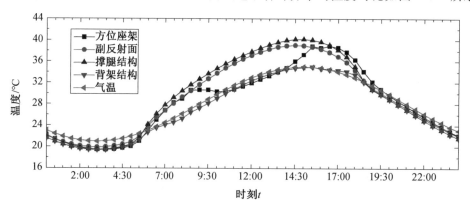

图 12.52 　风速为 3.2 m/s 时结构各部分平均温度时程分布图

由图 12.52 可知，在风速为 3.2 m/s 时，在有日照的状态下，不受反射面板遮挡的副反射面、撑腿结构温度均高于空气温度，撑腿部分温度与空气的最大温度差可达 25 ℃；背架结构在对流、辐射、太阳直接辐射的共同作用下，温度与空气温度接近，并且出现背架结构平均温度较空气温度有 0.5 h 左右的滞后现象；副反射面平均温度变化规律与撑腿结构相似，但其平均温度低于撑腿结构；方位座架部分平均温度在 9:00 前随着日出时间的推移，温度逐渐升高，到 9:00 以后平均温度开始下降，方位座架在正午附近时，温度与空气温度接近。

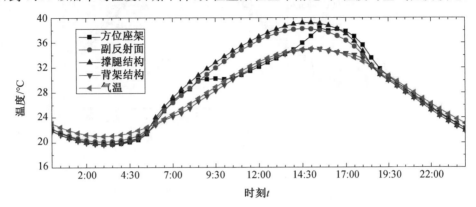

图 12.53　风速为 4.8 m/s 时结构各部分平均温度时程分布图

由图 12.53 可知，在风速为 4.8 m/s 的状态下，撑腿结构温度最高，其与空气温度的最大温差可达 25 ℃；副反射面温度仅低于撑腿结构，在正午左右其温度与空气温度的最大差值可达 20 ℃；撑腿结构、副反射面、方位座架在日照条件下，三者温度均高于空气温度；背架结构一直保持与气温接近的状态，但是背架结构的最高温度值出现时间比最高气温出现时间晚 0.5 h。

通过对比图 12.48、图 12.52 和图 12.53，可以看出，当风速由 1.4 m/s 提高到 3.2 m/s 时，其他条件不变的情况下，光照时各部分构件温度与空气温度均降低，降低幅度可达 5 ℃；但是当风速提高到 4.8 m/s 时，构件平均温度和风速 3.2 m/s 时相比，变化不明显。值得注意的是，当风速提高时，方位座架温度有所提升。通过图 12.54 可知，在风速由 1.4 m/s 变化到 4.8 m/s 的过程中，各部分构件平均温度均发生显著变化，随着风速的增大，构件与空气对流换热系数变大，各部分构件温度更接近空气温度，增加了结构温度场的均匀性。由此可知，在结构运行阶段，增大结构周围空气流动速度可以显著改善结构温度场分布的均匀性。

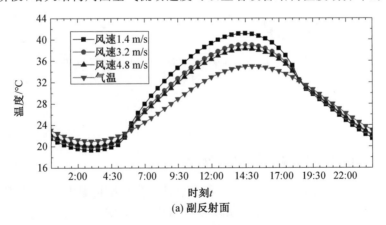

(a) 副反射面

图 12.54　不同风速下结构各部分平均温度对比

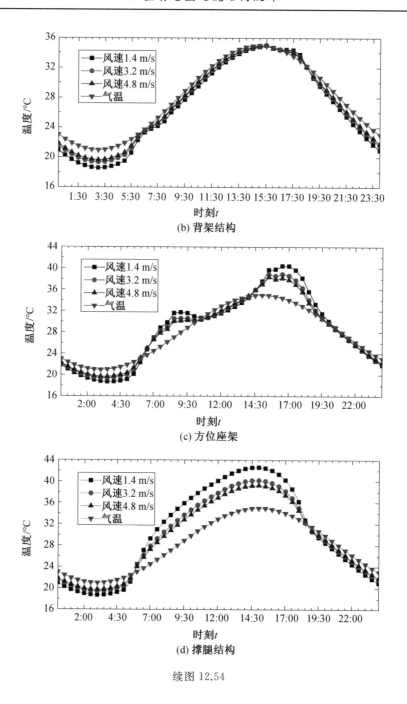

(b) 背架结构

(c) 方位座架

(d) 撑腿结构

续图 12.54

12.3.3　望远镜日照温度场效应分析

国内关于望远镜温度场效应的计算一般采取计算支承结构温度场，并将所得温度结果作为温度荷载计算结构变形、进一步计算反射面 RMS 的方法。本节对上文进行总结，对上海 65 m 射电望远镜在 2 个典型日期（夏季 7 月 15 日、冬季 1 月 15 日）、3 种典型风速（1.4 m/s、3.2 m/s、4.8 m/s）下分别进行温度场及其效应的计算。对比不同季节、不同风速下温度场及其效应，对比考虑完整模型与单独考虑主反射面、单独考虑背架时的温度场计算结果的差别,从而给出相关结论。

1.有限元模型

参照有限元建模的方法,建立背架与面板同时考虑的整体结构有限元模型,如图12.55所示。ANSYS 模拟单元见表12.13。

表 12.13　ANSYS 模拟单元

传热方式	模拟单元
热传导	反射面板、俯仰齿轮 SHELL157;杆系 LINK33
对流换热	反射面板、俯仰齿轮 SURF152;杆系 LINK34
辐射换热	LINK31

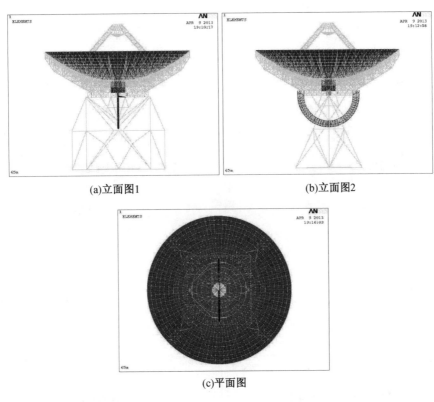

(a)立面图1　　　　　　　　　(b)立面图2

(c)平面图

图 12.55　整体结构有限元模型图

2.温度场算例分析

(1) 夏季温度场分析。

分别建立上海 65 m 射电望远镜在夏季 7 月 15 日,风速为 1.4 m/s、3.2 m/s、4.8 m/s,俯仰角 90° 状态时,每 0.5 h 的温度场边界条件,并对结构进行温度场时程分析,对温度场计算结果进行统计。

图 12.56～12.58 给出 3 种风速下 4 个典型时刻(8:00、12:00、18:00 和次日 1:00 的结构

温度场分布。

由图 12.56 可知,在有日照的 5:00 ～ 19:00 时间段内,结构温度场受日照影响明显,主反射面由于在不同时刻阴影分布不同,面板各单元接受太阳照射时间不同,温度也不同。8:00 ～ 12:00 时间段内,温度场分布逐渐变均匀,且平均温度上升;12:00 ～ 18:00 时间段内平均温度下降,阴影遮挡对结构温度的影响逐渐明显;次日 1:00,结构温度大幅下降,在不受光照的影响下,结构温度场较为均匀。图 12.57、图 12.58 也有相同规律,但是可以从图中对比看出:风速越大,反射面板各板单元之间温差越小;杆系结构之间温差也随着风速的增大而减小。

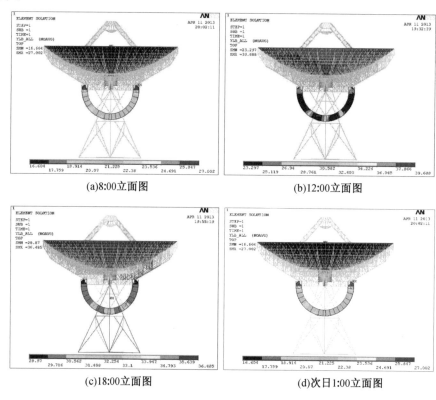

(a)8:00立面图 (b)12:00立面图

(c)18:00立面图 (d)次日1:00立面图

图 12.56　风速为 1.4 m/s 时结构温度场分布

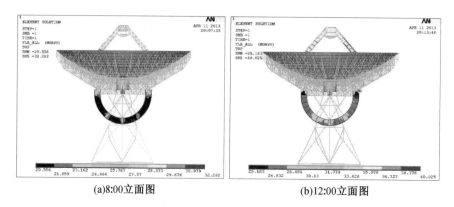

(a)8:00立面图 (b)12:00立面图

图 12.57　风速为 3.2 m/s 时结构温度场分布

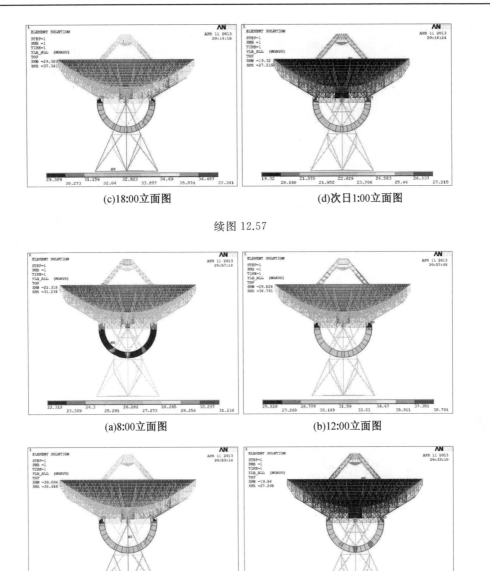

(c)18:00立面图　　　　　　　　　　(d)次日1:00立面图

续图 12.57

(a)8:00立面图　　　　　　　　　　(b)12:00立面图

(c)18:00立面图　　　　　　　　　　(d)次日1:00立面图

图 12.58　　风速为 4.8 m/s 时结构温度场分布

不同风速下各部分构件平均温度如图 12.59 ～ 12.61 所示。由图 12.59 可知,当风速为 1.4 m/s 时:

① 有光照时,各部分构件平均温度高于空气温度;而在没有光照时,各部分构件平均温度略低于空气温度。经分析,产生这种现象的原因为:有日照时,直接太阳辐射导致构件升温;没有日照时,构件与环境间的长波辐射是导致结构温度降低的主要因素。

② 正午时,平均温度从高到低排列依次为:撑腿结构,副反射面,主反射面,方位座架,背架;其中可以看到,方位座架和背架温度略低于空气温度,其他部分构件温度明显高于空气温度,分析这种现象的原因,可以认为在正午附近,方位座架和背架结构受到主反射面遮

挡比较严重,接收直接太阳辐射较小,所以温度略低。

③ 方位座架在正午附近出现温度降低然后又上升的现象,在 12:00 后方位座架的温度上升速度明显大于其他部分构件,并在 17:00 左右温度出现高于其他部分构件的现象。

其他两种风速下也有类似规律,对比不同风速下结构各部分构件平均温度(图 12.59 ~ 12.61),可以得到以下结论。

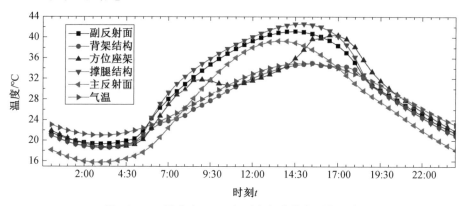

图 12.59　风速为 1.4 m/s 时各部分构件平均温度

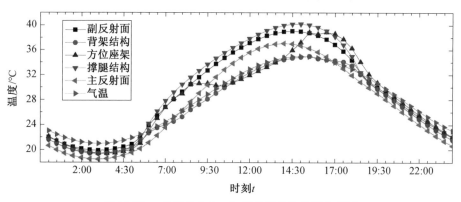

图 12.60　风速为 3.2 m/s 时各部分构件平均温度

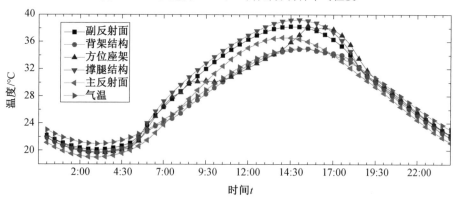

图 12.61　风速为 4.8 m/s 时各部分构件平均温度

① 风速增大,结构平均温度减小,当风速由 1.4 m/s 增大到 4.8 m/s 时,结构平均温度最大值减小了约 4 ℃。

② 风速增大,结构各部分温度更接近气温,各部分与气温间差值明显减小。

分析这 2 种现象,其产生的原因为:风速增大,结构构件与空气间的对流换热系数增大,构件温度更趋近于气温,使结构温度场均匀化。

(2)冬季温度场分析。

分别建立上海 65 m 射电望远镜在冬季 1 月 15 日(日出 06:53,日落 17:53),风速为 1.4 m/s、3.2 m/s、4.8 m/s,俯仰角为 90° 状态时,每隔 0.5 h 的温度场边界条件,并对结构进行温度场时程分析,对温度场计算结果进行统计,得到 3 种风速下 4 个典型时刻(8:00、12:00、18:00 和次日 1:00)的冬季结构温度场分布,如图 12.62 ～ 12.64 所示。

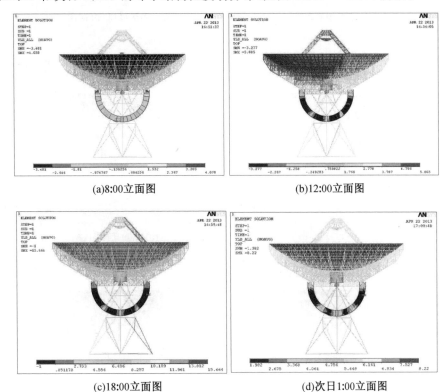

(a)8:00立面图　　　　　　　　(b)12:00立面图

(c)18:00立面图　　　　　　　　(d)次日1:00立面图

图 12.62　　风速为 1.4 m/s 时冬季结构温度场

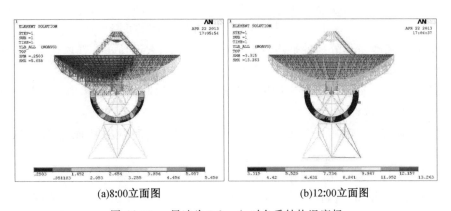

(a)8:00立面图　　　　　　　　(b)12:00立面图

图 12.63　　风速为 3.2 m/s 时冬季结构温度场

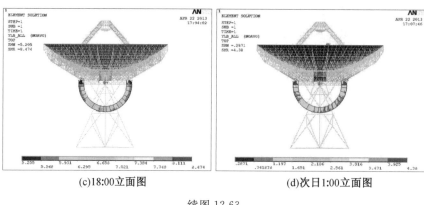

(c)18:00立面图   (d)次日1:00立面图

续图 12.63

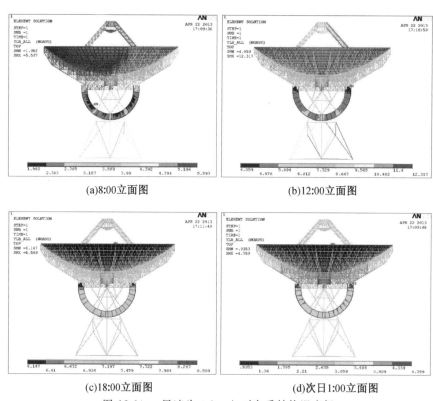

(a)8:00立面图   (b)12:00立面图

(c)18:00立面图   (d)次日1:00立面图

图 12.64   风速为 4.8 m/s 时冬季结构温度场

不同风速下冬季各部分构件平均温度如图 12.65 ～ 12.67 所示。在风速 1.4 m/s 时,由图 12.65 可知:

① 结构各部分杆件温度在日出后迅速上升。在 9:00 时,副反射面、方位座架、撑腿结构温度开始高于气温,这种现象持续到 17:00。

② 主反射面温度一直低于气温,正午时最接近气温;夜间时反射面与气温间差距明显增大。

③ 背架温度与气温变化规律相同,但其平均温度略低于气温。对比图 12.65 ～ 12.67 可知,当风速增大时,各部分构件温度更加接近空气温度;当风速由 1.4 m/s 提高到 4.8 m/s 时,构件最大平均温度由 14.5 ℃ 降低到 11.8 ℃。

分析以上现象,其原因为:

① 日出后,副反射面、方位座架、撑腿结构受阴影遮挡较小,所以温度上升速度较快,直至高于气温。

② 主反射面由于受到自身阴影遮挡比较严重,接受直接太阳辐射量小,且直接太阳辐射热量小于长波辐射换热的热量,所以其温度一直低于气温。

③ 背架结构在一天内不同时刻受到太阳光照的具体位置不同,且冬季天空、地面温度低,导致背架结构平均温度一直低于气温。

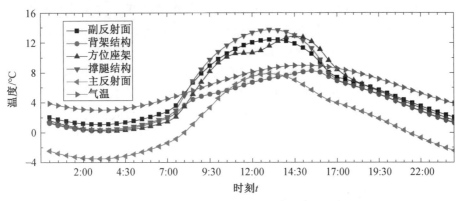

图 12.65　风速为 1.4 m/s 时冬季各部分构件平均温度

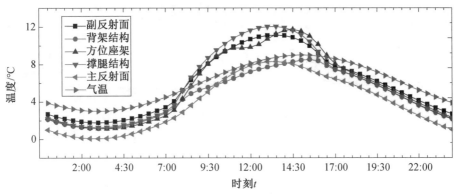

图 12.66　风速为 3.2 m/s 时冬季各部分构件平均温度

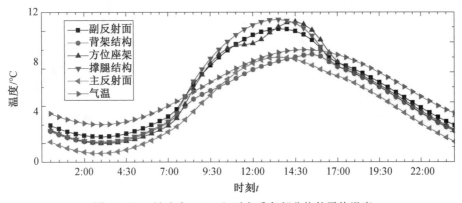

图 12.67　风速为 4.8 m/s 时冬季各部分构件平均温度

3.温度场效应分析

（1）夏季温度场效应分析。

将前节计算夏季温度场结果作为温度荷载施加在结构力学模型上，对结构进行夏季温度场热变形分析，基准温度选为 20 ℃。统计反射面变形结果，得到夏季不同风速下结构 RMS 时程如图 12.68 所示，结构最大节点位移时程如图 12.69 所示。

由图 12.68 可知，当风速为 1.4 m/s 时，RMS 在 0～0.59 mm 之间变化，日出后 RMS 迅速增大，日照期间 RMS 明显大于夜间。由图 12.69 可知，单个节点位移最大可达 7.1 mm。风速越大，由温度场引起的 RMS 越小，节点位移越小，当风速由 1.4 m/s 提高到 4.8 m/s 时，RMS 由 0.59 mm 减小到了 0.38 mm，最大节点位移由 7.1 mm 减小到了 5.9 mm。

对比单独考虑支承结构与考虑整体结构的反射面 RMS，得到不同风速下 2 种模型的差值百分比如图 12.70 所示。由图可知，RMS 差值在 0.3％ 以下，基本可以忽略，认为单独考虑背架结构的温度场所得 RMS 与考虑完整模型时所得 RMS 在数值上基本一致；计算反射面 RMS 时可以简化计算，即单独计算支承结构的温度场，即可得到反射面 RMS。

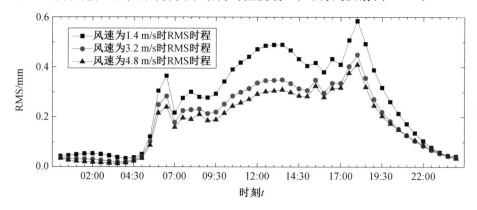

图 12.68　夏季不同风速下结构 RMS 时程

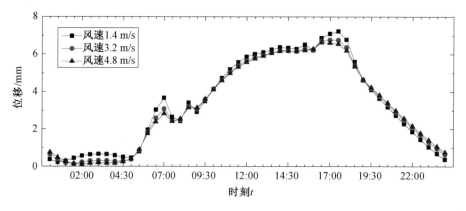

图 12.69　夏季不同风速下最大节点位移时程

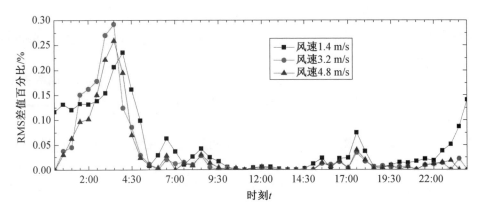

图 12.70　　不同模型 RMS 差值百分比

（2）冬季温度场效应分析。

将前节计算冬季温度场结果作为温度荷载施加在结构力学模型上，对结构进行冬季温度场热变形分析，基准温度选为 20 ℃。统计反射面变形结果，得到冬季不同风速下结构 RMS 时程如图 12.71 所示，结构最大节点位移时程如图 12.72 所示。

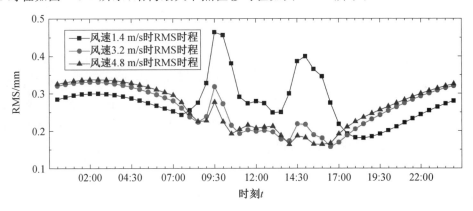

图 12.71　　冬季不同风速下 RMS 时程

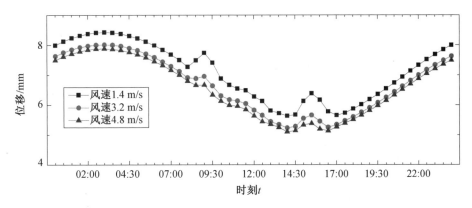

图 12.72　　冬季不同风速下最大节点位移时程

由图 12.71 可知,在风速为 1.4 m/s 时,冬季 RMS 变化范围为 0.15 ～ 0.46 mm,RMS 最大值出现在 9:30,值为 0.46 mm。对比不同风速下的 RMS 可知,在有日照时,风速越大,RMS 越小;而在没有日照时,风速越小,RMS 越小。

由图 12.72 可以看出,在风速为 1.4 m/s 时,节点最大位移为 8.2 mm,夜间节点位移明显大于白天节点位移;风度增大,节点位移减小,当风速由 1.4 m/s 增大到 4.8 m/s 时,位移最大值减小 0.5 mm。

对比图 12.68 和图 12.71、图 12.69 和图 12.72 可知:结构在夏季 7 月 15 日温度场作用下的 RMS 最大值大于冬季 1 月 15 日的,但是相应最大节点位移在 1 月 15 日要小于 7 月 15 日的。这说明在不同工况下,不仅需要在整体上关注结构 RMS,在细部上也要关注节点位移。

12.4   主反射面温度场试验研究

12.4.1   试验筹备

1.试验场地选择

在日照温度场的理论研究中,射电望远镜多处于理想的自然环境下,即天空晴朗无云、气温稳定且呈光滑正弦曲线变化。而实际射电望远镜的日照情况十分复杂,甚至会受到周围环境的遮挡;为了获得较为可靠的试验数据及充沛的日照强度,试验需选在一块开阔平坦、日照强烈、不受周围建筑物及树木遮挡的区域进行。根据这些要求,试验选在了一处地势平坦、位置较高的区域,经过实地勘察和全天监测,模型在此区域不会受到周围建筑物及树木的遮挡。

2.试验仪器选择

实际的射电望远镜体积庞大,不便于试验,且若对工作中的射电望远镜进行试验,反射面上的传感器会影响其工作性能。由于天线与射电望远镜具有相同的工作原理及结构形式,因此试验选择了一架天线结构作为射电望远镜的试验模型。由于试验包括多种工况,试验模型还需具备全可动功能,最终试验选择了一架市面上常用的 3 m 口径天线结构作为试验模型。试验模型的结构形式为双反射面环焦天线,截面形式如图 12.73 所示。

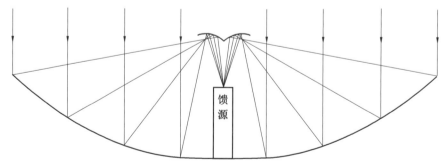

图 12.73   双反射面环焦天线结构形式

在射电望远镜结构的温度场分析中需要确定很多计算参数,部分参数来自材料的自身属性,部分参数来自长期经验及各学科的研究成果,还有部分参数需要进行实际测量加以辅助。因此为了准确获得试验与数值模拟的拟合度,应尽可能减少未知的参数。气温是影响温度场整体变化的主要因素,风速是计算对流换热系数的主要参数,太阳辐射强度是计算辐射换热的主要部分。气温、风速、太阳辐射强度是可通过测量获得的计算参数,因此本试验将同时测量气温、风速及太阳辐射。

主反射面的温度测量是试验的主体部分,可采用红外热像仪、温度传感器等设备进行测量。红外热像仪具有较好的精度和直观的显示效果,测量范围覆盖反射面上的各点,但由于试验需对多种工况进行测量,而红外热像仪工作时需正对反射面,不具有跟踪测量的功能,因此本试验仍采用更为稳定的温度传感器进行温度测量。

3.试验仪器参数

根据试验要求,试验购置了如下设备(图 12.74)。

(1)风速仪。本试验采用的是三杯式风速采集仪,可测量 $0 \sim 30$ m/s 的风速。另附有风向仪,可实时采集风向。风速仪、风向仪可实现定时采集。

(2)SM206 太阳能功率计。它用于太阳辐射测量。由于是手持仪器,需要定时人工采集;通过调节朝向可获得太阳辐射强度的最大值。仪器的测量包括所有接收的辐射,但不能区分太阳直接辐射、反射辐射、散射辐射,因此所测量的最大值可视为垂直于太阳照射方向的平面所接收的所有太阳辐射的总和。测量值可与太阳辐射的计算值进行对比参考。

(3)手持金属测温仪。手持金属测温仪带有弯表面探头,可测量金属温度,测量范围为 $0 \sim 550$ ℃;还带有四氟线性探头,可用来测量液体及气体温度,测量范围为 $-50 \sim 200$ ℃。手持金属测温仪为手持仪器,每 2.5 s 取样 1 次,用以校核温度传感器测量的气温值。

(4)温度传感器。本试验采用 PT100A 级温度传感器,为三芯屏蔽线,量程为 $-50 \sim 450$ ℃,测量精度为 0.15 ℃,具有防水功能,可免做防水处理,固定后可跟踪望远镜的俯仰与旋转。

(5)温度采集箱。本试验采用的是泰斯特 TST3826 温度采集箱,可同时采集 60 个通道的温度,且可定时采集数据,也可同时采集应变、应力等。

试验模型采用了一架 3 m 口径的环焦天线。主反射面为厚 1 mm 的铝板,副反射面厚 7 mm,表面为丙烯酸白色面漆,其转动范围为方向角 $0° \sim 360°$、俯仰角 $0° \sim 90°$,可满足不同的试验工况。安装时需在底部浇筑好混凝土底座并预埋铆钉。

(a)风速仪

(b)风向仪

(c)SM206太阳能功率计

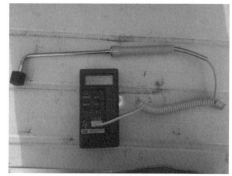

(d)手持金属测温仪

(e)温度传感器

(f)温度采集箱

(g) 试验模型

图 12.74　试验仪器

4.温度传感器工作原理

温度传感器是试验的主要仪器之一,对试验结果具有重要影响,因此需保证温度传感器在试验中具有良好的精度。试验选用的 PT100 铂电阻温度传感器是根据电阻值与温度值之间的对应关系而工作的,如 PT100 温度传感器在所测温度为 0 ℃ 时其电阻值为 100 Ω。根据 1990 年制定的国际实用温标(ITS－90)中描述的关系,PT100 温度传感器的温度值与电阻值符合表 12.14 中的公式。t 为测量温度,R_0 为基本电阻值(为 100 Ω),R_t 为工作电阻。根据温度传感器的工作原理,可通过测量其电阻值计算相应的温度与实际测量的温度进行比较,保证工作精度。

表 12.14　PT100 温度与电阻关系式

$t \geqslant 0\ ℃$	$t < 0\ ℃$
$R_t = R_0 \cdot (1 + A \cdot t + B \cdot t^2)$	$R_t = R_0 \cdot [1 + A \cdot t + B \cdot t^2 + C \cdot (t - 100) \cdot t^3]$
$A = 3.908\ 3 \times 10^{-3}\ ℃^{-1}$	$A = 3.908\ 3 \times 10^{-3}\ ℃^{-1}$
$B = -5.775 \times 10^{-7}\ ℃^{-1}$	$B = -5.775 \times 10^{-7}\ ℃^{-1}$
	$C = -4.418\ 3 \times 10^{-13}\ ℃^{-1}$
$R_0 = 100\ Ω$	$R_0 = 100\ Ω$

12.4.2　试验设计

1.温度传感器布置

温度传感器若布置不合理,则很难准确地获得射电望远镜温度场的分布规律。由于温度传感器为有线设备,大量布置或不规则布置均会导致其导线大面积覆盖反射面表面,减小反射面的受光面积,影响试验的准确性,而过少的布置温度传感器则不能很好地呈现反射面温度场的分布规律,因此传感器不可过多、过少或随意地布设。根据数值模拟结果及均匀分布原则,试验在主反射面共布置了 32 个温度传感器(图 12.75),其导线沿测点连线固定,以减少对主反射面的覆盖。

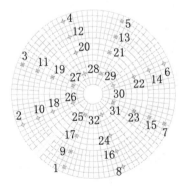

图 12.75　主反射面温度传感器布置图

2.确定试验工况

为准确反映射电望远镜主反射面在不同工况下形成的温度场分布情况及时变规律,避免工况特殊或偶然天气引起的温度测量不准确,试验将对多种工况进行测量,并总结在各种工况下射电望远镜温度场的分布规律及变化规律。由于射电望远镜在工作时会呈现不同的俯仰角和方位角,因此试验根据俯仰角和方位角的不同组合设计了多种工况。其中,俯仰角为反射面的法线方向与水平面的夹角,范围为 $0° \sim 90°$;方位角为反射面的法线在水平面的投影与正北方向的顺时针夹角,范围为 $0° \sim 360°$(图 12.76、图 12.77)。试验中俯仰角取 30°、45°、60°、90°共 4 种角度,方位角取 60°、120°、180°、240°、300°共 5 种角度,共 16 种组合工况。由于俯仰角处于 90°时,与方位角无关,因此俯仰角为 90°仅有 1 种工况。

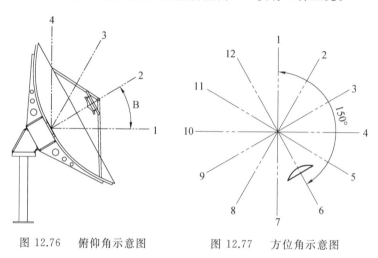

图 12.76 俯仰角示意图   图 12.77 方位角示意图

3.进行试验

(1) 试验流程。

试验的整体流程为通过温度传感器采集温度值,经过温度采集箱将数据呈现到计算机。将试验仪器设置为每隔 30 min 采集 1 次,风速仪、风向仪也通过采集箱及软件设置为定时采集,也为 30 min 采集 1 次;太阳能功率计为手持仪器,故需进行人工采集。整体试验流程如图 12.78 所示,图 12.79 给出了温度、风速风向采集软件的工作界面。

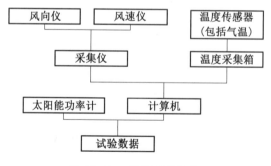

图 12.78 整体试验流程

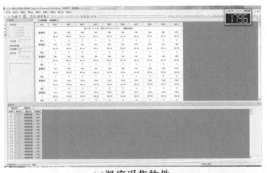

(a)温度采集软件

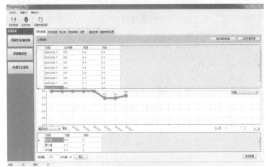

(b)风速风向采集软件

图 12.79　各软件工作界面

（2）试验仪器安装。

完成试验的设计及仪器的采购后，进行试验仪器安装，安装过程如图 12.80 所示；并完成传感器布置，布置过程如图 12.81 所示。试验模型为可拼装结构，由扇形面板、支承肋、支承柱、俯仰及方位调节机构构成。温度传感器及其导线通过强力胶水固定在反射面表面，并在导线两端进行编码，以方便对应传感器的布置。

(a) 模型材料　　　　(b) 安装过程　　　　(c) 安装完成

图 12.80　试验仪器安装

(a) 布置前定位   (b) 传感器固定   (c) 布置完成

图 12.81 传感器布置

12.4.3 试验结果

射电望远镜日照温度场在不同俯仰角、不同方位角下存在一定的分布规律,下文将列举这两种情况的试验结果并进行分析,总结温度场的分布规律及变化规律。

1.方位角不同

以射电望远镜俯仰角为60°、方位角分别为120°、180°、240°这3种工况为例,研究相同俯仰角、不同方位角时主反射面的温度分布情况及时变规律。

图12.82~12.85给出了3种工况下不同时刻的温度分布情况,图12.86~12.88给出了各工况下反射面最高温、最低温、最大温差及气温随时间的变化曲线。

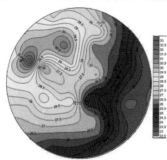 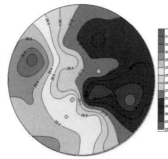 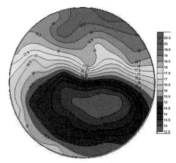

(a) 方位角为120°、俯仰角为60°   (b) 方位角为180°、俯仰角为60°   (c) 方位角为240°、俯仰角为60°

图 12.82 8:00 时的温度分布情况

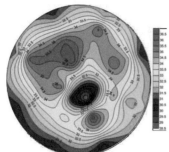 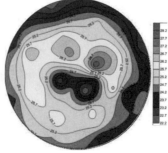 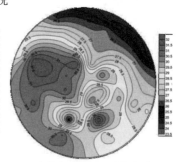

(a) 方位角为120°、俯仰角为60°   (b) 方位角为180°、俯仰角为60°   (c) 方位角为240°、俯仰角为60°

图 12.83 11:00 时的温度分布情况

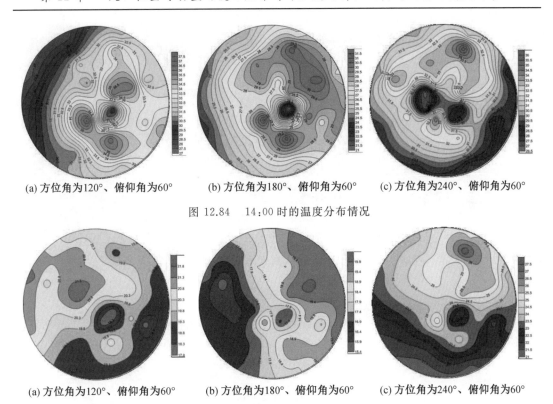

(a) 方位角为 120°、俯仰角为 60°　　(b) 方位角为 180°、俯仰角为 60°　　(c) 方位角为 240°、俯仰角为 60°

图 12.84　14:00 时的温度分布情况

(a) 方位角为 120°、俯仰角为 60°　　(b) 方位角为 180°、俯仰角为 60°　　(c) 方位角为 240°、俯仰角为 60°

图 12.85　17:00 时的温度分布情况

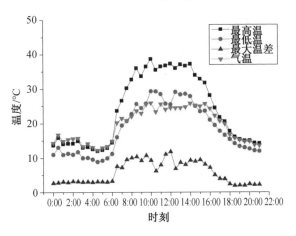

图 12.86　方位角为 120°、俯仰角为 60° 时，反射面最高温、最低温、最大温差及气温随时间的变化曲线

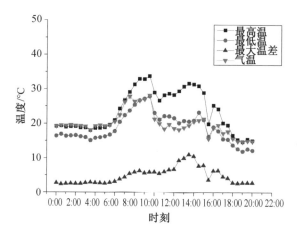

图 12.87　方位角为 180°、俯仰角为 60°时,反射面最高温、最低温、最大温差及气温随时间的变化曲线

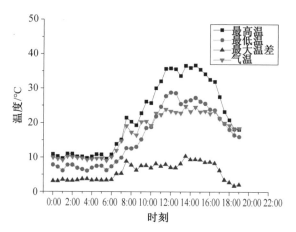

图 12.88　方位角为 240°、俯仰角为 60°时,反射面最高温、最低温、最大温差及气温随时间的变化曲线

试验结果表明:

(1) 随着时间的变化,射电望远镜的主反射面会出现 4 种不同的阴影分布情况。第 1 种分布情况:反射面全部受到正面照射,但由于接收角度不同,仍存在高低温区,相对日照方向仍是从低温区指向高温区,如图 12.83(a) 所示。第 2 种分布情况:反射面存在受正面照射的区域、阴影区域及受背面照射的区域,其中受正面照射的区域温度高于受背面照射区域及阴影区域的温度,相对日照方向从低温区射向高温区,如图 12.83(b) 所示。第 3 种分布情况:反射面存在受背面照射的区域及阴影区域,受背面照射的区域温度高于阴影区域的温度,相对日照方向是从高温区射向低温区,如图 12.83(c) 所示。第 4 种分布情况为无太阳照射,反射面全部为阴影区域,这种分布使反射面温差较小,温度分布较为均匀;其中同一区域不能同时受到正面照射和背面照射。射电望远镜主反射面在一般日照情况下经历这几种分布情况的顺序为:3－2－1－2－3－4。由于反射面各工况的俯仰角、方位角不同,进入各阶段的时刻不同,当方位角逐渐增大时,进入各分布情况的时刻随之延迟,见表 12.15。

表 12.15　各工况处于不同分布情况的时间表

时间段 分布情况	工况 方位角 120° 俯仰角 60°	方位角 180° 俯仰角 60°	方位角 240° 俯仰角 60°
第 3 种	—	6:00	6:00 ～ 8:00
第 2 种	6:00	7:00 ～ 8:00	9:00 ～ 10:00
第 1 种	7:00 ～ 14:00	9:00 ～ 15:00	11:00 ～ 17:00
第 2 种	15:00 ～ 16:00	16:00 ～ 17:00	—
第 3 种	17:00	—	—
第 4 种	18:00 ～ 次日 5:00	18:00 ～ 次日 5:00	18:00 ～ 次日 5:00

（2）由表 12.15 可知，在 6:00 和 18:00 时，由于气温较低、日照强度较弱，反射面整体温度较低、温差较小。在上午太阳升起后，处于第 3 种分布情况的反射面低温区面积随时间推移逐渐增大，而高温区面积逐渐减小；随后逐渐进入第 2 种分布情况，反射面上的阴影区向边缘移动，高温区面积增大；在第 1 种分布情况中，反射面受到正面日照，当日照方向近乎垂直于反射面照射时，反射面会出现中心温度高、边缘温度低的情况；当太阳开始落下、反射面再次进入第 2 种分布情况时，阴影区面积逐渐增大并沿太阳光照射方向移动，高温区面积同时减小，直到进入第 3 种分布情况，高温区面积继续减小，低温区面积逐渐增大。从反射面的俯视方向观察，相对日照方向基本呈顺时针运动。在同一时刻随着方位角的增大，相对日照方向呈逆时针旋转。

（3）从图 12.86 ～ 12.88 可以看出，主反射面最高温的曲线与气温呈相同变化规律，最低温则不同；反射面温度的变化较气温具有一定的延迟，且夜间时气温会高于反射面的温度，这是由夜间反射面向外辐射而形成的。

2.俯仰角不同

以射电望远镜方位角为 180°、俯仰角分别为 30°、45°、60° 这 3 种工况为例，研究相同方位角、不同俯仰角时主反射面的温度分布情况及时变规律。

图 12.89 ～ 12.92 给出了 3 种工况下不同时刻的温度分布情况，图 12.93 ～ 12.95 给出了各工况下反射面最高温、最低温、最大温差及气温随时间的变化曲线。

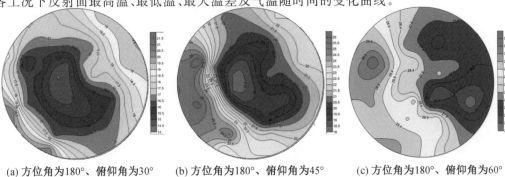

(a) 方位角为180°、俯仰角为30°　　(b) 方位角为180°、俯仰角为45°　　(c) 方位角为180°、俯仰角为60°

图 12.89　8:00 时的温度分布情况

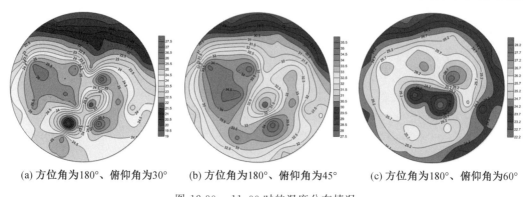

(a) 方位角为180°、俯仰角为30°   (b) 方位角为180°、俯仰角为45°   (c) 方位角为180°、俯仰角为60°

图 12.90   11：00 时的温度分布情况

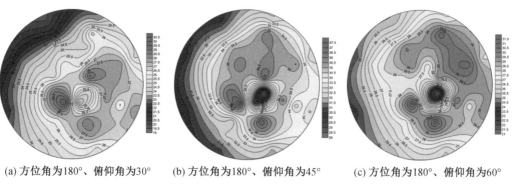

(a) 方位角为180°、俯仰角为30°   (b) 方位角为180°、俯仰角为45°   (c) 方位角为180°、俯仰角为60°

图 12.91   14：00 时的温度分布情况

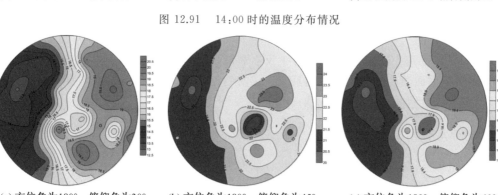

(a) 方位角为180°、俯仰角为30°   (b) 方位角为180°、俯仰角为45°   (c) 方位角为180°、俯仰角为60°

图 12.92   17：00 时的温度分布情况

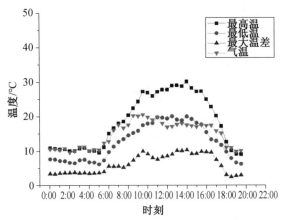

图 12.93　方位角为 180°、俯仰角为 30° 时反射面最高温、最低温、最大温差及气温随时间的变化曲线

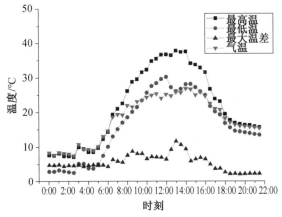

图 12.94　方位角为 180°、俯仰角为 45° 时反射面最高温、最低温、最大温差及气温随时间的变化曲线

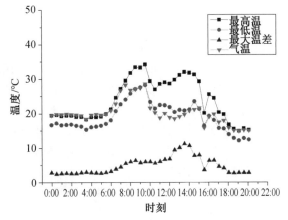

图 12.95　方位角为 180°、俯仰角为 60° 时反射面最高温、最低温、最大温差及气温随时间的变化曲线

试验结果表明：

（1）由图 12.89～12.92 可知，3 种工况均先后经历 3－2－1－2－4 这几种分布情况。但俯仰角不同，反射面处于进入各种分布情况的时刻不同，所处的时间长短也不同。从表 12.16 可知，射电望远镜的俯仰角越大，反射面受正面照射的时间越长，出现明显阴影分布的时刻也随之变化。由于方位角相同，太阳光在同一时刻的照射方向大致相同，射电望远镜俯仰角越大，高温区域的面积也越大。

表 12.16　各工况处于不同分布情况的时间表

时间段 / 分布情况 工况	方位角为 180°、俯仰角为 30°	方位角为 180°、俯仰角为 45°	方位角为 180°、俯仰角为 60°
第 3 种	6:00～7:00	6:00～7:00	6:00
第 2 种	8:00～9:00	8:00～9:00	7:00～8:00
第 1 种	10:00～15:00	10:00～16:00	9:00～16:00
第 2 种	16:00～17:00	17:00	17:00
第 3 种	—	—	—
第 4 种	18:00～次日 5:00	18:00～次日 5:00	18:00～次日 5:00

（2）由图 12.91 可知，在 14:00 时俯仰角较大的 2 种工况反射面的温度分布呈中心高、边缘低的趋势，这是因为此时太阳光在这 2 种工况下相对于反射面近乎垂直照射，而俯仰角为 30° 的工况下反射面近乎竖直，太阳光从上部照射过来，就形成了明显的高低温区。从反射面的俯视方向观察，相对日照方向基本呈顺时针运动。上午在同一时刻，随着俯仰角的增大，相对日照方向呈顺时针变化；下午在同一时刻，随着俯仰角的增大，相对日照方向呈逆时针变化。

3.最大温差分析

主反射面的最大温差是其不均匀变形的主要原因之一。表 12.17 给出了各工况下主反射面最大温差的出现时刻 t_1、气温最高时刻 t_2，以及 t_1 时刻日照方向与主反射面法线方向的夹角和此时测得最低温度的测点。由表 12.17 可见，反射面最大温差、最高气温不同时出现。工况 15 中测得最低温度的测点是 26，此时日照方向与主反射面法线方向的夹角较大，为 76.7°。这是由于主反射面正处于第 2 种分布情况，主反射面自身形成了阴影分布，与工况 2、3、5、10 产生温差的原因相同。其余工况测得最低温度的测点为靠近主反射面中心孔布置的测点 26、31、32，此时日照方向与主反射面法线方向的夹角均不大于 30°，太阳光近乎垂直照射主反射面，副反射面受到日照投影于主反射面上，该阴影区域覆盖的中心孔附近测点温度较低，而此时太阳辐射强烈、气温较高，受正面照射的其他区域温度较高，从而出现最大温差。因此在研究射电望远镜主反射面温度场时，除考虑主反射面自身阴影分布的影响，必须考虑副反射面日照投影的影响。

表 12.17   各工况下出现最大温差的情况

工况	俯仰角	方位角	最大温差／出现时刻 t_1	气温最高时刻 t_2	t_1 时刻出现最低温度的测点	t_1 时刻日照方向与法线夹角
1	30°	60°	14.4 ℃/08:30	14:30	32	30.5°
2	30°	120°	10.9 ℃/12:30	11:00	4	59.1°
3	30°	180°	10.2 ℃/14:00	09:30	4	41.7°
4	30°	240°	9.7 ℃/15:00	15:00	32	21.3°
5	30°	300°	10.1 ℃/14:00	13:30	13	47.2°
6	45°	60°	11.6 ℃/08:30	17:00	31	25.6°
7	45°	120°	9.7 ℃/09:30	15:00	26	8.9°
8	45°	180°	11.6 ℃/13:00	14:00	32	23.8°
9	45°	240°	7.5 ℃/14:30	13:00	32	10.7°
10	45°	300°	8.8 ℃/16:00	16:00	14	25.8°
11	60°	60°	14.4 ℃/10:30	11:00	31	29.4°
12	60°	120°	11.8 ℃/12:00	10:00	31	21.9°
13	60°	180°	11.0 ℃/13:30	09:30	31	24.5°
14	60°	240°	10.4 ℃/13:30	13:30	26	6.5°
15	60°	300°	10.1 ℃/08:30	16:00	26	76.7°
16	90°	0°	12.5 ℃/12:00	10:00	32	17.4°

12.4.4 主反射面温度场试验模拟

1.数值模型建立

根据试验选用的 3 m 口径天线的实际尺寸及结构形式,运用 ANSYS 有限元分析软件,建立数值仿真模型(图 12.96)。模型采用 3 种温度模块单元,分别为 SHELL57、SURF152 和 LINK31。根据需要模型共划分为 792 个近似等大的扇形单元,每个扇形单元的每个节点各建立 4 个 LINK31 单元,分别模拟天空对凸面辐射、天空对凹面辐射、地面对凸面辐射、地面对凹面辐射。建立模型所需的单元类型见表 12.18,根据试验材料,设置参数进行分析。

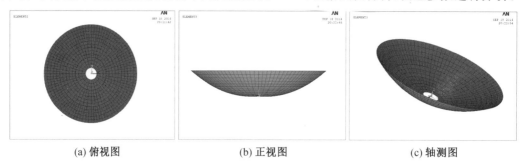

| (a) 俯视图 | (b) 正视图 | (c) 轴测图 |

图 12.96 ANSYS 有限元数值仿真模型(后附彩图)

表 **12.18** 单元类型

单元类型	应用类型	单元数量
SHELL57	热传导	792
SURF152	对流换热	792
LINK31	辐射换热	12 672

试验模型的主反射面采用铝制材料,表面处理采用阳极氧化,涂料用 HZ06－1 环氧锌作为底漆、丙酸作为面漆。具体板材材料属性见表 12.19。由于所选望远镜模型的反射面为薄铝板材料,结构自身传热较快,因此反射面背面受照射与正面受照射时的模拟方法相同。

表 **12.19** 板材材料属性

构件	铝材型号	厚度 d/mm	密度 $\rho/(\mathrm{kg \cdot m^{-3}})$	比热容 $c/(\mathrm{J \cdot kg^{-1} \cdot K^{-1}})$	导热系数 $k/(\mathrm{W \cdot m^{-1} \cdot K^{-1}})$
主反射面	3A21	1	2 800	1 092	164

作为信号接收的主要结构,反射面的发射率、反射率及吸收率反映了材料对于热辐射的敏感性。其中反射率是指物体反射的辐射能与入射的辐射能之比;吸收率是指投射到物体上而被吸收的辐射能与投射到物体上的总辐射能之比;物体的发射率等于物体在一定温度下发射的能量与同一温度下黑体辐射能量之比。通常材料的反射率越高,发射率越低。当物体能够满足漫灰表面假设的条件时,物体发射率约等于吸收率。本试验选用铝板外涂白色面漆,发射率选取 0.8。

阴影分布情况分析如下。

当太阳光从一侧照向主反射面板时,面板可分为 4 个区域:面板正面(即凹面)受照射区域,面板背面(即凸面)受照射区域,面板正、背面均未受照射区域(即阴影区域),以及副反射面日照投影形成的阴影区域。图 12.97 为实际出现阴影遮挡的情况。

图 12.97　　阴影遮挡情况

下面以俯仰角为 60°、方位角为 120° 这一工况为例来说明阴影区域的分布规律。图 12.98 所示为一天中的阴影分布图,其中红色表示正面或背面被照射,蓝色表示阴影区域,包括副反射面日照投影,阴影区域与背面被照射的区域其分界线在俯视图中为直线。自太阳升起后,反射面开始受到日照;6:00 ~ 7:00 间主反射面同时存在正面被照射区域、阴影区域、背面被照射区域,随着时间的变化背面受照射区域及阴影区域变小,正面受照射区域增大,且分布方向也随太阳方位的变化而变化;8:00 ~ 14:00 之间反射面完全处于正面被照射状态;当太阳逐渐落下时,反射面再次出现 3 种区域(正面被照射区域、阴影区域、背面被照射区域) 同时存在的情况,随着时间的变化正面被照射区域变小,另 2 种区域变大;18:00 以后太阳完全落下,反射面处于非日照的状态直至第二日早上 5:00;不同工况下反射面的阴影分布随俯仰角及方位角的不同而变化。

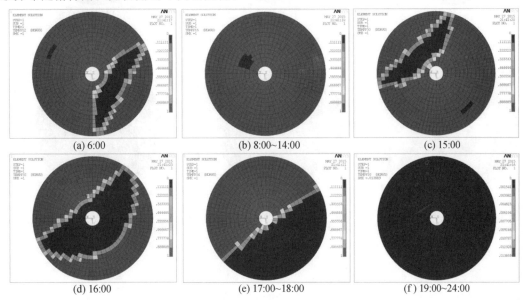

(a) 6:00　　　　　　(b) 8:00~14:00　　　　　　(c) 15:00

(d) 16:00　　　　　　(e) 17:00~18:00　　　　　　(f) 19:00~24:00

图 12.98　　一天中的阴影分布图(后附彩图)

2.试验模拟对比分析

由试验分析结果可知,射电望远镜的主反射面温度场分布由于工况不同而呈现规律性变化。本节将以俯仰角 60°、方位角 120° 为算例,通过对此工况下的试验过程进行数值模拟,对比分析试验结果与模拟结果,分析试验与数值模拟的差值,评估数值模拟方法的有效性。

图 12.99 ～ 12.102 给出了不同时刻试验温度场分布、数值模拟温度场分布以及计算阴影分布。

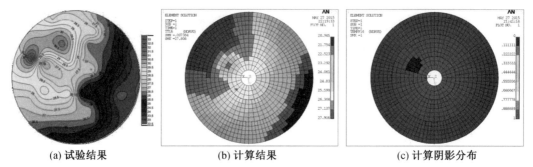

(a) 试验结果　　　　　(b) 计算结果　　　　　(c) 计算阴影分布

图 12.99　8:00 时的试验温度场分布、数值模拟温度场分布以及计算阴影分布

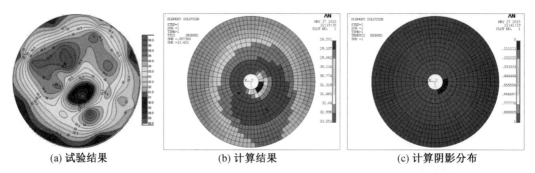

(a) 试验结果　　　　　(b) 计算结果　　　　　(c) 计算阴影分布

图 12.100　11:00 时的试验温度场分布、数值模拟温度场分布以及计算阴影分布

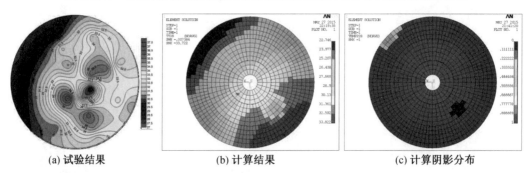

(a) 试验结果　　　　　(b) 计算结果　　　　　(c) 计算阴影分布

图 12.101　14:00 时的试验温度场分布、数值模拟温度场分布以及计算阴影分布

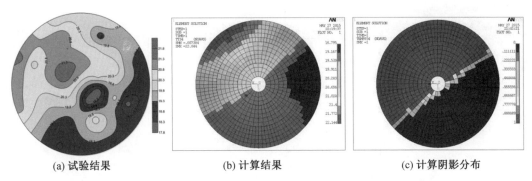

(a) 试验结果　　　　　　　(b) 计算结果　　　　　　　(c) 计算阴影分布

图 12.102　17:00 时的试验温度场分布、数值模拟温度场分布以及计算阴影分布

由图 12.99 和图 12.100 可知,试验与数值模拟温度场分布情况及变化规律基本一致。部分时刻由于气温较低,反射面整体温差变小,试验温度场分布不如计算结果明显,但分布趋势一致。

图 12.103 给出了俯仰角为 60°、方位角为 120° 时各测点试验温度与计算值随时间的变化曲线,由图可见各测点计算温度变化规律与试验一致。图 12.104 给出了各工况下,反射面平均误差率随时间的变化曲线,由图可知,在夜间由于气温较低,较小的温差会导致误差率增大,而白天日照情况下在 8:00 ~ 16:00 间误差率保持较低的水平。随着气温、风速的波动,以及天空浮云的出现,误差率也存在波动情况。表 12.20 给出了各工况日平均误差率的最大值,由表可见其最大值为 12.1%,最小值为 6.8%。综上所述,试验结果、数值模拟结果及阴影分布规律基本一致,但反射面在气温低、温差小、日照强度弱时由于仪器误差、周围环境、肋板遮挡等因素出现部分误差较大的情况。

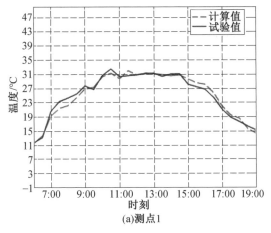

(a)测点1

图 12.103　各测点温度变化曲线

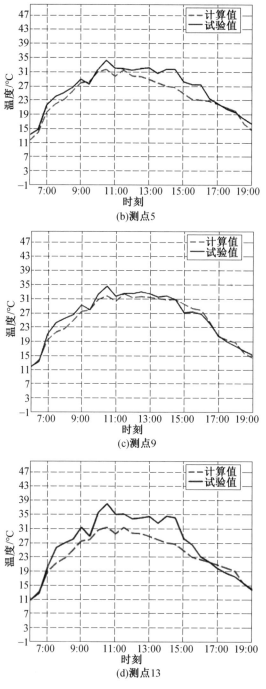

(b)测点5

(c)测点9

(d)测点13

续图 12.103

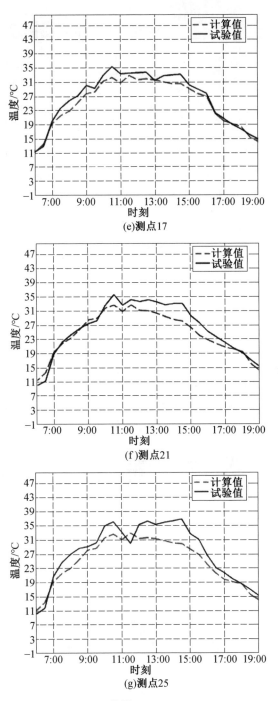

(e)测点17

(f)测点21

(g)测点25

续图 12.103

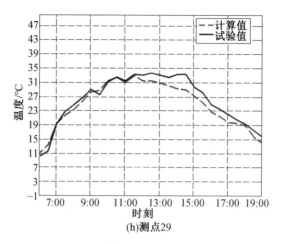

(h)测点29

续图 12.103

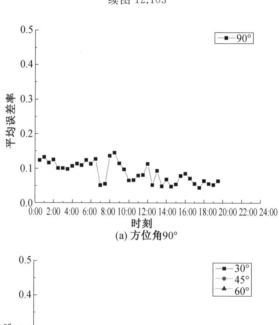

(a) 方位角90°

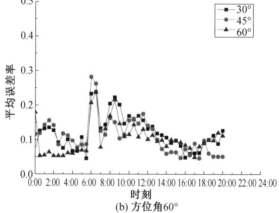

(b) 方位角60°

图 12.104　平均误差率随时间变化曲线

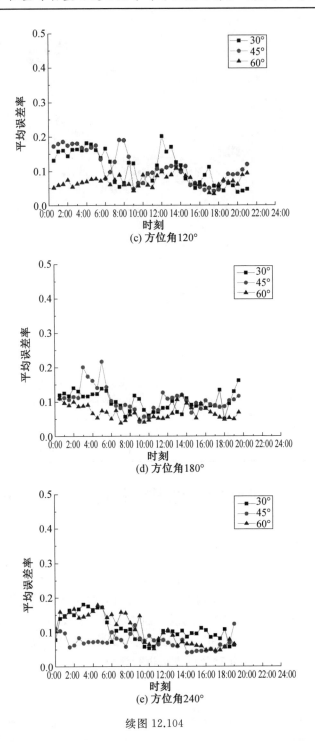

续图 12.104

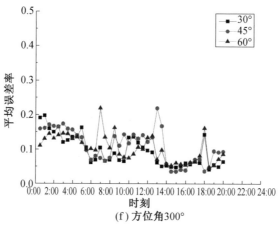

(f) 方位角300°

续图 12.104

表 12.20　各工况日平均误差率的最大值

方位角	俯仰角			
	30°	45°	60°	90°
60°	12.1%	11.1%	10.4%	
120°	10.2%	11.2%	7.2%	
180°	9.9%	10.8%	6.8%	8.8%
240°	10.9%	7.3%	10.6%	
300°	9.6%	10.6%	10.3%	

12.5　副反射面结构"太阳灶"效应分析

12.5.1　副反射面温度场试验研究

与单反射面天线相比,双反射面天线馈源因可放置在靠近主反射面的位置,故可减小馈线损耗,因此目前大多数射电望远镜均采用双反射面天线结构。信号经过主反射面及副反射面的 2 次反射汇聚到 1 点(即馈源),副反射面作为第二次反射的主要结构,同样需要有良好的反射精度。本节通过将数值模拟与日照温度场试验相结合的方式,对副反射面的"太阳灶"效应及其温度场进行研究,并对分析方法进行评估。

1."太阳灶"效应

太阳灶是指通过反射将太阳光辐射汇聚到一点,从而产生高温来进行烹饪的一种装置。其最主要的原理是将平行太阳光经过抛物面的反射汇聚于一点(图 12.105)。

射电望远镜的主反射面具有同样的工作条件,即抛物面与日照情况。副反射面相对于主反射面尺寸较小且曲率较低,一般情况下不会因受到自身结构遮挡而形成明显的不均匀温度场分布,其整体温度相近。但当射电望远镜受到特殊方向的太阳照射时,在某一段时间内由于副反射面位置靠近主反射面的焦点,反射光线在副反射面的局部区域出现汇聚,进而会出现局部高温的情况,这种局部高温的产生机理类似于"太阳灶"的工作原理,因此副反射面受照射出现局部高温的情况被称为"太阳灶"效应。

图 12.105　　太阳灶工作图

2.试验分析

(1)试验设计。

本节仍采用 3 m 口径的天线对其副反射面进行温度场试验,为了研究射电望远镜副反射面"太阳灶"效应及其温度场情况需对试验进行详细设计。

① 确定工况。

图 12.106 所示为在太阳照射时,副反射面受到反射照射的情况。当受到平行于反射面法线方向的太阳光照射时,高温位置在中心区域(图 12.106(a));当受到不平行于反射面法线方向的太阳光照射时,高温位置在偏离中心的区域(图 12.106(b))。另外,在不同工况下局部高温的位置不同,当反射面转动很小时,局部高温的位置会有很大的偏移,不易被检测。若要准确捕捉高温位置,需布置多个温度传感器进行监测,而由于副反射面尺寸较小,大量布置温度传感器会对其表面产生遮挡,影响副反射面接收辐射,因此需要合理设计试验工况并合理布置温度传感器。

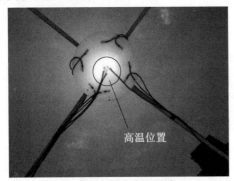

(a) 高温位置在中心区域　　　　　　　　(b) 高温位置在偏离中心的区域

图 12.106　　副反射面受到反射照射的情况

如图 12.106(a) 所示,当太阳光线平行于主反射面法线方向照射时,光线经过主反射面反射后基本汇聚于副反射面中心部分,汇聚区域较容易确定,为此本节将采用太阳跟踪的试验方法,使日照方向在各时刻与射电望远镜的法线方向平行,保证副反射面上的高温区域时刻处于中心部分,以此试验评价副反射面的"太阳灶"效应。

本节对俯仰角为 90° 时的射电望远镜模型进行副反射面温度监测,以此作为副反射面温度场的第二种试验工况,对常规日照下的"太阳灶"效应进行研究,评估温度场数值模拟方法的有效性。

② 布置温度传感器。

温度传感器仍采用均匀布置的原则,图 12.107 所示为副反射面温度场试验的第一种设计工况,共布置了 11 个温度传感器于副反射面表面。其周边均匀布置了 8 个温度传感器,以确定副反射面的整体温度,中心部分布置了 3 个温度传感器。除了中心位置的 1 个温度传感器,还需布置 2 个偏心位置的温度传感器,用来检测日照方向是否时刻与主反射面法线方向平行,以实现对太阳的追踪。由于第二种工况下日照方向不断变化,高温位置也随之改变,因此温度传感器仍采用工况 1 的布置形式,通过对比相应测点的试验温度与计算值,评估副反射面温度场的计算方法。

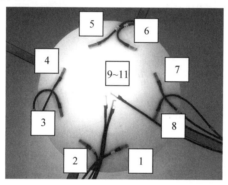

图 12.107　副反射面传感器温度场试验的第一种设计工况

③ 试验方法。

工况 1 要求模型时刻保持朝阳状态,当 2 个偏心的温度传感器的温度升高,中心的温度传感器温度降低时,光线的汇聚位置发生了偏转,需对模型进行调节。若反复利用中心部分的 3 个温度传感器进行调节操作十分麻烦,因此在数据显示太阳光线可能发生相对移动的时候,可结合副反射面在主反射面的投影位置对主反射面的朝向进行修正以实现对太阳的追踪。图 12.108 所示为跟踪日照方向,当太阳光以一定倾斜角度照射主反射面时,副反射面的投影位置处于主反射面的偏心位置,即日照方向与主反射面的法线不平行(图 12.108(a));当日照方向与主反射面的法线方向平行时,副反射面的投影与主反射面的中心位置完全重合(图 12.108(b))。通过人工调节反射面的俯仰角及方位角,可时刻保持副反射面的阴影位置处于主反射面的中心。

(a) 日照方向与法线不平行　　　　　　　　(b) 日照方向与法线平行

图 12.108　跟踪日照方向

（2）结果分析。

① 工况 1 结果分析。

副反射面的太阳追踪试验获得了大量数据，图 12.109 给出了工况 1 试验结果，即不同时刻副反射面温度场的分布情况；图 12.110 为副反射面的最高温、最低温及温差随时间变化的曲线；图 12.111 为当副反射面的投影从未处于主反射面的中心，调整到处于中心位置后，副反射面的最高温、最低温及温差在短时间内的变化曲线。

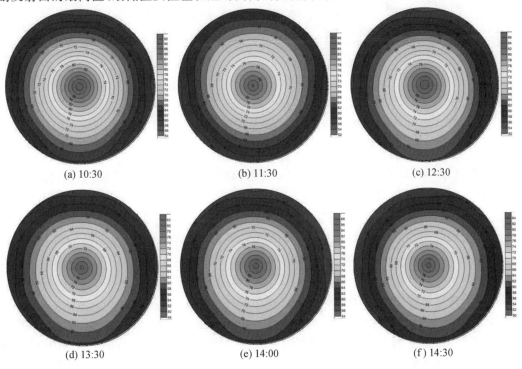

图 12.109　工况 1 试验结果

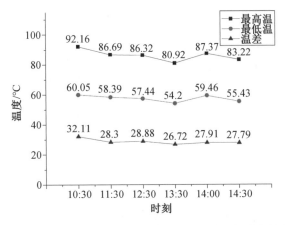

图 12.110　副反射面最高温、最低温及温差随时间变化的曲线

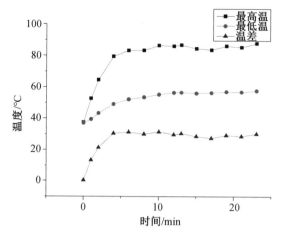

图 12.111　调整投影位置后副反射面的最高温、最低温及温差在短时间内的变
化曲线

由图 12.109 可知,在太阳跟踪试验中副反射面的中心部分产生了局部高温,并伴随气温变化产生波动。如图 12.110 所示,由于太阳辐射强度一般不随时间变化,最大温差变化不大,其最低温差为 26.72 ℃、最高温差为 32.11 ℃。由图 12.111 可知,当副反射面的投影未处于主反射面的中心位置时,副反射面上的高温区域偏移或消失,测点所获得的温度基本相同。当对主反射面的朝向进行调节,使反射面法线平行于太阳光线时,副反射面高温区很快升温,在 10 min 内中心点已经达到了较高且比较稳定的温度;在一段时间后,副反射面的最高温及温差处于比较稳定的情况,不再随时间变化而继续升高。

② 工况 2 结果分析。

图 12.112 给出了射电望远镜模型在俯仰角为 90°时,副反射面上各测点最高温、最低温及温差随时间变化的曲线。由图可见,副反射面在这一工况中,测点温度没有检测到明显的"太阳灶"效应及不均匀分布情况,其最大温差仅为 4.19 ℃。出现此现象,一方面由于试验模型为环焦天线结构形式,焦点为环状,汇聚能力不强;另一方面由于地理纬度不同,使日照方向产生的偏角较大。

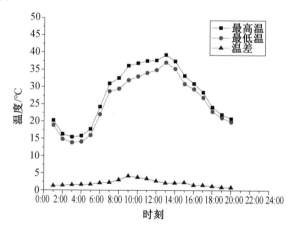

图 12.112　工况 2 副反射面上各测点最高温、最低温及温差随时间变化的曲线

12.5.2　数值模拟

根据"太阳灶"效应的产生原因,可采用光束分割及追踪的方法对副反射面日照非均匀温度场进行副反射面上各测点最高温、最低温及温差计算。其主要内容是将太阳光分割成若干光束,并跟踪光束的照射轨迹,检查光束经过主反射面的反射后,投射在了副反射面的哪一块区域。

为了更精确地模拟"太阳灶"效应,可增多太阳光束的数量,光束划分越细,计算精度越高。在数值模拟中光束的数量可由主反射面的单元数量控制,将主反射面的单元细化,并令每一个单元反射一条光束。同时对副反射面的单元进行细化,检查主反射面反射来的光束投射到副反射面的哪一个单元。

副反射面温度场的数值模拟有以下几个关键问题:① 确定单元个数。单元越多,模拟越精细。② 确定每一光束的入射方向及反射方向。③ 判断反射光束到达副反射面上的哪个单元。

1.模型建立

运用 ANSYS 有限元软件对试验模型进行建模,模型仍采用 SHELL57 和 SURF152 单元来模拟反射面上的热传导及对流换热,因副反射面尺寸较小且其整体受到的天空、地面辐射相近,可用 SHELL57 单元模拟计算。副反射面材料属性见表 12.21。主反射面经过细致划分,共分为 12 672 个单元,副反射面划分为 1 944 个单元,主、副反射面的 ANSYS 数值模型如图12.113 所示。

表 12.21　副反射面材料属性

构件	铝材型号	厚度 d/mm	密度 $\rho/(\text{kg}\cdot\text{m}^{-3})$	比热容 $c/(\text{J}\cdot\text{kg}^{-1}\cdot\text{K}^{-1})$	导热系数 $k(\text{W}\cdot\text{m}^{-1}\cdot\text{K}^{-1})$
副反射面	2A12	7	2 780	924	193

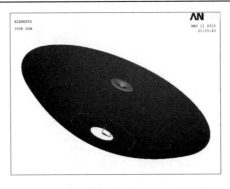

图 12.113　主、副反射面的 ANSYS 数值模型

2.结果分析

（1）工况 1 结果分析。

结合副反射面温度场第一种试验工况，对试验过程进行数值模拟，模拟结果如图 12.114(b) 所示，图 12.114(a) 所示为试验结果。

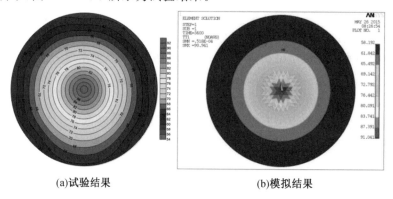

(a)试验结果   (b)模拟结果

图 12.114   副反射面温度场

由图 12.114 可知，副反射面温度场的试验结果与计算结果具有相似的温度分布情况。由于试验结果采用均匀差值的方法作图，且副反射面的测点数量有限，所以图中所示的温度场分布自中心向边缘均匀减小，而计算结果中温度场的中心高温区更加集中，除中心区域外的其他部分温度均较低。模拟结果中最大温差可达 32.65 ℃、最高温为 91.04 ℃，与试验结果相近。

（2）工况 2 结果分析。

图 12.115 所示为工况 2 的数值模拟结果，由图可见副反射面在全天日照下并未出现明显的局部高温情况，最大温差仅为 1.77 ℃。

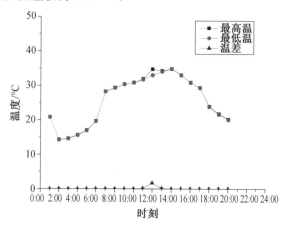

图 12.115   工况 2 的数值模拟结果

图 12.116 所示为各测点试验温度与数值模拟结果随时间变化的曲线，由图可知各测点试验结果与数值模拟结果的变化趋势一致、数值相近。图 12.117 给出了副反射面各测点温度平均误差率随时间的变化曲线，其中最大误差率为 14.2%，平均误差率为 6%。

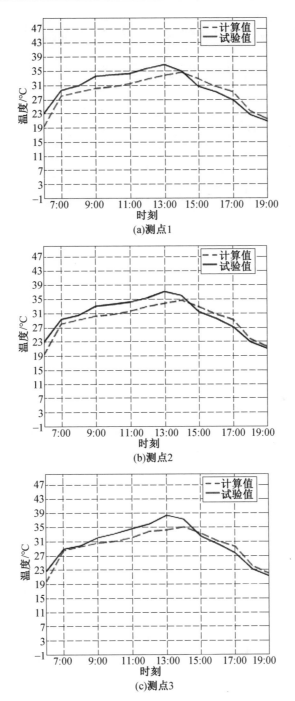

图 12.116　各测点温度随时间变化的曲线

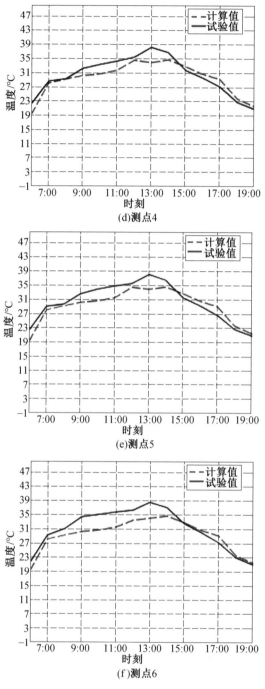

(d)测点4

(e)测点5

(f)测点6

续图 12.116

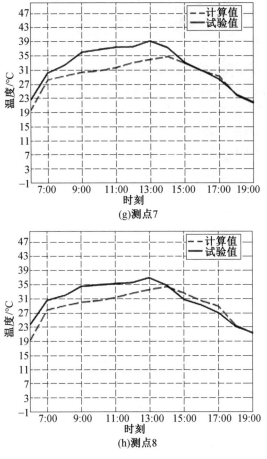

(g)测点7

(h)测点8

续图 12.116

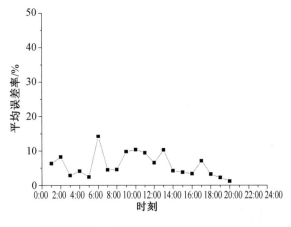

图 12.117 副反射面温度平均误差率

本章参考文献

[1] 赵镇南.传热学[M].北京:高等教育出版社,2002.

[2] 刘晶红,徐美芳.机载环境中激光选通成像技术的发展[J].光机电信息,2010,27(1):1-8.

[3] BRENER M,GREVE A.Thermal design and thermal behavior of radio telescopes and their enclosures[M].Berlin:Springer,2010.

[4] HADAVAND M,YAGHOUBI M.Thermal behavior of curved roof buildings exposed to solar radiation and wind flow for virous orientations[J].Applied Energy,2008,85(8):663-679.

[5] ELBADRY M M,GHALI A.Temperature variations in concrete bridges[J].Journal of Structural Engineering,1983,109(10):2355-2374.

[6] LA G M,NUCARA A,PIETRAFESAP M,et al.A model for managing and evaluating solar radiation for indoor thermal comfort[J].Solar Energy,2007,81(5):594-606.

[7] LIU Y,LI G,JIANG L.Numerical simulation on antenna temperature field of complex structure satellite in solar simulator[J].Acta Astronautica,2009,65(7):1098-1106.

[8] HAJIDAVALLOO E,MOHAMADIANFARD M.Effect of sun radiation on the thermal behavior of distribution transformer[J].Applied Thermal Engineering,2010,30(10):1133-1139.

[9] GREVE A,BREMER M,PENALVER J,et al.Improvement of the IRAM 30-m telescope from temperature measurements and finite-element calculations[J].IEEE Transactions on Antennas and Propagation Magazine,2005,53(2):851-860.

[10] GREVE A,MORRIS D.Repetitive radio reflector surface deformations[J].IEEE Transactions on Antennas and Propagation,2005,53(6):2123-2126.

[11] GREVE A,MANGUM J.Mechanical measurements of the ALMA prototype antenna [J].IEEE Transactions on Antennas and Propagation Magazine,USA:IEEE Press,2008,50(2):66-80.

[12] GREVE A,KARCHER H J.Performance improvement of a flexible telescope through metrology and active control[J].Proceedings of the IEEE,2009,97(8):1412-1420.

[13] 宋立强,王启明,郭永卫.太阳辐照 500 m 口径球面射电望远镜的温度分布[J].光学精密工程,2011,19(5):951-958.

[14] 康芹,李世武,郭建利.热网络法概论[J].工业加热,2006,35(5):15-16.

[15] 朱敏波,何恩,曹峰云.星载天线热分析系统研究与开发[J].计算机工程与设计,2004,25(12):2251-2252.

[16] 钟杰.巨型射电望远镜结构非均匀温度场研究[D].哈尔滨:哈尔滨工业大学,2012.

[17] CHENG J.The principles of astronomical telescope design[M].Berlin:Springer,2009.

[18] BERMER M,GREVE A.A dynamic thermal model for design and control of an element open-air radio telescope[C]//Integrated Modeling of Complex Optomechanical Systems. International Society for Optics and Photonics,2011:

83360U-83360U-10.

[19] 胡甫才,周勇,向阳,等.锚绞机滚筒的有限元分析和试验研究[J].船舶工程,2007,4:
9-12.

[20] 吴彰松.锚绞机关键部件的有限元分析及优化[D].镇江:江苏科技大学,2011.

[21] ELBADY M M,GHALI A.Temperature variations in concrete bridges[J].Journal of
Structural Engineering,1983,109(10):2355-2374.

[22] 肖勇全,王菲.太阳辐射下建筑围护结构的动态热平衡模型及实例分析[J].太阳能学
报,2006,27(3):270-273.

名词索引

附录　部分彩图

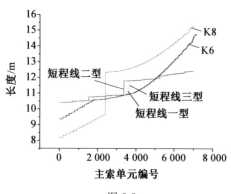

图 2.8

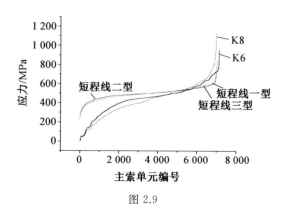

图 2.9

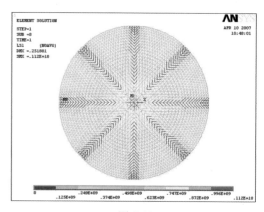

图 2.11

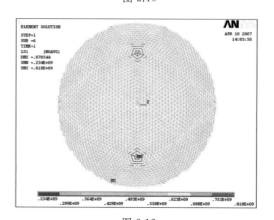

图 2.12

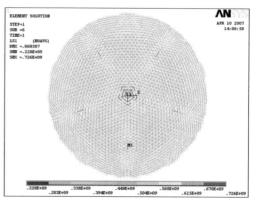

图 2.13

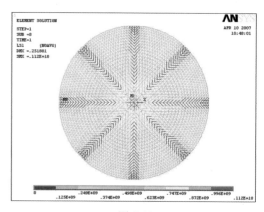

图 2.10

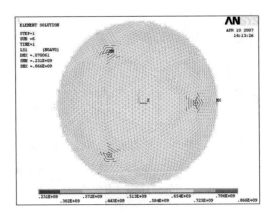

图 2.14

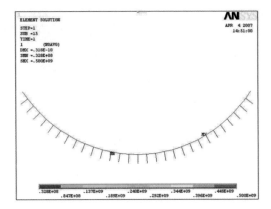

图 2.27

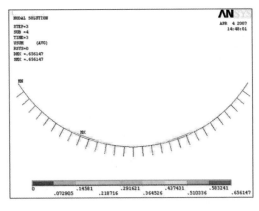

图 2.28

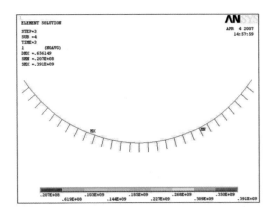

图 2.29

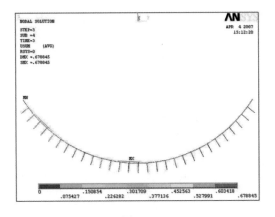

图 2.30

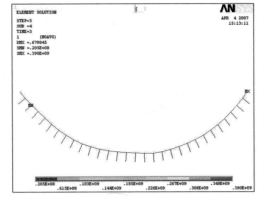

图 2.31

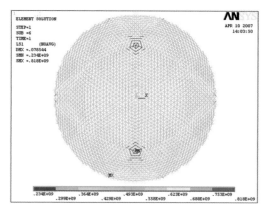

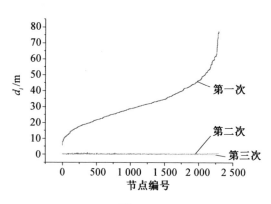

图 3.3

图 3.4

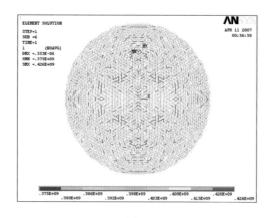

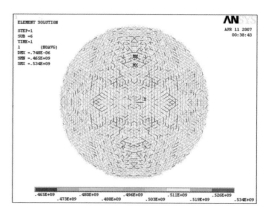

图 3.8

图 3.9

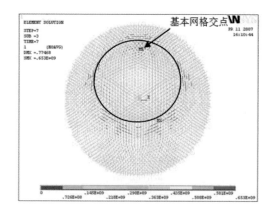

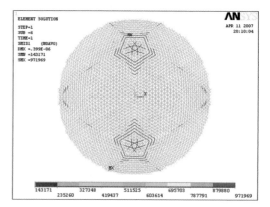

图 3.11

图 3.19

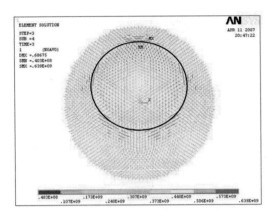

图 3.20

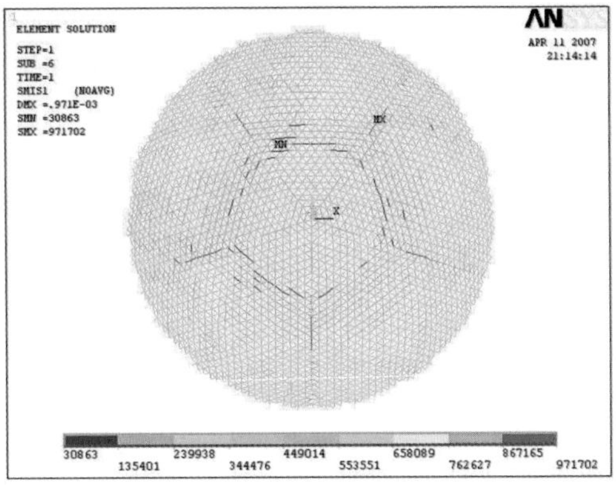

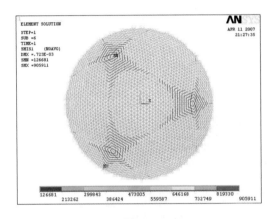

图 3.22

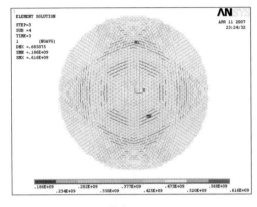

图 3.21

图 3.30

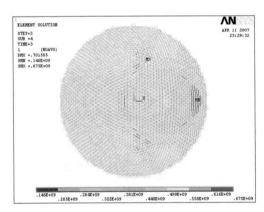

图 3.31

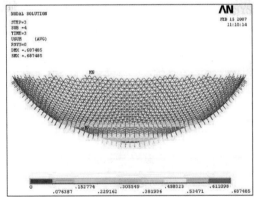

图 3.32

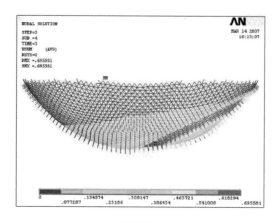

图 3.33

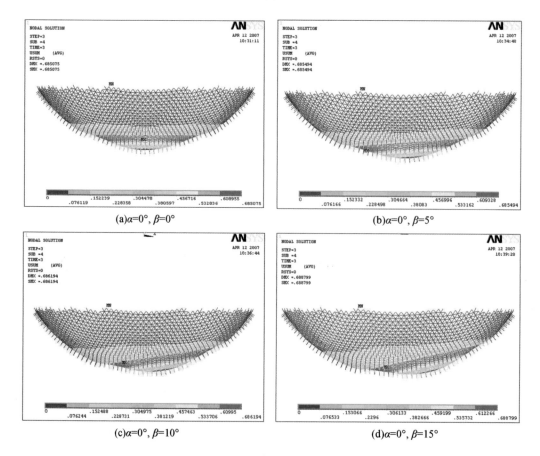

(a)$\alpha=0°$, $\beta=0°$ (b)$\alpha=0°$, $\beta=5°$

(c)$\alpha=0°$, $\beta=10°$ (d)$\alpha=0°$, $\beta=15°$

图 3.36

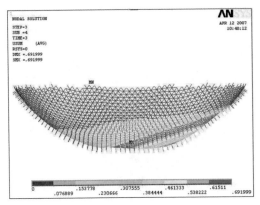
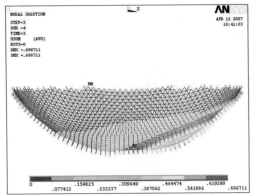

(e)$\alpha=0°$, $\beta=20°$　　　　　　　　　　(f)$\alpha=0°$, $\beta=26°$

续图 3.36

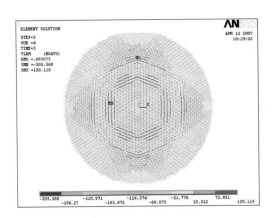
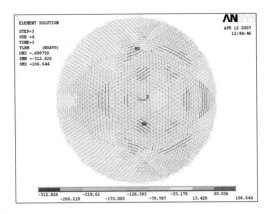

图 3.38　　　　　　　　　　　　　　图 3.39

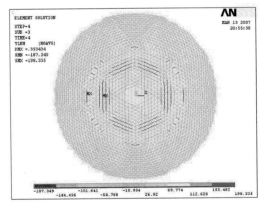
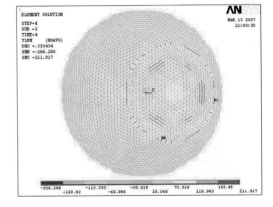

图 3.50　　　　　　　　　　　　　　图 3.51

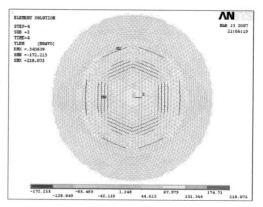

图 3.52

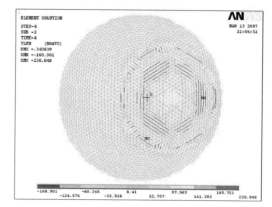

图 3.53

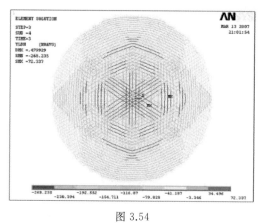

图 3.54

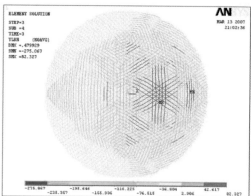

图 3.55

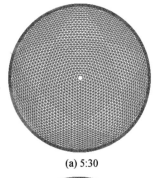

(a) 5:30

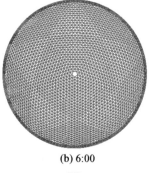

(b) 6:00

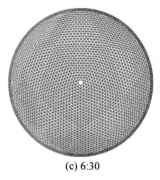

(c) 6:30

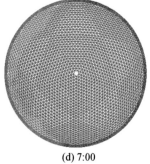

(d) 7:00

(e) 7:30

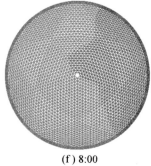

(f) 8:00

图 4.64

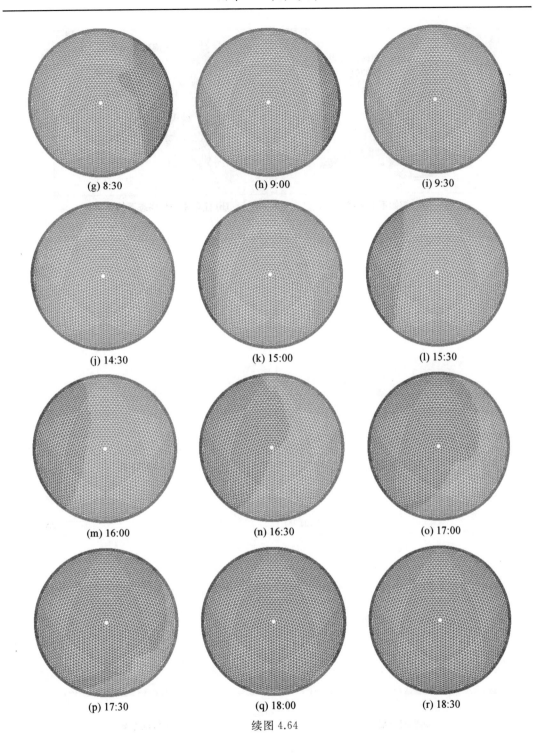

续图 4.64

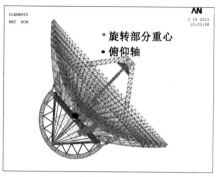
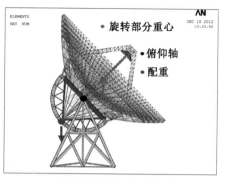

(a) 初始不平衡状态   (b) 任意俯仰角姿态下的平衡

图 9.3

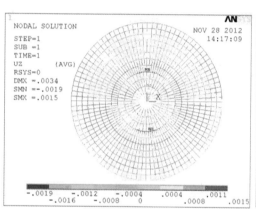
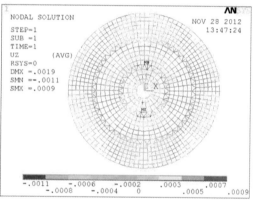

(a)桁架方案   (b)角锥方案

图 9.26

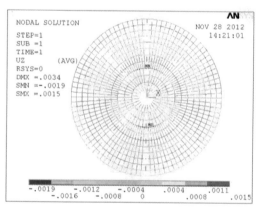
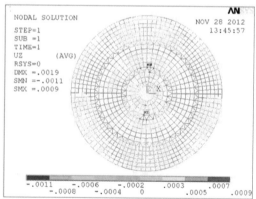

(a)桁架方案   (b)角锥方案

图 9.27

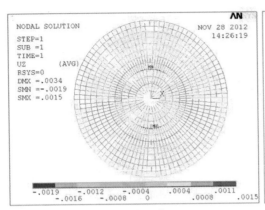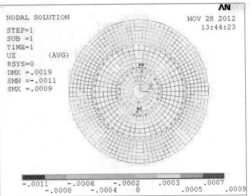

(a)桁架方案　　　　　　　　　　　(b)角锥方案

图 9.28

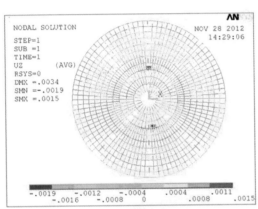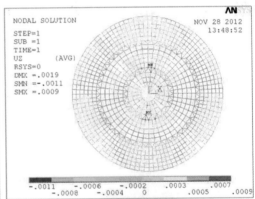

(a)桁架方案　　　　　　　　　　　(b)角锥方案

图 9.29

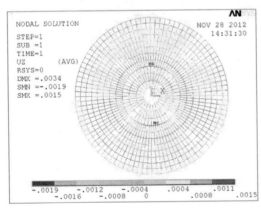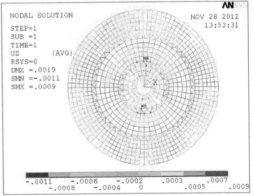

(a)桁架方案　　　　　　　　　　　(b)角锥方案

图 9.30

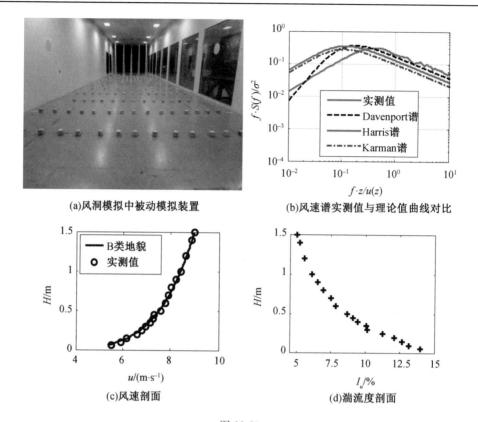

(a)风洞模拟中被动模拟装置　　　　(b)风速谱实测值与理论值曲线对比

(c)风速剖面　　　　　　　　　　(d)湍流度剖面

图 11.10

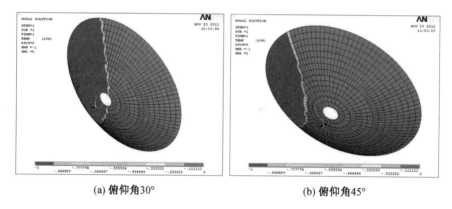

(a) 俯仰角30°　　　　　　　　(b) 俯仰角45°

图 12.17

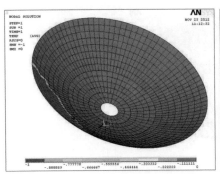

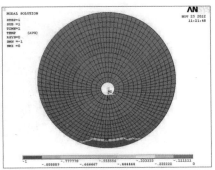

(c) 俯仰角60°

(d) 俯仰角90°

续图 12.17

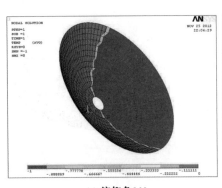

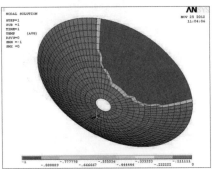

(a) 俯仰角30°

(b) 俯仰角45°

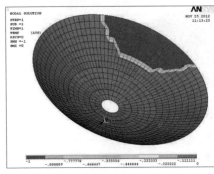

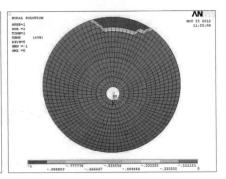

(c) 俯仰角60°

(d) 俯仰角90°

图 12.18

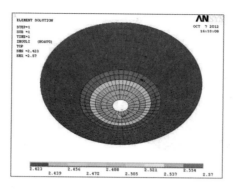

图 12.20

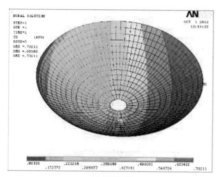

(a)俯仰角0°

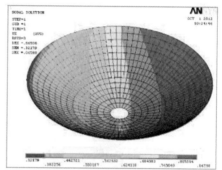

(b)俯仰角30°

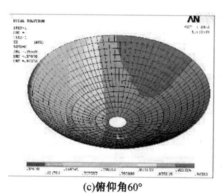

(c)俯仰角60°

图 12.23

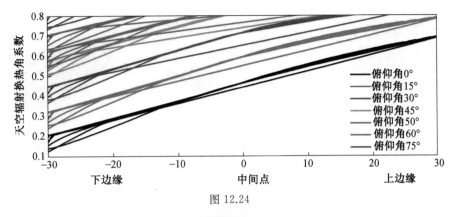

图 12.24

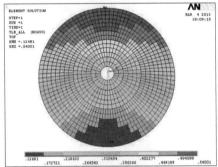

(a)俯仰角30°

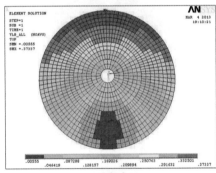

(b)俯仰角60°

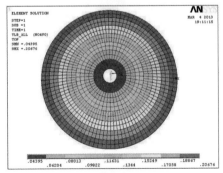

(c)俯仰角90°

图 12.25

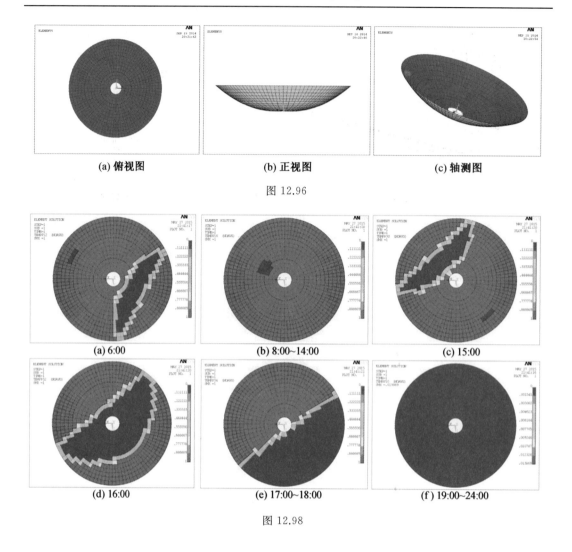

(a) 俯视图　　　　　　　　(b) 正视图　　　　　　　　(c) 轴测图

图 12.96

(a) 6:00　　　　　　　(b) 8:00~14:00　　　　　　(c) 15:00

(d) 16:00　　　　　　(e) 17:00~18:00　　　　　(f) 19:00~24:00

图 12.98